JN199452

「近代日本製鉄・電信の源流」編集委員会●編

近代日本 製鉄・電信の源流

幕末明治初期の科学技術

岩田書院

近代日本　製鉄・電信の起源　目次

Ⅰ　製鉄編

Ⅱ 電信編

Ⅰ 製鉄編

幕末長州藩における洋式大砲鋳造
―鋳物師郡司家を中心に―

道迫　真吾

はじめに

一九世紀中葉、欧米列強の東アジアへの進出が活発になるに伴い、日本では幕藩領主がそれぞれ海防の強化に取り組んだ。本州の最西端に位置する長州藩は、藩領の三方が海に面していることから、海防問題を非常に重要視した藩の一つである。とりわけ、天保期におけるアヘン戦争情報の伝播は衝撃的なものであった。これを契機として、長州藩は大砲の洋式化を図るようになる(1)。藩命を受けて大砲鋳造の実務を担ったのは、鋳物師の郡司家である。

周知の通り、幕末の長州藩については膨大な政治史的研究の蓄積がある。それに比べて、技術史的研究は大変立ち遅れており、ましてや郡司家の大砲鋳造の実態に関しては未解明の部分が多い(2)。郡司家についてまとめられた文献としては、唯一、昭和一〇年（一九三五）に刊行された『防長ニ於ケル郡司一族ノ業績』(3)がある程度で、大砲鋳造の実態についてはほとんど言及されていない。その一方、考古学の分野では、平成一二年（二〇〇〇）から翌年にかけて郡司鋳造所跡の発掘調査が行われ、検出した遺構及び出土品類をまとめた報告書が刊行されている。とくに、郡司鋳造所跡では、三ｍを超える青銅製カノン砲を鋳造したと推定される巨大な石組遺構及び鋳台が確認されるとともに、そこで使用された鋳型までもが発見されたのは大きな収穫であった。こうした発掘の成果によって、長州藩が自力で巨砲の生産に取り組んでいたことが証明されたのである。(4)

筆者はこれまで、右に掲げた文献や報告書類のほかにも関連史料を収集し、長州藩の命令を受けて郡司家が鋳造したカノン砲をはじめとする洋式大砲についての研究を進めてきた。(5) しかし、郡司家がカノン砲の知識をいかにして獲得したか、またいかなる方法でこのような巨砲を鋳造したかについては、いまだ検証されぬままの状態となっている。とくに、巨砲を鋳造するため、郡司鋳造所に設置された石組の施設の築造年代とその具体的な操業の様子を解明することは、長州藩の技術史的研究を前進させるうえで欠かすことのできない重要な課題であると考える。

そうした状況で、近年、郡司健氏は、炸裂式の砲弾を用いるペキサンス砲（ボンベカノン砲とも称される）に注目し、嘉永二年（一八四九）、三年には長州藩がその鋳造を実施したと結論付けている。(6) 郡司氏は、郡司家に伝来した「八〇ポンドペキサンス諸規則」(7) を根拠としており、砲身・砲弾の設計、発射実験などについての分析は精緻なもので貴重な研究成果であるが、この史料を長州藩におけるペキサンス砲の鋳造記録と断定してよいのかという疑問が残る。

そこで本稿では、まず郡司家が長州藩においていかなる存在であったかを確認したうえで、藩政文書「諸記録綴込」(8) ほかの史料を用い、長州藩における洋式大砲の導入過程や、巨砲の鋳造に用いられた施設の築造と鋳造の実態を解明したい。さらには、青銅製大砲鋳造に用いられた原材料の銅や錫の収集についても検証したい（「諸記録綴込」の引用に際しては、以下、毛利家文庫「部寄」の整理番号を、〔一（二四-五）〕のように略記する）。

なお本稿では便宜上、郡司家が営んだ工房を「郡司鋳造所」と呼ぶことにし、遺跡を指す場合には「郡司鋳造所跡」と称することにする。また、洋式大砲の呼称については混乱を防ぐため、本稿では史料の引用以外、末尾に「砲」の字を添えて表記する。

一　郡司家の来歴

郡司家は江戸時代を通じて長州藩の代表的な鋳物師であった。ここでは、その来歴を簡単に確認しておきたい(9)。

郡司家の遠祖は、清和天皇の孫源経基（清和源氏）に遡る。郡司家一九代の専千代丸は、参内鋳物師の塚本対馬守（信忠）の養子となって塚本四郎左衛門（信次）と称し、大内氏の家臣中村隆康に隆康流（隆安流）砲術を学んだ。四郎左衛門の孫で、周防の三田尻において鋳物師を営んでいた塚本長左衛門（信久）は、寛永年間に長州藩主毛利秀就に召し出されて大砲鋳造を命じられ、五人扶持切米一〇石を給された。長左衛門は正保四年（一六四七）、藩主より祖先の由緒に基づいて郡司と改姓することを許され讃岐の名を拝領した。

郡司家中興の祖と称される郡司讃岐は、萩城下の東郊に位置する松本に鋳造所を営んだ。讃岐は隠居後、松本の鋳造所を三男喜兵衛（信安）に受け継がせ、萩城下の南郊に位置する青海に新たな鋳造所を開き、四男甚之允（行正）に継承させた。

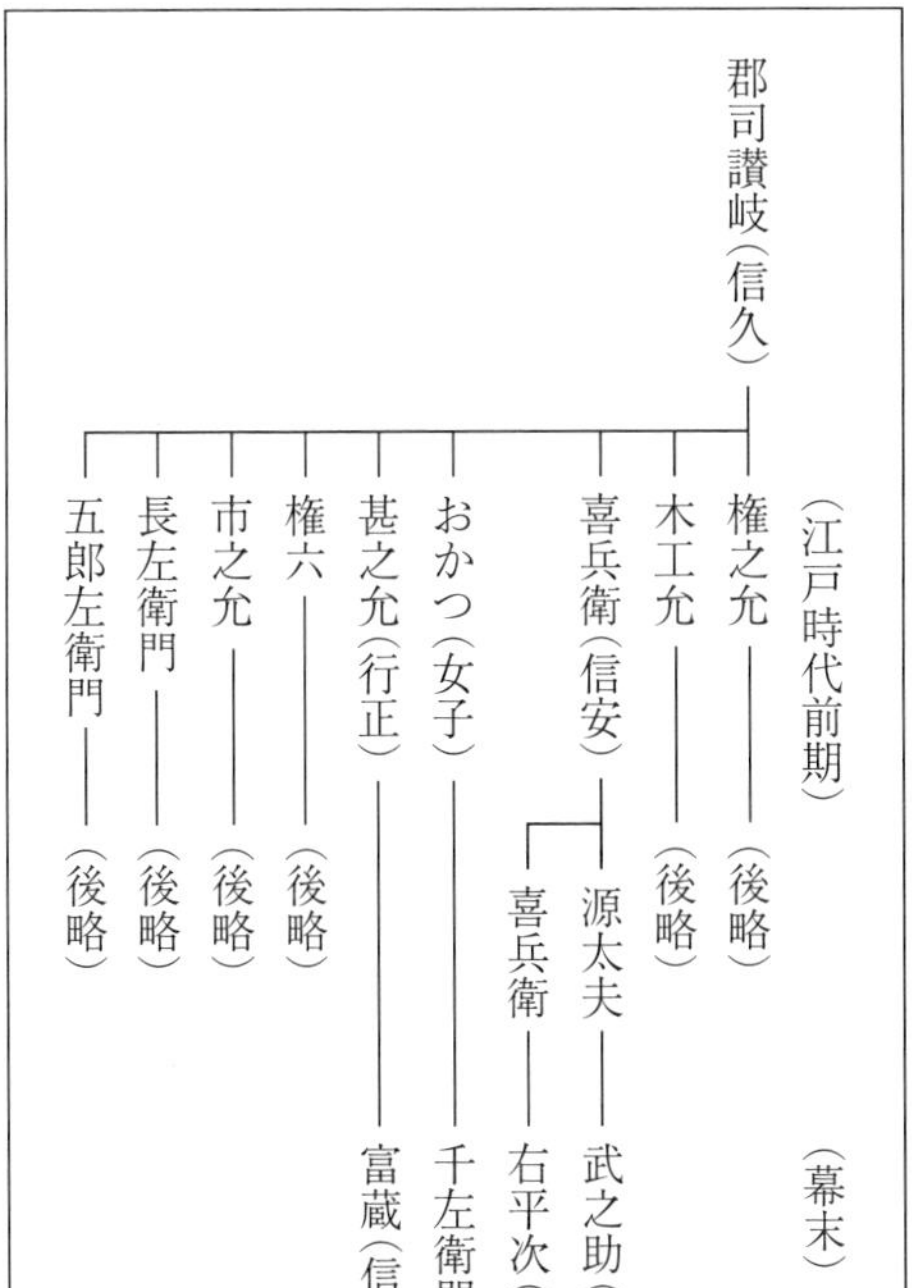

図1　郡司家略系図

こうして萩城下の郊外には二ヵ所の郡司鋳造所が開設され、それぞれ幕末に至るまで操業が続けられた。なお、これら二ヵ所の郡司鋳造所の歴代当主は、長門・周防両国の鋳物師総代をつとめた。

讃岐の子孫は複数に分かれ、それぞれ長州藩に鋳物師、あるいは大筒打（砲術師）として仕えた。幕末の段階では、郡司家は表1に示したように八家の存在が確認できる。そのうち、松本に鋳造所を営んだ讃岐の三男喜兵衛（信安）の子孫からは、大砲鋳造技術の実力を認められ、鋳物師から大筒打に抜擢される優秀な工匠を複数輩出した。とりわけ、喜兵衛（信安）の長男源太夫（信之）は特筆すべき人物で、隆康流の大筒打として登用された。源太夫は砲技の奇巧に優れ、彼の考案した砲床は、荻生徂徠から贈られた「郡司火技序」[10]で「天下無敵也」と絶賛されるほどであった。

表1　幕末における郡司八家の身分と禄高

当主名	身分	禄高	備考
武之助	大組・大筒打	66石	源太夫の子孫
権助	遠近付・大筒打	21石5斗	鋳張兼帯
千平	遠近付・大筒打	14石5斗5升	千左衛門の父
次郎兵衛	遠近付・大筒打	13石5斗	
六兵衛	供徒士	26石	
右平次	細工人・鋳物師	27石5斗	喜兵衛の子孫
富蔵	細工人・鋳物師	10石	
七兵衛	雇細工人・鋳物師	11石4斗	

（注）樹下明紀・田村哲夫編『萩藩給禄帳』（マツノ書店、1984年）、萩郷土文化研究会編『萩藩分限帳』（改訂版、1979年）より作成。当主名以下の各項目の表記は1850年前半のものである。

幕末における喜兵衛（信安）の系統の当主は、右平次（喜平治）である。表1に示したように、右平次の身分は細工人・鋳物師で、洋式大砲鋳造の実務を担った。右平次とともに、郡司源太夫の子孫である大組・大筒打の郡司武之助（賢道）もまた、洋式大砲鋳造に従事する。彼らに加えて、遠近付・大筒打の郡司千平の長男、郡司千左衛門（覚之進）の存在も忘れることはできない。以下、具体的に説明するが、巨砲鋳造の中心は、右平次と千左衛門であった。つまり郡司家は、大砲を造る鋳物師と、大砲を操る砲術師との両面の立場から、長州藩における大砲の洋式化に力を尽くしたのである。

以上に見たように、萩の松本に鋳造所を営んだ郡司喜兵衛（信安）の系統が幕末に至り洋式大砲鋳造の中心となる。したがって、本来、郡司鋳造所は二ヵ所あったが、本稿では松本の郡司鋳造所を検討の対象とする。

二　郡司千左衛門と洋式大砲の技術習得

1　郡司千左衛門の長崎への派遣

従来、郡司千左衛門は嘉永六年（一八五三）に藩命を受けて長崎に赴き、ペキサンス砲の有効性を認識して藩に提出した意見書が認められ、大砲の洋式化に貢献したとされてきた。[11]これに対して、近年、郡司健氏は、千左衛門は嘉永三年にすでに長崎へ行き、吉田松陰とともに高島秋帆の子高島浅五郎を訪ねるなどし、二人が交流を深めていたと指摘している。[12]この点については、吉田松陰の日記や書簡[13]を紐解けば裏付けがとれるので、筆者も同意する。ところが、郡司氏はそれに留まることなく、千左衛門と松陰のこの時の交流が長州藩におけるペキサンス砲の導入に深く関係しているとの見解も示しているが、この点に関しては慎重に検討する必要があるように思われる。とくに冒頭にも紹介したように、郡司氏が郡司家に伝来した「八〇ポンドペキサンス諸規則」を全く史料批判もせずに、長州藩におけるペキサンス砲鋳造の記録とし、それに基づいて長州藩が嘉永二、三年にその鋳造及び発射実験を実施したと結論付けていることは問題である。

そこで改めて「八〇ポンドペキサンス諸規則」を精査すると、「銃薬方」や「鋳製方」といった大砲関連の部署名が見受けられる。ところが長州藩にはこの両者とも該当の部署がない。いずれも該当の部署があるのは薩摩藩である。薩摩藩は弘化三年（一八四六）に鋳製方を設置して青銅砲の鋳造を開始しており、これが薩摩藩における大砲の近代化の第一歩であったとされる[14]。現に薩摩藩は嘉永三年三月一四日、八〇ポンドペキサンス砲の発射実験を実施している[15]。したがって、この史料は薩摩藩におけるペキサンス砲の鋳造・試射に関する記録ということになり、長州藩が嘉永二、三年にペキサンス砲の鋳造や発射実験を実施したとする郡司氏の見解は成り立たないことが判明した。

こうした状況を踏まえて、もう一度原点に立ち返り、郡司千左衛門の嘉永六年における動向を明らかにしたい。

千左衛門については、「炮術為修行長崎可被差越哉」という伺いに対し、嘉永六年二月二五日、「及御聞」すなわち藩主承認のうえで藩校明倫館に許可が下りた。その付紙には「覚之進事先年自力を以長崎罷越、西洋炮術都合之伝授ハ仕候様相聞候得共、今一際研究仕候ハ、往々御役ニ可相立ニ付、本文之通詮儀仕候」〔一（二四－五）〕との記載がある。これにより、先に見た嘉永三年の千左衛門の長崎行きは自費でのものであり、その際に洋式砲術について学んできたが不十分であったため、再度の長崎行きを希望したことがわかる。なお二月二七日には、遠近方に対しても千左衛門の長崎派遣の指示が出された〔一（二四－五）〕。

千左衛門の長崎滞在時の動向については、史料を欠くため詳細を明らかにすることはできない。ところが、同年六月一五日、「源之允嫡子郡司武之進、千平嫡子郡司覚之進事、家業為稽古爰元可被差登との御事候条、水陸先鋒隊之人数一同早々出足罷登候様可被成御沙汰候」と江戸への派遣の指示が出された。これには「猶以武之進、覚之進事、此度之義は格別之筋を以道中惣陸廿日ニして被差登候」〔一（二四－一〇）〕との付記がある。この頃は六月三日のペリー来航の直後であった。長州藩はこうした緊急事態の発生に伴い、大筒打（砲術師）の郡司武之助（武之進とも称した）と郡司千左衛門の両名を江戸へ遣わすことになったのである。

この両名のうち、先に江戸へ赴いたのは郡司武之助である。武之助は同年七月五日に萩を出発したが、「道中川支り」があったため、二〇日での旅程が一日延び、七月二五日に江戸に到着している〔一（二四－一二）〕。その一方、郡司千左衛門は八月四日に萩を出発し、二〇日での旅程通り、八月二三日に江戸に到着した〔一（二四―一四）〕。なお、千左衛門の出発が遅れた理由については後述する。そして千左衛門は九月二日、「御旗本井上左太夫殿炮術功者之儀ニ付、滞府中罷越申合稽古仕度」〔一（二四―一五）〕と伺いを立てて許可を得、江戸でも砲術稽古に励んでいる。

以上から、郡司千左衛門は、嘉永三年に自費で長崎へ行った際には洋式大砲に関する収穫が少なかったため、嘉永六年二月末から六月中旬までの間に藩命により再度長崎に赴き、洋式大砲について研究していたことが確定した。

２　郡司千左衛門の意見と巨砲鋳造の方針決定

長州藩は嘉永六年（一八五三）八月二九日、大砲の増強に関する大きな決断を下す。郡司千左衛門はこれに深く関係していた。

同年七月二九日、藩政府（萩の藩庁、以下同じ）の井上与四郎・玉木文之進・内藤万里助・田北太中・伊藤市右衛門は、江戸藩邸の中井次郎右衛門・椋梨藤太・周布政之助に対して書状で伺いを立てた。なお、藩主毛利敬親は江戸滞在中で、当役（江戸家老）は浦靱負、中井は当役手元役という重職にあった。

井上らの書状は以下の通りである。藩領の北側すなわち日本海に面する「北浦沿岸」と呼ばれる一帯の砲台を充実させること、とくに肝要な萩城の周囲について詳しく調査し、「要害」（萩城の後背にある指月山の山頂）や「鶴江台」（城下町東郊）など六ヵ所に各二挺ずつ、合計一二挺の「六貫目長筒」を設置したいというものであった。そしてこれには、「右之通相見候処、其節はヘキサンス之説未開之時節ニ付、前断長筒之論而已ニて御座候得は、右長筒之所えヘキサンス其外申出之御筒ニ御振替相成候て可然哉、御城廻りは別て大切之御場所ニ付、申出之通先十二挺早々御鋳造被仰付、其余海岸之儀は追々御調被仰付可然候」〔一（二四―一四）〕という注記もある。つまり、ペキサンス砲は未開の状況であるため、先に掲げた「長筒」をペキサンス砲その他の大砲に振り替えてよいか、萩城の周囲は重要な場所であるから、まずは一二挺を早急に鋳造し、それ以外の海岸については追々整備を命じられればよい、というのである。

この時、ペキサンス砲について言及がなされた背景には、次に示すように郡司千左衛門の意見が働いていた。

海寇御手当之器械追々製造被仰付候得共、未至全備、第一彼は遠沖より大砲を打懸可申之処、我は小砲ニて彼え難達、彼は堅固之海城且火輪船等相用、実戦練熟之神速を働かし、我は弱質之関船、通船、漁舟等相用、不鍛練之兵を以す、譬へ敢死之勇士を募り、彼か巨舶ニ近付候術も可有之候へ共、先勝て後ニ戦之目途不相立、然は棄之道理必勝之廟算は無之、孰之道攻者伸守者屈之訳ニ候へハ、彼を攻る之勢ひを以不相守ては、真之守ニては無之、依て上陸之接戦は格別有来之炮技を以海上海岸之戦闘之論は先閣之、彼か大艦を遠沖数拾丁之外ニ打挫く御手段こそ第一之御上策歟と奉存候、於其器ハ西洋流ニてヘキサンスホンヘカノンと相唱候大銃ニて御座候、百五十ホントは最大銃ニて費も亦莫太《ママ》ニ付、八十ホント之ヘキサンス弐挺を相用候祐利益と申伝候、如前断大砲は彼大艦といへとも分外不相当ニ付、船中備置候事ハ不相叶、仍て海岸守防之巨炮は恐怖を為候由、素之儀前書へキサンス之如きハ日本之製造未稀之由、爾長崎新台場ニヘキサンス之大銃彼是置居有之、郡司覚之進見物仕候八十ホントヘキサンス、弐拾四ホントカノン之図面書出せ候、且又荻野流六貫目砲烙玉筒、尤弱薬ニてハ実丸も打方相成候大砲、守永弥右衛門よりも図面相調せ候、いつれも三拾丁は堅固ニ相達、弐拾丁場ニて貫穿も無疑由、先年六貫目モルチイル、ホーイツスル之類鋳造被仰付、是ハ攻城陸戦且海上進退迅速之軍艦を以近寄破裂之道具と相聞、海岸防守遠達之専用ニは無之由、前顕之通必勝之具ニ相決候時は実ニ社稷民命ニ相係候大切之御道具ニ候間、先図面之三挺為御試製造相成候様、此段速御詮議被仰付度奉存候事。〔一（二四―一四）〕

この伺いに対して、八月二九日、江戸の中井らは萩の井上らに、「本書申出之通別紙図面之大砲三挺製造可被仰付との御事」と回答した。ここで取り決められたことは、次の四点にまとめることができる。①海防のため武備の強化に努めているが、いまだに万全ではない。西洋諸国は軍艦からの遠距離砲撃を可能としているが、長州藩はそれに対抗できない。よって、西洋の大艦を打ち破ることのできる大砲が必要である。②そのためには、西洋のペキサンス砲が欠かせない。それは、最大で一五〇ポンドの巨砲になるが莫大な費用がかかるので、八〇ポンドのペキサンス砲を二挺備えたい。③ペキサンス砲が日本で製造された例は稀であるが、郡司千左衛門（覚之進）が長崎を視察した際には新台場にすでに備えてあり、千左衛門からは八〇ポンドペキサンス砲と二四ポンドカノン砲の図面を作成のうえ提出させた。守永弥右衛門からは荻野流六貫目砲烙玉筒の図面を提出させた。これらは、三〇丁（約三㎞）の飛距離があり、二〇丁であれば貫通も疑いないそうである。④以前、六貫目のモルチール砲やホーイッスル砲を鋳造させたが、これらは城攻めや陸戦など近距離向きで、海岸防備には適していない。藩及び領民の命運に関わる大切な道具であるため、まずは八〇ポンドペキサンス砲、二四ポンドカノン砲、荻野流六貫目砲烙玉筒の三挺を試しに製造することとする。

以上から、長州藩は、長崎に派遣した郡司千左衛門の意見に基づき、嘉永六年八月二九日の時点で初めてペキサンス砲の鋳造を決定したことが明らかになった。一五〇ポンドではなく八〇ポンドであるが、ペキサンス砲がかなりの巨砲であることに変わりない。二四ポンドカノン砲もまた、モルチール砲などに比べれば相当大きい大砲になる。

3　巨砲鋳造方針決定に伴う条件付与

長州藩では、以上のように巨砲鋳造の方針が決定したものの、それと並行して、次に示すように費用面についても議論がなされていた。嘉永六年（一八五三）七月二八日、藩政府の天野九郎右衛門以下、井上・玉木・内藤・田北・伊藤は、江戸藩邸の中井・椋梨・周布に対して書状を送り、ペキサンス砲ほかの巨砲の鋳造を急速に仰せ付けられたいが、本来は一二挺必要であるところ利不利の問題もあるので、試しにまず三挺を鋳造したいがいかがか、と伝えた。この時、萩の藩政府は当職(国元家老)毛利筑前が指揮を執っており、天野は当職手元役という重職にあった。

これに対し、中井らは八月二九日に「本文三挺之外追々製造之儀をも被仰越、御筒数相増、殊ニ守銃第一之利器ニ相聞、於各も至極御同意之事ニ存候、然処右製造ニ付ては余分之御物入ニ可有之様相見、勿論於地方御見詰有之儀とは考候得共、卒爾ニ御伺之取計も難相成、先控置候間、本文三挺之大炮出来之上、猶又御詮儀候て重て被仰越候様ニと存候」(一(二四‐一四))と回答した。つまり、ペキサンス砲ほか三挺以外の大砲の鋳造については、海防に利便であるため江戸藩邸でも同意しているが、余計に費用がかかることを萩の藩政府でも認識しているはずであるので、まずは三挺を完成させたうえで、それ以外の大砲について検討して改めて相談してほしいというのである。

またその一方で、長州藩には従来、和式大砲を中心に据える神器陣という備立てがあったが、そうした守旧勢力からは新しい動きに対して牽制が加えられていた。七月二八日、藩政府の天野・井上・山県右平・伊藤・渡辺伊兵衛・三宅忠蔵は江戸藩邸の中井・椋梨・周布へ書状を送り、「神器陣見合中」からの要請について意見を求めた。中井らは八月二九日に返書を送り、それには「大炮之儀は剱槍と違ひ通り懸ケニては稽古難相成儀ニ付、業筋器用之人柄修行として被差越候節は、他国ニて有名之師家え随ひ稽古仕候様被仰付、且又自力を以罷越度段願出候面々も右同様師家え入込候儀は被差免、右之外徒らニ諸国遊歴仕候儀は堅く可被差留との御事候」(一(二四‐一四))と記されている。要するに、砲術は剣術や槍術と異なり簡単には修業ができないため、才能のある者に限って他国の有名な師匠への入門を命じ、または自費での同様の入門を許可するが、それ以外の無闇な諸国遊歴については許可しないというのである。

以上のように、嘉永六年八月二九日、長州藩は萩の藩政府主導で巨砲鋳造の方針を固めた。しかし、こうした動きに対して江戸藩邸は、費用面での不安から鋳造の数量を抑制し、また旧来の伝統的砲術流派からの要請で他国遊学に関する規制を設けるなど、複数の条件を付与したのであった。

三　郡司鋳造所における巨砲の鋳造

1 萩における巨砲鋳造に向けての人員体制構築

嘉永六年（一八五三）一〇月四日、幕府は諸藩に対して洋式砲術の奨励を通達した。長州藩に対しては、「武術修業之儀引立方等銘々之存寄も可有之候得共、炮術之儀は異国船防禦之要術ニ有之、諸流之内西洋打方之儀は近来開け候事ニ付、いまた習熟致し候者も少く候処、今般内海為御警衛西洋法ニ寄御台場御取建ニ相成候ハ、其法術をも手広ニ可被成置御趣意ニ候間、其心得を以西洋打方習熟之者え申談、諸流同様稽古相励候様厚く可被申付候」（一（二四−一六））との通知があった。ペリー来航直後の危機感から、洋式砲術の熟達者を増強しようという意図が読み取れる。

これを受けて長州藩は、同日、藤井百合吉を「西洋炮鋳造ニ付暫時御用懸り」（一（二四−一六））に任じ、守永弥右衛門を「大炮鋳造ニ付御用懸り」（一（二四−一六））に任じた。そのうえで長州藩は、一〇月二一日、「此度西洋炮術手広ニ可被成置と之御趣意ニ付、諸流一同西洋打方稽古相励候様被仰出候、然処於大膳大夫方大炮之儀は和流・西洋流取交稽古仕候、尤銃陣備立之儀は仕来之流儀有之操練為仕候、此段兼て被聞召置可被下候」（一（二四−一六））と幕府に届け出た。つまり、幕府から洋式砲術の奨励があったが、長州藩では和式大砲と洋式大砲との混合で稽古に励んでいるため、銃陣の備立てについては引き続き従来の方法を取らせてほしいというのである。

そうしたなかで、藩政府の天野・三宅・山県・伊藤・渡辺は八月四日、江戸藩邸の中井・椋梨・周布に対し、以下に示す書状を送り、同意を求めていた。中井らは一〇月一七日に承認の返信を送っている。

千平嫡子郡司覚之進事、家業稽古として道中惣陸廿日ニして江戸被差登候段、靱負殿より御当役方え被仰越候処、先達て業筋為修行長崎被差越置候付呼戻被仰付無間罷帰候、左候へハ早速出府可仕之処、追々被仰越候様御国表御手当筋半途之儀は行詰をも不被仰付候てハ不相済、大銃製造方詮儀最中ニ付利不利、其図之調方、丁間達不達、合薬之強弱、長崎新台場ベ《ママ》キサンス其外之大炮現場見分之次第、薩州・肥前大銃製造之伝聞等申出候、彼是手間取候中気分相差起唯様出足延引ニ相成申候、御国元御手当詮儀和流之儀は大躰無疎被仰付置候様御座候へ共、何分異賊之儀は彼が所作ニ応し其勝を先ニ御詮儀被仰付候義第一ニ付、先覚之進帰着懸より何角と穿鑿被仰付候事ニ御座候、其御地御用筋之儀ハ難計御座候へ共、別人ニても被相済候御事ニも御座候ハヽ、何とそ覚之進ハ御国被差返爰元之御用被仰付候ハヽ、諸事御便利歟と被相考候、猶又爰元御用も荒方相済候ハヽ、長崎修行懸り之師家被差越度御事歟と存候、此度長崎修行躰ニ付てハ、余程師家ニも被為相励銘肝之会釈も仕候由、委細は覚之進より御承知可被下候、気分快気今日より出足道中成丈相稼候様被仰付候。〔一(二四―一七)〕

これを要約すると、郡司千左衛門(覚之進)の江戸派遣の命令が下ったため、修業先の長崎から国元の萩に呼び戻した。速やかに江戸へ遣わすべきであったが、国元では巨砲製造について議論があり、千左衛門にはその利不利、図面の作成、飛距離、長崎のペキサンス砲ほか大砲の実見の様子、薩摩・肥前(佐賀)両藩における巨砲製造の伝聞などを報告させていた。しかし、そのうち病気になったため江戸への出発が遅れた。国元の武備は、和式についてはおおむね良好だが、西洋諸国に対しては彼らの所作に応じて必勝を期さねばならないため、千左衛門の帰着後すぐに色々と研究させていた。江戸での用件は別人でも処理できるはずなので、千左衛門を国元に帰してもらえたら諸事都合がよいと考えている。千左衛門の病気が快復したため、今日、江戸へ向けて出発させた。以上の内容から、千左衛門は八月四日に江戸へ向けて出発したが、それ以前、萩では千左衛門が長崎から持ち帰った最新の情報に基づき、巨砲鋳造に向けての詳細な議論が行われていたことがわかる。

さらに九月一七日、藩政府の天野らは、江戸藩邸の中井らにもう一度書状を送り、江戸へ派遣したばかりの千左衛門の帰国を重ねて要請した。天野らは「千平嫡子郡司覚之進事、其御地御用筋別人ニても被相済候事ニ候ハヽ、一先御国被差下候様ニハ被相成間敷哉、先達て覚之進罷上候節も得御意候様、御手当事ニ付てハ長崎辺其外現場之模様申合度候処、急速罷登半途之儀も有之、猶此度大炮製造伺之通被仰付候得は、大荘（ママ）之御道具覚之進事申合候得ハ、別て御為宜相整可申、尤於彼者も何そ無覚束相考候儀も有之候ハヽ、趣ニ寄長崎被差越儀も可有之」と、萩での巨砲鋳造については千左衛門の力が不可欠であることを懇々と説いている。また場合によっては、千左衛門を再び長崎に派遣して調査をさせる可能性があるとも述べる。これに対して中井らは一〇月一七日に承認の返事を送り、江戸での用件は別人でも対応できるから、千左衛門を近日中に国元へ帰すと藩政府の要求をそのまま聞き入れた〔一（二四－一七）〕。

しかし、それから間もない一〇月二八日、江戸藩邸の中井・周布・赤川太郎右衛門は、藩政府の天野・三宅・山県・伊藤・渡辺に対し、「郡司覚之進事御国可被差下候段ハ、此内得御意候通ニ御座候、然処来月十日比大森町打場ニおゐて大砲試打被仰付候付、夫迄之処被差留置相済次第可被差下候間、左様御承知可被成候」〔一（二四－一七）〕という書状を送り、千左衛門の帰国をしばらく延期すると伝えた。そして一一月三日になり、千左衛門に対して、「家業為稽古爰元被召登候処、於地方御用有之候付御国被差下候事」〔一（二四－一八）〕と帰国の命令が出された。

こうした状況で、萩では巨砲鋳造にむけての体制が急速に整えられてゆく。一一月七日、大玉新右衛門を「銅錫吟味役并大炮鋳造御用懸」に任じてよろしいかとの伺いが立てられた。これには但し書きとして「此度大炮数挺鋳造ニ付、器ニ造り成候古銅錫御作事方内え会所を構、御買上之上、器物錫之儀は上品、下品と吹分被仰付候付、右為役人被差出度、尚又西洋炮鋳造ニ付ては、本文之通可被仰付哉」と記されている。大玉は、青銅製大砲の原材料となる銅・錫の買い上げ及び洋式大砲鋳造にかかわる担当者の候補に挙げられたのである。その管轄は蔵元両人役（経費事務担当者）の前田孫右衛門で、それには「古銅錫御買上吹分等鋳物師郡司右平次屋敷便利ニ付、於彼所取扱被仰付候事」（一（二四―一八））という注記が添えられている。つまり、古い銅や錫の買い上げ、それらの熔解・分離については、鋳物師郡司右平次の屋敷であれば都合がよいのでそこで取り扱うこととしたのである。なお大玉は、正式には「銅錫吟味役并大炮鋳造御用取扱」（一（二四―一八））として差し出されることになった。

また一一月九日には、内藤助四郎が「荻野流大炮鋳造一件懸り」（一（二四―一八））に任じられ、村岡伊右衛門が「銅錫吟味御買上幷西洋流大炮鋳造一件懸り」（一（二四―一八））に任じられた。

こうして、長州藩における洋式砲術の第一人者とも呼ぶべき郡司千左衛門を中心に、巨砲の生産にとりかかろうとした矢先、不測の事態が生じた。一一月一九日、千左衛門に対して江戸から萩への「出足延引」（一（二四―二〇））が命じられたのである。このことについて、一一月二六日、江戸藩邸の中井・周布・赤川は、藩政府の天野・三宅・山県・伊藤・渡辺に対して書状で報告した（一（二四―二〇））。その背景には、一一月一四日、幕府が長州藩に対し、相州警衛（江戸湾の相模国側の防備）を命じたことが絡んでいる。相州警衛の詳細に触れる余裕はないが、千左衛門は一一月二一日に「江戸近辺修行之趣を以浦賀表海岸見分其外為聞繕彼地被差越候事」（一（二四―二〇））と相州浦賀の海岸視察を命じられた。さらに一一月二七日、郡司武之助とともに「此度相模国御備場御委任ニ相成候付彼地出張可被仰付候、尤御役配之儀は追て可被仰出候、此段内意被仰付候事」（一（二四―二〇））と命じられた。要するに、相州警衛の具体的な任務については追って沙汰するというのである。そして一二月二〇日、武之助は「大炮鋳造被仰付候付御用掛」、千左衛門は「台場築立被仰付候付御用掛」（一（二四―二三））にそれぞれ任じられた。

千左衛門はこの一連の命を受けて、江戸あるいは相模にて足止めとなり、萩への帰国が難しくなった。したがって、これ以降、萩における巨砲鋳造の実務は、大筒打郡司千左衛門から鋳物師郡司右平次へと受け継がれることになる。

2　郡司右平次の大砲鋳造活動

郡司右平次の営む郡司鋳造所における生産活動は、太平の世においては鍋や釜といった日常生活用具、あるいは梵鐘などを中心としていた。しかし、外圧の高揚とともに否応なく変容を迫られ、大砲類の生産量が急増する。

実は、郡司右平次はペリー来航以前から洋式大砲を鋳造していた。右平次が安政二年（一八五五）一〇月、藩に提出した「勤功書」(16)によると、清国でアヘン戦争のあった一八四〇年前後から大砲の生産量が増加していったことがわかる。この記録は藩に提出した文書であるため、信頼度の高い史料と考えられる。表2は、「勤功書」に基づき、彼が天保一四年（一八四三）から弘化四年（一八四七）までの五年間に鋳造した青銅製の大砲を一覧にしたものである。これによると、総計六二挺のうち、四七挺は和式大砲で、残り一五挺は洋式大砲である。さらに洋式大砲を細かく見ると、モルチール砲とホーイッスル砲の二種類を確認することができる。この表以外にも、右平次は、弘化三年以降に手天砲（手矢砲か）六挺、嘉永元年（一八四八）に延岡藩の依頼でホーイッスル砲、モルチール砲、手天砲、七〇〇目野戦筒の計四挺、嘉永三年に三貫目玉ホーイッスル砲一挺を鋳造した。

表2　郡司右平次が鋳造した大砲
（天保14年～弘化4年）

1貫目筒	16挺
600目筒	5挺
500目筒	6挺
300目筒	7挺
200目筒	7挺
相図筒10貫目玉	1挺
同5貫目玉	1挺
300目玉野戦筒	4挺
以上、和式小計	47挺
モルチール砲	7挺
ホーイッスル砲	8挺
以上、洋式小計	15挺
総計	62挺

ここで注意したいのは、モルチール砲とホーイッスル砲の長さが一m前後しかないということである。和式大砲は長いものになると二m

前後になるため、これら二種の洋式大砲については、砲身の形状さえわかれば従来の施設でも充分対応が可能な範囲であったと考えられる。よって、鋳造施設を更新する必要はなかったはずである。

ところが、ペリー来航後、長州藩でも黒船の来襲という不測の事態に備えるため、三mを超える巨砲の必要性が高まった。前に確認したように、洋式大砲と一口にいっても、モルチール砲やホーイッスル砲はおもに野戦砲（陸戦砲）として近距離砲撃に使われたのに対し、ペキサンス砲やカノン砲などの巨砲は沿岸から艦船への遠距離砲撃に適していたのである。

このことを踏まえて、再度、先ほど確認した右平次の「勤功書」を見ると、次のような一節がある。

過ル丑ノ十一月より、御手悩を以大砲鋳造被仰付、私居宅細工場其外御借上ケ被仰付、御役所被差立、私儀御用掛り被仰付、日勤暮詰ニて奉遂其節、引続キ姥倉新鋳造場御用掛り被仰付、追々大砲鋳調被仰付候内、八拾封度ヘキサンス壱挺、弐拾四封度架砲壱挺、壱貫目玉筒弐挺、十五拇ホウイツスル二挺、弐拾拇モルチイル壱挺、六封度架砲壱挺、フルフ壱挺、十弐拇ランゲホウイツスル壱挺、十八封度架砲五挺、宜出来仕候、右御筒相調候内、度々被遊御下り被遊御覧候、尚又去寅ノ春、江戸表御用ニ付御急場被差登、同冬日向国延岡えも御用ニ付被差越、御用筋無滞奉遂其節候事。(17)

右平次は嘉永六年一一月以降、藩政府負担による工事で大砲鋳造を命じられ、自宅と細工場そのほかが藩に借り上げられて役所が建てられ、自分は御用掛を命じられたので昼夜を分かたず励み、鋳造の際には藩主もしばしば様子を見に来たという。右平次が文中で列挙した大砲については、表3にまとめた。これによれば、右平次は嘉永六年一一月以降、この「勤功書」を提出した安政二年一〇月までの二年間に、一五挺の大砲を完成させたことになる。そのうち、二挺は和式大砲であるのに対し、残り一三挺は洋式大砲である。さらに洋式大砲の内訳を細かく見ると、最も多いのはカノン砲で、前に確認したように、郡司千左衛門の意見によって鋳造が決定された八〇ポンドペキサンス砲、二四ポンドカノン砲も一挺ずつ含まれている。これを前掲の表2と比べれば差は歴然だが、ここで問題となるのは、三mを超えるペキサンス砲やカノン砲などの巨砲をどのように鋳造していたかである。

そこで注目すべきは、郡司鋳造所跡において検出された洋式大砲鋳造用の巨大な石組遺構である。この遺構は、「コ」の字形をした石組の中央部、すなわち、大砲の鋳型を設置する場所の上端から下端までの高低差が約四・五mあったと推定されている。(18)したがってこの施設であれば、三m以上の巨砲も十分鋳造が可能である。これはまた、前に確認したように、嘉永六年一一月七日、大玉新右衛門が「銅錫吟味役幷大炮鋳造御用取扱」として差し出された際、鋳物師郡司右平次の屋敷が古い銅や錫の買い上げ及び熔解・分離に都合がよいので、そこを取扱所にしたということとも符合する。

表３　郡司右平次が鋳造した大砲
（嘉永６年11月～安政２年10月）

一貫目玉筒	2挺
以上、和式小計	2挺
80ポンドペキサンス砲	1挺
24ポンドカノン砲	1挺
18ポンドカノン砲	5挺
6ポンドカノン砲	1挺
15ドイムホーイッスル砲	2挺
12ドイムランゲホーイッスル砲	1挺
20ドイムモルチール砲	1挺
フルフ砲（形状・用途等不詳）	1挺
以上、洋式小計	13挺
総計	15挺

以上を勘案すると、長州藩は嘉永六年八月、郡司千左衛門の意見に基づいて沿岸砲台に設置するための巨砲の鋳造について方針決定した。そして、ペリー来航後の幕府による諸大名の海防強化政策や洋式砲術の奨励という一連の動きのなかで、嘉永六年一一月以降、鋳物師郡司右平次が営む郡司鋳造所に藩費で石組の洋式大砲鋳造施設を築造し、巨砲の生産を開始したと考えられるのである。

なお右平次の「勤功書」には、彼の居宅すなわち郡司鋳造所における大砲鋳造活動のほかにも、「姥倉新鋳造場」「江戸表御用」などの文言が見受けられるため、検討すべき課題が残されている。とくに、後者の「江戸表御用」が長州藩の葛飾別邸における大砲鋳造を指すということは確実であるが、これらについては機会を改めて考察したい。

３　郡司右平次の大砲鋳造の実態

郡司右平次は、一体どのようにして巨砲を鋳造していたのであろうか。大砲の鋳造技術に関する一次史料はなかなか見あたらないが、末松謙澄は『防長回天史』で、嘉永末年以降の長州藩における大砲鋳造の方法について、次のように説明している。

　是れより毛利氏亦盛に加農砲を鋳造す、而して臼砲忽砲の製造当時已に長藩に行はる、長藩既に三種の火砲を製出す、而も其資料に至りては皆銅に非ざるはなし、其製法は鞴炉を以て礦物を鎔融し、模型に注入して之れを作る、砲腔は或は鉄桿に依り或は粘土の模型に依る（後には水車機鑿開法を用ひたり）夫れ鞴炉の製法たる踏鞴の為めに工人を要する最も多く、鎔融亦極めて緩漫なり、其鎔液も模型の下部より注ぐに非すして直ちに竈の一側より注下す、故に銅滓気泡贅頭に浮出せず、砲身往々疵痕を留む、然れども当時に在りて能く八十封度の巨砲を造る。(19)

これによれば、長州藩はカノン砲（加農砲）、モルチール砲（臼砲）、ホーイッスル砲（忽砲）の三種類の洋式大砲を鋳造していたことや、材料はすべて銅だったということが確認できる。ただし、前に確認した右平次の「勤功書」には、「銑大筒之儀は其製作未不承及候へ共」、「種々工夫」とあり、銑鉄を利用した大砲の鋳造方法を十分承知していないにもかかわらず、自費で試行錯誤しながら鋳造していたことがわかる。右平次は、銑鉄製の大砲であれば低予算で済むし、西洋で鋳造できるのだから、自分にも鋳造できるはずとの思いで努力したと述べている。弘化四年（一八四七）までに鋳造した銑鉄製大砲は、六〇〇目筒一〇挺、五〇〇目筒九挺、三〇〇目筒一〇挺、二〇〇目筒一一挺、雹砲一挺の計四一挺（破裂分は除外）である。[20]

製法については、踏鞴と甑炉（鞴炉）で金属を熔解して鋳型に注入するが、砲身の空洞部分（砲腔）は中子（鉄桿もしくは粘土の鋳型）を利用し、のちにこの部分は水車を用いて錐で穴を空けるようになったことがわかる。ただし、踏鞴を踏む作業には人手が多くかかり、銅の熔解にも相当時間を要したという。さらに、熔解した銅は鋳型の下側から流し込むのでなく、炉の傍ら、すなわち上側から流し込んだため、銅滓や気泡が頭頂部に浮きあがらず、砲身にしばしば鬆（疵痕）ができるなど困難も多かったが、それでも当時にしてはよく八〇ポンドの巨砲を造っていたというのである。

以上から郡司右平次は、在来技術すなわち和式大砲を鋳造する技術を応用し、八〇ポンドペキサンス砲という巨砲鋳造を成し遂げていたことがわかる。右平次はその際、郡司千左衛門が何らかの方法で入手したとみられる「八〇ポンドペキサンス諸規則」も参考にしていたと考えられる。これは前に確認したように、薩摩藩におけるペキサンス砲の製造・発射実験についての一連の記録である。右平次は鋳物師の立場から、千左衛門は大筒打（砲術師）の立場から、それぞれ知恵を出し合って工夫を凝らし、伝統的な技術を青銅製洋式大砲の鋳造に適合させていたのである。

八〇ポンドペキサンス砲は、安政元年（一八五四）一〇月下旬までには完成していたと推し量られる。実際、長州藩は安政元年一一月二日、萩の菊ヶ浜にて「百機山斯」（ペキサンス）の試し打ちを予定していたが、その日は雨天のため延期し、五日に改めて「明日、明後日両日」に試し打ちするとの沙汰を下しているからである（二（三一―二七））。ただし同月五日、杉梅太郎が萩の野山獄に投じられていた弟吉田松陰に送った書簡には「八十封度ペキサンス試発之れあり海中へ落す、今日なり。獄中へも聞え申すべし」とあり、松陰はその行間に「獄卒民吉の語る所も亦然り」[21]と書き込んで兄に送り返している。藩政府の沙汰と松陰らの往復書簡には日付の上で微妙な食い違いがあるものの、松陰らのやりとりは、この巨砲の凄まじい発射音を物語っている。

なお現在、郡司鋳造所跡（郡司鋳造所遺構広場）には、大砲鋳造装置の復元レプリカ（模造品）が設置されている。ここでは、甑炉やカノン砲の鋳型などを再現している。また、鋳造場所でもっとも肝心な木組みの鋳台も再現している。このうち、鋳型と鋳台は発掘調査により実物が発見されたため、忠実なレプリカが製作されている。鋳台は、鋳坪と称される「コ」の字形をした石組の中央部に設置されていた。鋳台の底面は約二m四方あり、水の浸入を防ぐため、船大工が和船を造る際の接ぎ合わせという特殊な技術が活かされ、数枚の松の板を隙間なく連結させていた。

こうしてみると、郡司鋳造所跡で発掘された巨砲鋳造用の石組の施設は、郡司右平次という鋳物師を中心に、船大工や石工など、様々な在来技術の職人が知恵を出し合うことによって築かれたことがわかる。

4　郡司右平次と銅・錫の収集

郡司右平次は、生涯に一三〇門以上の大砲をつくったとされている。[22] そこで問題になるのは、青銅製の大砲を鋳造するために用いられた銅や錫などの原材料である。これだけの大砲を造るとなると膨大な量の原材料を要したはずであるから、史料の残っている嘉永六年（一八五三）以降に限定されるが、この問題についても検討を加えておきたい。

長州藩は嘉永六年一〇月二四日、「御手当不足之大砲鋳調之儀御沙汰有之、入用之古銅錫とも、市中持合之分買入被仰付候付、他所売被差留候処、不心得之者も有之、買集置候て他所え持出候様相聞候付、若右様之儀有之節は、見咎次第品物取揚、現人御咎をも被仰付候[23]」という沙汰を出した。これは、萩の城下町の住人たちを対象としたものである。つまり、大砲鋳造のため、古い銅や錫については藩が買い入れることとし、他所への売渡しを禁じていたが、銅や錫を買い集めて他所へ持ち出す不届き者もいると聞くので、今後は見咎め次第、厳重に処罰するというのである。

銅や錫は、鍋・釜・鏡・火鉢・燭台などの日常生活品によく使われる金属であるから、城下町には多くの使い古しの道具があったに違いない。

さらに長州藩は同年一一月一〇日、古銅・古錫に値段を付けて買い上げるという内容の沙汰を出す。その際、御用達の者を買い付けに回らせるが、「松本鋳物師郡司右平次屋敷内銅錫引受会所」へ直接持参してもよいとしている。とくに錫には上・中・下の等級を付けて値段を決めている。具体的には「細工錫上之分、懸目百目ニ付、札銀弐拾壱匁替之事」、「同中之分、同断ニ付、札銀拾八匁替之事」、「同下之分、同断ニ付、札銀拾五匁替之事」、「古銅、懸目壱貫目ニ付、銭三貫四百文替之事」とし、「朝五半時より八時迄請方被仰付候事」という取り決めであった。(24)

このような沙汰が出された原因は、鉱山から掘り出す銅や錫が払底していたからではないかと想像できる。実際、郡司右平次は、安政二年（一八五五）秋に「精銅御用」を仰せ付けられ、奥阿武郡の蔵目喜銅山の採掘に当たっていた。彼が安政四年一二月に藩に提出した「演説」（嘆願書）によれば、銅山採掘に要する経費を藩から借り、その返済について便宜を得たうえで銅の採掘にあたり、安政三年四月には鉄山御用懸りも命じられた。だが、採掘場が地震で大崩れを起こすなど諸事情あって採掘量が少なく、私費までも投じるようなありさまで、これ以上続けては損失ばかりであるから、残りの借銀の返済についても配慮してほしいと願い出たのである。しかし、これに対する藩の回答は、難渋のほどはわかったので、借銀の返済については年限を延長するというだけであった。(25)要するに、藩は右平次に対して引き続き採掘を続けるようにと指示しているのである。

この事例からもわかるように、郡司右平次は鋳物師としての本分の一方で、藩の要請に応えるため、原材料集めについても相当の困難に直面していたのである。したがって、彼が実際に大砲鋳造に利用した銅や錫などの原材料の大部分は、古い鍋や釜、あるいは梵鐘などといった既製品の回収・再資源化によって賄われていたと考えられる。

おわりに

本稿で明らかにした内容をまとめると、以下の通りである。長州藩は天保後期のアヘン戦争情報の到来後、鋳物師の郡司家に命じ、洋式大砲のなかでも比較的小規模なモルチール砲やホーイッスル砲の生産を開始した。

嘉永六年(一八五三)二月末から六月中旬までの間に、大筒打(砲術師)の郡司千左衛門は藩命により長崎に派遣された。千左衛門は、ペキサンス砲やカノン砲といった巨砲を実見し、また薩摩・佐賀両藩からも巨砲製造についての情報を収集して、沿岸防備用には巨砲が不可欠であることを藩に意見した。これを受けて、長州藩は萩の藩政府主導で、西洋諸国の軍艦にも対抗しうる飛距離と破壊力を有する八〇ポンドペキサンス砲に注目し、嘉永六年八月二九日の時点で初めてペキサンス砲鋳造の方針を決定した。ペキサンス砲やカノン砲が、おもに陸戦用に使用されるモルチール砲やホーイッスル砲とは比較にならぬほど大きい大砲であることは疑いない。しかし、このような萩における新しい動きに対して、江戸藩邸は、巨砲鋳造に伴う費用面での不安から生産数量を抑制し、また、旧来の伝統的砲術流派からの要請で他国遊学に関する規制を設けるなど、複数の条件を付与することとなった。

郡司千左衛門は八月四日、江戸藩邸の要請で萩を離れ、江戸で砲術修業に従事した。これに対して萩の藩政府は、ペキサンス砲の鋳造に際しては、長崎から最新の知識と情報を持ち帰った千左衛門の力が必要であるとの理由で、江戸藩邸に彼の帰国を要請した。ところが嘉永六年一一月一四日、幕府が長州藩に相州警衛を命じたことは大きな転機となった。千左衛門は、相州警衛の任務のため萩への帰国が困難な状況となり、以降、萩における巨砲鋳造の実務は、大筒打の郡司千左衛門から鋳物師の郡司右平次へと受け継がれたのである。

その間の嘉永六年一〇月四日、幕府は、諸大名の海防強化及び洋式砲術を奨励した。長州藩はこうした情勢のもと、嘉永六年一一月以降、郡司右平次が営む鋳造所に藩費で洋式大砲鋳造施設を築造し、巨砲の生産を開始した。右平次はその際、郡司千左衛門が入手した薩摩藩におけるペキサンス砲の鋳造及び発射実験記録も参考にしたとみられる。郡司鋳造所では、安政元年（一八五四）一〇月末までに八〇ポンドペキサンス砲一挺を完成させていた。なお、近年、郡司鋳造所跡で発掘された石組の施設は、右平次らが在来技術の踏鞴と甑炉で洋式の巨砲鋳造に挑戦した物証である。

郡司右平次はその一方で、藩命を受けて銅山の採掘にあたり、青銅製大砲の原材料集めにも奔走した。しかし、採掘は予想外に困難で、実際に大砲鋳造に利用した銅や錫などの原材料の大部分は、古い鍋・釜・梵鐘などの既製品を再利用していたと考えられる。こうした状況で、長州藩は、安政二年（一八五五）鉄製大砲鋳造のため反射炉の導入を決断し、翌年に試作したが、反射炉の実用化には成功しなかった。その背景には、銅や錫の不足を克服するため、鉄で大砲を鋳造しようという議論もあったのである[26]。

郡司家は、大砲を造る鋳物師と、大砲を操る大筒打（砲術師）との両方の立場から、長州藩における大砲の洋式化に力を尽くした。長州藩が青銅製の巨砲鋳造に成功した要因は、郡司一族の連係があったからだといえよう。

註

（1）「長崎大年寄高島四郎太夫え郡司源之丞其外炮術入門として長崎被差越候一件」（山口県文書館蔵、毛利家文庫一五、文武六七）によれば、長州藩は、天保一二年（一八四一）高島秋帆が武州徳丸原で洋式砲術の演習を実施した際、藩士を視察に行かせてその実力を高く評価し、郡司源之允（光孚）、粟屋翁介、井上与四郎の三名を長崎の秋帆に入門させ、洋式砲術を学ばせている。なお郡司源之允は、大組・大筒打の郡司源太夫の子孫である。

（2）　長州藩についての技術史的研究は、古くは堀江保蔵「山口藩に於ける幕末の洋式工業」（京都帝国大学経済学会編『経済論叢』第四〇巻第一号、一九三五年）、同「中島治平と山口藩の洋式工業」（『経済論叢』第四〇巻第五号、一九三五年）などがあるものの、概括的な説明に終わっている。なお最近、他地域を対象としたものではあるが、峯田元治・中江秀雄「幕末・大筒鋳造法の技術水準─青銅から鋳鉄への道程─」（宇田川武久編『日本銃砲の歴史と技術』雄山閣、二〇一三年）という優れた考察が発表されている。

（3）　山本勉弥・河野通毅著『防長ニ於ケル郡司一族ノ業績』（藤川書店、一九三五年）。

（4）　『山口県埋蔵文化財センター調査報告 第三〇集 郡司鋳造所跡』（二〇〇二年）。

（5）　『幕末長州藩の科学技術─大砲づくりに挑んだ男たち─』（萩博物館、二〇〇六年）、拙稿「幕末長州藩における大砲鋳造技術についての研究」（文部科学省特定領域研究「江戸のモノづくり」第八回国際シンポジウム実行委員会編『近世科学技術のＤＮＡと現代ハイテクにおける我が国科学技術のアイデンティティーの確立』二〇〇七年）。

（6）　郡司健「幕末期長州藩における西洋兵学受容と大砲技術─ペキサンス砲の衝撃─」（『伝統技術研究』第六号、二〇一四年）、同「江戸後期幕府・諸藩の近代化努力と大砲技術」（笠谷和比古編『徳川社会と日本の近代化』思文閣出版、二〇一五年）。

（7）　史料の正式名称は「八十封度伯以苦删子 仏郎西砲術家 暴母珀迦炳諸規則」（萩博物館蔵）。本稿では「八〇ポンドペキサンス諸規則」と略記する。郡司千左衛門の子孫郡司聰氏から萩市に寄贈された。なおこの史料について、筆者は前掲（5）『幕末長州藩の科学技術』において、郡司家が八〇ポンドペキサンス砲（ボンベカノン砲）を鋳造した際の関係記録として紹介したが、その内容については検討の余地があると指摘していた。

（8）　「諸記録綴込」（山口県文書館蔵、毛利家文庫三三一、部寄一～一九）。

（9）郡司家の来歴については、郡司武之助の子孫郡司信興氏が蔵する「郡司家系図」及び「郡司讃岐申遺状」（萩博物館寄託）を根拠とした。後者は、郡司讃岐が寛文二年（一六六二）正月に執筆した長文の由緒書で、子孫のために祖先や自分の経歴・名誉などをまとめたものである。また、前掲（3）山本・河野著も参照した。
（10）「郡司火技序」（郡司信興氏蔵、萩博物館寄託）。『古事類苑 武技部』（普及版、吉川弘文館、一九八五年）に収録。
（11）前掲（3）山本・河野著、八頁。末松謙澄著『修訂防長回天史 二』（復刻版、マツノ書店、二〇〇九年）五〇六～五〇七頁。
（12）前掲（6）郡司健「幕末期長州藩における西洋兵学受容と大砲技術」。
（13）山口県教育会編『吉田松陰全集』全一二巻・別巻（復刻版、マツノ書店、二〇〇一年）。
（14）薩摩のものづくり研究会編『集成館熔鉱炉（洋式高炉）の研究』（二〇一一年）。松尾千歳「薩摩藩の鋳砲事業に関する一考察―幕末の台場砲鋳造を中心に―」（『尚古集成館紀要』第一一号、二〇一二年）。
（15）公爵島津家編纂所編『薩藩海軍史』中巻（復刻版、原書房、一九六八年、二一～二六頁）に、薩摩藩が八〇ポンドペキサンス砲の発射実験を行った際の動向が記載されており、前掲（7）「八〇ポンドペキサンス諸規則」とも符合する。
（16）「郡司右平次勤功書　安政二年（写）」（山口県文書館蔵、特設文庫、県史編纂所史料四六―一）。
（17）同右。
（18）前掲（4）報告書、三一～三七頁。
（19）前掲（11）『修訂防長回天史 二』五〇八頁。
（20）前掲（16）「郡司右平次勤功書　安政二年（写）」。
（21）前掲（13）『吉田松陰全集』第八巻、一八一頁。「杉梅太郎・吉田松陰往復書簡」の原本は萩博物館蔵（杉家寄贈資料）。

(22) 前掲(3)山本・河野著、一一頁。

(23) 『山口県史 史料編 幕末維新2』(山口県、二〇〇四年)三八〇頁。

(24) 同右、三八〇~三八一頁。

(25) 「郡司家文書 権左衛門・喜兵衛・七兵衛・右平次(写)」(山口県文書館蔵、特設文庫、県史編纂所史料四八九)。

(26) 拙稿「萩反射炉再考」(『日本歴史』第七九三号、二〇一四年)。

薩摩の製鉄技術
―わが国最初の集成館洋式高炉（熔鉱炉）の探究―

長谷川　雅　康

はじめに

幕末・明治期におけるわが国の近代化・工業化の歩みが、九州・山口の近代化産業遺産群の世界文化遺産への登録の動きと相俟って、近年注目を集めている。その理由は、一九世紀西欧諸国以外で自国民が主役となり、近代化を成し遂げたのは日本だけであり、しかも極めて短期間に急成長を遂げたからである。設備機材などを外国から購入して、外国人技術者の指導を仰いだが、日本人の為政者と技術者たちが主体となっていた。特に、初期の段階では鎖国体制のため、西欧の書物から得た知識を日本の在来技術を用いて実現する手法が採られた。この手法は他国に類例を見ない特異な手法であった。この特異な近代化を先導したのは、長崎防衛を担った佐賀藩と琉球を支配していた薩摩藩である。（1）

薩摩藩は幕末期、他藩に先駆けて近代化・工業化のための実験的な試みを多面的に展開した。藩主斉彬が主導した集成館事業である。この中で試みられた技術分野で最も後世に大きな影響を及ぼしたのは、洋式高炉の構築というわが国初の挑戦であった。本論では、なぜ薩摩藩がそれをなしたか、それは具体的に何であったか、その実態を探究した成果を報告して、さらに今後の課題を考えてみたい。

一　薩摩の在来製鉄技術

薩摩は、わが国最初の洋式高炉の導入地となったが、その土壌をなす在来の製鉄技術の豊かな伝統があった。その実態について、わが国最初の鉄冶金技術書である伯州日野の鉄山師下原重仲著『鉄山必用記事』（天明四年〔一七八四〕）には、以下のように薩摩の製鉄の様子を記している。(2)

薩摩で造られる鉄があるが、ここでは備中の場合のように鋼《はがね》は出ない。鉄の製錬法が違うのである。すなわち鞴《ふいご》は琉球の人の作で、これを水車で差させるということである。この水車鞴こそ日本書紀にいう 水碓にて冶鉄 なのかもしれない。水車の軸に坊主木という木を立て添えているというが、琉球人が僧であったのでこのように呼ばれたという。薩摩の砂鉄は金を含んでいて銑はできないという。（ルビ引用者）

ここにある坊主木を用いる水車鞴送風などによる薩摩の製鉄法については、島袋盛範が大正から昭和初年にかけて行った遺跡調査と古老の口碑（言い伝え）をまとめた『藩政時代に於ける製鉄鉱業』（昭和七年一一月）に詳しく記述されている。(3) 薩州の製鉄鉱業が種子島・知覧・小根占・志布志・加世田・大村・鍋倉・吉松の各地について述べられている。その中で、代表例としての知覧の製鉄に薩摩独特の砂鉄製錬法がかなり明らかになると思われる箇所がある。

当時の原料は薪炭と頴娃村ヤゴシの浜の砂鉄である。ヤゴシの浜の砂鉄は昔から良質と称せられ斉彬公も磯熔鉱炉で此の砂鉄を使用している。石造の熔鉱炉は〔図1〕の様であるが、炉底には火山灰の白砂を二尺二、三寸位の厚みに敷き薪炭の燃焼を完全ならしむる為にホタと称する薪材を炉の周囲に入れそして薩州独特の水車鞴を用いた。鞴よりは四本の外径四寸内径七分位の粘土製の羽口が三尺ばかりの竹を中継ぎとして炉の奥まで挿入された。熔鉱炉に木炭と薪材を装入し最初奥の方より点火せる薪炭によって上部より投入せる砂鉄を順次に還元する様にした。砂鉄は長さ一尺二、三寸巾八寸ばかりの匙で一度に四、五升づつ約一五分おき位に投入された。

奥より点火せる薪炭によって砂鉄が還元して銑鉄になるにつれ羽口も熔け去り、羽口が短くなるにつれて順次に薪炭も燃え移り同時に投入される砂鉄を還元し全部の燃料がつき銑鉄は炉底にたまる。その間適宜鉄滓は底より稍々上部にあけられた穴より外部に流出する様になって大体種子島と同様である。その工程が釜の大きさにより凡そ三昼夜より七昼夜位迄かかった。

銑鉄が出来あがると炉の側方を割って（割れる様な構造になっている。）赤熱された銑鉄を長さ六尺重さ五〇斤もある釟で十数人の力をかりて取り出した。後続の製鉄所では現今の熔鉱炉の様に適宜銑鉄を炉外に流出させた。赤熱された銑鉄は直ちに数人の番子によって五十貫余の鉄鎚で五貫目位に分割された。

（中略）

とあり、また、次のように記す。

薩州独特の水車鞴は前述の様に何年頃から出来たかは明でないが水車の構造は現在の精米等に使用されるものとは異なり。羽（水受）は八個程ついている。

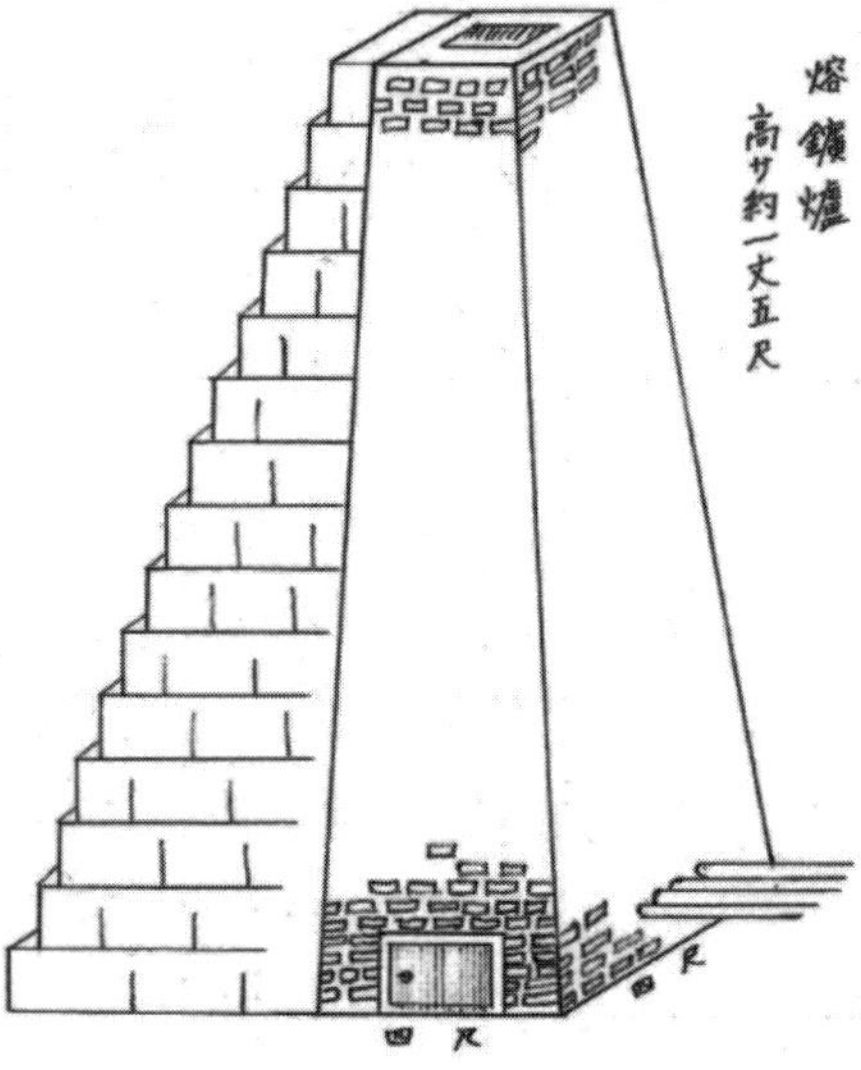

図１　知覧の石造砂鉄精錬炉

註(3)の19頁の図に示された寸法に従って筆者が書き換えた。

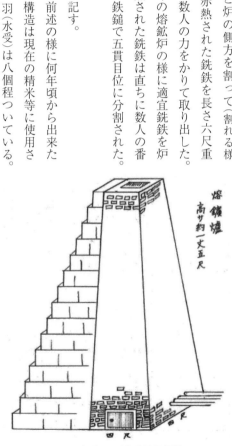

その水受箱は大体深さ一尺二寸幅一尺五寸長さ二尺三寸位の長方形のものである。従って水車は一様に廻転するのではなく多少時間をおいて力強く廻転した。水車の廻転につれて水車の軸木の中心をはずれた所に取付けられた腕木の為に（（図2）の如く）所謂坊主木という重に松材にて造られた（径一尺長さ一尺二寸位の石台の上に立てられた）木を百八十度近くも廻転させた。坊主木には長さ三尺位の腕木が別に取り付けられ、それが鞴の心棒に連結されて坊主木が廻転するにつれ鞴の心棒が前後に運動する様になっていた。（カッコ内は原文のママ）

ミュージアム知覧の上田耕氏、中山光夫氏らは南九州地域の製鉄遺跡を詳細に調査した結果、従来知られていた根占の二川の他に、知覧町の二つ谷、喜入（現鹿児島市）の上茶筅松、肝付町の大谷添などに石組みの製鉄炉が発見されており、島袋の記述内容を確認している。この石組み製鉄炉は、山陰地方産の磁鉄鉱系の砂鉄に比べ、南九州の海岸で採取されるチタン鉄鉱系の砂鉄は難還元性であり、長時間にわたり十分な送風を続ける必要があったため、この地域で使用されたと考えられる。(4) また、

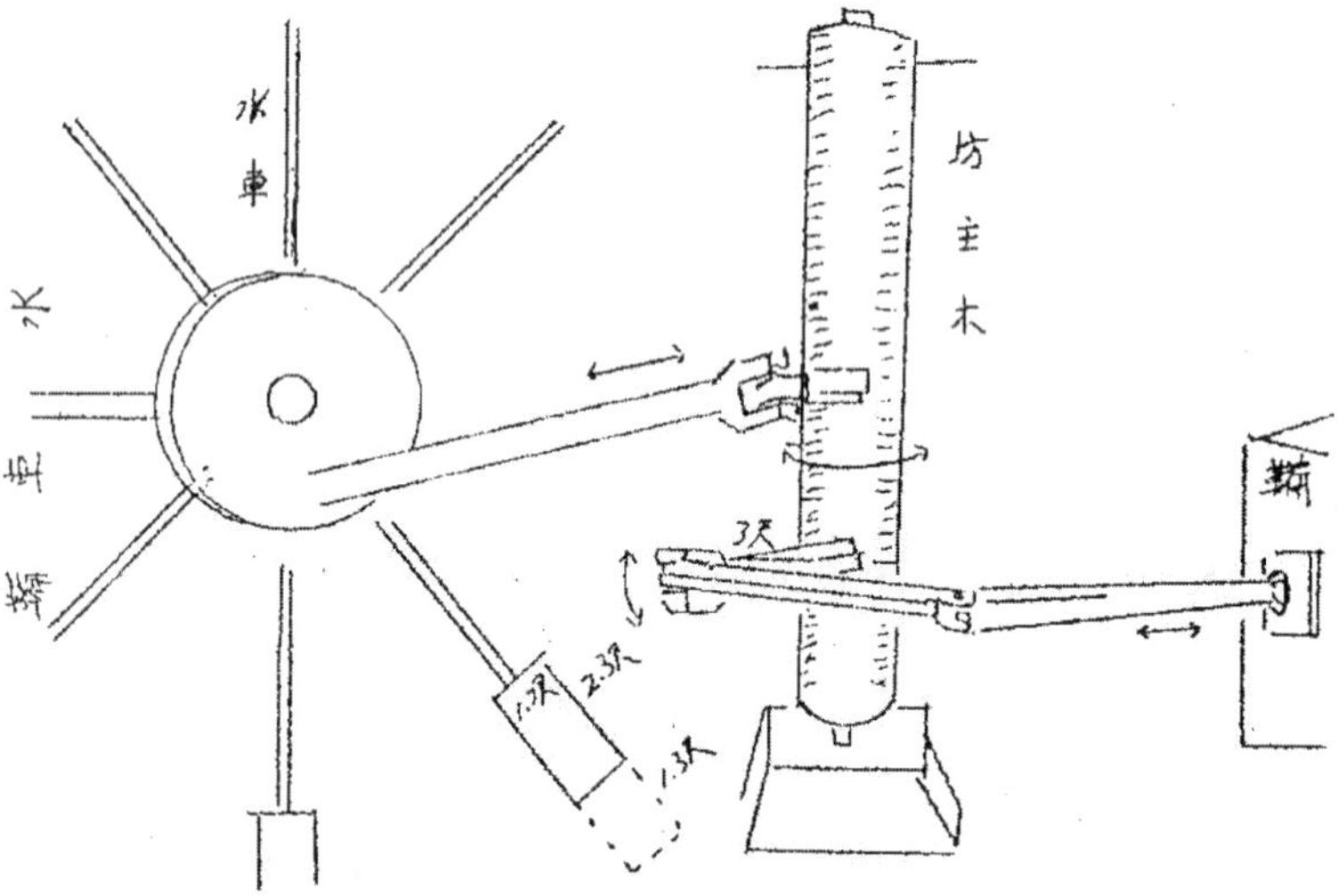

図2　薩摩の水車鞴

上田氏らは知覧町厚地松山製鉄遺跡の発掘調査で検出された石組み製鉄炉跡の考古地磁気年代推定法並びにC14放射性年代測定法により、ともに一八世紀後半から一九世紀前半であることを明らかにした。(5)この事実も下原や島袋の記述を裏付けていると考えられる。

こうした薩摩独特の製鉄の事情を踏まえ、後述する洋式高炉との関係を大橋周治氏は、次のように捉えている。(6)

薩摩の伝統的な水車送風の砂鉄精錬炉は集成館の高炉とのあいだに直接のつながりがあったものとは考えない。（中略）しかし山陰地方の足踏ふいごによるたたら吹とはことなり、水車送風で高炉にかなり類似した炉による銑鉄生産の伝統が薩摩にあったことは、洋式高炉法をまったく奇想天外のものとしてではなく受けいれる条件をつくっていたものとはいえよう。

集成館の熔鉱炉の構築や操業に直接携わる職人らは、おそらく薩摩の在来製鉄法の現場経験のある者達が集められて、集成館で作業に従事したのではないだろうか。現場で働く人々が作業の意味を理解して行うことは極めて重要で、そうした人材を相当数擁していたと考えられる。そうした土壌がわが国初の洋式高炉に挑戦する背景にあったと推測される。

二　集成館事業の内容

薩摩藩は、薩摩半島から西南諸島、沖縄諸島に連なる位置にあり、アジアに進出してきた西欧列強の強大な軍事力の脅威の矢面に必然的に立たされていた。文政七年（一八二四）にはイギリス船員が宝島に上陸したり、天保八年（一八三七）にはアメリカ船モリソン号が山川に来航して砲撃事件が起きていた。そして、一八四〇年にアヘン戦争が勃発して、東洋最大・最強と考えられていた清国が西欧の島国イギリスに完敗した事実は、日本の指導者達に強い衝撃を与えた。さらに、追い打ちをかけるように、一八四〇年代、イギリスやフランスの軍艦が薩摩藩領の那覇に頻繁に来航して通商を求めてきた。薩摩藩はそれへの対応に苦心し、危機感を一層強めていた。

この事態に対し、藩主島津斉興は、高島秋帆の洋式砲術を習い、天保一三年御流儀砲術の名で採用した。さらに弘化三年（一八四六）鋳製方を設立して青銅砲の製造に着手し、指宿・山川・佐多・根占・鹿児島などの沿岸要所に台場（砲台）を設置して海岸防備に備えた。また、理化学薬品の研究・製造を行う中村製薬館を創設し、火薬製造の体制を整えた。薩摩藩の近代化・工業化の先鞭を付けた。

嘉永四年（一八五一）島津斉彬が藩主に就任して、この近代化・工業化の動きを促進させる集成館事業という富国強兵・殖産興業政策を推進した。鹿児島城下郊外の磯に築かれた「集成館」という工場群が事業の中核として展開した。ここには、鉄製砲のための反射炉と熔鉱炉（洋式高炉）と鑽開台、薩摩切子などを造るガラス工場、蒸気機関の研究所などがあり、最盛期には一二〇〇人余りが働いていたという。この他、磯・桜島瀬戸村・牛根などに洋式船建造のための造船所、郡元・田上・永吉に水車動力の紡績所などを築いた。すなわち、集成館事業により、造砲・造船・紡績・写真・印刷・ガラス・電信・食品・医薬など多岐にわたる事業に取り組んだ。

幕府や他藩の近代化・工業化は軍事関係が主であったのに対して、薩摩藩の集成館事業では、軍事関係はむろんのこと、紡績や出版など民需産業の育成、教育水準の向上、社会基盤の整備という分野まで含み込んだ近代化・工業化が図られた。ここに集成館事業の大きな特徴を見ることができる。

しかし、安政五年（一八五八）斉彬が急死し、異母弟久光の長男忠義が藩主となるが、その後見役に斉興がなって実権を握り、集成館事業を大幅に縮小させたが、翌年斉興も亡くなり、久光が実権を握ったことにより、万延元年（一八六〇）に斉彬が計画していた蒸気船購入を実現し、加えて蒸気船の整備工場建設にも備えることになった。

文久三年（一八六三）薩英戦争が勃発し、集成館は砲撃により焼失したが、これにより、斉彬の政策の意図が広く理解されるようになり、近代化・工業化が加速された。すなわち、元治元年（一八六四）に集成館機械工場（現尚古集成館本館）の建設が始まり、翌慶応元年（一八六五）に竣工するなど、その周辺に順次工場が建てられ、集成館が再建された。

さらに、慶応三年にわが国初の洋式紡績工場である鹿児島紡績所が操業を開始した。この工場にはイギリス製の蒸気機関・紡績機械などが備えられ、ホームらのイギリス人技師が指導に当たった。また、敷根（現霧島市）に洋式火薬工場、奄美（金久・瀬留・久慈・須古）に洋式白糖工場が建設され、イギリス人技師ウォートルズが技術指導した。

こうした集成館事業により、薩摩藩は日本最高水準の技術力・工業力を持つにいたった。その後、明治政府は斉彬が提唱した「富国強兵」をスローガンに掲げ、薩摩で培われた技術が各地に伝播することになる。(7)

三　集成館事業における洋式高炉

前述したように、幕末における西欧の軍事力に直面した長崎警護を担当していた佐賀藩は、藩主直正が天保一三年（一八四二）に蘭伝石火製造所を創設し、洋式砲の製造に着手した。さらに嘉永三年（一八五〇）には築地反射炉の建造に着手し、嘉永五年までに二基四炉を完成させた。さらに同五年に理化学の研究開発のために製錬方を創設し、同六年には多布施に反射炉二基四炉を増設した。鋳鉄砲の製造にわが国で初めて取り組んだのである。この佐賀藩に続いたのが薩摩藩であった。薩摩藩も東南アジアから北上してきた西欧列強の艦船の圧力に晒されていた。そのため、薩摩藩は軍備の近代化に着手した。斉彬が藩主に就いてから、従兄弟の佐賀藩主鍋島直正からヒュゲーニンの著書『ロイク王立鉄製大砲鋳造所における鋳造法』（一八二六年）の翻訳書手塚謙蔵訳『西洋鉄熕鋳造篇』を譲り受けた。これを参考にして、嘉永四年鶴丸城内に反射炉のひな型を造り実験に着手し、翌年に磯で本格的な反射炉を建設した。この一号炉は、炉が傾き、耐火レンガは崩れてしまうなどして失敗した。この一号炉の教訓を活かし、改良を重ね、二号炉の建設に安政元年（一八五四）着手し、二年後に完成させた。また、熔鉱炉（洋式高炉）は嘉永五年に着手し、安政元年に完成され（図３）、鑽開台は安政二年に完成した。

この熔鉱炉の建設について、市来四郎は斉彬の意向で熔鉱炉の建設が行われ、次のようにそのねらいを述べている(8)。

反射竈ハ銑鉄ヲ熔スル者ナルガ故ニ、日本在来ノ銑鉄ハ其質精良ナラズ鋳砲ノ料ニ供シガタク、依テ洋法ノ銑ヲ製セザレバ反射竈ノ用ヲナサザルニ依リ、洋式ノ熔鉱爐建築スベキ旨奉命シ、嘉永五年壬子ノ夏ヨリ着手シ安政元年甲寅ノ秋ニ至リテ落成、御国産ノ砂鉄鉱（頴娃郷又ハ志布志郷等ノ産）或ハ諸県郡吉田郷所産ノ巌鉄鉱ヲ以テ試験スルニ、頗ル良銑ヲ製シ得テ反射竈ニ熔シ鋳砲ノ料ニ供スルニ至レリ、」また、「製鉄熔鉱爐ノ建築ハ佐賀ニオイテモ未ダ着手セズ反射竈ニ用フル銑ハ西洋ヨリ購求スト云フ、我藩ニオイテ是ヲ創建

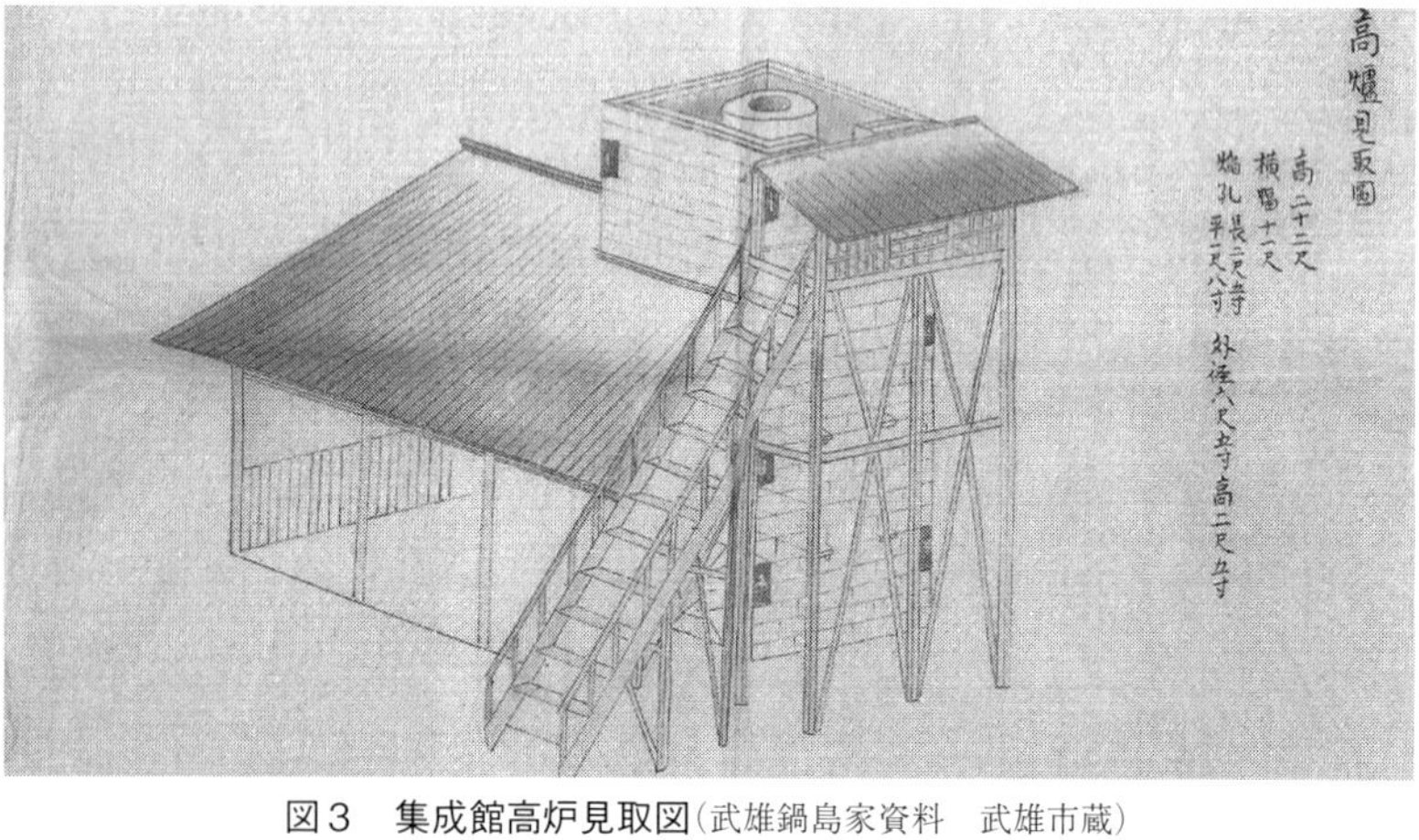

図３　集成館高炉見取図（武雄鍋島家資料　武雄市蔵）

セルハ其本源ニ着目セリト彼ノ藩大イニ称シタリト云フ、之レ洋法製鉄ノ権輿トス、
また、この熔鉱炉の建設は、反射炉用の銑鉄を得て大砲の鋳造のためのみならず、民需のためにも構想されていたことを、市来が同『言行録』に、例えば、農業に関して次のように記していることからも窺える。
農具製造ハ勧農ノ第一ナリトノ御沙汰アラセラレ、元来御国ノ農耕甚ダ粗漏ニコレアリ、従テ取実少ク労シテ功ナク、畢竟農人ドモ心得ノ薄キト器械ノ精好ナラザルニアリトノ御見据ニテ、五畿内又ハ関八州等各所種々ノ農具或ハ清国又ハ西洋等農具ノ見本或ハ図面相下ラレ、模造イタシ仕ヒ試ミサセ、追々御払ヒ下ニモ相成ルベキ旨御沙汰アラセラレタリ、鉄ハ熔鉱爐ニテ製シタルヲ以テ製作スルトキハ価ヒモ下直ナルノミナラズ器械ノ保チモ宜シカルベシトノ御趣意ナリキ、
「富国強兵」とはいえ「殖産興業」にかなりの力点を置いて、斉彬は集成館事業を主導していたと考えられる。

四　集成館の反射炉跡・熔鉱炉跡発掘調査

集成館事業の実態を明らかにすべく、平成六年（一九九四）度〜平成八年度に鹿児島市教育委員会文化課により旧集成館反射炉跡・熔鉱炉跡の発掘調査が大規模に行われた。(9)まず反射炉の発掘調査によって、次のように結果がまとめられた。
①反射炉の基礎部分の寸法が他地域の反射炉と同様に、ヒュゲーニンの『ロイク王立鉄製大砲鋳造所における鋳造法』の翻訳書の寸法にほぼ一致する。
②二炉・二煙突をもつ基本的な反射炉で、文献にみられる安政四年（一八五七）完成の二号炉であること。

③その一方で、水気防止や強度向上のための工夫と苦労が薩摩人独自の石組みの緻密さに見て取ることができ、薩摩焼の陶工による耐火煉瓦の焼成などが典型的である。

④反射炉建造は壮大な集成館事業の種々採用された諸技術の中核をなし、ひいては日本の近代化の先駆をなす事業であったことが確認される。

⑤本研究での鉄試料・鉱滓試料の一部のエネルギー分散型特性X線検出器付走査型電子顕微鏡による組織観察および元素分析の結果も、含まれている。例えば、一九点の試料中、スラグ八点、炉壁五点、鉄試料五点、青銅一点などが確認された。鉄試料では二点銑鉄を検出。スラグは二種のグループに分かれる。青銅も検出されたほか、炉壁に付着した試料もあり、青銅砲の鋳造も行われたと予想される。

などである。また、前述の市来四郎らの論述により、熔鉱炉が構築されたことは明らかであったが、薩英戦争における砲撃により破壊された上、西南戦争での破損、その後の他施設の造営等の工事により、その遺構が見出されないまま実態が

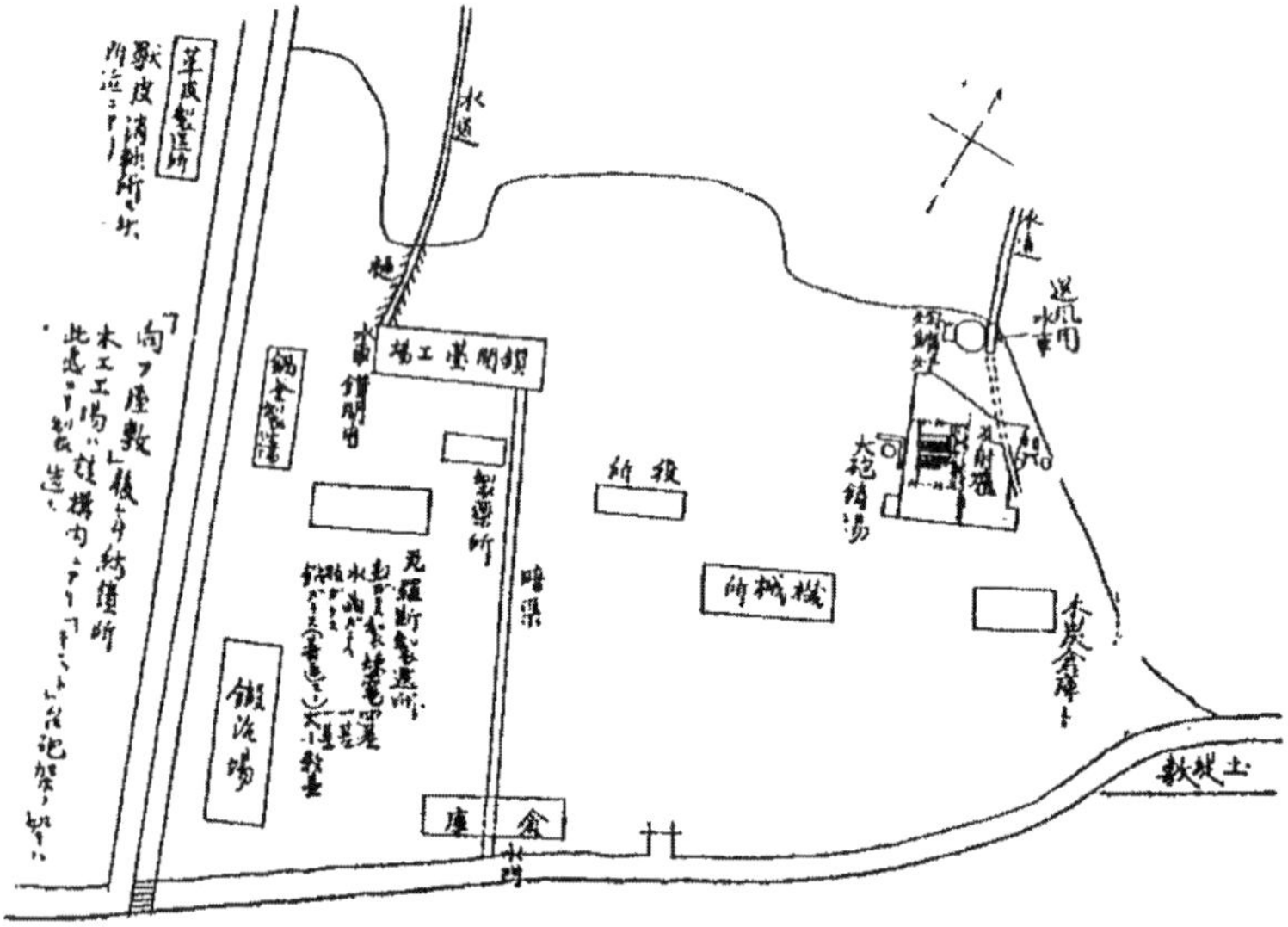

図4　文久３年以前の集成館略図（『薩藩海軍史』上巻より）

不明であった。この発掘調査では、『薩藩海軍史』上巻[10]にある「文久三年以前の集成館略図」（図４）を基に、熔鉱炉は反射炉の北、山手側に隣接する位置にあったと推定して、第一地点で四本のトレンチを入れて調べられた。しかし熔鉱炉の遺構は確認できなかった。なお熔鉱炉の操業に伴って生じたと思われる多くの鉱滓は検出された。その結果、熔鉱炉が構築された位置は解明できず、今後の課題として残された[11]。

五　集成館の熔鉱炉（洋式高炉）跡発掘調査

その後、『薩州見取絵図』（鍋島報效会蔵）や、『薩州鹿児島見取絵図』（武雄市蔵）（図５。以下『絵図』と呼ぶ）を基に、反射炉の位置を基準に考察して、当初の推定位置から西へ数十メートルの位置と推定した。現在の鶴嶺神社境内の鎮像殿周辺と推定し直し、その地点周辺において地中レーダー探査を平成一四年（二〇〇二）九月[12]と平成一五年三月に行い、遺構物の存在を模索した（平成一四年は磁気探査も実施）。それらの探査により、強い反射像や反射体が示された箇所がおおよそ三種類認められた。一つには鎮像殿と鶴嶺神社（本殿）の間の強いもしくは乱

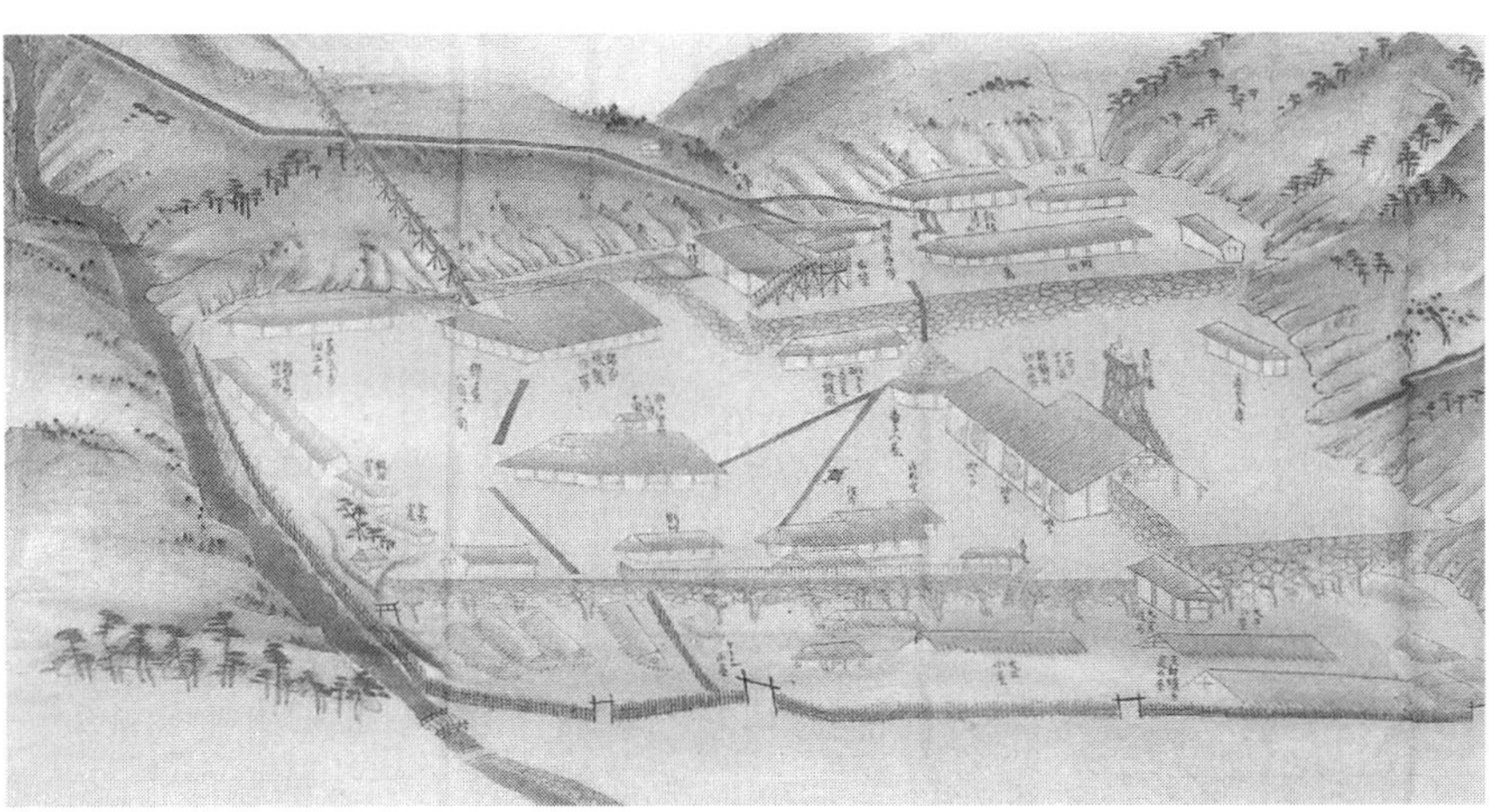

図５　『薩州鹿児島見取絵図』（武雄鍋島家資料　武雄市蔵）

れた反射像である。二つには神社境内を階段状に横断する直線的で局所的な強い反射体である。三つには鶴嶺神社の西側の駐車場内に深度一m前後の強い反射面が認められ、建物の基礎跡とみられるものである。『絵図』と比較すれば、鑽開台の位置と符合することが認められた。東京工業大学の亀井宏行研究室によるより細密な地中レーダー探査の結果は、前記結果により一層精密かつ確かな知見を提供した(13)。

こうした探査結果を基に、発掘調査のトレンチなどの配置計画を検討した。そして、予算の獲得に努力しながら、平成一五年三月、平成一六年三月、平成一八年三月の三度にわたり、発掘調査を実施した。この発掘調査の結果、各種遺構と出土遺物が発見された(14)。

遺構については、第一期集成館事業期(一八五一～一八五八年)の石垣跡、熔鉱炉の基礎と考えられる突き固め遺構、水路跡1および水路跡2の遺構の存在が確認された。

⑴石垣跡について

地中レーダー探査の結果、強い反射像があった箇所を一部発掘したところ、図6のように石垣の存在が地中で確認された。この石垣の延長上に、現在地上に残存する当時の石垣が一致する。すなわち、『絵図』の中ほどに階段状の横に描かれた石垣と考えられる。ただし、大正六年(一九一七)の鶴嶺神社造営の際に、熔鉱炉が建設された平坦面がかなり削平され、石垣の上部が約一・四五m除去されたと考えられる。残存する石垣頂部と検出石垣頂部との比高差がその長さにあたるためである。

⑵突き固め遺構

突き固め遺構は、石塊とそれを突き固めた砂状の層より成り、きわめて硬質である。これは、石塊を下に敷き、上から叩き占めることで地面を強化する技法であり、もろい石塊は粉末状になり、硬い石塊はそのまま残っている。砂状の層は厚さ五〜一〇㎝をはかる。建築物の基礎工事に多く用いられる。三回の発掘で、七本のトレンチを設定して、突き固め遺構の南北・東西の境界端面を検出した結果、この遺構は東西・南北に約九ｍのほぼ正方形をなしていることが判明した（図７）。ただし、突き固め遺構上面のレベルは、大正整地面のそれと同じであり、この遺構も大正六年に削平されたと考えられる。ヒュゲーニンのテキストにある「熔鉱炉図」の基礎部分が切石を積んだような構造物として描かれているが、そうした遺構物は検出されなかった。薩摩の在来土木技術で基礎部分が構築されたと考えられる。

『絵図』の高炉図（図３）には、炉の高さ二二尺（約六・六ｍ）、横幅一一尺（約三・三ｍ）とあり、突き固め遺構の範囲に十分収まる大きさであったと考えられる。

⑶ 水路跡の遺構

石組みの水路状遺構が図８にみられるように検出された。溝状の形態をとり、組まれた切石の間に黒色の漆喰状のもので充塡されて防水処置がされているとみられ、水路跡と推測した。写真上部に写る高い二列の石組みとその間の石組みの溝を水路跡１、その下の低い石組みの左方向に少し傾く溝を水路跡２と名付ける。水路跡２も切石間に黒漆喰が認められ、水路と判断した。

水路跡１は、検出長一三・九ｍ、上端幅一・二五〜一・四ｍ、床面幅一・一〜一・二ｍあり、北から南に向かって（写真の下に）やや狭くなる。床面は約四度で南に傾斜している。水路跡１南端は、石垣と接続して開口部を造る。水路跡１の北端は、東壁は破壊され、西壁も一部自然石が加工されて壁体をなすが、その先は樹木などのため、トレンチが入らず、確認できなかった。総じて水路跡１の全長は約一五ｍと予想される。

また、水路跡１の底部から、長さ五・三ｍ、幅〇・七〜一・〇ｍの加工痕跡がある木材片が出土した。この木材片と

図7　突き固め遺構

図8　水路跡遺構

図6　地中に発見された石垣

床面との間に砂層があり、水路操業時の付属物ではなく、水路が使われなくなってから、また大正整地以前に廃棄されたものと推察される。鹿児島大学工学部の門久義氏は樋のような木製水路の可能性を指摘している。疎水溝の水路から水車に水を導く樋の可能性が考えられる。

なお、水路跡1は、『絵図』に描かれている熔鉱炉の右側（東側）で石垣から流れ落ちる水路に該当すると考えられる。水路跡2は、水路跡1の開口部の南方（下側）に検出された水路跡で、切石積みで、切石間に黒漆喰が認められたため、水路と判断した。この水路跡2の主軸は、水路跡1よりもやや西に偏り、現在の尚古集成館本館の方向へ曲がっている。床面は切石一枚のみ検出され、その他は抜かれている。『絵図』では、石垣下段にも水路が描かれ、二股に分かれ、一つは硝子工場方向へ、もう一つは現在も神社境内に残る井戸の西側を通って、南西方向に流れている。水路跡2は、『絵図』の二股水路の一部と考えられる。

これらの遺構の配置は、全体として『絵図』に描かれた熔鉱炉周辺施設の位置とほぼ一致しており、同絵図の描写の信頼性の高いことが実証された。これらの遺構と鶴嶺神社北側斜面に残る疎水溝跡の測量結果から、水路跡1と疎水溝跡①の主軸が一致することから、この疎水溝からフイゴを駆動する水車へ給水されたと推測される。しかし、水路跡1と水車との関連を示す考古学的資料は現段階では確認できていない。

なお、鹿児島県企画課世界遺産登録推進室が平成二二年（二〇一〇）に、鶴嶺神社奥の山林を測量調査した結果、『絵図』に描かれた位置に石組みの疎水溝が見出された（図9）。今回発見された水路跡1に真っ直ぐ向かうように疎水溝が存在していることが判明した。

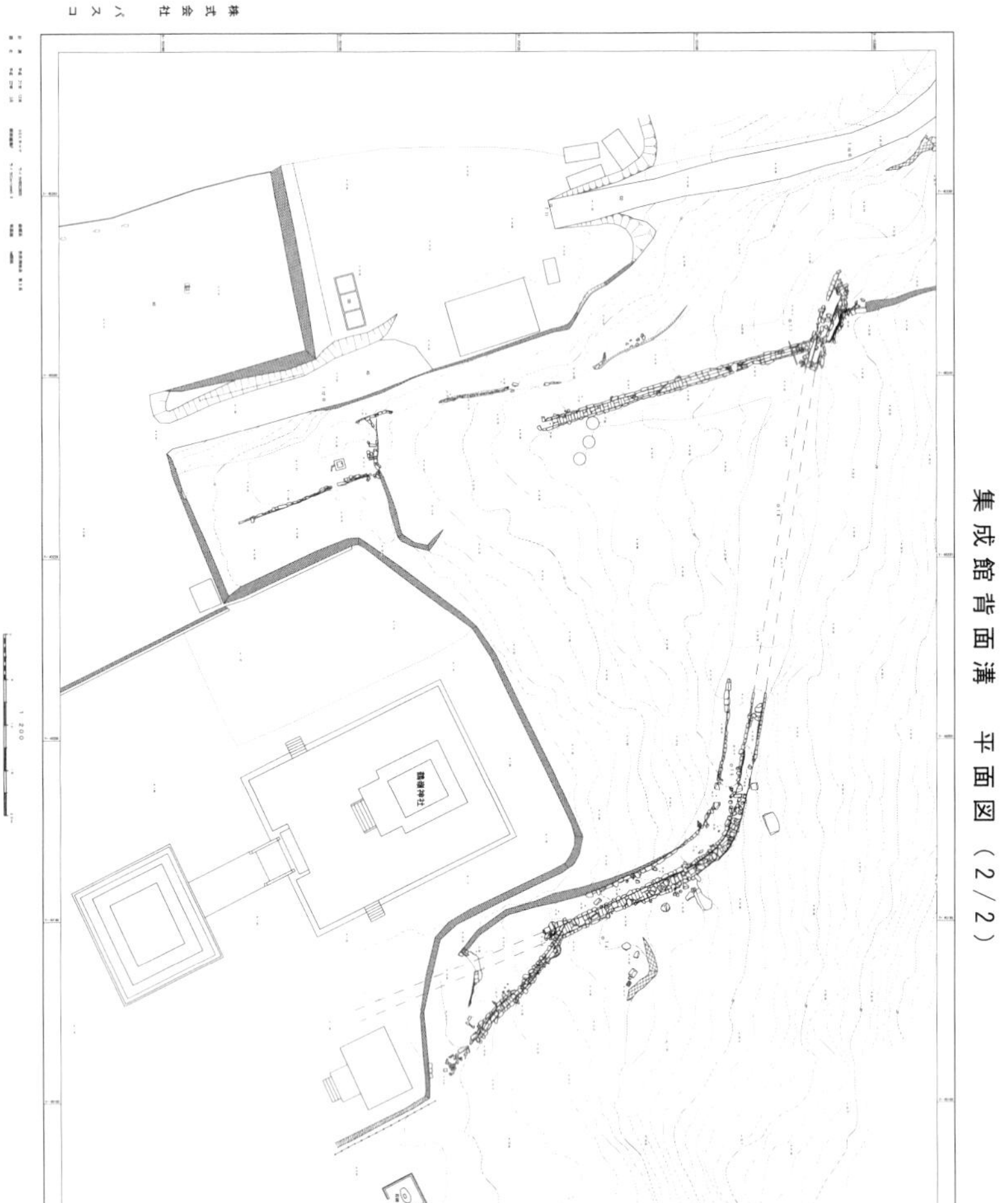

図9 集成館背面疎水溝

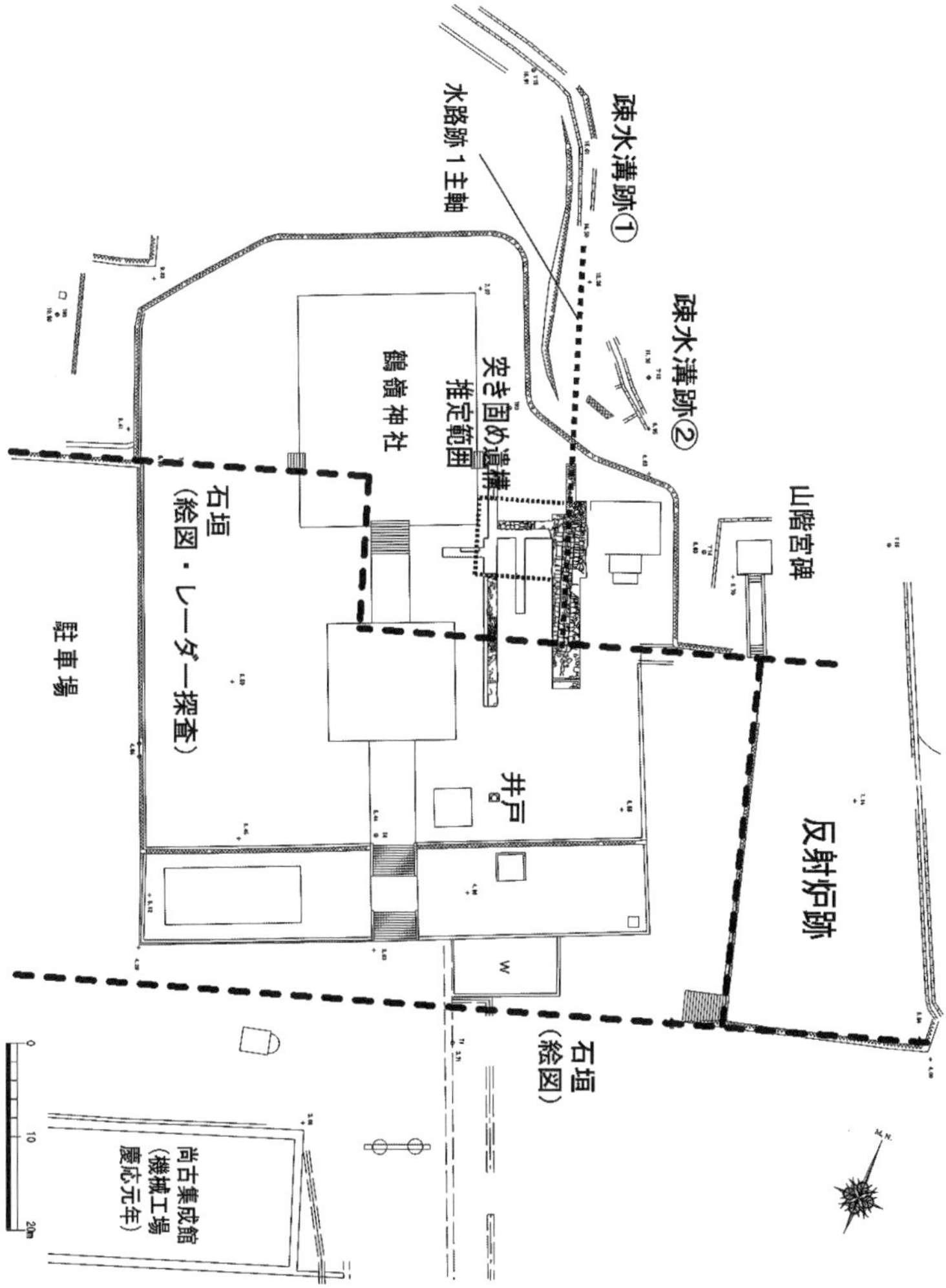

図10　周辺遺構との関係図

総じて、平成一五年以来行われた熔鉱炉跡の発掘調査の結果は、以下の五点にまとめられる。

①島津斉彬時代の熔鉱炉本体は、すでに全壊している。

②石垣跡、水路跡1・水路跡2は、『絵図』に描かれている石垣、水路と対応する。

③突き固め遺構は、石垣跡や水路跡との位置関係より、熔鉱炉の基礎工事の可能性が高く、その位置に熔鉱炉があったと考えられる。

④『絵図』の描写は、細部において省略・誤謬はあるものの、その建物配置は基本的に信頼できる。今後、同図に描かれた鑽開台や硝子工場などの所在地推定に有力な手がかりとなる。

⑤集成館の中心部分は、東西方向の石垣を「基本軸」とした計画性の高い建物配置がなされた可能性がある(図10)。

出土遺物は、陶磁器類、窯道具、耐火レンガ、フイゴ羽口、坩堝、鋳型と思われる土製品、砥石、瓦、土器、金属製品、大量の鉄滓などである。これらの遺物のうち、幕末期の磁器類やフイゴ羽口など、熔鉱炉操業時のものと考えられる遺物も含まれるが、大部分は水路跡の埋土や鶴嶺神社造営時の埋め立て土層から出土しており、層位的に年代を比定することは極めて難しい。なお、耐火レンガは熔鉱炉操業のために重要なものであるが、発見された試料の分析結果では、Al_2O_3値が二八・三二％クラスで、構成鉱物は石英、ムライトなどの非晶質が含まれ、組織は緻密に焼成されており、一二〇〇℃程度の焼成(加熱)温度と見られた。

出土鉄試料の分析は、東京都市大学の平井昭司研究室において光学顕微鏡観察と電子プローブマイクロアナライザー(EPMA)による元素分析の調査を行った。[15] 分析試料は一二点で、鉄塊七点、鉄板二点、鉄滓二点(内一点は鉄塊に付着)、羽口一点であった。

その結果、分析した遺物試料は二種類に分けられる。一つは鉄鉱石を原料として製錬してできる生成物と、他の一つは鋳鉄製の材料あるいは器具の一部にスラグが付着したものである。製錬に使われた炉は熔鉱炉であったので、この地で熔鉱がなされた証となる。つまり、製鉄が行われたことが確認できる。ただし、これらの鉄試料が当該熔鉱炉による生産物であることの確証は得られていない。

まとめ

集成館熔鉱炉は、現鶴嶺神社境内の神社本殿と鎮像殿の間の位置に構築されたことが実証された。オランダの技術書の翻訳書を唯一の手がかりとして、洋式の熔鉱炉を初めて建設し得たことは、斉彬の卓見と薩摩人の優れた技術・技能の存在があったが故と考えられる。従来の文献史料による研究成果をもとに、近年の理工学的研究手法により新たに知り得た事項を列記しよう。

(1)水路

前述した熔鉱炉跡一帯だけでなく、水路については吉野疎水全体の調査も行われた。稲荷側から疎水に取水した関吉取り入れ口(現鹿児島市下田町)から実方(同吉野町)までは農業用水として今も使い続けられ、大明ヶ丘(同吉野町)や雀ヶ宮(同吉野町)などで一部破壊されているものの、吉野台地の辺縁部や集成館裏手の山中に遺構がかなり残っていることが判明している。関吉取水口から雀ヶ宮落としまでの距離が五九七〇mで、この間の海抜高度差がわずか八mで、勾配は〇・〇〇七七度しかないことなどが明らかになった。永年に渡り、この疎水溝がほぼ確保されていることは、疎水溝を構築した当時の技術者が地形と地質(溶結凝灰岩と火砕流堆積物の特性)を理解する能力と測量技術と土木技術が並外れたものであったことを物語る。[16] 関吉取水口と集成館裏手の水路部分は、鹿児島県企画部世界文化遺産課の手で測量図が作成され、実態がより明確になった[17]。

⑵ 水車

江夏十郎は、安政元年（一八五四）五月頃、「高竃水車当分ノ寸法ニテハ、水受微弱ニ御座候間、差渡弐尺広メ出来替被仰付候段、一同吟味仕候間、其通支度義ト奉存候」と水力不足を訴え、水路幅を広げて改善したいと願い出ている。また、同年六月頃、「磯高竃エ相掛候水勢、トカク微弱ニ有之、川上諸所田地等ノ分水モ無拠訳合ニ御座候間、別段工夫仕度奉存候」と、水車鞴に用いる水不足を訴えている[18]。こうした記述から、熔鉱炉の操業は、水車用の水量が不足して、鞴の出力である風量が十分得られず、炉内温度が上がりきらなかったと考えられる。また、水車自体は、伝統的日本式水車が使われたと推察され、その日本式水車比が必然的に出力不足と回転数の不足という負の相乗効果を生み、不具合を生じさせたと、小野寺英輝氏は分析している[19]。なお、門久義氏は、上流の取水口跡での流量計測値に基づき動力を試算して、三・四〜六・九kWとしており、大橋高炉の送風水車とほぼ同規模であった[20]。

⑶ フイゴ（鞴）

さらに、小野寺氏は鞴の問題も指摘している。『絵図』には鞴が描かれていないため、原著のフイゴ図を基に再現を図ったと推察される。それは、丸フイゴであり、ピストンの上昇時のみ送気が行われるため、水車一回転あたりの送風量が多く得られない。薩摩に続いて熔鉱炉を構築した盛岡藩の大島高任は、最初の大橋高炉では、原書の丸フイゴを使用したが、風量が足りず、次に構築した橋野高炉では、在来の複動式角フイゴに切り替えて、往復両行程で送風が可能となり、送風量を倍増させて、炉内の温度上昇に繋げ、連続出銑を実現した[21]。薩摩藩では斉彬の急死により、事業自体が縮小され、熔鉱炉の更なる研究が不可能となった。それ故、大島がなし得た成果を得ることが出来なかった。なお、薩摩の熔鉱炉の経験は、那珂湊の反射炉構築から大島を手助けしていた薩摩の技術者竹下清右衛門や、熔鉱炉の操業を薩摩で経験した職人らが、大島らに伝えたと考えられる。そうして得られた情報も踏まえ、大島らが熔鉱炉による製鉄を実現したと考えられる。

⑷ 課題

いまだ解明されていない熔鉱炉に関する課題は、フイゴの実態である。『絵図』に描かれていないためである。原著のフイゴ図をもとに再現を図ったと推測して、前述のような考察をしたが、実際は不明である。また、操業に使用された鉄鉱石や砂鉄の産地については、文献には書かれているが、科学的な検証は出来ていない。[22] 現代の分析技術によれば、判定が可能と考えられるが、起源の確かな試料の入手と予算等の関係もあり、今後に期したい。熔鉱炉は集成館事業の中心的事業であったとはいえ、同事業で実施されたさまざまな試みを実証的に明らかにして行くことが、鹿児島地域の歴史的・文化的価値をより明確にし、今後の技術・生産・生活の在り方をとらえ直す視点を提供することになろう。

薩摩藩による熔鉱炉の「創建」は、わが国製鉄技術の近代化の先駆をなす挑戦であり、近代文明の礎を築いた事業であった。それを可能ならしめたのは、薩摩特有の土着製鉄技術の蓄積であり、鉄を生産と生活に広く深く活かす技術文化であった。たとえ、それが十分実用化され得なかったとしても、原書の熔鉱炉図を現物の炉として構築し運用した経験が、次に続く釜石での熔鉱炉構築に具体的な手がかりと少なからぬ勇気を齎したと考えられる。斉彬が日本の工業化と近代化を展望して、民需・民生のための製鉄技術の開発という大切な側面を包含した挑戦だったと思われる。さらに、同事業で工業化の見通しを得た製造部門について製法を「望ノ者へハ授教スベシ[23]」としてパイロット・プラントの性格を与えていることも他藩に見られない特徴である。明治政府の「富国強兵・殖産興業」政策の原型を斉彬の思想の中にすでに見ることができる。

註

（1）松尾千歳「近代化事業と在来技術─集成館事業を支えた薩摩の在来技術─」（『鹿児島地域史研究』四号、二〇〇七年）一～一四頁。
（2）舘充『現代語訳 鉄山必用記事』（丸善、二〇〇一年）一六頁。
（3）島袋盛範『藩政時代に於ける製鉄鉱業』（一九三二年。一九五九年、鹿児島県立図書館復刊）一七～二〇頁。
（4）上田耕「薩摩における在来製鉄技術─南九州の鉄づくりの歴史から─」（薩摩のものづくり研究会（代表 長谷川雅康）『集成館熔鉱炉（洋式高炉）の研究 薩摩藩集成館熔鉱炉跡発掘調査報告書』二〇一一年）一三七～一四七頁（鹿児島大学リポジトリ http://hdl.handle.net/10232/11637 によりＰＤＦで全頁閲覧可能）。
（5）奥野充「知覧町「厚地松山製鉄遺跡」の炭化木片のC14年代測定の結果報告」（知覧町教育委員会『知覧町埋蔵文化財発掘調査報告書 厚地松山製鉄遺跡』二〇〇〇年）一八七～一八八頁。
（6）大橋周治編『幕末明治製鉄論』（アグネ、一九九一年）八五～一〇六頁。同書は、大橋周治『幕末明治製鉄史』（アグネ、一九七五年）を基に増補されている。
（7）松尾千歳「集成館事業関連遺産について」（『鹿児島考古』四四号、平成二六年七月）五～一五頁。
（8）市来四郎編述 牧野伸顕序『島津斉彬言行録』（岩波文庫、一九四四年。一九九五年復刻）四一～五二頁。
（9）出口浩「第4章 反射炉跡の発掘調査」（『旧集成館 溶鉱炉・反射炉跡 旧集成館史跡整備事業に伴う確認発掘調査報告書』二〇〇三年）七九～一六〇頁。

(10) 公爵島津家編纂所編『薩藩海軍史』上巻（薩藩海軍史刊行会、一九二八年）八七六～八七七頁。
(11) 前掲註（9）五五～五七頁。
(12) 応用地質「第1回地下レーダー探査・磁気探査結果」（薩摩のものづくり研究会『薩摩のものづくり研究　薩摩藩集成館事業における反射炉・建築・水車・動力・工作機械・紡績技術の総合的研究』平成一四年度～平成一五年度科学研究費補助金（特定領域研究(2)）研究成果報告書、二〇〇三年）一一四～一一五頁（鹿児島大学リポジトリ http://hdl.handle.net/10232/118 によりＰＤＦで全頁閲覧可能）。
(13) 阿児雄之・亀井弘之「熔鉱炉跡地レーダ探査結果」前掲註(12)一三一～一三五頁。
(14) 渡辺芳郎「熔鉱炉跡の発掘調査成果」前掲註（4）書一三～八一頁。
(15) 平井昭司「鉄関連遺物の自然科学的分析」前掲註（4）書八二～一〇四頁。
(16) 大木公彦・深港恭子・寺尾美保・田中完・桑波田武志・松尾千歳「集成館事業に使われた疎水溝の地形・地質学的考察」（『鹿児島大学理学部紀要』四三、二〇一〇年）一六～二四頁。
(17) 鹿児島県企画部世界文化遺産課『関吉の疎水溝測量調査成果報告書』（二〇一〇年）一五～二四頁。
(18) 『鹿児島県史料集33　江夏十郎関係文書』（鹿児島県立図書館内鹿児島県史料刊行会、一九九四年）四～六頁。
(19) 小野寺英輝「幕末期の西欧技術導入と在来技術（盛岡藩の高炉水車を例として）」前掲（4）書一五三～一六一頁。
(20) 門久義「集成館事業における水車利用について」前掲註(12)書五六～六七頁。
(21) 前掲註（19）。
(22) 松尾千歳「真幸鉄山について」（薩摩のものづくり研究会『薩摩のものづくり研究　近代日本黎明期における薩摩藩集成館事業の諸技術とその位置づけに関する総合的研究』平成一六年度～平成一七年度科学研究費補助金（特定領域研究

⑵研究成果報告書、二〇〇六年）一四八～一五一頁（鹿児島大学リポジトリ http://hdl.handle.net/10232/119 によりＰＤＦで全頁閲覧可能）。

（23）　前掲註（８）二八頁。

韮山反射炉の歴史と築造技術

工藤　雄一郎

はじめに

韮山反射炉の所在地は、伊豆の国市中字鳴滝入二六八、広さ三〇一六㎡の一筆の国有地（文部科学省所管）である。大正一一年（一九二二）三月八日に国の史跡に指定されているが、製鉄関連の産業遺産としては、きわめて早い時期の指定と言える。

昭和七年（一九三二）に、当時の韮山村が管理団体に指定され、昭和三七年の町制施行を経て、平成一七年（二〇〇五）合併により誕生した伊豆の国市がその任を引き継ぎ、今日まで管理運営を行っている。また、「明治日本の産業革命遺産」の構成資産として、平成二七年七月、世界文化遺産

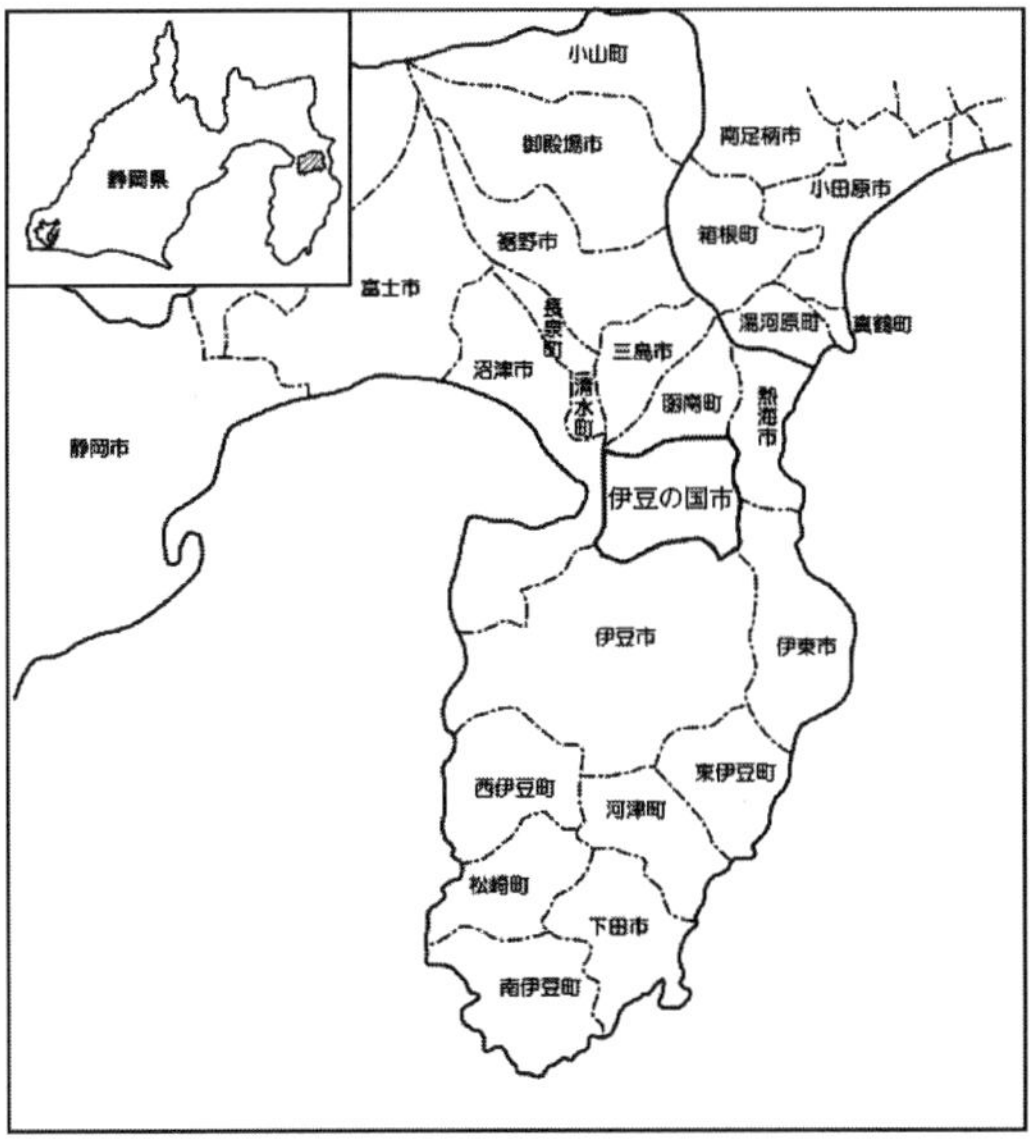

図１　伊豆の国市の位置

に登録された。

本稿では、幕末期に稼働した反射炉として国内唯一の現存例である韮山反射炉の歴史と、その構造や築造技術について、これまでの文献調査や保存修理事業等の成果に基づいてまとめるとともに、特徴や果たした役割について紹介するものである(図1〜3[1])。

一　韮山反射炉の概要

⑴反射炉築造の背景

天保一一年(一八四〇)のアヘン戦争を契機に、日本では列強諸国に対抗するための軍事力強化が大きな課題となった。それを受けて、佐賀藩や薩摩藩などでは、西洋の先進的な技術の導入が、積極的に行われるようになる。幕府においても、韮山代官江川英龍をはじめとする蘭学に通じた官僚たちによって、西洋の近代的な技術や制度の導入が図られはじめた。

江川英龍は韮山代官として幕府の直轄地を治める傍ら、

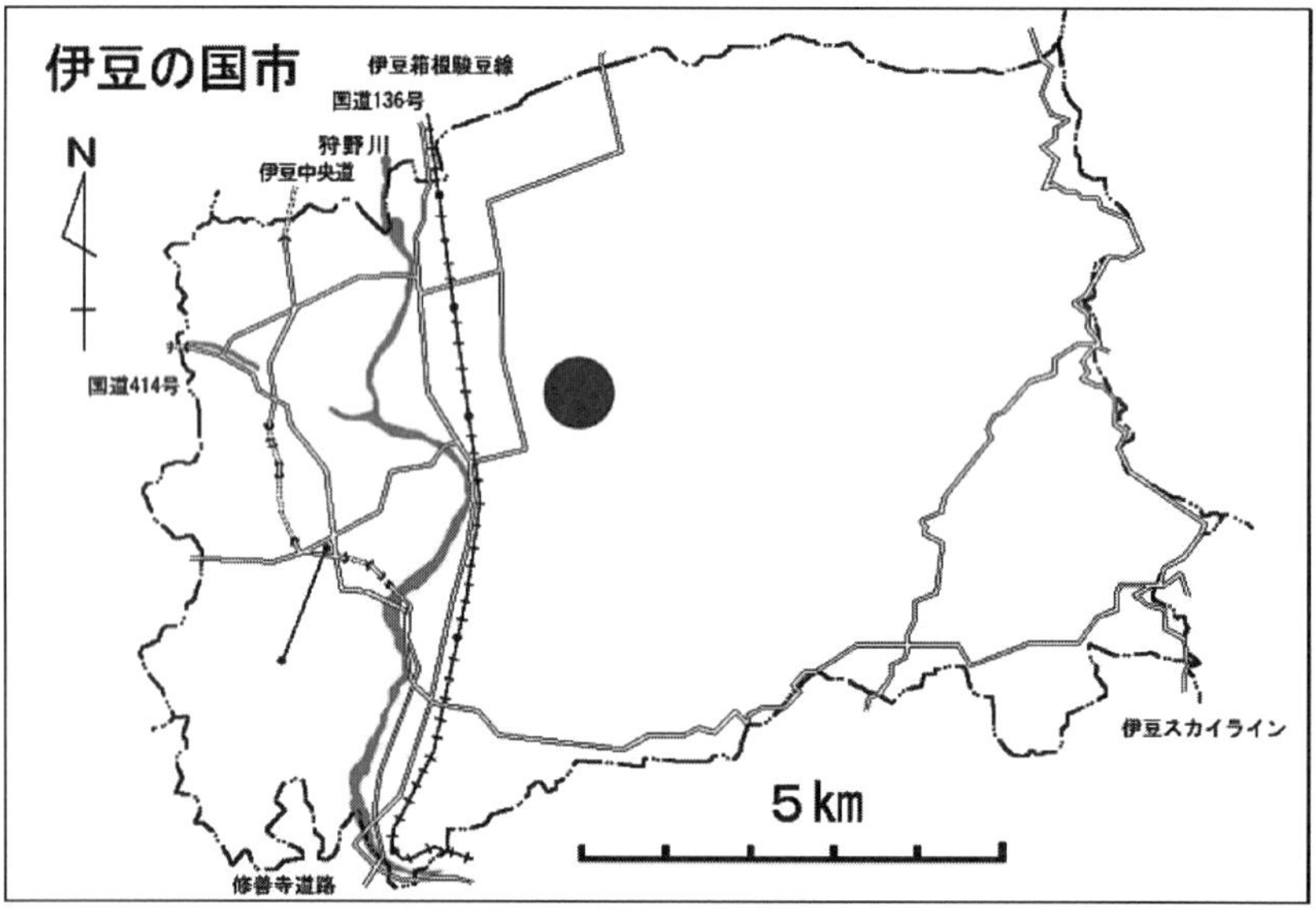

図2　韮山反射炉の位置

西洋砲術の導入、鉄製大砲の国産化、西洋式築城術を用いた台場の設置、海軍の創設、西洋式調練を受けた農兵隊の設置など、一連の海防政策を幕府に進言。このうち、鉄製大砲鋳造のために必要とされたのが反射炉であった。

嘉永六年（一八五三）のペリー艦隊来航を受けて、幕府も海防体制の抜本的な強化に乗り出すこととなる。そこで、以前から海防強化について様々な進言をするとともに、研究を続けてきた江川英龍を責任者として、反射炉と品川台場の築造が決定されたのである（後掲写真1）。

(2)本郷（下田）での築造開始と中村（韮山）への移転

反射炉は、当初伊豆半島の南端、下田港に近い本郷村（現下田市）に築造される予定で、安政元年（一八五四）二月には、基礎工事も開始されていた(2)（表1）。しかし、同年三月二七日、下田に入港していたペリー艦隊の水兵が反射炉の築造現場に侵入する事件が起きたため、急遽中村（現在地）に建設地が変更されることとなった。

侵入した水兵が、反射炉というものを知っていたか、さらに日本人がなぜそれを造ろうとしているのかを理解していたかは定かでないが、事態を重く見た幕府は、江川英龍からの四月三日付の場所替えの伺書に対して、四月六日付で許可の旨を下知するという、異例の素早い対応をとっている(3)。

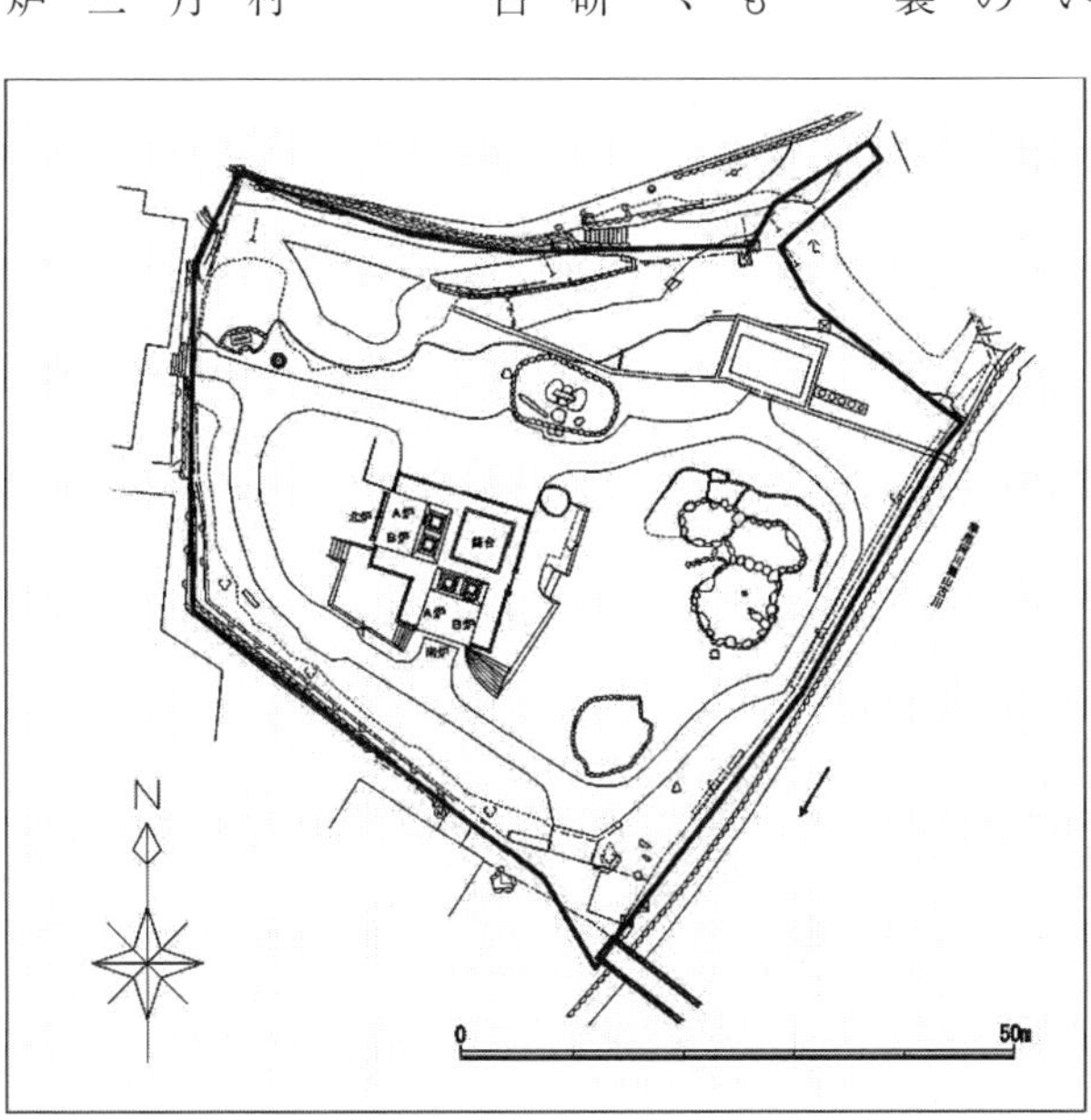

図３　史跡韮山反射炉指定範囲図

年代		事項	出典
	2月晦日	3番18ポンド砲廃頭切断	①
	3月9日	杉谷雍助、佐賀へ帰国	①
	3月10日	3番18ポンド砲鑽開開始	①
	3月13日	1番18ポンド砲試射成功、江川英敏見分	①
	3月22日	田代孫三郎、職人とともに佐賀へ帰国	①
		3番18ポンド砲鑽開完了	
	4月12日	3番18ポンド砲試射成功	①
	8月13日～18日	将軍徳川家定薨去に付、操業休止	①
	10月	反射炉にて銅製大砲鋳造可能の旨幕府に答申	⑥
安政6年	7月25日	大風雨・洪水のため反射炉敷地内諸小屋施設破損	①
	10月28日	反射炉修復のため足代(足場)設置開始	①
	12月24日	錐台小屋屋根完成、出来栄え見分	①
	12月28日	錐台水車他完成、出来栄え見分	①
万延元年	1月5日	1番反射炉烟窓大破に付、大工により修復	①
	閏3月25日	南部産銑鉄網代浦に到着	④
	4月4日	18ポンドカノン鋳型製作開始	④
	4月8日	18ポンドカノン鋳型製作完了	④
	4月10日～14日	南部産銑鉄吹流し	④
	4月16日	一番反射炉点火	④
	4月24日	18ポンドカノン砲鋳込終了	④
	4月27日	18ポンドカノン砲巣中鑽開開始	④
	5月11日	18ポンドカノン砲巣中鑽開終了	④
	5月15日	18ポンドカノン砲火門鑽開開始	④
	5月16日	18ポンドカノン砲火門鑽開終了	④
	5月18日	南部産銑鉄製18ポンドカノン砲試射成功	④
	10月	アメリカ献貢ライフルカノン等に付、アメリカ人より伝習願書提出	③
	10月20日	夜に入、貯弾類鋳込	①
	11月28日	南部産銑鉄製18ポンドカノン砲江戸移送	③
	12月	石州銑を砲弾鋳造用に流用したい旨上申(文久元年2月許可)	②
文久2年	2月	内海台場へ砲弾廻送	②
	8月5日	17貫目余・5貫目余銅製大砲型目論見帳下1冊江戸役所へ差立	①
	11月晦日	幕府よりライフルカノン25挺・ボートホーイッスル75挺鋳造命令	③
文久3年	2月	製造見本としてアメリカ貢献ライフルカノン1挺受領	②
	4月	内海台場へ砲弾廻送、36斤実弾544発、同散弾55発、24斤実弾533発、同散弾195発	③
元治元年	4月17日	松平阿波守(蜂須賀斉裕)よりライフルカノン8挺・ボートホーイッスル20挺の注文を受ける	⑤
	閏5月	文久3年鋳造の青銅製野戦砲100門の内、完成品14挺は鉄砲玉薬奉行へ、鋳放廃頭の5挺と廃砲81挺も江戸廻送	⑤
	12月26日	中村反射炉廃止に付、附属機械・銑鉄・石炭等鉄砲製造奉行へ	⑤
慶応2年	3月	江川英武より幕府に韮山反射炉の江川家預かりによる操業継続願書	⑤

出典①「反射炉御取建中日記」公益財団法人江川文庫、S2360
②「反射炉御用留年々用」公益財団法人江川文庫、S1173
③「御鉄砲方御用留」公益財団法人江川文庫、S1167
④「万延元申年閏三月日記」公益財団法人江川文庫、S2359
⑤「反射炉文書抄録」公益財団法人江川文庫、S3175
⑥「反射炉御取建御用留」公益財団法人江川文庫、S2361

表１　韮山反射炉築造・操業年表

年代		事項	出典
嘉永６年	12月16日	反射炉御用掛任命	①
安政元年	１月12日	本郷村（下田）反射炉建設場所小屋場その他の丁張り	①
	２月１日	地形突堅開始	①
	２月17日	焼石角（レンガ）製造開始	①
	３月27日	異人（ペリー艦隊水兵）１名反射炉建築現場に侵入	①
	４月３日	幕府に反射炉場所替の伺書	①
	４月６日	幕府より田方郡中村へ反射炉場所替の下知	①
	４月14日～	本郷より中村へ築造部材等廻送開始	①
	６月７日	中村（韮山）反射炉基礎松丸太打込開始	①
	７月１日	反射炉土台石据え方開始 基礎杭打込完了	①
	７月８日	反射炉前板鉄・18ポンド鋳模鋳造	①
	７月13日	錐台上家屋根工事開始	①
	閏７月18日	反射炉煉瓦積開始	①
	閏７月22日	反射炉板鉄・鋳模等鋳造	①
	８月５日	反射炉前板鉄・18ポンド鋳模・小板金等鋳造（前板鉄鋳造失敗）	①
	８月11日	反射炉板鉄・鋳形鋳造	①
	８月12日	反射炉足代（足場）設置開始	①
	８月14日	反射炉板鉄・18ポンド鋳模鋳造	①
	８月17日	反射炉板鉄鋳造	①
	９月18日	左官仕事開始	①
	11月４日	安政の大地震、２番板倉大破、反射炉その他別条なし	①
安政２年	１月16日	江川英龍没	①
	２月11日	一番反射炉半双にて今暁９つ半時より初めて鋳造開始、銑535貫目、朝４つ時に皆湯となる 18ポンド外形・錐台付金具鋳造、昼９つ半時完了	①
安政３年	４月11日	タール製作所完成・試運転	①
	４月13日～18日	タール製作継続	①
	５月17日	タール２石４斗江戸廻しのため、網代村船積場へ搬送	①
	８月25日	大風雨のため諸小屋破損	①
安政４年	２月８日	鍋嶋肥前守家来田代孫三郎・杉谷雍助他職人中村到着	①
	７月１日	夜９つ半時より南反射炉吹試開始、暁７つ半時湯桶出、翌２日５つ半時２分皆湯、鋳流完了	①
	９月１日	今晩９つ時３分より１番反射炉東側半双吹試	①
	９月９日	18ポンド筒１挺鋳込、滞りなく完了、今夜９つ半時より吹始、昼９つ時鋳込済	①
	11月７日	今暁２番反射炉北側炉試験溶解に付、暁９つ時より点火、亀甲銑606貫300目炉中に積込 追って鋳込むべき弾丸の寸法、田代孫三郎より申聞、36ポンド：口径５寸７分３厘・玉径５寸５分５厘、24ポンド：口径４寸９分９厘・玉径４寸８分３厘	①
	11月19日	今晩２番反射炉南側半双試験、暁８つ時より点火	①
	12月４日	今夕７つ時より18ポンド砲鑽開開始、翌正月８日昼８つ時完了	①
	12月６日	今晩２番炉にて２番18ポンド砲鋳込、暁８つ時より点火	①
安政５年	１月８日	１番18ポンド砲鑽開完了、去12月４日より今日昼８つ時迄昼夜日数33日、２月８日より仕上錐入れ始め	①
	１月11日	１番18ポンド砲火門鑽開開始	①
	１月25日	１番18ポンド砲火門鑽開完了	①
	２月８日	１番18ポンド砲巣中滑錐開始	①
	２月17日	１番18ポンド砲巣中滑錐今夕迄に完了	①
	２月22日	１番炉にて３番18ポンド鋳造	①
	２月25日	（３番18ポンド砲）鋳型取り外し	①

⑶中村（韮山）での築造経過

本郷での築造のために準備されていた煉瓦や石材などの用材は、稲生沢川《いのうざわ》を下り、下田港から海路三津浦《みと》（現沼津市）あるいは沼津港へ運ばれた。そして、三津浦からは陸路、沼津港からは狩野川水運により南条河岸（現伊豆の国市）へ搬送され、中村へ届けられている。また、中村近傍の山田山の白土を用いた煉瓦も焼成されたと伝えられるが、白土の採取場所および焼成が行われた窯の場所は特定されていない。

さて、中村での反射炉築造は、安政元年六月七日、基礎となる松丸太の打ち込みから開始された(4)。以下、「反射炉御取建中日記」の記述を中心に、築造過程を見ていきたい。同年七月一日には土台石の据え付け開始、閏七月一八日には煉瓦積みが始まっている。九月一八日には左官仕事が開始されており、煙突部の漆喰塗りの作業に入っていることがわかる。この時点で、連双二基の内一番反射炉（南炉）の築造は、完成に近づいていたと言える。

一一月四日に発生した安政の大地震でも、反射炉本体が崩壊することはなく、基礎が堅牢であったことを窺わせる。しかし、翌安政二年正月に江川英龍が没し、若年の息子英敏が跡を継いだこともあってか、事業の進捗にかげりが見え始める。二月一一日、一番反射炉半双にて初めて銑鉄の溶解が試みられ、銑鉄五三五貫目で一八ポンド外形と錐台付金具を鋳造したと記録されるも、その後安政四年に至るまで銑鉄の溶解は行われていない。安政二年五月一一日条に、佐賀藩の杉谷雍助を韮山に呼び寄せるべく藩の重役に掛け合うとの記述があることから、銑鉄溶解に関する技術的な障害により、一番反射炉の操業と二番反射炉（北炉）の築造は停滞していたと見られる。同年八月には、幕府を通じて佐賀藩に対して技術支援を要請、佐賀藩もこれを了承している。しかし、実際に佐賀藩士が韮山に派遣されるには、安政四年二月まで待たねばならなかった。

⑷佐賀藩士の来援と韮山反射炉竣工

安政四年二月八日、佐賀藩の田代孫三郎・杉谷雍助と職人たちが韮山反射炉に到着。同日条に「打合無腹蔵、弁利宜精々差図有之度」とあるように、すでに鉄製大砲鋳造のノウハウを持っていた杉谷らから技術的な指導を得て、韮山反射炉は竣工と操業に向けて再スタートを切ることとなった。

杉谷らの到着からおよそ五か月後の七月一日、夜九つ半時より一番反射炉（南炉）の試験操業が行われ、翌二日五つ半時二分に「皆湯」となったと記録されている。さらに二か月後の九月一日、一番反射炉の東側炉の試験溶解も実施された。それを受けて、九月九日夜九つ半時より一八ポンド砲（一番一八ポンド砲）の鋳造を開始、翌昼九つ時に「鋳込済」となった。

一番砲は、一二月四日から翌安政五年一月八日まで、およそ一か月間をかけて砲身の鑽開が行われている。さらに、二月中旬にかけての「火門鑽開」と「巣中滑錐」を経て、三月一三日には江川英敏見分のもと、試射に成功した。

安政四年一一月七日には、二番反射炉（北炉）の北側炉にて試験溶解が実施された。この時、「亀甲銑」六〇六貫三〇〇目を溶解したと記録されている。続いて一一月一九日に二番反射炉南側炉の試験が行われた。つまり、この時点で全ての炉が稼働可能となっており、連双二基の韮山反射炉は一通りの完成を見たと言える。

二番反射炉での一八ポンド砲（二番一八ポンド砲）鋳造は、一二月六日暁八つ時に開始されている。この二番砲については、品質に問題があったものか、鋳造後の状況や作業工程が記録されていない。

安政五年二月二二日、一番炉にて一八ポンド砲（三番一八ポンド砲）の鋳造が行われた。暁八つ時四分点火、鋳込完了は四つ半時、「亀甲銑」一三〇〇貫目余を溶解している。この時の溶湯については「鎔解極上の沸湯」と記されており、良好な状態であったことが窺われる。三番砲は、二月二五日に型取り外し、同晦日に廃頭切断、三月一〇日から鑽開を始め、四月一二日に試射が成功したと記録されている。

この間、韮山反射炉の築造と操業に一定の目途がついたことから、三月九日に杉谷雍助が、三月二二日には田代孫三郎と職人たちが、佐賀へと帰国している。彼らの技術と協力があって、韮山反射炉は完成に漕ぎ着けたと言えるが、具体的に、どのような指導や改良が行われたかについては、「反射炉御取建中日記」から読み取ることはできない。

⑸南部産銑鉄製一八ポンドカノン砲鋳造

佐賀藩士の来援によって、韮山反射炉は一応の完成を見たが、三番一八ポンド砲鋳造以降、鉄製砲の量産へと移行することはなかった。砂鉄に由来する石見産の銑鉄の成分が、大砲鋳造に適さなかったことが、主たる原因と考えられる。安政五年一〇月、反射炉で青銅砲鋳造が可能かとの幕府の問い合わせに対して、江川英敏は可能である旨を回答している。(5)

しかし、鉄製砲鋳造の試みは途絶したわけではなく、万延元年（一八六〇）には南部産の銑鉄を材料として、一八ポンドカノン砲の試鋳が行われた。「万延元申年閏三月日記」(6)によれば、万延元年閏三月二五日に南部銑一五〇〇貫目が網代浦（現熱海市）に到着。四月四日から八日にかけて鋳型が製作され、一〇日から一四日にかけて「地銑吹流し」ののち、一六日に一番反射炉に点火、銑鉄一二〇二貫一〇〇目が鋳込まれた。鋳造されたカノン砲は、二四日に鋳台から取り出され、翌二五日に鋳型を取り外し、二六日から二七日に廃頭を切断。五月一一日にかけて巣中鑽開を完了、続いて一六日に火門鑽開を完了し、一八日には試射を実施した。試射の結果は「砲心障之儀無之」と記されている。南部産銑鉄によるカノン砲の鋳造は、一定の成功を収めたと言ってよいだろう。この一八ポンドカノン砲は、同年一一月二八日に沼津港から江戸へ向けて廻送されている。(7)

⑹台場備砲用砲弾鋳造

大砲鋳造に適さないことが判明した石見産銑鉄だが、当初鉄製砲量産を企図して韮山反射炉に大量に納入されたものの内、八万六〇〇〇貫目余が、未使用のまま貯蔵されていた。その利用法として、万延元年一二月、江川英敏は品川台場備砲の砲弾鋳造を幕府勘定所に申し出、許可を受けている。(8)

砲弾鋳造は実際に行われており、文久三年（一八六三）四月「御貯弾積所出帆御届書」によれば、韮山反射炉で鋳造された三六ポンド砲用の実弾七八〇発・散玉三七七〇粒、二四ポンド砲用の実弾二五五〇発・散玉一万七〇〇〇粒が沼津港から江戸へ向けて廻送されている。(9) また、砲弾として鋳造せず、銑鉄のまま江戸に送られたものもあった。

(7) 青銅製ライフルカノン砲・ボートホーイッスル砲鋳造

文久三年正月二日、幕府より青銅製野戦砲一〇〇挺（ライフルカノン砲二五挺・ボートホーイッスル砲七五挺）を、韮山反射炉において鋳造すべしとの下知が韮山に届いた。これに伴い、鋳造および銅・錫の分析を行うため、講武所砲術教授方木村太郎兵衛、鉄砲方手代講武所砲術教授方出役安井晴之助、蕃所調所出役宇都宮鏆之進の三名が韮山反射炉に派遣されている。(10) 特に宇都宮は、化学的な分析法を用いて、江戸の銅座から網代浦（現熱海市）に着船した丁銅の成分の調査を担当した。(11)

鉄製外型の鋳造などを経て、青銅製野戦砲の鋳造は同年七月一四日から開始された。二番反射炉（北炉）の北側炉半双で三挺が鋳込まれたのを皮切りに、同年一二月末までに三三回にわたって、一回につき三挺ずつ青銅製野戦砲の鋳造を続けたことが記録されている。(12)

しかし、韮山反射炉で鋳造されたこの青銅製野戦砲一〇〇挺の内、問題なく完成したものが一四挺、鋳放ち廃頭までで済んだものが五挺に過ぎず、あとの八一挺は、気泡による疵などのため未完成に終わっている。この結果からすると、反射炉による青銅砲鋳造のノウハウが確立されるまでには至らなかったと言えよう。完成した一四挺は鉄砲玉薬奉行に引き渡し、疵砲八一挺もそのまま江戸に廻送することとされた。(13)

元治元年（一八六四）一二月、韮山反射炉の廃止と諸道具・機械・材料・燃料等の鉄砲製造奉行への引き渡しが、幕府より通達された。これは、幕府が関口水道町（現文京区関口）、さらに王子滝野川（現北区滝野川）において直営の反射炉築造を計画したことに伴う措置であり、幕府の反射炉事業から江川氏が切り離されたことを意味する。これに対して、江川氏は西洋砲術の門弟にあたる諸大名家からの注文砲を鋳造するため、韮山反射炉と付属の機械類を預かり、操業を継続したい旨を申し出ている。[14] なお、大名家からは、徳島藩主松平阿波守（蜂須賀斉裕）が、ライフルカノン砲八挺・ボートホーイッスル砲二〇挺を発注していることが確認されている。[15]

二 明治維新後の韮山反射炉

⑴維新後の経過

明治維新に際して、韮山代官江川英武（江川英敏の死去により、文久二年〔一八六二〕に代官となる）は新政府に恭順、韮山県知事に任命され、明治四年（一八七一）の廃藩置県までその任を務めた。韮山反射炉はすでに操業を停止し、江川氏に預けられたままとなっていたが、明治五年一〇月一八日、陸軍武庫一二等出仕松田道嗣による現地調査が行われた。[16] この調査結果を受けて、翌明治六年三月、陸軍大輔山県有朋の名をもって、韮山反射炉および残存している付属機械等を造兵司に引き渡すよう命じられている。

明治一二年、静岡県令大迫貞清の建白により、反射炉は第三種官有地（古蹟風光保存地）となり、周囲が木の柵で囲われた。しかしその後は管理されることもなく放置されていたため、周辺には草木が繁茂し、反射炉本体も漆喰の剝落が進むとともに、ツタに覆われるなど荒廃の度合いを強めていった。

⑵韮山反射炉保存修理の展開

荒れるにまかされていた韮山反射炉について、保存の動きが起きはじめたのは、明治三九年頃からのことである。江川英龍没後五〇年を契機として、江川英武の女婿山田三良（一八六九〜一九六五、帝国学士院長）が中心となり、保存運動が展開された。山田は、当時の陸軍大臣寺内正毅に働きかけ、その結果、明治四一年一〇月から翌年一月にかけて、陸軍省による保存修理が実施されることとなった。

この保存修理事業の詳細は必ずしも明らかではないが、公益財団法人江川文庫所蔵の古写真から、本体に着生した草木類の除去と煉瓦の補修、煙突部上中下層への鉄帯補強、反射炉南西側および東側から南東側にかけての石垣・階段の整備、反射炉周囲へロシア小銃（スナイドル銃）二一九挺を連結した銃剣柵の設置、周辺敷地の整地等が行われたことがわかる。

大正一二年（一九二三）に発生した関東大震災時に、煉瓦および石積部にズレを生じた程度の被害に留まったこと、昭和五年（一九三〇）に起きた北伊豆地震においても、北炉最上段部の崩落と炉体内部の亀裂という被害を受けたものの全体の倒壊には至らなかったことは、この保存修理事業の効果が大であったことを示している。

その後、北伊豆地震で蒙った被害の復元と耐災補強は、昭和三二年まで待つことになる。同年二月から一〇月にかけて、韮山村（当時）によって保存修理事業が実施された。この保存修理では、地下に基礎コンクリートスラブを設置し、煙突外部に鉄骨トラスのフレームを組んで鉄骨と煉瓦面との間にモルタルを充塡する工法で、耐震補強を行っている。煙突天端には、鉄製の蓋がかぶせられた。

煉瓦については、風化が著しい箇所と、北炉最上段の崩落部分について軽量コンクリートブロックによる補修・復元が行われた。風化・欠損した目地には、新たにモルタルを充塡している（写真２）。

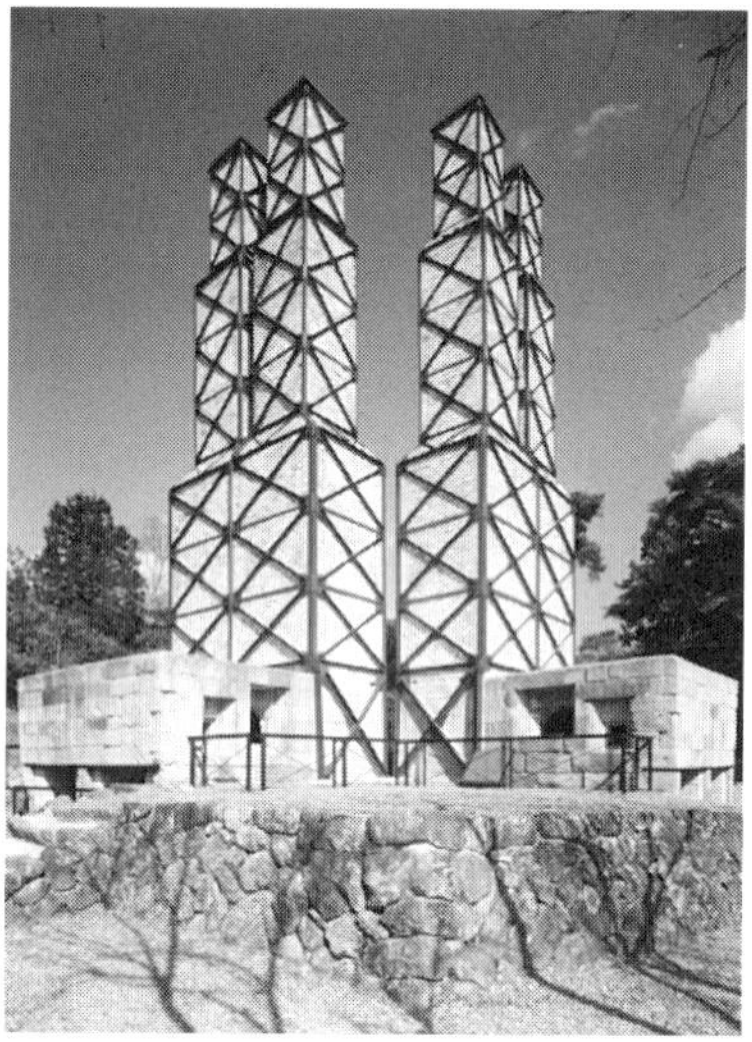

写真１　現在の韮山反射炉

写真２　昭和32年補修後の韮山反射炉

昭和五〇年代以降、東海地震の発生が危惧されはじめたことに伴い、韮山町（当時）は韮山反射炉保存修理委員会を発足させ、昭和五五年度から五七年度の予備調査と本調査、昭和五八年度の基本設計、昭和五九年度の実施設計を経て、昭和六〇年度から六三年度の四年間をかけて、大規模な保存修理事業を実施した。この時行われたのは、解体工事、基礎補強、炉体補強、補強用鉄骨差し替え、煙突外部補強、煙突内部補強、煙突天蓋交換、周辺整備の各工事である。この保存修理事業によって、現在の韮山反射炉の姿に整備された[17]（写真１）。

三　韮山反射炉の構造

ここでは、韮山反射炉の構造について、主として『史跡韮山反射炉保存修理事業報告書』（韮山町、一九八九年。以下『報告書』と略す）に依拠して記述する。この保存修理事業においては、調査設計期間から工事期間を通じて、反射炉の構造や材料に関する種々の調査が行われている。

韮山反射炉は、炉体と煙突からなり、松丸太と大玉石による堅固な基礎の上に築かれている。炉体は、内部が耐火煉瓦のアーチ積み、外部が伊豆石（凝灰岩）の組積造、煙突は煉瓦組積造である。連双二基の南炉と北炉（計四炉）が、出湯口側で直交するように配置されている。各炉とも炉床型で、二〜三ｔ級の溶解性能を有していた。炉床の下は、鋳鉄製の半月板で覆われた空間が設けられている（図４〜６）。

煙突は、基礎石上面から、約一五・七ｍ。外形は三段構造で中段部から独立し、中段・上段と細くなっていく。総積み数は一二七段である。煙突内部の平面形状は六八〇×六八〇㎜の方形だが、炉内との接続部分には「岬」と呼ばれる突出した構造があり、煙道はそこで三分の一以下に狭められている。煙突に使用されている煉瓦は、主として二二〇×二二〇×九一㎜の大きさのもので（写真３）、その総数はおよそ二万六〇〇〇個である。

写真３　韮山反射炉の耐火煉瓦

１　松杭・大玉石・基礎切石

「反射炉御取建中日記」によると、現在地における反射炉の基礎工事は、安政元年（一八五四）六月七日の松杭打ち込みから開始された。杭打ちは七月一日に終了し、天野村石工忠蔵らによって、同日から土台石の据え付けが始まっている。閏七月一八日には、煉瓦が積み始められていることから、それまでに基礎地業が完了していたことがわかる。

韮山反射炉の基礎については、昭和三二年（一九五七）度に韮山村（当時）によって実施された保存修理工事の記録から、その存在が読み取れる。この時の工事では、耐震補強用鉄骨トラスのコンクリート基礎設置のため、炉体周囲の

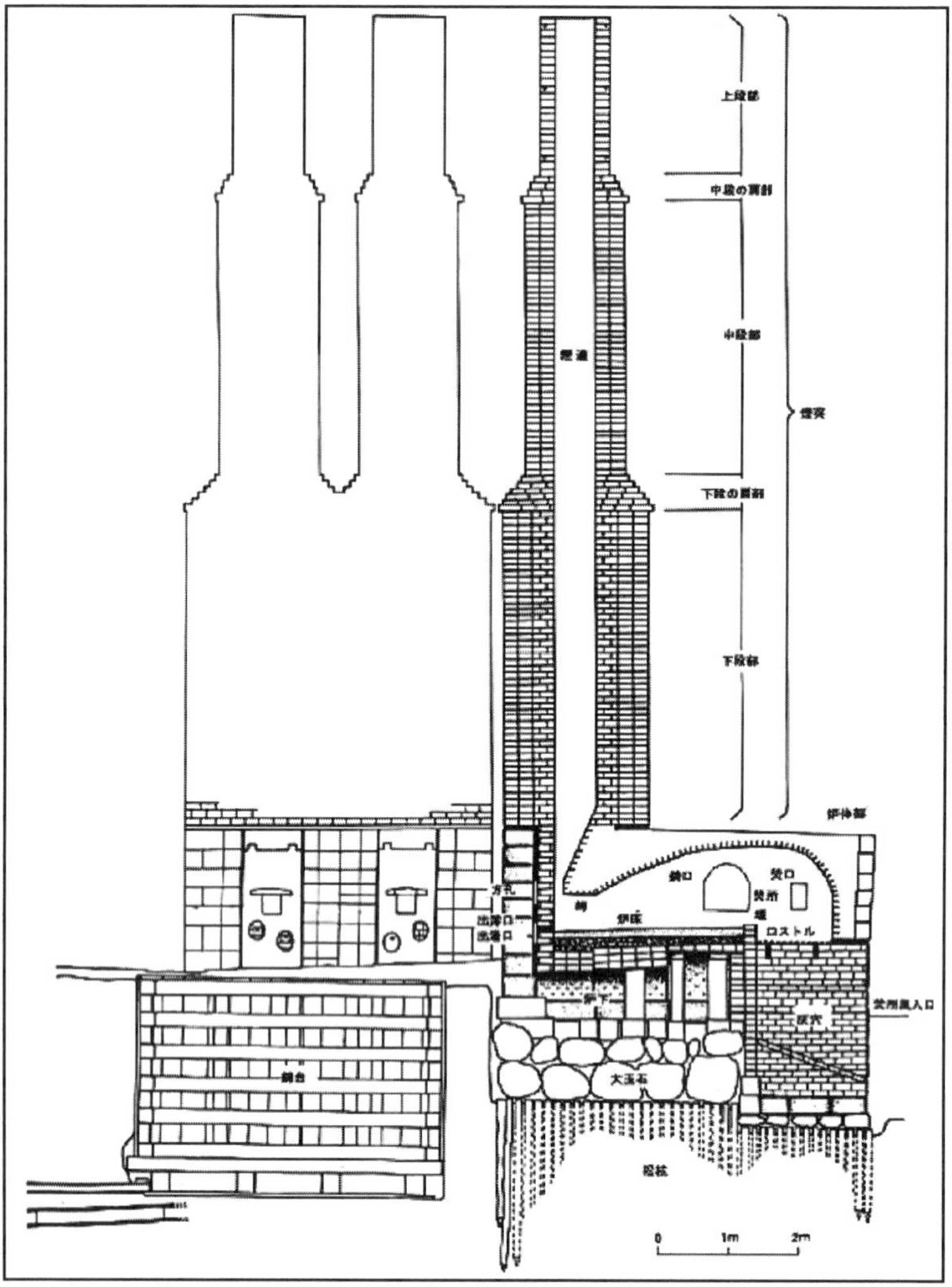

図４　韮山反射炉の構造(『報告書』図59)

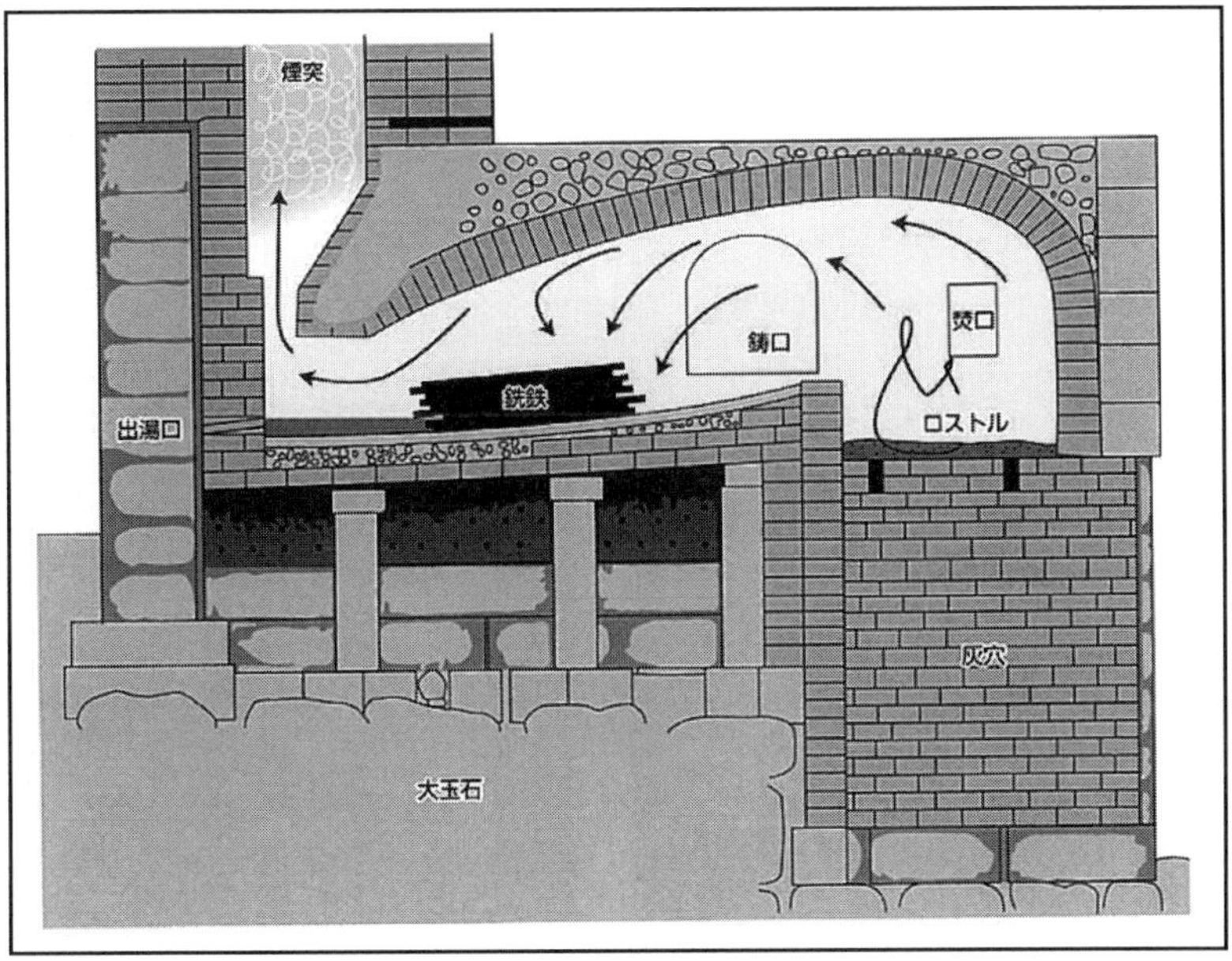

図５　炉体断面図（『史跡韮山反射炉保存管理計画』図３）

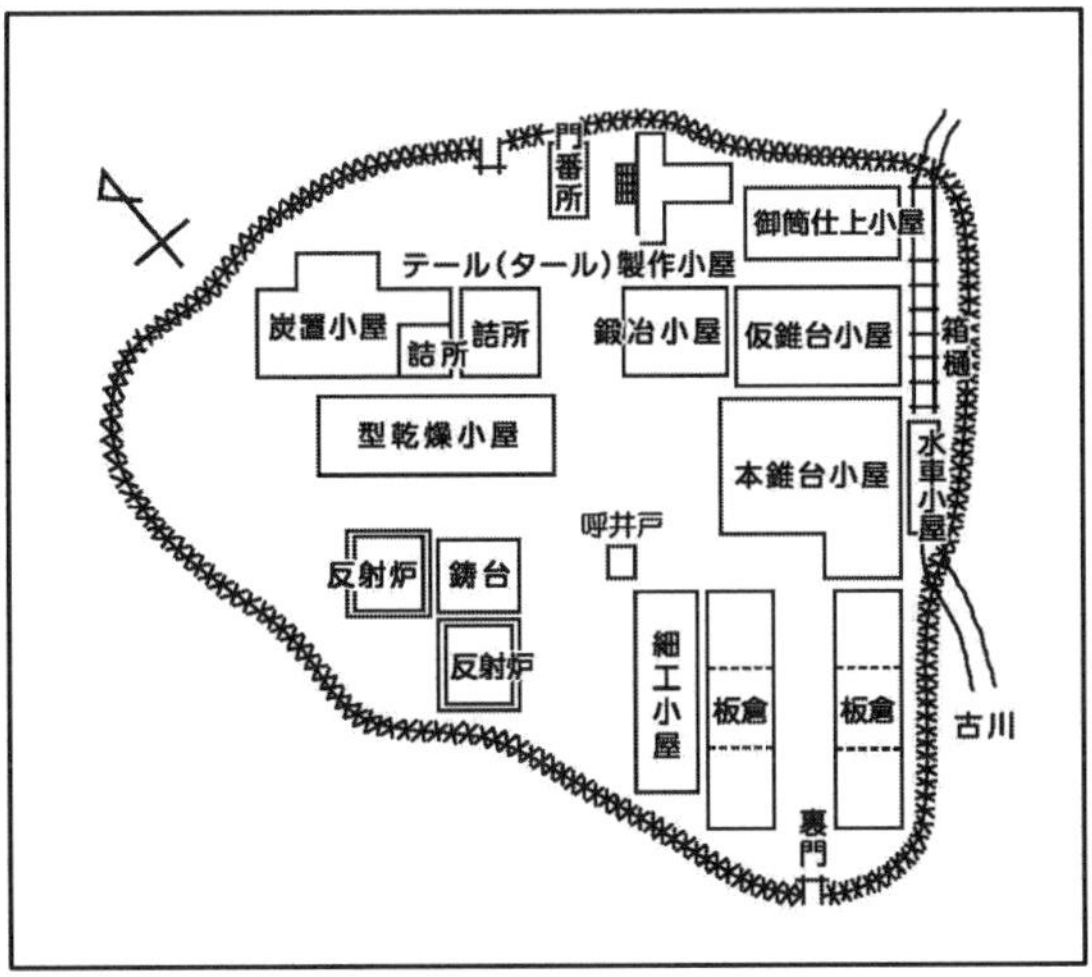

図６　韮山反射炉建造物配置図（『報告書』図５）
江川文庫蔵「反射炉小屋場御用地麁絵図」より作成。

掘削を行っている。当時の工事記録（『報告書』三七頁所載　資料一〇「昭和三一年度韮山反射炉保存修理工事記録」）によれば、「炉体に接して作る基礎コンクリートのために、炉体の従前の基礎石を炉体直下迄はつり取る作業」が行われており、基礎の大玉石の存在が確認できる。

昭和六〇年度から六三年度にかけて韮山町（当時）によって実施された保存修理事業にともない、部分的にではあるが、発掘調査が行われている。その内、昭和六〇年度に炉体湯口下の調査において、大玉石とその下の松杭が検出されており、「反射炉御取建中日記」の記述と、昭和三一年度保存修理工事の記録が確認された。松杭は直径一五cm前後の皮付き丸太で、調査時点でも基礎として健全な状態であった。地下水の水位が高いため、材の新鮮さが保たれたものと推定されている(18)。杭は約三〇cm間隔で、千鳥状の配列で密に打ち込まれている。

松杭の上には、長径一m程の安山岩の大玉石が二段に積まれ、その隙間には、小石が充塡されている。この大玉石の上に、炉体の凝灰岩の基礎切石が直接積まれている。切石の下面は、大玉石の形状に合わせて加工され、上面が水平をなすように固定されている。これらの基礎構造によって、反射炉の炉体と煙突が支えられているのである。

2　炉体部

(1) 炉体外部

反射炉の低層部を構成する炉体部は、幅五m、長さ六m、現況地盤からの高さ一・一mの方形をなしている。外部は伊豆地方で産出される「伊豆石」（凝灰岩）の組積造である。石材の寸法は、三〇×三〇×九〇cmで、開口部の梁部分のみ長さ一六〇cmのものが使われている。これら伊豆石の産地については、主として三種類に分類できることが明らかとなった（『報告書』一六六頁）。

一つめは、当初築造が予定されていた本郷村の近く（下田付近と推定されるが、場所は不明）で切り出されたと思われる石材。二つめは、河津石（沢田石とも）と呼ばれる、現河津町産出の石材。今一つは、長源寺石と呼ばれる韮山地区産出の石材である。この内、長源寺石については、後年の保存修理の際に差し替えられたものと考えられている。下田付近の石と河津石は、本郷の現場から回漕、再利用された、築造当時の石材であろう。[19]

溶けた金属が流れ出る湯口側には、各炉にそれぞれ鋳鉄製の前板が取り付けられている。前板の形状は、南炉と北炉でやや異なっている。違っているのは、方孔の開口部の形状と出滓口・出湯口の位置および脚部の形状である。南炉前板の方孔開口部は、開閉式の蓋の軸を収めるための丁字形の形状をなしているのに対し（写真4）、北炉のそれは方孔と同じ長方形である（写真5）。出湯口の位置は、南炉A炉では向かって左側、南炉B炉では向かって右側となっている。北炉ではどちらも向かって左側である。脚部は、南炉は円弧状、北炉は水平となっている。『鉄熕鋳鑑図』[20]第五版では、前板にあるのは方孔と出湯口の

写真４　南炉出湯口

写真５　北炉出湯口

みで、出滓口は描かれていない。そのため、出滓口を設けたことについては、日本人による独自の工夫ではないかとも捉えられてきたが、近年、ヒュゲーニンによる『ロイク王立鉄製大砲鋳造所における鋳造法』の改定版(一八三四年刊、通称『バイダラーゲン』)に基づいたものであるという可能性が指摘されている。[21]

(2)炉体内部

炉体内部は、上部に湾曲した天井を持つ燃焼室と溶解室がある。燃焼室の下には、燃料を置くための鋳鉄製の桁が設置され、さらにその下は、新しい空気を取り入れるとともに、燃焼後の灰などを掻き出すための開口部が設けられている。これらの機能から、この開口部は「下焚口」「灰穴」「焚所風入口」等の名称で呼ばれている。なお、北A炉の下焚口の床面では、外に向かって約二五度の角度で下っていく煉瓦敷きの構造が確認された。これは、灰の掻き出し作業を容易にする工夫と思われる。他の三つの炉では、後世の工事等の影響か、煉瓦敷きの傾斜面は確認されていない。

耐火煉瓦で構成された溶解室の天井は、短辺がアーチ状、長辺が弓状の曲線を描き、湯口方向に向かって狭くなっていく形状である。いずれの炉においても、天井と壁面の煉瓦には、高い熱を受けたことを示す変色が見られるとともに、黒い煤やガラス状の溶解物が付着している。韮山反射炉が、実際に稼働していたことを示す痕跡である(写真6)。

溶解室の炉床については、南A炉を除いては、攪乱を受けて原状を留めない状態であった。『報告書』によると、推測される炉床の構造は、北炉と南炉で

写真6　南B炉内(『報告書』写真3)

異なっている。北炉では、耐火煉瓦を敷いた上に煉瓦の破片と粘土の層を設けて勾配を作っている。南炉では、焚口側に煉瓦を重ねることで勾配を作り出している。なお、いずれの炉の炉床も、『鉄熕鋳鑑図』記載の図面に比べて、勾配が緩やかになっている。この炉床の勾配の角度についても、出滓口と同様『バイダラーゲン』を参考にした可能性がある[22]。

炉床下部には、前述のとおり鋳鉄製半月板に覆われた空間があり、焚口側・湯口側ともに外部への開口部がある（写真7）。半月板には、千鳥状の配列で約四cm角の穴が開けられている。この炉床下部空間の機能について、芹澤正雄氏は「空洞は半月鉄に開けた小孔から炉床部築造物中の水分を除去するとともに、火格子下への通風を燃焼用空気の一部として余熱する効用を持つことになる」と述べている[23]。これも『鉄熕鋳鑑図』には見られない構造である。この炉床下部の空間については、安政三年九月の「反射炉築立再目論見帳　正扣」[24]に「フランス之反射炉築立方ニ寄炉底水気を去り候ため上ヶ底ニ仕候積」との記述があり、『鉄熕鋳鑑図』『バイダラーゲン』とは別の文献に基づく仕様と考えられる。ただし、その文献が何であるかは明らかになっていない。

写真7　南A炉下通風口

3　煙突部

(1) 煙突外部

前述のとおり、煙突部は煉瓦組積造で、約一五・七mの高さを持つ。総積数一二七段、下段部(五〇段+肩部四段)は長辺方向に煉瓦四枚半、短辺方向に煉瓦三枚半の厚さで積み上げられている。中段部(四五段+肩部四段)は煉瓦二枚、上段部(二四段)は煉瓦一枚となっている。煉瓦の寸法は基本的に二二〇×二二〇㎜であるが、角部分には二二〇×三五〇㎜のものが用いられている。目地材は粘土である。

南炉煙突上段部において、最上段を一段目として、三段目・一二段目・二二段目の煉瓦に鉄棒による水平方向の補強が行われている。これは、該当する段の煉瓦上面中央部に溝を掘り、鉄棒を挿入して粘土を充填したもので、古写真に見える垂直方向の補強鉄材と連結していたものと思われる。北炉煙突上段部については、昭和五年の北伊豆地震で崩落したため確認されていないが、古写真を見る限り南炉と同じ構造であったとみられる。

煙突の外部表面には、築造当初漆喰が塗られていたことがわかっている。現在、そのほとんどが剥落し、煉瓦が露出しているが、一部残存している箇所(南炉南面下段)もあり、それについては、モルタルを用いて脱落を防止する処置が行われている(写真8)。

漆喰塗りの工法は、下塗りを施した後シュロ縄を巻き付け、さらに下塗り・中塗り・上塗りをして仕上げたものであることが、脱落した漆喰片の調

写真8　南炉南面当初漆喰

査から判明している。安政三年九月の「反射炉築立再目論見帳　正扣」に、漆喰の原料として「蛎百弐拾六俵壱分」「石灰八拾五俵四分」「布海苔八拾七貫九匁」などとともに「縄弐千五百七拾房」が書き上げられており、調査結果を裏付けている。

⑵煙道（煙突内部）

煙道は、炉内との接続部に存在する「岬」によって狭められているところを除けば、最上段開口部まで六八×六八cmの正方形をなしている。煙道内には耐火煉瓦がそのまま露出しており、その表面は炉内からの排気通過にともなう付着物に覆われ、変色している。いずれの煙道も、炉に近い低層部ほど煉瓦表面が溶けてガラス状になっており、高熱による変成が生じていることがわかる。

4　鋳台

⑴鋳台

反射炉の出湯口側にあり、溶融した金属を流し込むための鋳型を設置し、固定する場所が鋳台である。その機能上、鋳台は出湯口側の地表面より深く掘り込まれている。そのため、操業停止後に不用物などが投げ込まれ、埋められていったものと推定される。このことは、保存修理事業にともなって昭和六三年度に行われた鋳台の発掘調査で、鋳台の中から木材や煉瓦片、コケラ板等が大量に出土したことからも裏付けられる。反射炉の古写真の内、最も古い明治初期とされる写真でも、鋳台部分はすでに埋まり、雑草が生えている様子が見て取れる。

明治四一年（一九〇八）の陸軍省による保存修理後の写真では[25]、鋳台部分は反射炉周囲に設けられた「銃剣柵」の外側となっている。すでに綺麗に整地されて、鋳台の存在は窺えない。

発掘調査によって判明した鋳台の構造は、次のとおりである。鋳台は松材で構成された堅牢な構造で、内法四・〇六×四・〇六mの方形をなしている。鋳型や鋳造品等の重量物を支える床面までは、地表面から二・七mの深さがある（図7・8）。操業時には、この鋳台に鋳型を設置し、出湯口から樋で溶湯を導き、鋳型に注いでいたと考えられる。確認された床面の内、北炉出湯口側に焼け焦げた部分が

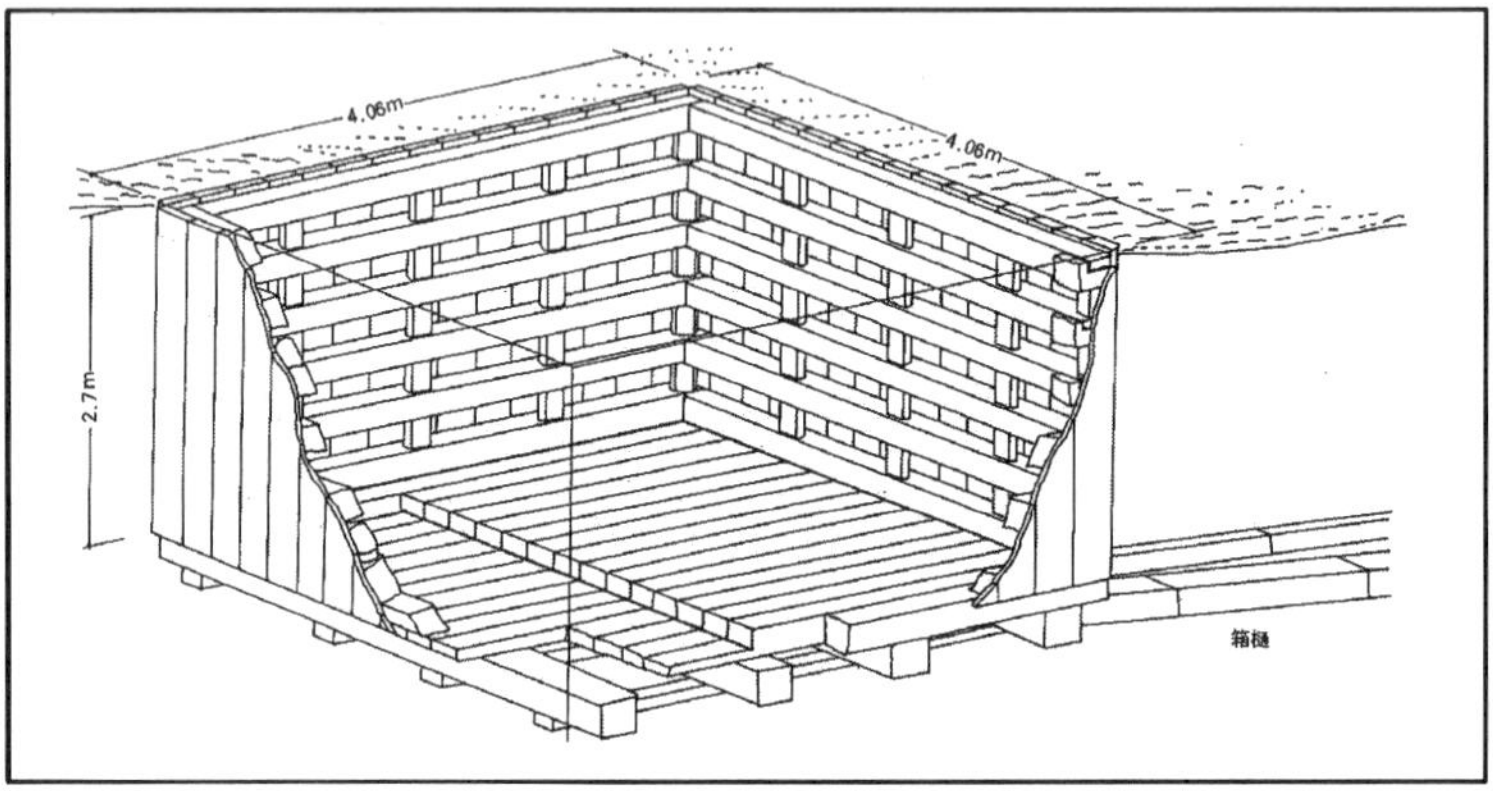

図７ 鋳台推定復元図（『報告書』図98）

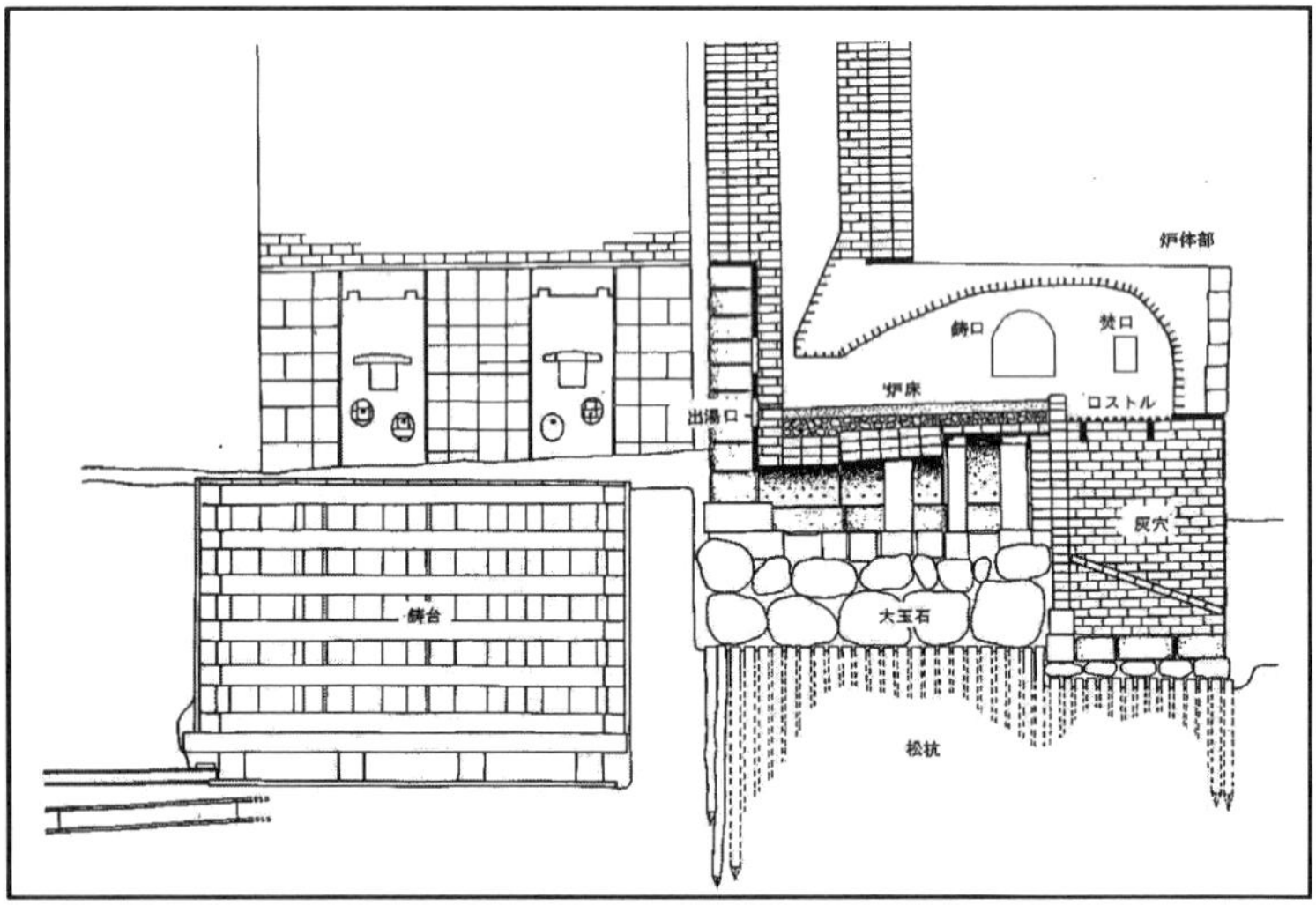

図８ 鋳台断面図（『報告書』図100）

見られる。あるいは、鋳型の端部が接していた痕跡とも考えられる。ただし、鋳台内での鋳型の固定方法や、溶湯を流す樋がどのような材質・形状のものであったかは、記録や遺物が残っておらず、判明していない。

また、出湯口に近い部分、すなわち鋳台の南側と西側は、昭和三二年の保存修理における耐震補強用鉄骨トラスのコンクリート基礎設置にともない、失われている（図9）。カノン砲の鋳型の長さを考えると、鋳型が設置されたであろうこの部分は、判明している二・七ｍよりもさらに深くなっていた可能性もある。

⑵ 埋設箱樋

鋳台の発掘調査では、床下から延びる上下二段の埋設箱樋が確認されている。上段の箱樋は外法一六㎝で、杉・檜材の板で作られている。鋳台側の端部は床下の松材で止まり、そこから南東方向に延びている。地表からの深さは約三ｍである。

下段は上段よりも大きく、松材の板を用いた外法二七㎝の箱樋で、据えられている掘り込みは地表から約四ｍの深さが

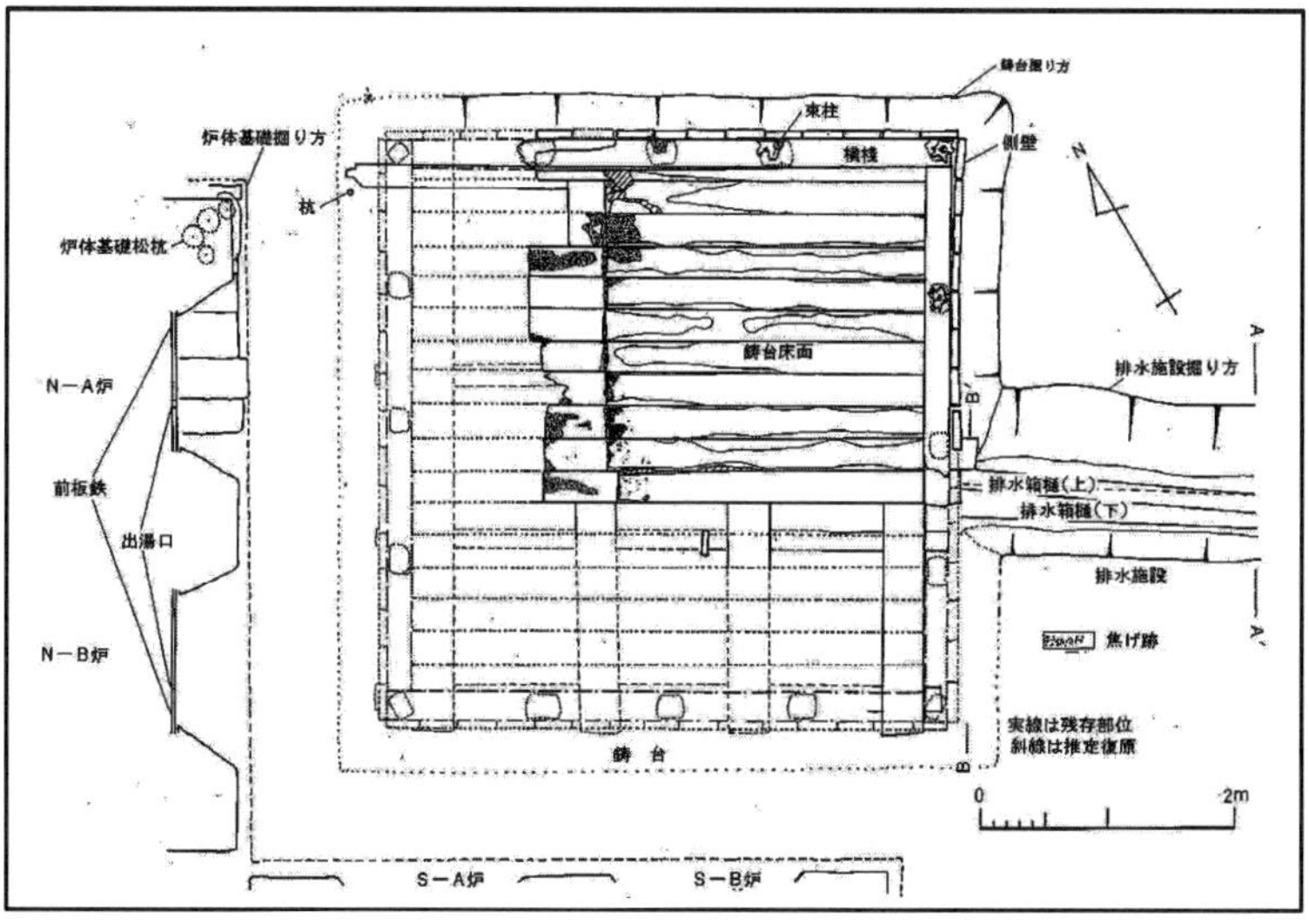

図9　鋳台推定復元図（『報告書』図94）

ある。これら箱樋がどこまで伸びているかは確認されていないが、文久三年（一八六三）九月「反射炉小屋場御用地麁絵図」[26]（以下「文久三年絵図」と略す）に見える「呼井戸」につながるものと推定されている。

5　滅失した構造物

⑴シャチ台

鋳台の上部から、北側に張り出す形で存在した構造物。鋳型を鋳台に据える時と、鋳込んだ大砲等を鋳台から取り出す時に用いられた。シャチ台が残存している、明治初期とされる古写真[27]から見て、上屋の棟高は煙突部中段の中程、出湯口側地表からおよそ一〇ｍに達していたと推定される。重量物を吊り上げる必要から、柱や梁には、かなり太い角材が用いられている。また、この写真には長い梯子が写っている。鋳型の設置や取り出しの際、作業員が上屋へと登るために使われたものであろう。

⑵炭置小屋・詰所

文久三年絵図によると、敷地北西部に炭置小屋と詰所がある。炭置小屋は、その名称のとおり石炭・木炭の貯蔵庫であったと思われる。炭置小屋の東側に隣接する形で、詰所が設けられている。ここで、反射炉の管理・運営を担当する役人が事務を執っていたのであろう。例えば、この絵図が描かれた文久三年九月には、内藤八十八郎・大山兼五郎ら一二名の役人が、六名前後ずつ交代で詰めていたことが記録に見えている[28]。

⑶型乾燥小屋

炭置小屋・詰所の南側、反射炉との間に型乾燥小屋がある。通常、大砲の鋳型は、分割された外型の中に鋳物砂を詰め、その中で砲身の輪郭をかたどった引板を回転させることで成形される。その後、鋳型は一つに組み合わされ、火を当てて乾燥させることで完成する。

鋳型乾燥の行程を行っていたのが型乾燥小屋であろう。文久三年絵図からは、小屋の規模はわかるものの、内部の様子は描かれていないため、韮山反射炉における鋳型製作の具体的な様相は明らかではない。発掘調査時の出土品や、江川文庫の伝世品の中にも、大砲の鋳型や引板は確認されていない。

(4)門番所

敷地北側中央に門が描かれており、そのすぐそばに門番所が置かれている。現在、史跡への出入口は、南側に設けられているが、文久三年絵図によれば、操業当時南側の門は「裏門」であった。

「反射炉御取建中日記」安政元年六月一七日条に「一　今日より御門番野田冨助出勤之事」、同年七月一日条に「一　御足軽宇田長介、今日より御門番として出勤之事」とあり、韮山反射炉では足軽を門番にあてていたことが確認できる。

なお、門の形式は冠木門である。文久三年の「銑筒鋳造諸小屋仕様綴込」(29)に「一　冠木門　内法明七尺五寸四方壱ヶ所」とあることから確認でき、文久三年絵図での描写とも一致する。また、敷地は竹矢来で囲まれていた。

(5)テール製作小屋

敷地北側、門番所の東側にテール製作小屋が見える。この設備は、石炭を石窯で蒸し焼きにし、発生したガスを冷やすことでテール（コールタール）を抽出するものである。

「反射炉御取建中日記」安政三年四月一一日条から五月一七日条にかけて、テール製作小屋の完成と、その後のテール抽出作業に関する記述がある。それによると、この一か月余の間に、四回抽出作業を行い、採取したテール都合二石四斗を江戸へ差し立てている。テールは、船材や大砲の台座に塗り、防腐性を高めるために使われたようである。[30]

テールを抜いた石炭はコークスとなるが、韮山反射炉においてコークスを燃料として使用したかは判然としない。芹澤正雄氏は、韮山反射炉においては、コークスは燃料として使用されていなかったとの見方を示している。[31]

テール製作小屋の中には、石窯と、発生したガスを冷やし、液体を回収する装置があったと考えられる。いずれも現存していないが、江川文庫所蔵の資料に、テールの回収装置とみられる「煙樋十分一之図」[32]がある。また、同じく江川文庫所蔵の明治初期とされる韮山反射炉古写真[33]の前景に、この装置の一部ではないかと思われるパイプ状の構造物が写っている。

(6)御筒仕上小屋

敷地北東部、テール製作小屋の東側にあるのが、御筒仕上小屋である。ここで行われていた作業の具体的な様相は明らかでないが、その名称から、大砲鋳造の最終工程を担っていたと判断される。

(7)鍛冶小屋

テール製作小屋の南側には、鍛冶小屋がある。この施設についても、内部の状況を示す資料はなく、詳細は不明である。鍛冶職人の作業場として、鋳造に用いる道具類や、砲車の部品等が製作されていたものと見られる。

(8)仮錐台小屋

鍛冶小屋の東側、御筒仕上小屋の南側に、仮錐台小屋が存在する。錐台とは、水車を動力として大砲を回転させ、砲身の内部を鑽開(くり抜く)する機械であるが、錐台そのものが設置されていたのは、南側に隣接する本錐台小屋であったと考えられる。この仮錐台小屋には水車が付属しておらず、水力によって動作する機械はなかったと思われる。このことから、鋳型を外して砲身を取り出すなど、錐台にセッティングして鑽開を行う前の準備作業を実施する場所だった可能性もある。しかし、明治五年に陸軍が実施した反射炉跡地の調査記録[34]には「仮錐台機械」の記述があり、何らかの機械は設置されていた模様である。

(9)本錐台小屋・水車・箱樋

仮錐台小屋の南側に隣接するのが、本錐台小屋である。水車が本錐台小屋の東側に設置されていることから、小屋内の錐台は東西方向を軸として据えられていたものと考えられる。錐台自体の詳細な設計図などは伝来しておらず、どのような仕様であったか不明であるが、「反射炉御用留　年々用[35]」にある寅（慶応二年（一八六六））三月の書付に「在来三連錐台」との記述があり、『鉄熕鋳鑑図』第八版にあるような三連錐台が設けられていたと推定される。

文久三年絵図では、水車部分は「水車雨覆」と記されており、水車の上に雨除けの覆いがあったことがわかる。他の構造物と同様、水車の具体的な形状や寸法は不明である。

水車に供給される水は、敷地東側を流れる韮山古川の上流部から、箱樋によって導かれていた。文久三年絵図では、敷地外の描写は比較的簡略化されており、取水口の位置などは描かれていない。平成二三年（二〇一一）度に伊豆の国市が実施した「史跡韮山反射炉確認調査・反射炉周辺試掘調査」では、取水口や箱樋の経路に該当する遺構は発見されなかった[36]。

(10)呼井戸・細工小屋・板倉・裏門

敷地中央南寄りに、呼井戸がある。文久三年絵図では、この呼井戸と鋳台だけが朱線で描かれている。朱線は、地下の構造物であることを示す描写法であろう。呼井戸は、既述（4鋳台 (2)埋設箱樋）のように、鋳台の下から延びる箱樋と接続しているものと思われる。

呼井戸の南東側に、細工小屋と二棟の板倉がある。細工小屋については、「反射炉御用留　年々用[37]」中の寅（慶応二年）三月の書付に「鋳物師細工小屋」との記述があることから、鋳物師が鋳造工程にともなう作業をする場所であったと考えられる。昭和六三年度に実施された敷地内の発掘調査において、この細工小屋に比定される掘立柱建物の柱穴が検出されている。

板倉については、何を収納する施設であるか明示されていないが、敷地内の諸施設の中に、鋳造に用いる材料の置場がないことからみて、銑鉄・銅・錫などを保管していた可能性が高い。

二棟ある板倉の間を南側に抜けると、裏門となる。現在の史跡韮山反射炉の出入口は、この裏門のあたりに相当する。

⑾元タ、ラ場・仮楨（薪）置小屋

文久三年絵図を見ていくと、反射炉敷地の北東部、韮山古川の右岸側に、元タ、ラ場の記載がある。「元」とあることから、絵図が描かれた時点では使われていなかったと思われる。この元タ、ラ場については、遺構が確認されていない(38)ため、規模や年代等は不明である。

しかし、反射炉の築造および操業の過程で、踏鞴を用いて前板鉄等の部材を鋳造している記録(39)がある。また、嘉永六年（一八五三）一二月の反射炉築造決定当初から、反射炉掛の一人として事業を推進した八田兵助の安政六年の手控え「反射炉ニ而銑鎔解試候覚(40)」には、「一　銑ヲ踏鞴ニ而沸、長三尺巾三寸三角程之砂形え流込、反射炉え移入火を遺候」とあり、材料となる銑鉄を反射炉に挿入する前に、踏鞴で一旦鎔解して棒状に形を整えていることが窺える。

元タ、ラ場に隣接して、仮楨（薪）置小屋が描かれている。元タ、ラ場同様、この建物の遺構も確認されていない。

おわりに

韮山反射炉の特徴は、まずもって幕府直営の反射炉として築造されたという点にある。幕府直営の反射炉は、文久三年（一八六三）以降、関口水道町（現文京区関口）・王子滝野川（現北区滝野川）での築造が計画されていたが、いずれも操業に至ることなく明治維新を迎えている(41)。幕府の反射炉として実際に築造されたのは、韮山反射炉のみである。

また、各地で築造された反射炉の内、試験炉とされる萩反射炉を除けば、稼働した反射炉としては国内で唯一の現存例であるという点も、大きな特徴と言えよう。

江川文庫に、本稿でも紹介している絵図や古文書・古写真など、関連資料が残されていることも大きな特徴である。そうした資料を用いた今後の研究によって、韮山反射炉そのものだけでなく、幕府の事業における韮山反射炉の位置づけを明らかにしていくことが期待される。

韮山反射炉が果たした役割とはどのようなものだろうか。記録から確認できる、韮山反射炉で鋳造された鉄製大砲は、一八ポンドカノン砲四門である。その内、試射まで成功したのは三門にとどまっている。この結果からすると、鉄製大砲を量産するという韮山反射炉築造当初の目標は、達成されたとは言いがたい。

しかしながら、蘭書の翻訳を基礎としつつ、日本独自の工夫も加えて築造された韮山反射炉は、幕末日本の海外知識・工業技術受容の様相と、到達点を示すものである。すなわち、当時の日本人が西洋の工業技術を取り入れ、研究し、理解し、実践した、その過程と成果を、今日の韮山反射炉に見ることができる。それは、明治以降の日本の近代化を支えた、技術の受容と国産化につながる、礎の一つであったということができよう。

註

（1）図1〜3は『史跡韮山反射炉保存管理計画』（伊豆の国市、二〇一四）より転載。
（2）江川文庫に、本郷反射炉の建物配置を示した「見取麁絵図」（江川文庫、資料番号四二-四-一四）がある。
（3）「反射炉御取建中日記」（江川文庫、資料番号S二三六〇）による。
（4）基礎をはじめとする各部の構造については、「第三章　韮山反射炉の構造」を参照。
（5）「反射炉御取建御用留」（江川文庫、資料番号S二三六一）。
（6）「万延元申年閏三月日記」（江川文庫、資料番号S二三五九）。
（7）「御鉄砲方御用留」（江川文庫、資料番号S一一六七）。
（8）「反射炉御取建御用留」（江川文庫、資料番号S二三六一）。
（9）「反射炉御取建御用留」（江川文庫、資料番号S二三六一）。
（10）宇都宮三郎の別名。
（11）『宇都宮氏経歴談』（交詢社、一九〇二）。
（12）「日記（反射爐鋳造場御用所）」（江川文庫、資料番号S一一八二）。
（13）「反射炉文書抄録」（江川文庫、資料番号S三一七五）元治元年閏五月「野戦炮仕上出来候ニ付申上候書付」。
（14）「反射炉御用留年々用」（江川文庫、資料番号S続一八）慶応二年三月「豆州中村反射炉之儀ニ付奉願候書付」。
（15）「反射炉御用留年々用」（江川文庫、資料番号S続一八）慶応二年九月「野戦砲弐拾八挺鋳造其外諸入用仕訳取調帳」。
（16）「反射炉御用留年々用」（江川文庫、資料番号S続一八）明治五壬申年十月十八日「陸軍武庫十一等出仕松田道嗣幷附属壱人相越候節、足柄県韮山支庁詰ノ者ヨリ差出候書面」。

(17)『史跡韮山反射炉保存修理事業報告書』（韮山町、一九八九）。
(18)この保存修理事業に先立って、昭和五六年度に行われたボーリング調査の結果によれば、韮山反射炉の敷地の基盤層は、地下五～一〇mの深さにある安山岩の層である。
(19)「反射炉御取建中日記」安政元年四月一四日条に「反射炉場所替ニ付、築建石其外木品一色船廻し之積り」とあり、反射炉の築造場所が田方郡中村地内（現在地）に変更となったことを受けて、本郷村の築造現場から石材等の各種部材を回漕、再利用したことがわかる。
(20)『鉄熕鋳鑑図』（江川文庫、資料番号N一一一-八〇）。
(21)鈴木一義『韮山反射炉工場システム調査業務報告書』（伊豆の国市、二〇一四、未刊行）によると、「バイダラーゲン(Bijdragen tot Het Gietwezen in's Rijks Iizer-Geschutgieterij te Lujk)」には、韮山反射炉と同様の出滓口を持つ図面が掲載されている。
(22)『バイダラーゲン』所載の図面では、炉床の勾配は韮山反射炉のそれに近い緩やかなものとなっている。
(23)芹澤正雄『洋式製鉄の萌芽（蘭書と反射炉）』（アグネ技術センター、一九九一）九七頁。
(24)「反射炉築立再目論見帳　正扣」（江川文庫、資料番号S三一七六）。
(25)陸軍省による補修後の韮山反射炉（北東より）（江川文庫、資料番号古写真三四-一〇）。
(26)文久三年九月「反射炉小屋場御用地麁絵図」（江川文庫、資料番号N一一一-六九）。
(27)明治初期と見られる韮山反射炉（北東より）（江川文庫、資料番号古写真二一-四）。
(28)「日記（反射炉鋳造場御用所）」（江川文庫、資料番号S一一八二）文久三年九月の記述による。
(29)「銑筒鋳造諸小屋仕様綴込」（江川文庫、資料番号S一一八二）。

(30)「反射炉文書抄録」(江川文庫、資料番号S三一七五)に「右テイル之儀者御製造御船御鋳造大筒台等堅方御手当ニ製法仕候儀ニ付、此節製法相成候分追々御廻方之上、御船御製造場者勿論、内海五ヶ所御台場幷大森町打場等江兼而両三樽宛御渡し之上、御船外廻り御据付相成居候銑大筒・同台共時々堅方被仰付候ハヽ、御筒請方台木・鉄具等腐も薄く、御保方可相成と奉存候」とある。

(31)芹澤正雄『洋式製鉄の萌芽(蘭書と反射炉)』(アグネ技術センター、一九九一)一〇一頁。

(32)「煙樋十分一之図」(江川文庫、資料番号四二-四-八-三七)。

(33)明治初期と見られる韮山反射炉(北東より)(江川文庫、資料番号古写真二一-四)。

(34)「反射炉御取建御用留」(江川文庫、資料番号S二三六一)。

(35)「反射炉御用留　年々用」(江川文庫、資料番号S続一八)。

(36)『伊豆の国市文化財年報1　平成23~25年度』(伊豆の国市、二〇一五)。

(37)「反射炉御用留　年々用」(江川文庫、資料番号S続一八)。

(38)『伊豆の国市文化財年報1　平成23~25年度』(伊豆の国市、二〇一五)。

(39)「反射炉御取建中日記」(江川文庫、資料番号S二三六〇)によれば、安政元年閏七月から八月にかけて、前板鉄等が鋳込まれている。

(40)戸羽山瀚『江川坦庵全集』(巌南堂、一九五四)四六三頁。

(41)中山学・神谷大介「滝野川村大砲製造所建設記録『滝埜川村御用留』の内容とその歴史的意義」(『北区飛鳥山博物館』第一五号、二〇一三)参照。

加賀藩鈴見鋳造所における大砲の生産
―嘉永六年より元治元年までの大砲生産の記録―

板垣　英治

はじめに

天保から弘化年間にかけて異国船の来航の増加により、江戸近傍の藩では軍備強化が行われていた。英国軍艦の浦賀への来航もあり緊張の度はさらに増していた。幕府は嘉永二年（一八四九）九月六日に海防強化令を発して海岸防備の一層の強化を促した。加賀藩はこれを請けて、嘉永三年五月一三日に御用番・長大隅守は御内用主付等一〇名と、台場と大砲等について詮議を始めることを決めた。その結果、同年六月朔日に金谷多門等に越中・能登・加賀の三州の巡見に就くことが命じられた。同月九日朝、金谷らは金沢を発ち巡見の旅についた。この巡見の結果を基に一三箇所の海岸に台場を築造することが決定した。当年は金沢・大野川の河口をはじめ六箇所に台場の築造が行われた。ところが当時台場に配備されたのは旧来の大筒（火矢筒）であり、十分な防衛能力を持つものではなかった。

このような状態を改善するために、加賀藩では嘉永四年に大砲鋳造所の建造計画が持ち上がり、鋳物師釜屋弥吉に命じて、同年末から浅野川端の河北郡鈴見村に鈴見鋳造所の建設が始まった。幕末期の加賀藩の軍事施設は金沢城をはじめとして、壮猶館・土清水製薬所・鈴見鋳造所・鉄砲所・弾薬所・台場・弥生調練場等であり、壮猶館（上柿の木畠、現広坂二丁目）は、これらの施設をまとめて管理・運営する役所であった。土清水製薬所（土清水村、現金沢市涌波一丁目）は、万治元年（一六五八）から火薬を生産していた場所であり、現在は国指定歴史遺跡である〔文献1〕。

本稿では嘉永四年から明治二年（一八六九）までの鈴見鋳造所の建設と大砲の製造の歴史を略記した。本施設は金沢市東部の卯辰山の山麓と浅野川との間に位置し、旧鈴見村（現杜の里三丁目）を中心に総敷地面積約二万㎡の広大な施設であり、嘉永六年から大砲と弾丸の生産を行っていた。本施設の鋳造場棟取の釜屋弥吉（武村弥吉）は、ここで鋳造した青銅製大砲と弾丸の製造に関する記録を大量に残しており、現在は大鋸文庫として石川県立歴史博物館に収蔵・保存されている。また、壮猶館主付の成瀬正居は多数の貴重な文書を残していた。その史料は金沢市立玉川図書館近世史料館に架蔵されている。

一　鈴見鋳造所の建設

加賀藩では、嘉永三年（一八五〇）八月から加賀・能登・越中の長い海岸線に一三箇所の台場を築造することにした。これに伴い多くの火砲が必要となったが、この時期に台場に配備した大砲は旧来の大筒であり、火矢を使用したものであった。藩主前田斉泰は釜屋弥吉に同四年一一月一三日に大砲製造の仰せ付けを下し、これを請けて弥吉は御筒御内御用に「誓詞」を提出していた。さらに同年末から翌年にかけて、弥吉の元で働く職人達および職方手伝等も「誓書」を棟取に提出した〔文献2〕。「誓詞」には、「今般の銕砲製造の仰付にあり、御用筋からの預候品であるから、親子兄弟と言えども一切他身へ他言は行わない事を誓い、もしこれに背くことがあれば日本国中大小之神祇の御罰を蒙る者である」と記し、血判・書判を押印の上で御用方に提出した。大砲製造の機密保持のために厳しい誓約が求められていた。

鋳造所施設が完成して、最初の鉄製二〇〇目野戦砲の鋳造が嘉永六年六月二〇日に始まり、一〇月二〇日までに二〇挺の完成した大砲が上納されていた。なお、加賀藩史料の「温敬公記史料」には嘉永六年一二月の記事に「是月造製炮所于鈴見邑」とある。

二　鈴見鋳造所の建造物

本鋳造所に関する現存する最古の図面は「鈴見鋳造場万延元申秋改絵図」である（図1）。本鋳造所は金沢の浅野川の低湿地と卯辰山台地の境界域にあり、役所・鋳造場・錐台所・倉庫からなる施設であった。台地と低湿地の間に「イゾウバ川」を掘削し、角間川からの水を導き、錐台所での動力源としていた。さらにこの水路は浅野川につながり、資材の運搬のための重要な水路ともなっていた。この場所には、城内三之丸の鉄砲所が元治元年（一八六四）八月に移転してきた。その結果の施設図が「加賀藩鈴見鋳造所絵図」（慶応元年〈一八六五〉頃）の翻刻図である（図2）。小筒細工所と小筒炉場が加わり、さらに鋳造場および役所の拡張工事が行われていた。イゾウバ川は、幅約二間、深さ約一間の水路であったと推定され、現在は幅一ｍとして残されて、この場所に鋳造所が存在したことを示す唯一の証となっている。主な建造物の間口・奥行き・面積を表1に示した。本施設の惣敷地面積は約二町歩（約二万㎡）であり、巨大な施設であった。

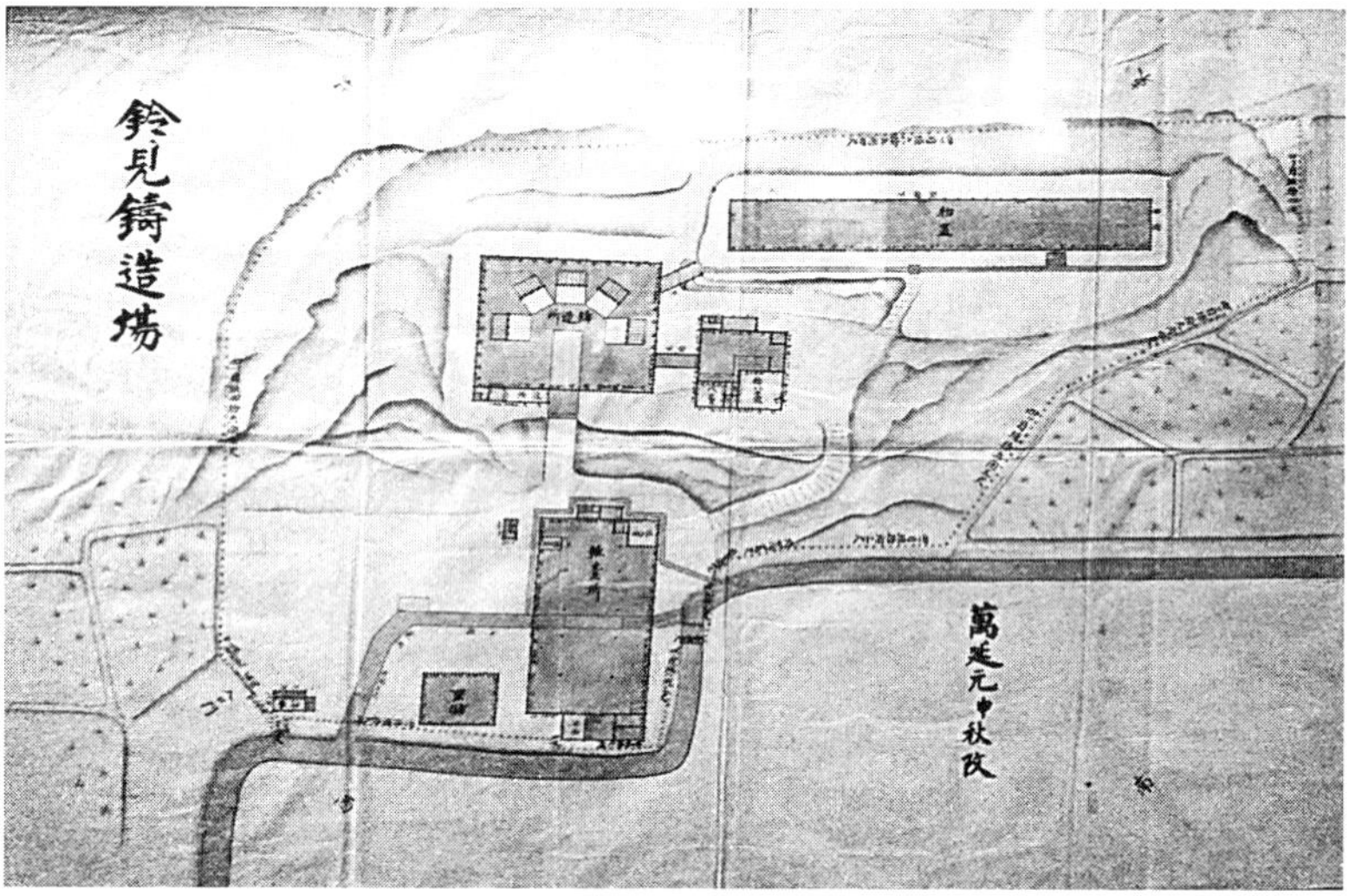

図１　「鈴見鋳造場万延元申秋改絵図」（石川県立歴史博物館蔵）

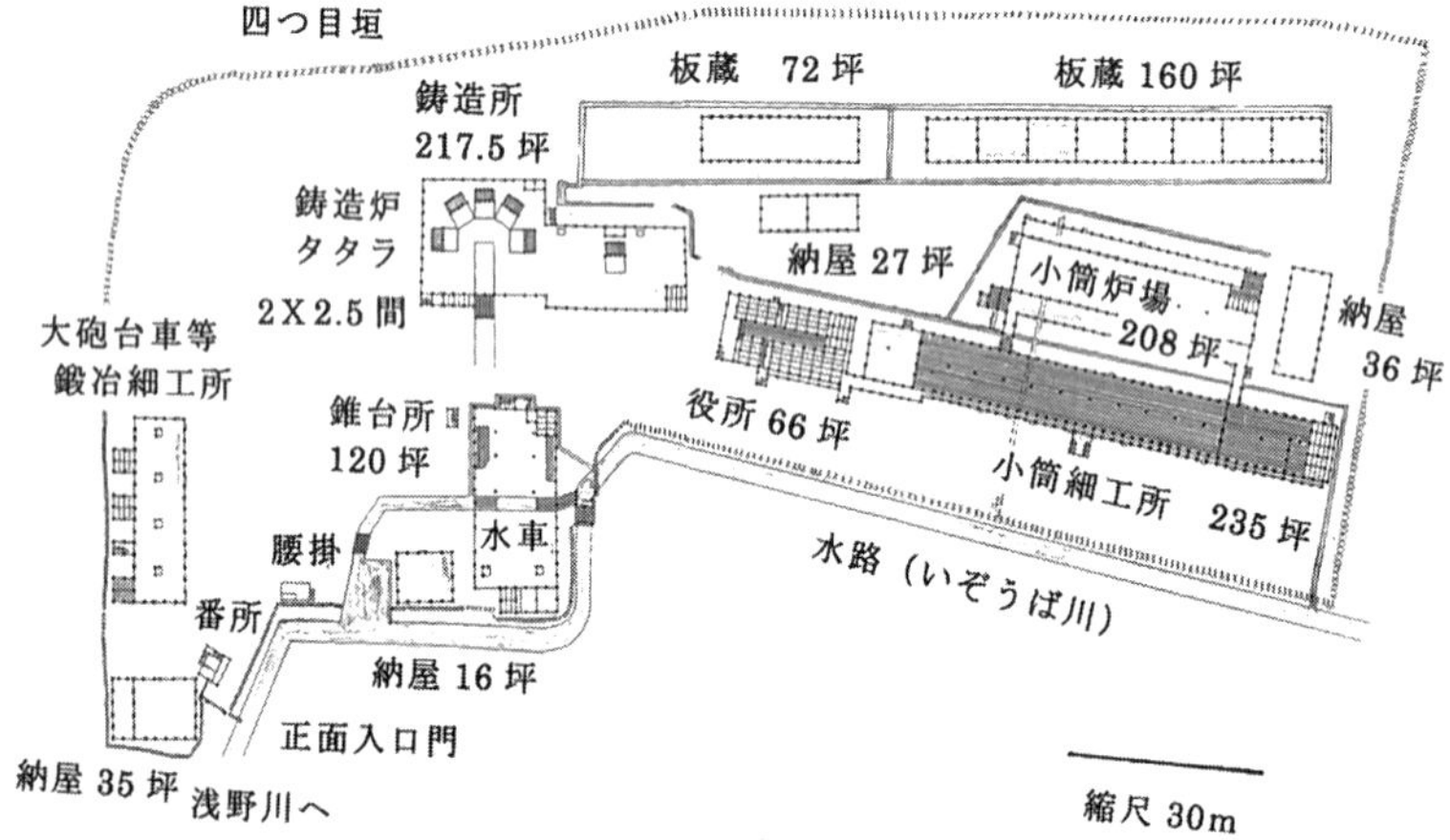

図２　「加賀藩鈴見鋳造所絵図」の翻刻図　建築物のみを示した。各建物には坪数を記載した。（原図は石川県立歴史博物館蔵）

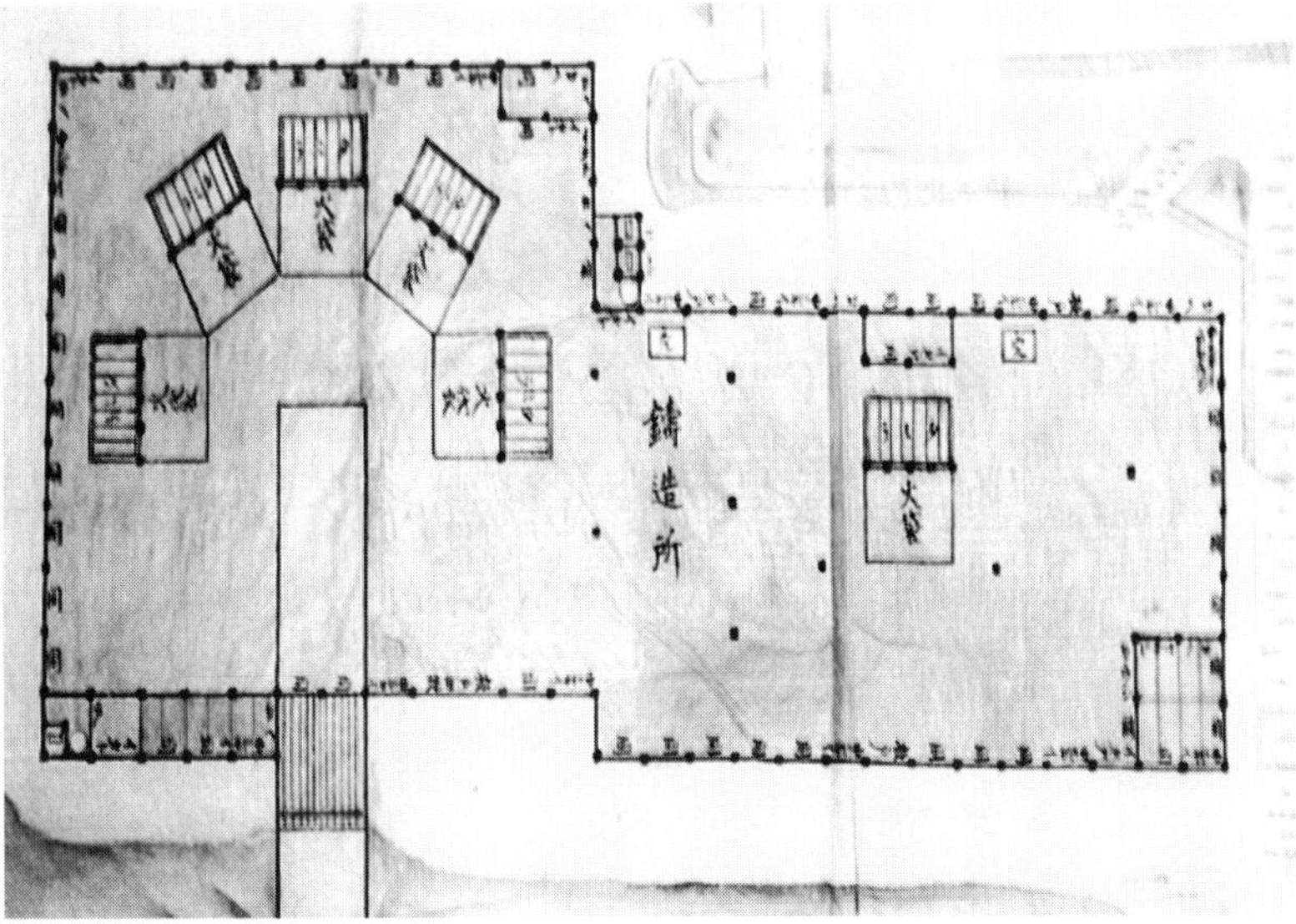

図３　鋳造場の絵図　図２より。５基のタタラ炉とタタラ鞴の位置、および大砲石型の置き場をしめす。石型の部分は掘り下げられていた。右の建物には１／３サイズの反射炉が置かれ、炉の試験が行われていた。図面の柱の間隔は１間である。

図４　平尾屋敷大砲鋳造図　江戸・嘉永年間（「特別展図録・板橋区中山道板橋宿と加賀藩下屋敷」〔文献７〕）

表1　鈴見鋳造所の主要な建物の大きさ（慶応元年頃）の資料

建物名	間口×奥行（間）＝面積（坪数）
鋳造場	10　× 12 ＝ 120
同増設分	7　× 14 ＝　98
錐台所	8　× 15 ＝ 120
役所	5.5 × 12 ＝　66
大砲台車	5　× 16 ＝　80
小筒火炉場	8　× 26 ＝ 208
小筒細工場	5　× 47 ＝ 235
板蔵1	4.5 × 16 ＝　72

建物総坪数　1282坪、
総敷地面積　約2町歩、約2万平米。

⑴ 鋳造場

この建物は、最初は間口一二間、奥行一〇間、面積一二〇坪で、内部には五基のタタラ炉とタタラ鞴があった。炉は二間四方で最大差渡し二間（三・六ｍ）のコシキ炉であった。この炉の中心に大砲の石型が立てられて、熔融した青銅が樋により流し込まれていた。各炉のタタラ鞴（別名天秤鞴）は四人の「板人《ばんこ》」が一組となって鞴踏みを行っていた。鞴踏みは重労働であり、もう一組四名の板人と交代で作業を行っていた。図4に示したタタラ炉の絵図では、大砲の石型へ青銅の注入と弾丸製造の様子が描かれている。

この建物はその後拡張され、間口一四間、奥行七間、九八坪の建物が建設された。ここでは文久二年（一八六二）から三年にかけて、反射炉の三分の一のモデルが設置されて、材料の熔融試験が行われていた〔文献2〕。

⑵ 錐台所

錐台所は用水の関係から、土地の低い場所が撰ばれて建造された（図5）。その近くには角間川から導水するイゾウバ川があり、錐台所の横で分水して屋内の水車（直径推定四間、水路幅約一間）を動かすための動力源となっていた。錐台（錐鑽器）は図6に示したものと同様な器械であり、これはオランダのヒューゲニン著『ロイク王立鉄製大砲鋳造所における鋳造法』〔文献8〕に記載された錐鑽器の図を基にして築造されたものであった。砲身をその端で器械に固定し回転して、錐の刃を砲腔部分に押し込むようにして孔をくり抜いていた。当時は角間川の水量は豊富で、イゾウバ川に水を十分に供給することが可能であったと見られる。砲腔完成後、砲身の外周りの工作は、大砲台車等は鍛冶細

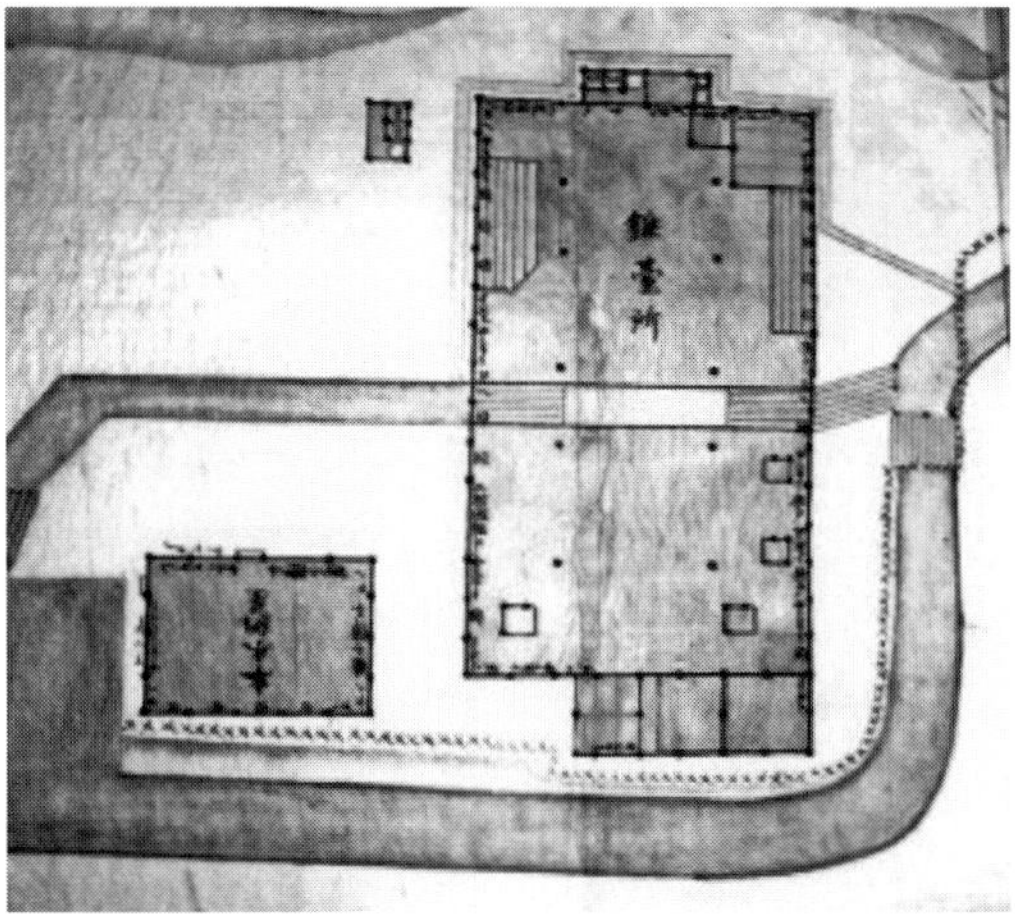

図５　錐台所の図　（図２より）８×15 間、120 坪、建物の中央に水路があり、上部に錐鑽器があった。（石川県立歴史博物館蔵）

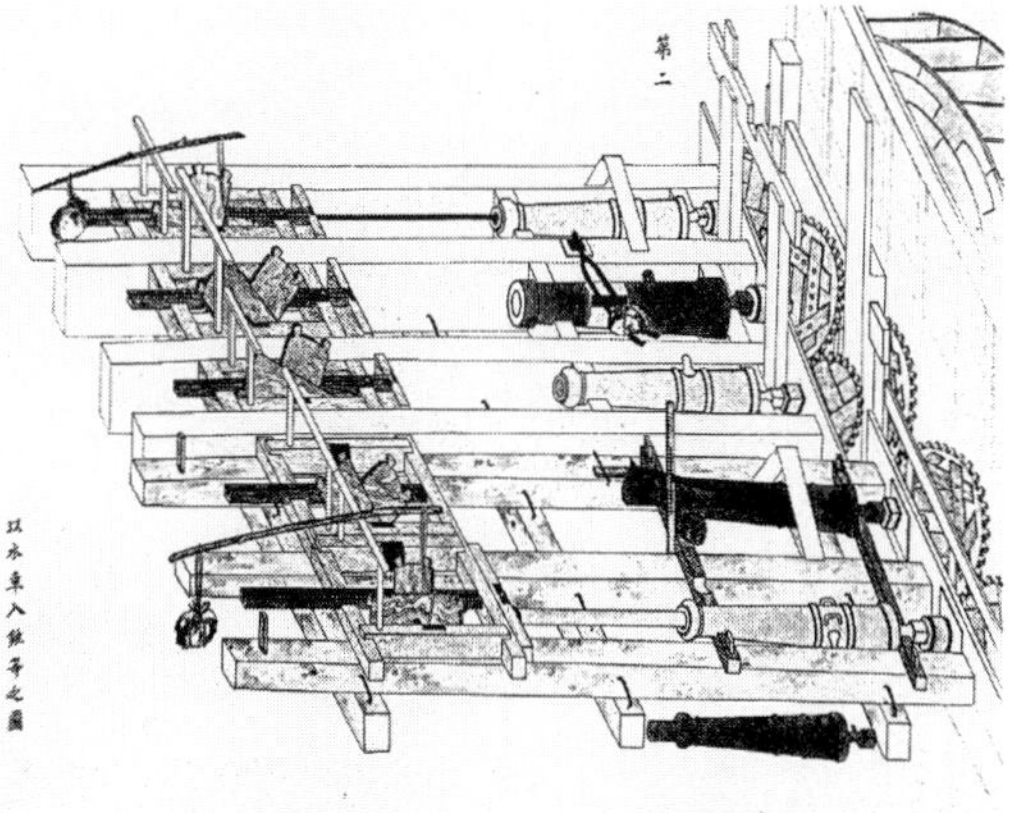

図６　錐鑽器の絵図　平尾屋敷大砲鋳造図　江戸・嘉永年間（『特別展図録・板橋区中山道板橋宿と加賀藩下屋敷』〔文献７〕）

工所（五×一六間、八〇坪）で行われた。

三　鈴見鋳造所の管理の概要

本鋳造所は安政元年（一八五四）の記録によれば、鋳造方臨時御用の横山縫殿、鋳造方御用の田臥作次郎を頂点として、御鉄砲奉行六名、御筒鋳造方等御次御用八名がいた。その中の菅波勘右衛門（大組足軽、割場付足軽）が錐台所を担当していた。また、壮猶館主付の成瀬正居はたびたび鋳造所に足を運んでいた。

鋳造場への入門のために、御入用方から「御門札」が支給された。正門の横にあった「番所」で本人確認が行われ、入所の許可が与えられた。さらに、鋳造所への物資・薪炭の輸送を担当した浅野川の川船の船頭には、入門許可証として木製の「御用札」が支給された。この札の表には「御用」と書かれ、裏面には「製造所」の焼印が押されて、一番から拾番までの番号が書かれていた。

本鋳造所に勤務する職員には、次の「鋳造之御用勤方」の八項目に記載されている事柄を厳守することが求められた〔文献3〕。

壮猶館・鋳造之御用勤方

一、鈴見鋳造所へ代々出役諸事指引可仕候事、

一、御筒製造方得与相調理絵図等綿密ニ相認可申事、

一、諸職人等指図之仕方可申事、

一、諸職人之工拙を見斗同用勤申談麁抹被無之様大切ニ指引可仕事、

一、鋳造場向等下々職人様ニ是迄万一不正之義等見聞仕候早速其筋迄相断可申事、

一、鋳造場等火之元之義厚ク心付夫々可申渡事、（以下略）

大砲鋳込みの儀式が、安政二年七月三日に鋳造場での二〇〇目野戦砲四挺の鋳造初めに記されている。当日、壮猶館主付の出席の下に御筒鋳造方等御次御用六名と、横目足軽の釜屋弥吉・釜屋又吉、並手合らが立ち会って、四挺の野戦砲の吹き込みを行っていた。すべての関係役人が立ち会って大砲鋳込みの無事を見守った。鋳造場および錐台所には「役人溜」や「横目所」があり、大砲の鋳造および砲腔の錐入れ作業を監視・監督していた。

また、「鞴はじめ」では、嘉永七年（一八五四）三月一二日の「鑪鞴初メ」の記録には、玉吹き（弾丸の鋳造）が行われた。調子を試すために二挺の鞴が使用されて、作られた玉の種類と員数は二〇寸臼砲用六寸四分の玉一四個、二四斤迦砲用四寸七分玉一一個、一二斤迦砲用三寸七分玉、三寸八分五厘玉等四七個であった。玉吹き鞴の調子の確認のために「前廻り」四名と、鞴板踏みを行う「板子」一六名（内二名は鋳造場の職人）が作業を行った。板子一人当たり二五〇匁が支給され、さらに風呂代として七匁が追加支給されていた。前廻りは鞴踏みの板子を監督した職員である。鞴踏み人夫は日雇いであり、四名一組となって交代で作業を行っていた。また作業の内容によって風呂代や酒代が与えられていた。

鈴見鋳造所で生産された大砲は、初期は鋳鉄砲であったが、安政年間に入ると青銅砲が主流となった。鋳鉄砲は火薬の爆発に伴って砲身の破裂が起きやすいために、砲身には柔軟性のある高価な青銅砲が採用された。反射炉は試験段階であったので、鋼鉄砲の生産は出来なかった。当時の大砲を大別すると、臼砲（モルチール）、忽砲（ホーイッスル）、迦農砲（カノン砲）、および野戦砲であった。臼砲・忽砲は短距離砲であり、海岸の台場（砲台）に配備された。カノン砲・野戦砲は長距離砲であり、さらに機動性が重視されていた。元治元年（一八六四）には新しい筋入り砲（施条砲）の製造が始まっていた。*

大砲の鋳造には、石型造りの作業、熔融した青銅（湯）のための掛樋作りの作業等多くの作業があり、必要な人員数は、四封度迦砲二挺の鋳造を例に示すと、上職方三九名、下職方五六名、手伝二八名等で、総勢一三一名が必要であり、多数の労働力が必要な仕事であったことを示している。

鈴見鋳造所での大砲の生産に関する史料を見ると、嘉永六年七月から翌七年三月までに、二〇〇目野戦砲二六挺など七種の小型の大砲五四挺が鋳造されていたが、ほとんどが鋳鉄砲であった。これは鋳造場の鍛冶職人の前歴がすべて鍋・釜の鋳物鍛冶であったことから、大砲鋳造は初めての経験であったため、まず鋳鉄での大砲の生産を試みたと見られる。その結果、青銅砲の生産が少なかった。

嘉永七年一月から五月までは、青銅製一五〇目野戦砲が五〇挺鋳造された。一挺の目方は一九貫三四四匁であり、総重量九六七貫余となった。安政二年には、一二斤迦砲一挺、六斤迦砲二挺、三斤迦砲八挺、一五寸長忽砲（榴弾砲）一挺、六貫目忽砲三挺、三貫目忽砲三挺、合計一八挺の大型砲が鋳造されていた。文久年間には二四斤迦砲二挺、船形施条砲一七挺、四封度施条迦農砲六挺、合計二五挺、元治年間には施条砲四挺、惣計一七〇挺であった。これに江戸・下屋敷で鋳造された四〇挺があり、加賀藩の大砲の総数は二一〇挺であった。

これと共に土清水製薬所での弾薬の生産も変化した。長い間使用した粉末状の黒色火薬から、安政二年に顆粒状の「ケシ」と呼んだ小粒の顆粒状火薬になった。さらに銃砲の着火方式が火縄から雷管の使用になり、銃砲の洋式化が進み、製薬所で雷管の生産が行われるようになった。

＊大砲の大きさを示す方法は砲の種類で違っていた。臼砲・忽砲は弾丸の目方「目」で（「寸」を使用した例もある）、カノン砲（迦農砲）は弾丸のサイズをポンド（封度）または「斤」で示した。野戦砲は弾丸の目方を「目」で示していた。

四　大砲の鋳造材料の調達と在合量

他藩では大砲の鋳造は、初めは青銅砲であったが、大砲の大型化に伴い反射炉を設けて鋼鉄製砲の生産に向かっていた。加賀藩でも、反射炉の三分の一モデルでの試験や砂鉄の調査などを行っていた。鋳造所では初期には鉄鋳物で野戦砲の鋳造を行ったが、安政年間（一八五四〜六〇）には完全に青銅砲の生産となった。ただ、青銅は錫と銅が原料であるために、錫の価格が銅や鉄の一〇倍であることにより、大砲の製造コストに大きく影響した。錫と銅の価格が鋳造費用に占める割合が、三斤迦砲で五九％、一二斤迦砲で六四％、二四斤迦砲では七〇％を越えることになった。

加賀藩では、安政二年三月に梵鐘・仏像・仏具を鉄と銅で鋳造することを禁止した（文献4）。それには「海岸防禦のために、此度諸国の寺院の梵鐘を回収して鋳換して大炮小銃を製造する旨が仰せ出られた。（中略）さらに梵鐘も鋳換への仰出があり、銅鉄を以て新規に仏像等の鋳造を致すことは禁じられた。仏器は木製又は陶製等で製作することを命じた。以来銅鉄を以ての製造を禁止することを伝える」（意語）とあり、まさに大砲製造のために強制的に資源回収を行っていたことがわかる。

安政二年一一月の御算用場調べによる金属類の在合高は次の通りであった。御算用場では錫八七八貫余、サヤシ銅三一二三貫余、鉄一万八八〇一貫余、新銑三万八二八貫余等であり、鋳造所では錫四貫六〇〇目余、銅四四七六貫余等であった。

藩は大量の錫をすでに購入していた。これらの金属はすべて大坂の市場で購入されて、回船で金沢に運ばれていた。大坂での物資の調達は、藩・御算用場からの注文を受けて、加賀藩専門の「加賀能登越中国問屋」（一三軒）や「加賀問屋」（一九軒）を介して行われ、鉄問屋から購入されていた。加賀藩は現富山県の南部の山岳地帯をも支配し、七つの鉱山を持っていたが、この山から生産した銅・鉛での大砲の生産について詳細は分からない。

青銅砲の鋳造に必要な錫は、「紅毛錫」（輸入品）と「薩摩錫」（鹿児島県谷山鉱山産）および「道後錫」が大坂の鉄問屋から購入されていた。特に錫の値段は一貫当たり三〇〇～四〇〇目であり、銅は一貫当り三〇・五目で、鉛は一貫当たり二五・五目の値段であった。錫が一桁以上に高価であった理由は、わが国では産出する鉱山が鹿児島県の谷山、四国の道後等に限られて、産出量も多くはなかったことによる。さらに安政五年頃からは銅と鉄の価格が高騰していた〔文献9〕。

大坂から回船で輸送され大野浦に着いた荷物は、小河端六衛門の支配した大川舟に移され、浅野川を一艘当たり人夫八名で引かれて遡り、鈴見鋳造所まで輸送された。川舟により銑鉄・木材・能登炭・柴垣土等も運ばれていた。さらに後に触れる鋳造所で生産された大砲・弾丸・火薬等はこの舟で大野まで送られ、さらに海路で加賀・能登・越中の台場に輸送されていた。

石形の製作に使用された柴垣土は能登から、三小牛土は金沢の三小牛山から掘り出された。コシキ炉には、吹炭は能登の堅い樫炭を使用し、石型の加熱には、遣炭として能登産松炭が使用されていた。

五　大砲の鋳造

加賀藩では大砲の設計・生産のために『舶砲新編』を用いていたと見られる。本書の原典はカルテン著『ZEE-ARTILLERIE（舶砲指針）』（一八四二年〔天保十三〕）であり、藤井三郎により弘化四年（一八四七）に翻訳されていた（図7）〔文献10〕。

なお、藤井の父親は藤井方亭（一七七八～一八四五）であり、江戸時代後期の蘭方医師で、宇田川玄随・宇田川玄真に蘭方を学び、江戸浅草で開業し、文化六年（一八〇九）に加賀金沢藩医となり、蘭書翻訳御用を務めていた。本書は加賀藩壮猶館文庫に架蔵されて、学生の兵学の教育にも使用されていた。

また杉田成卿・宇田川榕菴等訳『海上砲術全書』（安政六年〔一八五九〕）、大庭雪斎訳『レイドタラード』（天保十三年）の翻訳書も知られている。これらは加賀藩の砲術家も所有していた。

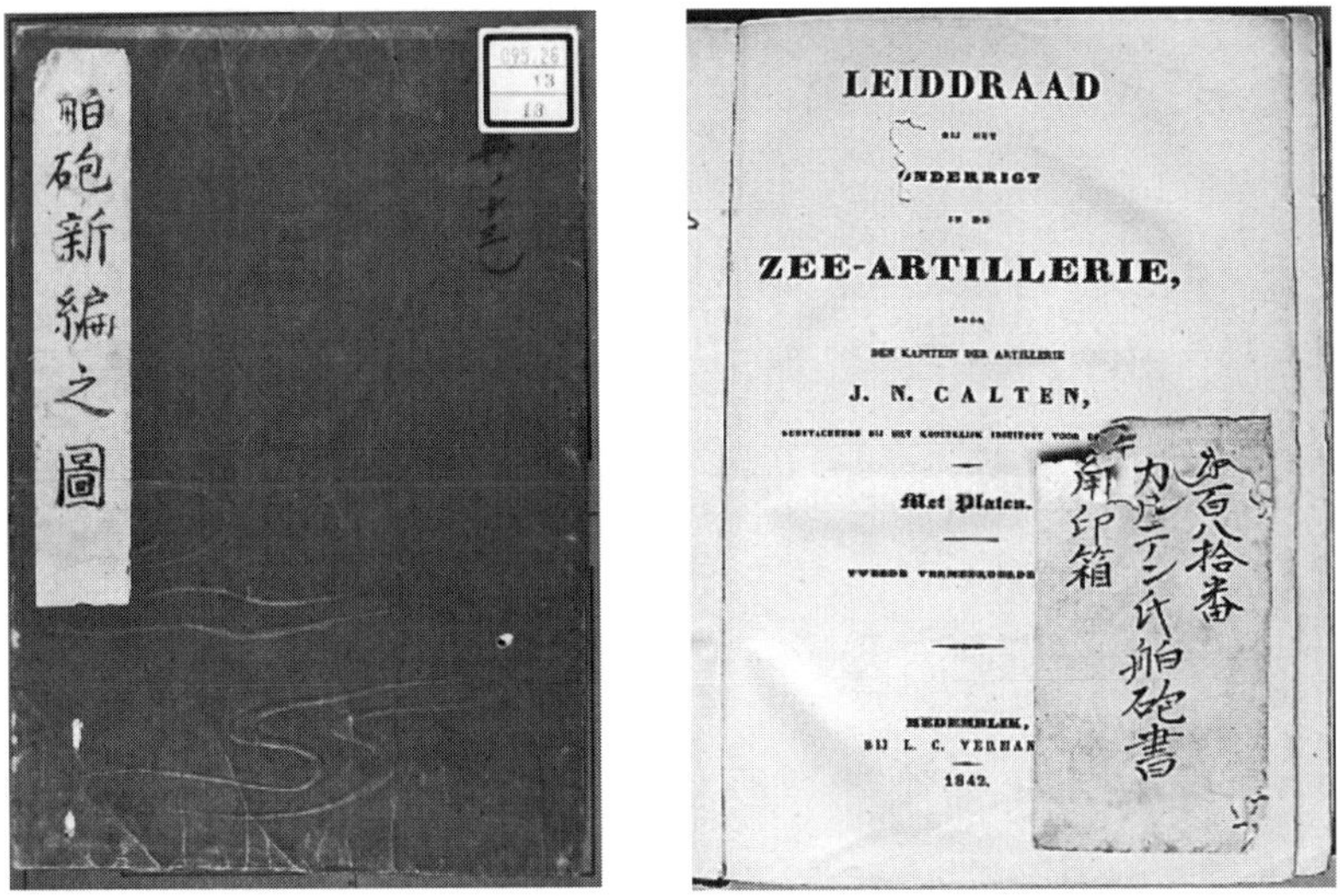

図7　右　カルテン著『ZEE-ARTILLERIE（舶砲指針）』1842年、Medemblik発行（石川県立図書館蔵）。
左　『舶砲新編之図』（金沢市立玉川図書館近世史料館蔵）　加賀藩・藤井三郎により弘化4年（1847年）に翻訳され、刊行された。

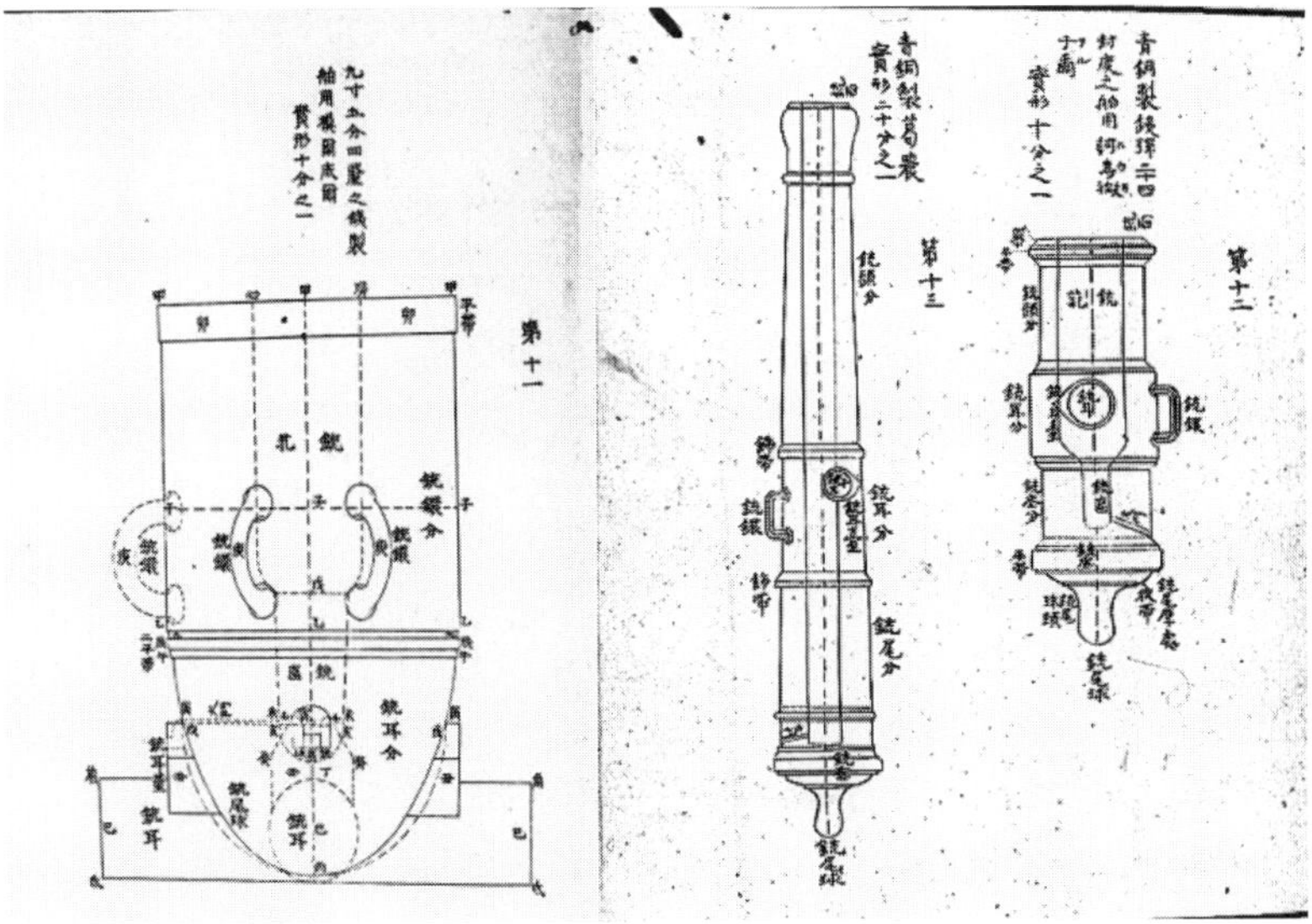

図8　『舶砲新篇之図』の大砲図　右（第12）図は青銅製ホーイッスル砲、中（第13）図は青銅製カノン砲、左（第11）図は舶用モルチル砲。（金沢市立玉川図書館近世史料館蔵）

次に大砲鋳造のための見積もりを示す。一八斤迦砲（カノン砲）の製造見積書で、安政二年（一八五五）六月に鋳造方より藩に提出されたものである〔文献2〕。

十八斤迦砲　御用仕上　目形四百貫目斗、

代銀　三四貫八百目斗、依地金目形　四百五十貫目斗、

但極上錫百目ニ付六十目、銅一貫目ニ付二五目、

右御筒鋳造炭（八十俵斗）二百五八匁斗、

右御石型代　一貫六百七十目斗、右御筒鋳造料　一貫七百七十目斗、

右御筒錐入方錐冶大工作料並び諸雑用　二貫七百目斗、

右御筒台金々代但し御台場向代　九貫六百目斗、

合計　五十貫七百七八匁斗、

右十八斤迦砲御筒並台とも出来代銀見累り如斯御座候、

これは一八斤迦砲の御用仕上、総重量四〇〇貫目の大砲の見積書である。材料金属は鋳造による目減り一割を加えて四五〇貫目で、この価格は三四貫八〇〇目である。これは材料の銅（約三五九貫）が一貫当たり二五目で、錫（四一・三貫）は一貫目当たり六〇〇目であることによっている。御筒の鋳造に必要な炭（八〇俵、これは遣炭と吹炭に使用する俵数）の代金は二五八匁である。吹炭は一俵当たり約三匁二分、遣炭は約二匁四分であった。鋳造に使用する御石型代は一貫六七〇目で、その御筒の鋳造料は一貫七七〇目であった。さらに砲身の錐台での砲腔の製作代は御筒錐入方錐冶大工作料並び諸雑用として二貫七〇〇目であった。これらに御筒台金々の代金、ただし御台場までの送り代を含めて九貫六〇〇目が必要であり、総合計して五〇貫七七八匁の鋳造見積もりとなる。

この見積書は、地金目形四五〇貫目の価格が三四貫八〇〇目となり、大砲製造のための惣計費の約六九％を占めていることを示している。これは青銅砲の生産のために必要な錫の代銀が大きな位置を占めていたことによる。大砲の台の作料も高価であった。

なお、一二斤迦砲では御用仕上目形二五〇目で、総経費は三一貫七四七匁であった。一五〇目玉野戦砲一挺の製造代見積もりは一貫七六三匁四分であり、先の迦砲の鋳造費に比べて費用は僅かであった。材料代・錐入れ料などが砲の大きさで大きく変わるからである。

壮猶館主付の成瀬正居が記録した安政元年（一八五四）から二年一月までの鋳造所での大砲鋳造記録〔文献2〕によれば、臼砲（三貫、一二貫）二挺、一二〇〇目野戦砲一挺、忽砲（二四斤二挺、一二斤一挺、六貫二挺、三貫一挺等々）合計二七挺であった。多種類の大砲を生産していたことが分かる。＊この期間は金沢の柿の木畠に壮猶館が開設された当初であり、洋式砲の研究が盛んになった時期でもあった。当初は壮猶館の主付は大橋作之進であったが、翌年に成瀬正居に代っていた。

＊臼砲はモルチール砲の一種で単耳砲とも呼び、砲耳が砲底の端にあるもの。これに対し高耳砲は、砲耳が砲底のやや上部にあるもの。臼砲は砲身が太く短く、射角が大きいのが特徴である。忽砲はホーイッスル砲（射角が四五度以上の大砲）。これに対しカノン砲は、射角が四五度以下の大砲（野戦砲）。

六　大砲の弾丸の生産

鋳造所で生産された弾丸には「実弾」と「空丸」があった。実丸は鋳鉄製の球状の弾丸であり、石型に鋳鉄の湯を流し込んで生産した。「空丸」は鋳鉄製の中空の弾丸であり、上部に小孔が開いていた（図9）。この孔より火薬を内部に詰めて封じて榴弾とした。「空丸」の生産量は安政年間に増加していたことが明らかとなっている。空丸を鋳造するためには、図10に示すように、半球玉一つ当たり二個の石型が必要であり、一つが外周りの石型となり、もう一つが内部の中子型である。これを固定して、外枠と内枠の隙間に熔融した鋳鉄を流し入れた。図9に示したように、この径五寸玉では肉厚が七～九分の空丸であり、上部が薄く、下部が肉厚の構造であり、弾丸発射時に、上部の径七分の孔に取り付けた紙

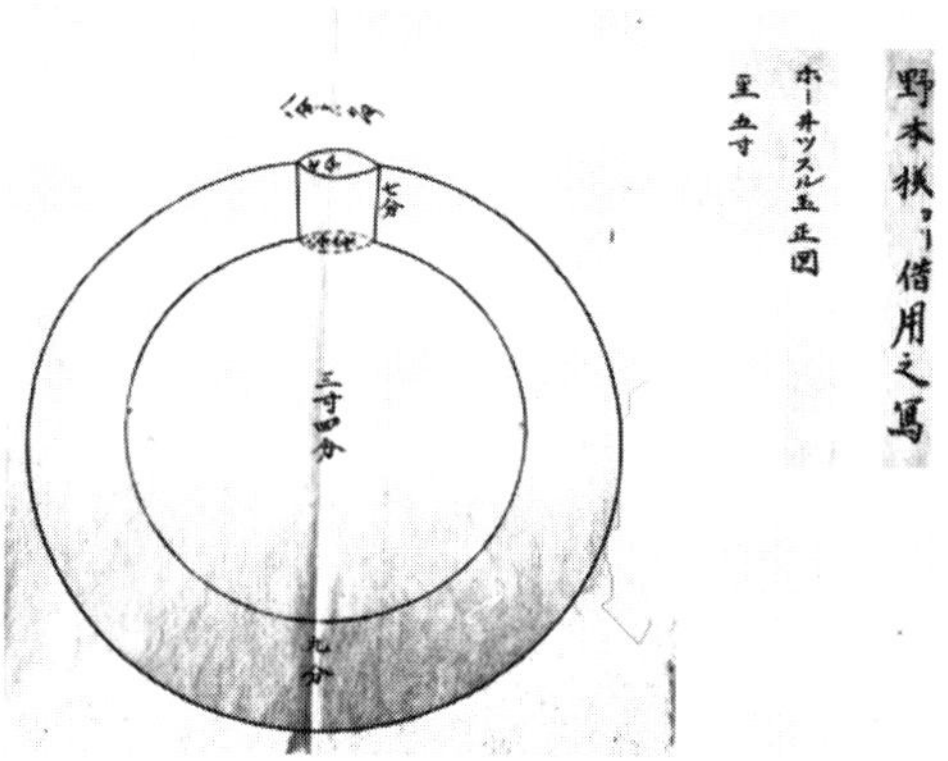

図9　ホーイッスル玉図（空丸図）　径5寸玉（榴弾砲の空丸）。内径3寸4分、肉厚、底部9分、上部7分。（石川県立歴史博物館蔵）

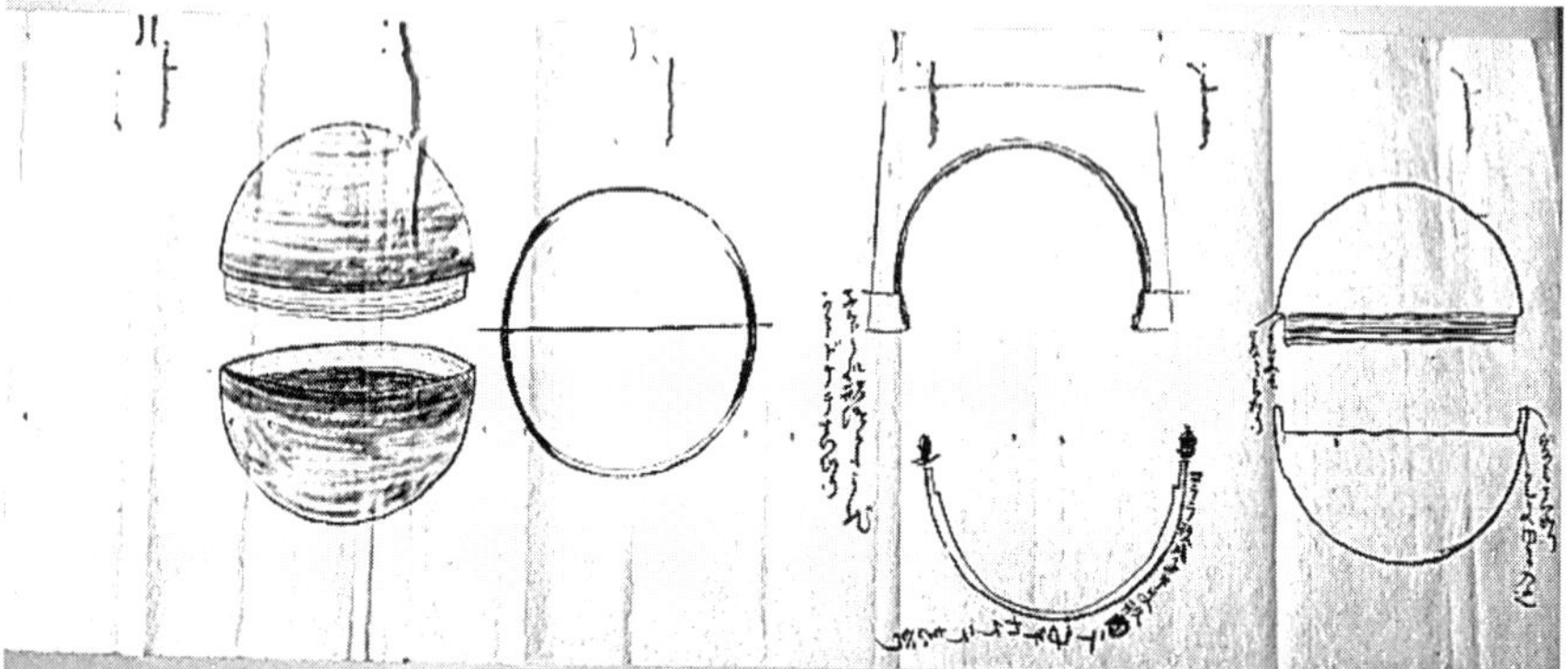

図10　空丸の図　上下2個1組の半円球を作り、重ね合わして球状にした。炸薬を内部に装塡して榴弾とした。この内部の空腔を炸薬室という。（石川県立歴史博物館蔵）

製曳火信管を先頭として空中を飛ばすために重心を下げていた。

空玉の内部には顆粒状火薬が詰められた。この空玉の上下の部分を固定するために、四本の鉄筋金＝ブリキバンド（ストラップ）が使用され、木製の弾受け台（コロス）に固定した。

安政四年（一八五七）五月の「御玉直段図り」によれば、一〇寸臼砲の空玉三九〇個の製作経費が記されている。玉一個当たりの目方は五貫五三〇匁、惣目方二一六四貫五〇〇目であり、鋳造中の損失一割、二一六貫一五〇目を加えて惣目方二三八〇貫九五〇目であり、この材料の費用は五貫一四二匁八歩五厘（一個当たり一匁三分二厘）であった。諸焼炭量五九俵、吹炭二八五俵、玉型拵遣炭二〇七俵、玉作料・手間代を含めての必要経費は三貫六八〇匁であり、惣直段は八貫八二三匁二分四厘であった。玉一個当たり二二六匁の費用が必要とのことであった。

七　施条砲と椎実弾

加賀藩は高性能の施条砲の鋳造を文久三年（一八六三）から行っていた。史料によれば、同年一二月に四斤筋入迦砲一四挺が製造中とあり、さらに船忽砲型筋入迦砲一五挺も製造中とあり、外に一二挺在合とある。文久三年一一月から一二月に四封度施条迦農砲、船形施条迦農砲、合計二五挺を鋳造した。元治元年（一八六四）二月に四封度施条迦農砲一挺、同月船形施条迦農砲一挺、および四封度施条カノン砲一挺、製短施条砲一挺の鋳造を行っていた。さらに文久年間の「壮猶館大筒員数留兼弾数」には、三斤条入尖弾砲数一挺、弾丸数五〇、米製一二斤施条忽砲五挺、尖弾一〇〇〇個、米製施条砲二三挺と記載されている。

文久年間の「御玉出来覚」正月二五日には、フリッキ玉一七〇〇、三月一三日船施条砲実丸二〇、ただし鉛帯姿、*

同日四斤施条砲空丸二〇、五月三日二斤施条砲、椎型玉*鉛帯姿と記載され、施条砲の弾丸を生産していたことを示している。また、「鋳造料図リ覚」（元治元年二月）には、船形施条迦農砲一挺の地金炭御渡での鋳造料を四三〇目と釜屋弥吉代甚吉が見積もっていたことが記されている。

三斤施条砲の疣玉*一〇〇個の製造見積もりがある。新銑六六貫七〇〇目、代六二三匁六分五厘、吹炭*一七俵、代一〇二匁、遣炭*二〇俵、代一〇三匁、牡丹*四貫目、代五六匁、柴垣土*四貫目、代一匁四分五厘、鋳造料一貫六〇〇目で、合計二貫四九六匁一分であった。一個の弾丸につき二四匁九分六厘一毛であった。施条砲の砲身の螺旋はどのような方法で作られたかを記した史料は見つかっていない。

＊鉛帯姿。弾丸の裾に袴状に鉛板を巻いたので、このように呼ばれた。
＊椎型玉。椎実玉、尖鋭弾で、形が椎の実に似ていたから、このように呼ばれた。
＊疣玉（いぼ玉）。鉄製弾丸の外周りに鉛を埋め込みイボの様に膨らみをつけた。施条砲で砲身の施条にこのイボを合わせて、弾丸の回転を促進するために作られた弾丸。
＊吹炭。銑鉄を熔融するために使用する硬炭。
＊遣炭。鋳型を加熱するために使用の松炭。
＊牡丹（とたん）。鉛。イボを作るための鉛。
＊柴垣土。石川県羽咋市柴垣の海岸で採取された玉型造りに使用された良質の土。

加賀藩は戊辰戦争（慶応四年〈一八六八〉）の際に、四斤施条砲を一六挺を用い、各大隊に四挺を割り当て、津田玄番の指揮の基に長岡城の攻防で戦って大きな戦果をあげていた。政府軍には四斤施条砲弾薬六〇万発、および雷管三〇万粒などを供給した。

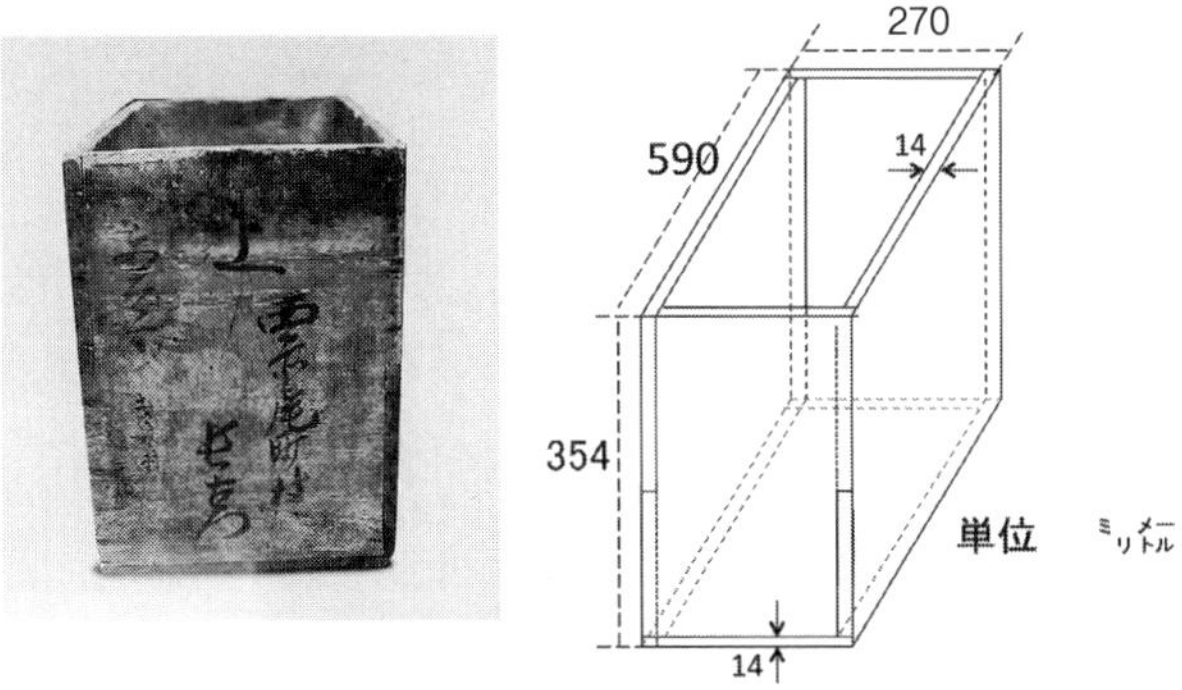

図 11　塩硝箱　トチ材製

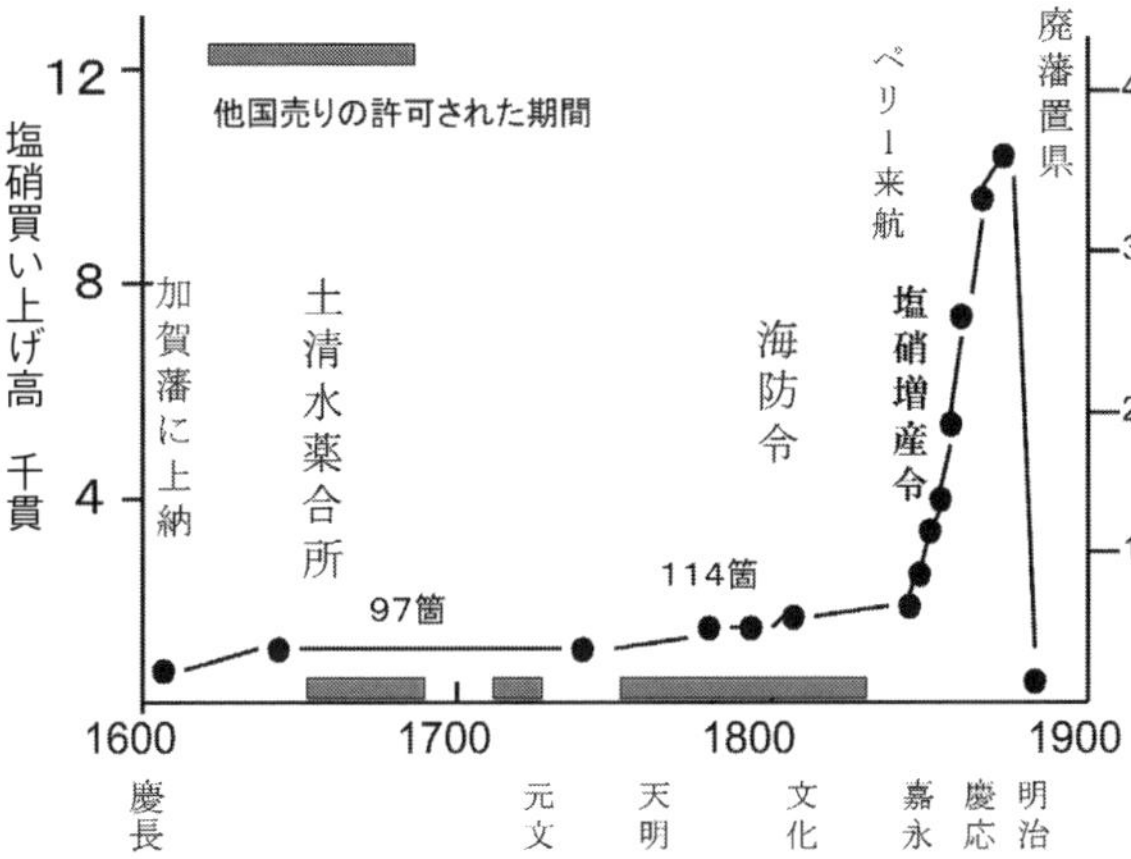

図 12　加賀藩による五箇山硝石の買い上げ高の推移〔文献 1〕

八　加賀藩の火薬製造所 土清水薬合所

加賀藩は明暦三年（一六五七）秋に小立野調薬所の火事による焼失を契機に、金沢郊外南部の土清水《つちちょうず》村に火薬製造所を移設した。翌万治元年（一六五八）八月に新製薬所での黒色火薬の生産を始めた。それ以来、明治までの約二一〇年の長期間ここで大量の火薬を生産していた。文久年間（一八六一～六四）以後の施設図に見られるように、製薬所の東側は小立野丘陵で、ここに辰巳用水が流れ、その水流を用いて水車を廻して、搗蔵で硝石・硫黄・炭を細かく砕き、これらを一定の割合で混合して黒色火薬として、火縄銃の火薬としていた。安政時代に顆粒状

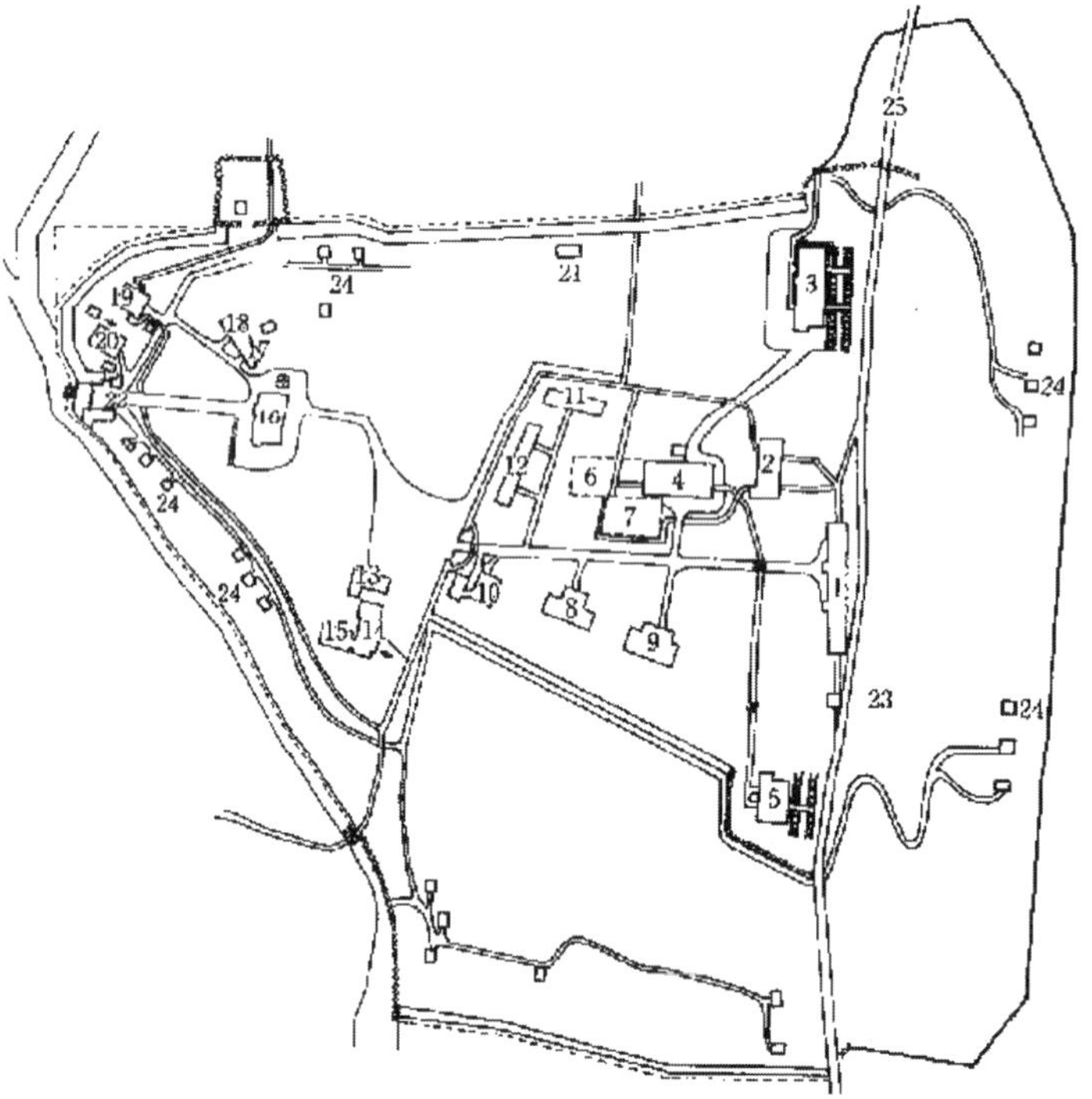

図13 「土清水製薬所絵図」 後藤家文書、明治初期、翻刻図。

1. 搗蔵（30 × 5 間）	6. 干場	11. 御土蔵	21. 雷頭干場
2. 新搗蔵（14 × 6 間）	7. 干し場	12. 御土蔵	22. 正門
3. 三品搗蔵（18 × 6 間）	8. 硝石御土蔵	13. 木灰所	25. 辰巳用水
4. 調合所（15 × 9 間）	9. 硝石御土蔵（20 間）	16. 役所	（一部省略）
5. 縮具所（8 × 6 間）	10. 硝石置き場	20. 雷頭製所	

の火薬「ケシ」が生産され、洋式銃砲の普及により需要が増した。火薬の原料の硝石（塩硝）は、現富山県南砺市の五箇山地域で合掌造りの民家の床下で「培養法」により生産された〔文献11〕。粗製硝石は再結晶を繰り返して上硝石とした。これを藩が買い上げて、「塩硝箱」に一二貫を詰めて（図11）、金沢・土清水薬合所に輸送した。

　硝石量は塩硝箱の数（箇）で表した。図12に示したように初期は九七箇の上硝石が買い上げられていたが、その後一一四箇の買い上げとなり、さらに嘉永時代から買い上げ量は急増した。

　火薬の原料である硫黄は、北アルプス立山の地獄谷に自噴する硫黄を採取して、現富山県上市町馬場島に運び、ここで精製した。これを滑川の御蔵に硫黄箱に入れて貯蔵して、随時、土清水薬合所に役馬を用いて輸送した。炭は麻木を薬合所で灰焼法で炭化して製した。

本薬合所で製造したと見られる黒色火薬が見つかり、化学分析した結果、六九％の硝石が含まれていることが明らかとなった。さらに、燃焼実験でも火薬であることが確認された。本施設には雷頭製所と雷頭干場があり、雷管の生産を行っていたことを物語っている。加賀藩は自藩で火薬原料を生産していたことが大きな特徴であり、火薬の大量生産を可能にしていた〔文献12〕。

金沢市埋蔵文化財センターによる、平成一九年（二〇〇七）から二三年の発掘調査の結果、図13の「硝石御土蔵」など一部の遺跡が発見された。その結果、平成二五年三月に文部省により「国指定歴史遺跡」として指定され、その保存が確定した〔文献13〕。本遺跡は国内唯一の認定された火薬製造所遺跡である。

九　水銀の在合高と雷管製造

雷管の製造の必須原料である金属水銀を、加賀藩は大量に購入していた。

成瀬正居著『壮猶館雑記』（文久二年〔一八六二〕）には、「一百五一箇　水銀御在合高・斤ニシテ三千七百七五斤、右水銀から雷管出来高　七億二千八〇万粒、但一ヶ年千五百万粒宛出来之累ニ而、八ヶ年ニ八〇万粒集ル、又一ヶ年五百万粒宛出来之累ニ而、二四ヶ年ニ八〇万粒集也、（文久元年）酉四月」と記されている。

この水銀量は二・二tになる。本文での水銀一箇は二五斤で、一五kgである。一五一箇は二二六五kg（約二・二六五t）となる。雷管一粒には水銀約八・一四三mgが使用されていた。約五〇ｇの水銀から雷管一五〇〇万粒を作ることが出来る計算である。

この水銀は金沢城の石川門横の櫓土蔵に保管されていた。文久三年には、「一、九八万一六五粒　右癸亥年中　雷管払分。元治元年（一八六四）二月調べ、雷管当時御在合　三百五〇万斗。文久三癸亥年十月　一二〇万斗、十一月七〇万斗　出来少く也。此卸ニ而ハ　文久四年（元治元）一月　一五〇万斗　出来ルニ候」とあり、雷管を製造していたことを示している。

加賀藩は鉄砲と大砲の洋式化のために、洋式弾丸・弾薬・雷管を必要としていた。そのために長崎では雷管を数万個買い付けていた。雷管の値段は、目方一匁あたり四匁二歩程であった。

元治元年一〇月の「雷管在合高図」では「八九一万斗　壮猶館出来目形等、四三万斗　舶来、内二二万斗　アメリカ上、二〇万　エキリス中、一万斗　同　ヒストル、九三三万粒斗　御在合」と記され、大量の雷管を所蔵していたことが分かる。さらに土清水薬合所には、「雷頭製所」および「雷頭干場」があり、ここで雷管の製造を行ったと見られる。

雷管は水銀を原料として、硝酸と反応して硝酸水銀を作り、次にエチルアルコールと反応して雷酸水銀（イソシアン酸水銀）を作り、これを和紙あるいは金属容器の筒の底に塗りつけたものであった。

加賀藩壮猶館文庫の『壮猶館御蔵書目録』には、吉雄幸三著『粉砲考』（文献14）および松代藩の村上義茂（英俊）訳著『舎密明原』が記載されている（文献15）。『舎密明原』は村上によりベルゼリウス著『化学提要』の仏語版より雷酸および雷酸塩を選び出して抄訳・記述したものである。これを黒川良安が松代藩佐久間象山を通じて入手したものと見られる。さらに加賀藩には長崎で購入した多数の和蘭書などがあり、その中に一一冊の化学書があり、壮猶館および弾薬所（製薬所）に架蔵されていた。これらの書籍より壮猶館の翻訳方や舎密方で雷酸水銀の作り方を調査・研究していたに違いない。高峰元稑（精一。譲吉の父親）が安政二年（一八五五）に壮猶館に着任した直ぐ後に、土清水薬合所で洋式火薬の試作を行ったと履歴書に記載している。

一〇　台場への大砲配備

加賀藩は海岸線の防備を強固にするために、嘉永三年（一八五〇）から加賀・能登・越中三州の海岸に合計一六箇所に台場を築造して大砲を配備した。金沢には大野川河口に大野台場、宮腰港に注ぐ犀川端に寺中台場、そして畝田村に最大の台場を築き、城下の護りを固めた〔文献16〕。

大野台場には安政二年（一八五五）には青銅製二四斤迦農砲三挺、一八斤迦農砲一挺、六貫目臼砲四挺、計八挺が配備され、火薬および弾丸も備えられていた。

【寺中台場】

寺中村（現金沢市金石本町ロ五五・寺中町）の現大野湊神社横の敷地に寺中台場が築造された。本台場に沿って木曳川が流れている。本台場の図面によれば、前面は一九間五分（約三五ｍ）、左袖一〇間五尺（約一七ｍ）、右袖一四間五尺（約二六ｍ）で、見込幅、二間三尺（約四ｍ）であった（図14）。前面はほぼ東西（未一度八分）に延び、前面は犀川の河口（約一・二km先）を指していた。左袖は辰三五度八分、右袖は卯一五度五分の方角を指していた。高さは八尺余と見られる。砲眼は前面四個、右袖三個配備された。一二斤迦農砲四挺、六斤迦農砲一挺、五寸短忽砲三挺、計八挺が配備されていた。火薬蔵（御土蔵）は間口五間（約九ｍ）、奥行二間（三・六ｍ）であり、内部は二間と三間に分けられ、二間の土間で空玉へのケシ粒状火薬の装塡作業が行われたと見られる。御筒蔵は間口一二間（約二一ｍ）であった。

【畝田台場】

寺中台場に程近い場所にある現金沢市畝田町にあった台場であり、近隣の住民に「オダイバ」と呼ばれていた。ところが、この台場に関係する史料は少ない。本台場は寺中台場と同規模のものであったと見られる。成瀬正居の「壮猶館雑記」には次のように記載されている(図15)。

一 拾二斤 迦砲 三挺 火薬必要量 三挺分 〆 六百貫目
一 六斤 迦砲 二挺 同 二挺分 〆 二百貫目
一 三斤 迦砲 三挺 同 三挺分 一発 薬目形 百目、五百発 〆 百五十貫目
　　惣〆 火薬 九百五十貫目
一 火薬蔵 寺中台場と同じ五間、二間、
一 御筒蔵 幅五間、長サ十五間
　其他 同断

畝田台場から寺中台場まで約二・三kmであり、大野台場までは約三・七kmで、金石海岸までは約四kmであった。本台場は寺中・大野台場を防衛する役割であったと考えられる。

まとめ

加賀藩鈴見鋳造所は明治二年(一八六九)二月四日夜に小筒鍛冶場より出火して全焼し、その歴史を閉じた。発掘調査も行われたが弾丸数個の発見に終わっていた。筆者の釜屋弥吉史料および成瀬正居史料の調査・研究により、その

図 14　寺中台場の図
（高樹会文庫資料集より）

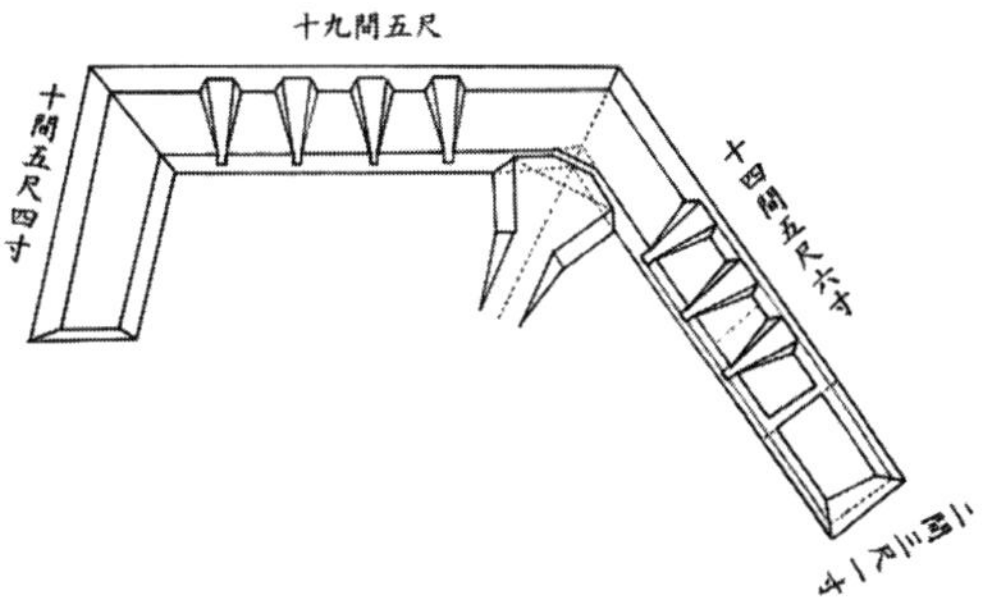

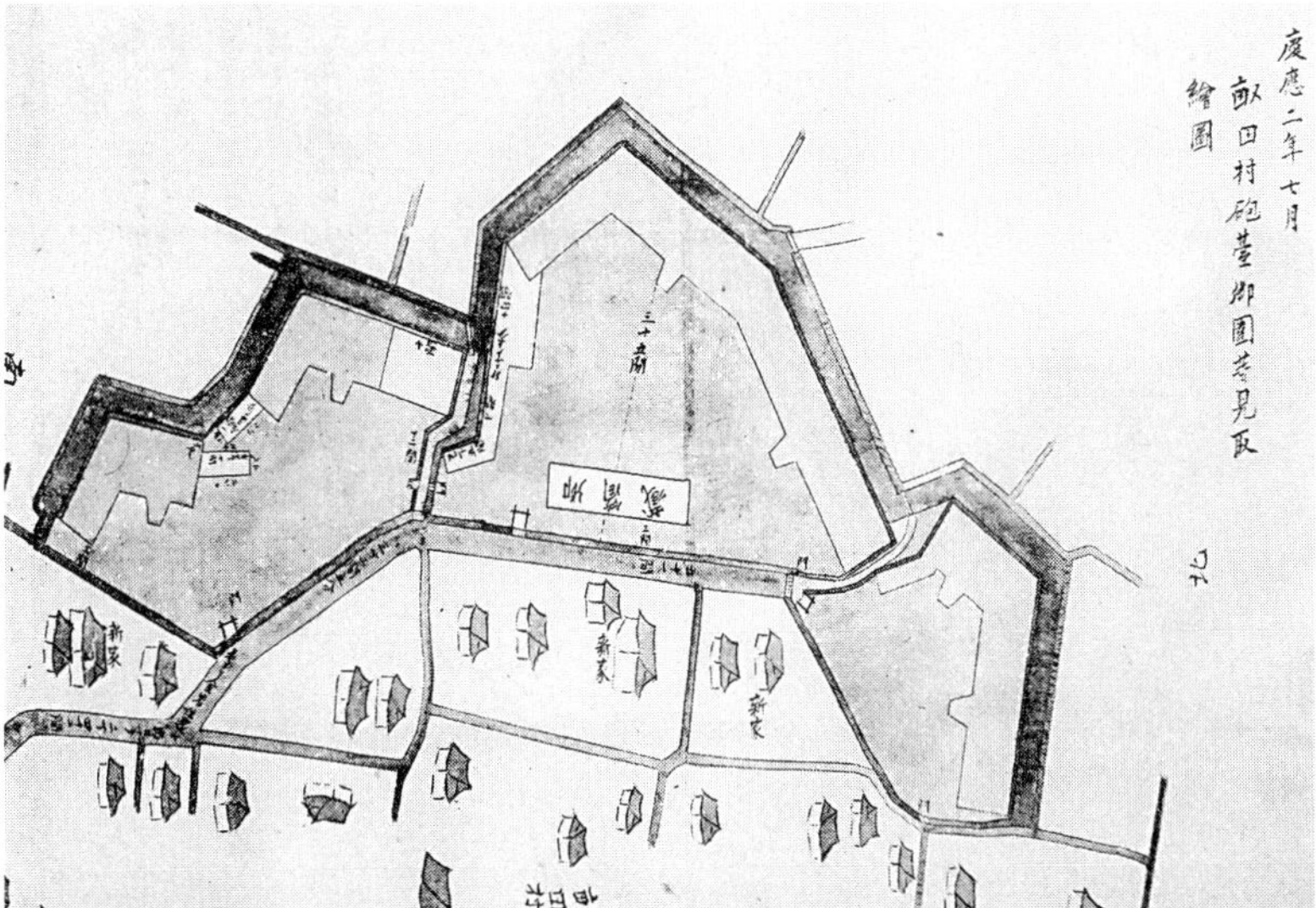

図 15　畝田村砲台御囲等見取絵図　慶応二年七月（高樹会文庫資料集より）

全貌が百数年ぶりに蘇ったのである。本鋳造場に関する多くの史料が保存されていたことにより、他藩の大砲鋳造所に比べ多くの重要な事柄が明らかになり、幕末のわが国での大砲生産の歴史を塗り替えることが出来た。明治四年三月の調査報告書『管下諸員調理』には、加賀藩は藩兵定員仏指揮銃隊五大隊半、砲隊三大隊、一砲隊、大砲（二〇種）二八九門、小銃一万挺余、大砲弾薬五万五〇〇〇箇、大砲弾一万箇余、火薬在高一億四五〇〇万貫（約五六〇ｔ）と記され、まさに一〇〇万石の大藩であったことを物語っている。

文献

1　板垣英治「第四章・加賀藩の黒色火薬製造と土清水塩硝蔵」（『石川県金沢市・土清水塩硝蔵跡調査報告書・金沢市文化財紀要』二六五、金沢市埋蔵文化財センター、二〇一一年）七三―九二頁。
2　板垣英治「加賀藩の火薬　四・加賀藩鈴見鋳造所と銃砲」（『日本海域研究』四一、金沢大学、二〇一〇年）六九―八七頁。
3　板垣英治「加賀藩の火薬　五・鈴見鋳造所の場所と施設規模」（『日本海域研究』四二、金沢大学、二〇一一年）三五―四八頁。
4　板垣英治「加賀藩の火薬　六・鈴見鋳造所、鋳物師釜屋弥吉史料による御筒、御玉鋳造の記録」（『日本海域研究』四二、金沢大学、二〇一一年）四九―七五頁。
5　板垣英治「加賀藩の火薬　七・鈴見鋳造所の反射炉」（『日本海域研究』四三、金沢大学、二〇一二年）三五―四四頁。
6　板垣英治「加賀藩の火薬　八・三州海岸の台場築造に関する調査・研究」（『日本海域研究』四四、金沢大学、二〇一三年）一二三―一三八頁。
7　「平尾屋敷大砲鋳造図・江戸、嘉永年間、個人」（『板橋区立郷土資料館特別展「板橋区・中山道板橋宿と加賀藩下屋敷」

資料集』二〇一〇年）一〇二頁。
8　ヒューゲニン著「鲁依屈鋳鉄熕局石彫版　第八版、載三礮錐臺絵図」『鉄熕鋳鑑図』（『ロイク王立鉄製大砲鋳造所における鋳造法』の絵図）金沢市立玉川図書館近世史料館蔵。
9　農商務省鉱山局編『鉱山発達史「錫鉱山、谷山鉱山」』明治三三年刊（『明治百年史叢書四〇三』、一九九二年復刻版）三二四頁。
10　Calten, J.N., Leiddraad bij het Onderrigt in de Zee-Artillerie, L.C. Vermande, Medemblik, 1842,（天保一三年）、石川県立図書館蔵。カルテン著、藤井三郎訳、「船砲新篇之図」弘化四年（一八四七）三丁、河野文庫、金沢市立玉川図書館近世史料館蔵。
11　板垣英治「加賀藩の火薬　一・塩硝および硫黄の生産」（『日本海域研究』三三、金沢大学、二〇〇二年）一一一―一二八頁。
12　板垣英治「加賀藩の火薬　二・黒色火薬の製造と備蓄」（『日本海域研究』三三、金沢大学、二〇〇二年）一二九―一四四頁。
13　文部省告示第四五号「辰巳用水附土清水塩硝蔵跡」（『官報』号外第六二号、平成二五年三月二七日）三七頁。
14　吉雄幸三「粉砲考」、天保一三年（一八四二）観象堂刊（復刻版、『江戸科学古典叢書』四二、所宗吉、恒和出版、一九八二年）二〇三―二七二頁。
15　村上義茂『舎密明原』金沢市立玉川図書館近世史料館蔵。板垣英治「村上義茂訳著『舎密明原』とその原典、ベルゼリウス著　仏訳『化学提要』」（『日本海域研究』四〇、金沢大学、二〇〇九年）一〇五―一一四頁。
16　板垣英治「加賀藩の火薬　九・十七箇所の台場の規模と砲備の研究」（『日本海域研究』四四、金沢大学、二〇一三年）三九―五五頁。

『日本海域研究』掲載の論文および本章で引用したすべての史料は、著者の論文に掲載されており、金沢大学附属図書館、学術情報リポジトリKURAで検索し閲覧可能である。

幕末伊達・南部の「水車ふいご」
―その形式と国内での位置づけ―

小野寺　英輝

はじめに

幕末期、高炉製鉄技術が実用的レベルに達したのは、現在の岩手県南（伊達領の北部、南部領の南部）と鹿児島だけである。これら地域では、従来からたたら方式による製銑（鉄）技術が普及し、特に岩手県南地域では、送風に人力だけでなく水車動力の「ふいご」も用いられていたという記録が残る。

以下では、東北地方北部太平洋側の砂鉄製鉄産業で使われた「ふいご」（送風機）を始点として、我が国近代化の呼び水となったとも言える、高炉製鉄に用いられた、水車駆動の「ふいご」までの技術の変遷を述べる。

衆知のように、伊達領北部から南部領にかけての地域は、中国地方と並ぶ砂鉄の一大産地である。そして、製鉄に砂鉄のみを用いた中国地方とは異なり、ごく初期から、域内鉄鉱山で採取される岩鉄も用いられたという特徴がある。時代が下り、永禄年代（一五六〇年頃）になると、この地域では「ふいご」送風の動力として、人力のふいごのみであった中国地方とは一線を画し、一部で水車が導入された(1)。

享保のころ（一七二〇年頃）製鉄業は、〝渡り〟から定着経営への移行が完了する。しかし、宝暦・天明（一七五〇〜

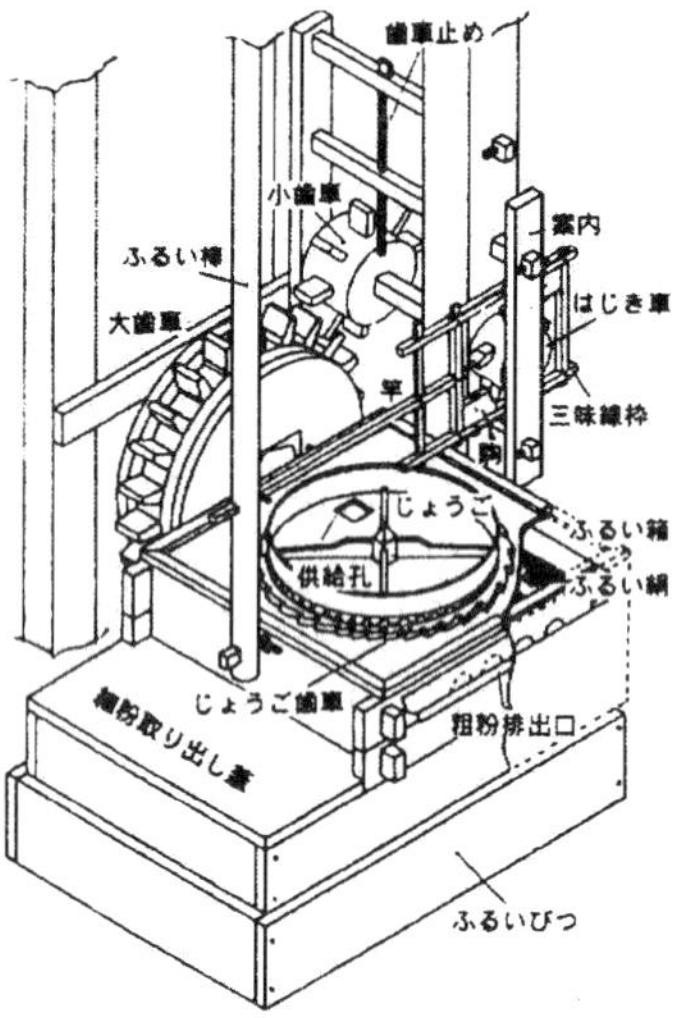

図１　三味線ふるい

一七八〇年代以降）と続く飢饉で労働人口が激減し、労働集約型であった鉄産業は、経営の合理化を目指し、それまでの、二台あるいは四台の「ふいご」を使用するそれぞれ二合吹・四合吹に加え、六合吹が出現、大規模集約化がなされていくことになった。マニュファクチュアの開始である。この時期以降は協業形態ではなく、主に、沿岸地域で水産業によって資本を蓄積した地元商人たちから資金を集め、事業を行うように変わっていった(2)（現場では労働をしない資本家が、賃労働者を雇用するという資本主義の揺籃状態。以後この地域の比較的大きな規模の製鉄業は、この形式をとることが多い）。藩は、製品の売却益からの運上金を得るという方法で藩有林材の使用を認め、燃料（酸化剤）としての木炭原料の供給を行なった。

この時期、生産の拡大に伴い、水車動力の八合吹が出現した。この頃の「ふいご」は、大坂から職人を招へいし製作にあたらせたもので「大坂ふいご」と呼ばれたとする資料がある(3)。しかし、これまでの調査では、大阪周辺で水車「ふいご」を使用した例はない。ただし、回転運動を往復運動に変える機構としては、「三味線ふるい」（図1）と呼ばれる篩の駆動に用いられていたものがある(4)。前記の「大坂ふいご」は送風機としての「ふいご」でなく、「大坂で用いられていた往復運動を直線運動に変換する機構を用いたふいご」を指すと考えた方が良い。また、「大坂ふいご」機構導入以前の「水車ふいご」機構に関する記録は見つかっていない。

なお、現在では東北地域でも〃たたら〃という言葉は一般化し、小規模製鉄炉の代名詞となっているが、東北地域では、近世に至るまで〝たたら〟（あるいは〝たたら場〟）という言葉は使われず、単に〝炉〟（仙台領では〝烔屋〟など）と呼び習わしていた。

さて、大島総左衛門（高任。一八二六～一九〇一）は、南部地域の近代製鉄産業システムを確立した技術者であるが、(5)「水車ふいご」をはじめとして、その作りあげたシステムを見ると、地域でその時までに確立していた旧来の鉄産業に用いられていた要素を組み合わせ、近代製鉄事業に適応させ、成功に導いたという見方もできる。ここで、大島が活躍した時期の南部領における大規模鉄産業成立に必要な要素とその確立状況を見ていくと、次のようになる。

・鉄　鉱　石　地域に存在。
・木　　　炭　木炭製造業がすでに存在（一七一〇年代～）。林地面積が広い岩手の木炭生産量は、大正四年（一九一五）から全国第一位となっている。(6)
・石　　　灰　すでに製鉄に使用（一八〇〇年頃）。
・輸　　　送　すでにシステム確立（一七六〇年代以前）。
・資本調達　すでにシステム確立（一七八〇年頃）。
・水車送風　すでにシステム確立（一五六〇年代）。
・耐火煉瓦　磁器製造技術の確立。花巻の台における陶器産業は、岡田廣吉によれば、始期が遅くとも天保初年（一八三〇年代前半）とされる。(7)

このように南部地域では、近代製鉄産業の離陸に必要な要素が確立したのは、大島が製鉄事業を起こす五〇年以上前の一八〇〇年代初頭である。磁器製造技術の創始については他よりもかなり遅く、安政元年（一八五四）頃であるが、大島が高炉築造に着手した安政四年には、欠くべからざるこれらいずれの要素も技術が確立していたのである。

なお、歴史上の事象を調べるにあたって、現在の東北地域では江戸期の各領主の知行範囲が現在の県域と大きく異なることを認識しておく必要がある。幕末期に仙台(伊達)・盛岡(南部)各領で開始された高炉製鉄事業は藩境を挟み、それぞれの領地で行われ、近代以降も、ある程度独立して発展している。現在、両地域とも、行政区としては岩手県に含まれているが、時代背景を考えれば、両地域の製鉄産業を一括して扱うのは基本的に誤りである。

一　幕末・明治期の「水車ふいご」―その仕組みの解析―

1　水車送風技術の伝播

まずはじめに、明治期に入ってから水車送風が導入された出雲地域を含め、国内での水車送風技術の伝播について示したい。

古代、九州北部に伝来した製鉄技術は、まず瀬戸内山陽道を東進し、千草(天領、現在の兵庫県千草)に至ったという説がある(8)。砂鉄の一大産地であるこの地域で確立されたたたら製鉄技術は各地に広がるが、出雲の製鉄技術もその流れをくみ、九州から山陰側を経由したわけではないというのである。この説に従うと、古代の製鉄技術の伝播を説明しやすくなるのは事実である。

つまり、山陽道を東進した自然通風による製鉄技術は、京都ルートではなく、山が比較的険しく、砂鉄を産する生駒山系を抜けて伊勢地域に達し、さらに東進し、関東から北上したということである。いずれにしても現在の宮城県多賀城付近には八世紀初頭、岩手県の沿岸部には八世紀終わり頃に、伝播したことが明らかにされている(9)。そして、炉への送風方法は自然通風から、「吹き差しふいご」あるいは「天秤ふいご」による送風に変化していった。本項では、以下、人の能力を超える動力として水力を用いた機械式の送風機の国内への普及に関して、各地域ごとに比較対照した結果を述べる。

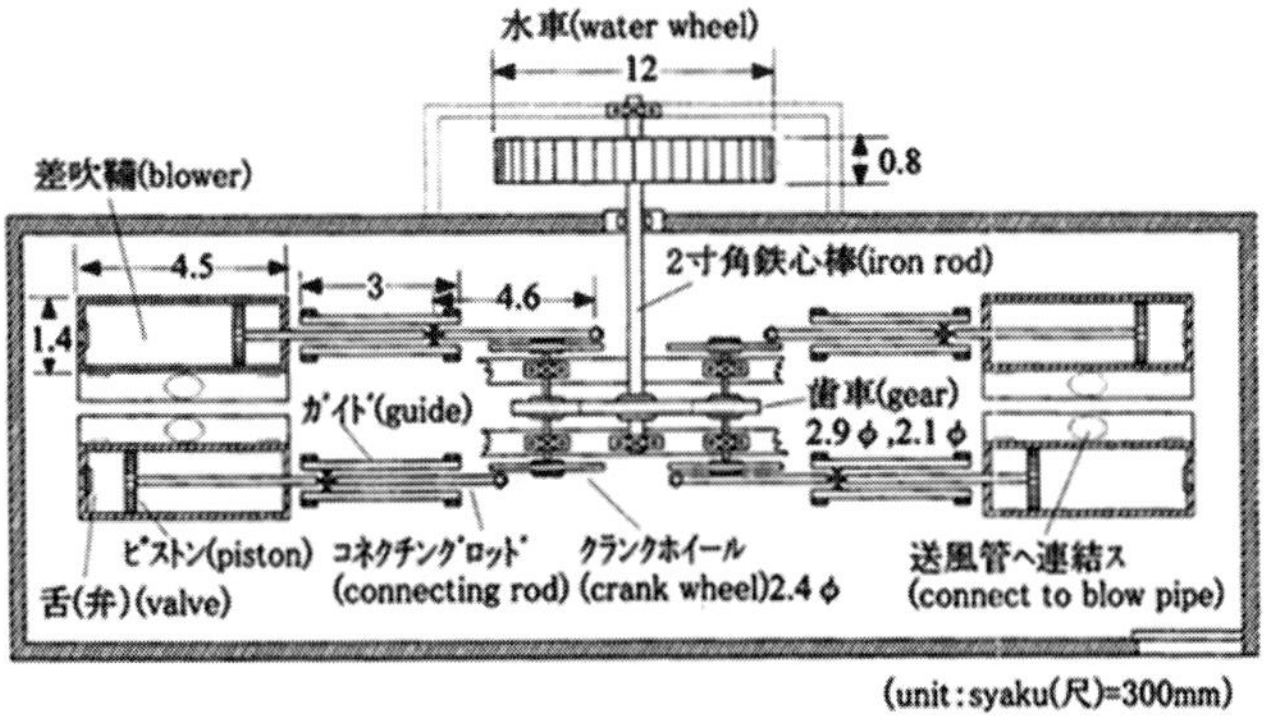

図２　出雲地方の角炉送風機（永田和宏　註(12)論文より）

２　出雲地域の「水車ふいご」と製鉄

出雲地方は、明治二七年（一八九四）に田中鉱山釜石製鉄所の生産量が上回るまで、国内最大の鉄生産地（伯耆、因幡、出雲、備中、備後の合計）であった(10)。この地域では一七〇〇年代前半には大型の「永代たたら」のシステムが確立したが、送風には人力の「天秤ふいご」を用いており、江戸期を通じそのシステムが変化することはなかった。幕末から明治初年には、銑鉄塊を破砕するために水車動力の槌が用いられたものの、送風システムに応用されてはいない(11)。

出雲では明治期中期になると、鉄の需要増加に対応するため、継続的出銑が可能な、永代たたらの進化形といえる〝角炉〟が考案された(12)。これは旧来のたたらに比べて容量が増大したので、出銑を継続するための送風に関しては、従来の「天秤ふいご」では困難をきたした。そこではじめて水車動力による送風が行われるようになったのである。回転運動から直線運動への変換には、スライダー・クランク機構が用いられた（図２）。

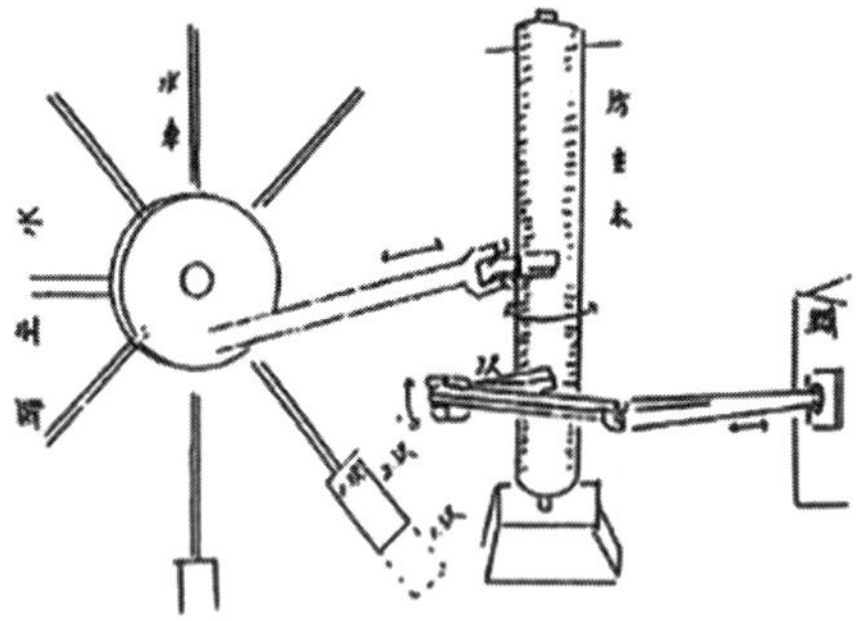

図３　鹿児島地方の坊主木

図４　中国の木扇

３　鹿児島領の「水車ふいご」と製鉄

鹿児島領での水車駆動の「ふいご」の存在に関しては、「鉄山必要記事」（一七八四年）に、「薩州出産の鉄あり（中略）鉄の吹き様違うなり。鞴は琉球人の細工にて水車にて鞴を為差申す由」とあるという。[13] この水車「ふいご」は坊主木を用いたものとして有名であり、図３に示すようなスライダーの役割を二つのクランクで代替したようなものである。この機構の原点となったと考えられている〝木扇式〟と呼ばれる中国の「水車ふいご」を図４に示す。この形式の「ふいご」の存在は応永一一年（一四〇四）の時点で記録されている。[14] 水車は縦軸型であるが、「ふいご」の駆動機構は坊主木に類似している。

幕末期に入ると鹿児島の集成館に高炉の築造がなされたが、ここでは「水車ふいご」が用いられた。詳細な寸法は残されていないが、少なくとも初期には、洋書に描かれた単動型（片道だけ送風する）をまねた方式をとったのであろう。

４　仙台領の「水車ふいご」と製鉄

仙台領北部の製鉄用水車「ふいご」（たたら用）の利用開始の時期は極めて早期で、特に現在の岩手県南東部に位置する大東町（現一関市）大籠地方では永禄年間（一五六〇年頃）にはすでに使用されていた記録がある[15]。その記録によれば、この時期は従来型の小型の「吹き差しふいご」二台を水車で駆動するものであったが、天正の終わりから慶長の初めにかけて、人力駆動のものと比べて全体の寸法が大幅に増加した「大ふいご」が使用されるようになった。この時期は戦国時代の始期であり、軍需需要のたかまりが、技術の発展を促したことは想像に難くない。

戦乱の時代が終わり、知行地運営に重点施策が変わっていく中で、地域の製鉄技術者の佐藤十郎左衛門が、伊達政宗の派遣した慶長遣欧使節（一六一三〜一六二〇）に随行しローマに渡り、ヨーロッパの製鉄・精錬技法をこの地に伝えたという記録が残る[16]。ただし、この時点での水車の回転運動を往復運動に変換した機構は不詳である。さて、彼から技術を伝承された息子の筑後（のち名籍を襲名）は、盛岡領田名部（現青森県むつ市）や、津軽領・秋田領にも出向き、各地の製鉄法の革新を導き、生産性の向上に貢献したといわれる。現在、大東町には「水車駆動の大ふいご」とされるものが五基ほど保存されている（図5）。長手方向一八〇〇㎜弱（内寸六尺程度）、幅四〇〇㎜（内寸一尺程度）、高さ七六〇㎜（内寸二尺程度）であり、通常の手動のものと比較して長さ、高さがともに一・五倍から二倍以上に達する。なお、原料の砂鉄は釜石地域産のものを使っていたという[17]。東北エリアの製鉄産業は、出雲地方からの技術移転を端緒とするものの、近代化の起点は現在の岩手県南に当たる仙台領北部であると言えよう。

図５　仙台領の水車駆動の大ふいご

図6　盛岡領久慈に残る水車駆動機構模型

5 盛岡領の「水車ふいご」と製鉄

盛岡領での〝永代たたら〟を用いての製鉄は、九戸から八戸にかけての地域（現岩手県北部から青森県東部）で始まったとされ、後にここでは、一四合吹きまで規模が拡大した。ただし、使用されていたのは旧来の「吹き差しふいご」であり、現在のエリアとしての東北地域では製鉄に「天秤ふいご」は用いられていない。そして、後には、仙台領北部と同じく、水車駆動の送風も用いられるようになった。図6に現在の岩手県北の久慈市に伝わる水車「ふいご」駆動システムの模型を示す。上下位相をずらして取り付けたラック（直線歯車）と、外周の四分の一ほどに歯があるピニオン（小歯車）を組み合わせたもので、ラックをピニオンが交互に押し引きする仕組みで、非常に興味を惹く機構である。

この模型は、万延元年（一八六〇）生まれの高松清次郎の証言に基づき、明治四〇年（一九〇七）生まれの下舘福太郎が製作したものである(18)。高松は昭和四～五年（一九二九～三〇）頃、実際にこの「ふいご」を用いていた、たたら場で働いた経験を有し、江戸末期の技術を伝承するために彼が製作を指揮したという。山形村立戸呂《へろ》小学校に保管されていたが、町村合併と小学校廃校に伴い、現在は久慈市の歴史民俗資料室に保管されている。

ピニオン歯数（全周に歯があると想定したもの）一〇枚、その直径九〇〇mm、歯厚一五〇mm、モジュールを二六、水車の回転数を在来型相当の毎分三回転とし、出力二kWと仮定し試算すると、水車径はおおよそ三〇〇〇mmとなる。これは、寸法的に妥当な値で、吹き差し「ふいご」用としては十分機能する。水車と歯車の寸法比が当然ながらデフォルメされたものであると考えれば、機構的に齟齬はない。さて、この機構で使用されたものとほぼ同型と思われる「水車ふいご」が同資料室に保存されているが、寸法的には仙台領の「水車ふいご」とほぼ同等の「大ふいご」である。なお、「水車ふいご」があったと伝承される地域に残る鉄滓の量は他の場所と比べて格段に多く、生産性の高さの裏づけとする報告もある(19)。

この方式は、前述の大阪地域の「三味線ふるい」の機構と類似しているが、「三味線ふるい」は上下各一つのピンによってふるいを駆動するものである。このしくみでは、水車の発生動力に対して使用できる動力はわずかであり、ストロークも短い。したがって、この方式の知識が伝えられた可能性は高いが、現実的には、ふいご送風に適用できるほどの動力が伝達できる歯車機構へと発展させたのは東北地域である。この方式は、スライダー・クランク機構に比べると明らかに伝達効率は劣るが、機構的に非常に巧妙で、盛岡領に至るまでに、このような工夫がなされたことに着目すべきであろう。また、この機構は東海から関東では全く使用された記録が見つからず、いずれにせよ技術伝播経路の可能性範囲が広がる。

これらの盛岡領における「水車ふいご」の系統上にあると考えられるのが、大島高任による釜石の製鉄高炉群の「ふいご」である。この「ふいご」では回転／直線運動変換は在来の粉挽き水車と同様の仕組みが用いられている。

釜石地域は大島の高炉により近代化の過程を歩んだが、旧来の砂鉄製鉄が継続していた久慈をはじめとした岩手県北では、高炉製鉄法を用いることはなく、大正期に入り、出雲地方から角炉一式が移設された。これにより、同地域にあった技術ではなく、より効率のよいスライダー・クランク機構を用いた水車動力による送風システムに、一気に移行したのである。

その後、生産方式は「フェロコークス法」「海綿製鉄法」へと変遷し、最終的に川崎製鉄久慈工場での「ロータリーキルン法」で終焉を迎えた。ここは、数キロメートル西側の平坦部で採掘し、トロッコで輸送した砂鉄から鋳物原料(ルッペ)を生産する工場で、一時従業員一三〇〇人を数えるまでに成長した。そのままの生産量を維持できれば、国内では唯一無二の、砂鉄を原料とした近代的製鉄工場として川崎製鉄久慈製鉄所に昇格する予定であったが、折からの鉄冷えの中で昭和四二年(一九六七)一〇月、廃止・閉鎖され、久慈地方の製鉄の火は消えた。現在、久慈市には鉄瓶工房が一か所営業しているが、他地域からの移転とのことで歴史は浅く、岩手県北の製鉄史を引き継いではいない。

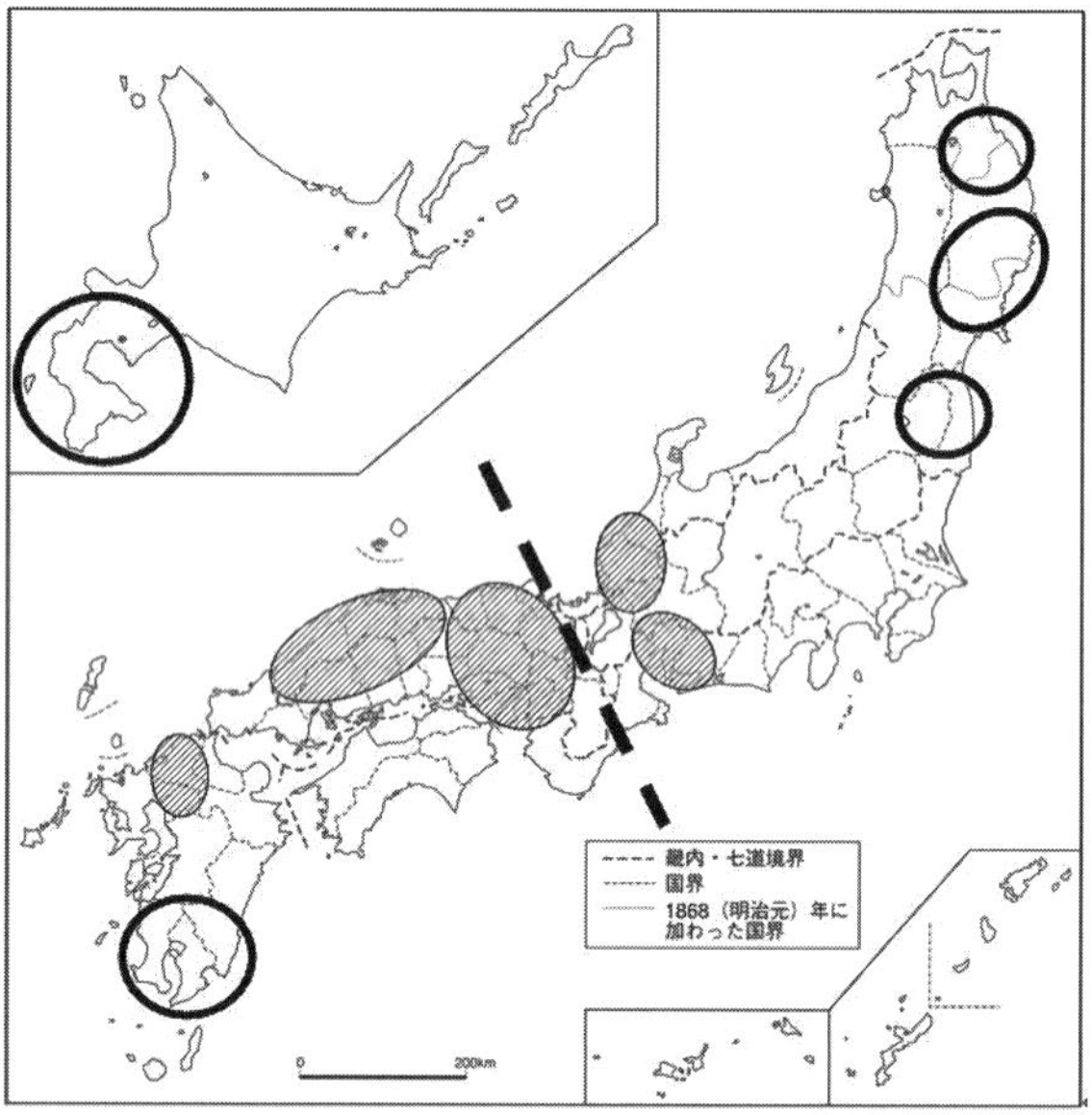

図７　水車ふいご(製鉄用)の分布

まとめ

前述のとおり、鹿児島と仙台・盛岡各領の水車送風機(たたら用・高炉用、双方とも)に関しては江戸期にほぼ機構の完成を見、実際の生産過程で活用されたことは、実物資料からも明らかである。このうち仙台領の「水車ふいご」に用いられた水車は、たたら製鉄が衰退した後は、長く発電用に用いられて地域に電力を供給したと聞く。

調査[20]を踏まえた水車動力の製鉄用送風機の国内分布について図７に示す。太実線で囲んだ領域が、「水車ふいご」

の存在に関して少なくとも文献史学的に確認されている地域で、現在の道・県域で表現すると、北から順に北海道南部、岩手県南部（東磐井郡）、福島県沿岸部（双葉郡）、大きく飛んで鹿児島県南部である。(21)図中の斜線の楕円は、地域の資料館・博物館（関西・山陰地域）、あるいは産業考古学に造詣のある方々に上記趣旨のリファレンスを依頼した地域であり、これらの地域では「水車ふいご」を用いての製鉄は行われていない。

太破線（近畿エリア）を挟んで東西とも広範囲にわたって「水車ふいご」の記録はないことが明らかである。南北で根本的に仕組みが異なることもあって、わが国の「水車ふいご」の技術は、他の技術のように単純に南から北へ伝播したとは考えにくい。

鹿児島の坊主木は大陸南部から琉球を経由して知識がもたらされたといわれる。これはこの地域への技術あるいは舶来品の導入経路からも妥当な推論である。一方、前述のように、北日本では、「水車ふいご」が非常に早期から用いられていたという記録もあり、機構的には関西圏に円運動を直線運動に変換するふるいと類似しているものが存在したが、これでは伝達可能な動力は小さい。また、それを製鉄に応用した記録は九州中部から東北南部まで存在しない。したがって、その独自の機構の理解に基づく、「ふいご」への応用という発想は、北東北地方の技術水準を示すものとして特筆すべきだろう。

二　大島高炉送風用水車の工学的考察

1　ヒューゲニンの著作の構成

良く知られているように、江戸時代末期の高炉製鉄のパイオニアたちが聖典としたヒューゲニンの著作の主題は、大砲鋳造である。銑鉄を供給する高炉（HOOGEN OVEN）について言及した部分は、わずか一四頁、鉄鉱石の種類とその事前処理方法を入れても二三頁と、書籍全体の九％程度に過ぎない。また、付図も高炉・反射炉の側面図各一葉を除く一一葉は全て大砲関連の図である。しかも、本文中の定量的記述は、高炉の高さが石炭炉では二二から三〇ft（フィート）、コークス炉では六〇ftで、炉中の炭がどの程度減容したら再投入するかという程度で、模式図などはなかった。

2 「ふいご」の形式変更と動力水車

大島高任は高炉操業日記（大橋製銕日記）の中で、〝鋳造法〟の図面に従って製作した西洋式の「丸ふいご」（ピストン上昇時のみに送気が行われるもの）では送風量が不足したので、日本式の「角ふいご」（複動式）に変更し安定操業に至ったと述べている。[22] 大島が改造、換装した日本式の「角ふいご」は内部に通気筒を取り付けたもので、往復両行程で送風が可能になり、水車一回転あたりの送風量が倍増した。これが炉内の温度上昇に繋がり、連続出銑の成功に至ったということである。この件に関しては、これまで、西洋式では送風量が不足したという主観的な記述がされてきたが、この章では工学的知識に基づいた客観的（定量的）再評価を行う。

さて、〝鋳造法〟の付図には「丸ふいご」、水車軸およびカム機構、釣合い重りは描かれているものの、肝心の動力部はない。したがって日本人は、当然ながら日本在来型の重力式水車の利用を考える。実際、大島は大橋高炉では直径約一四尺（四・三m）、幅約二・五尺（〇・七七m）の純日本的上掛け水車を用いている。残されている七〇分の一の外観図を基に、水路の勾配を、上掛水車としては平均的な一〇〇分の一（〇・六度）、水路幅を〇・五m、水路水深を〇・二四mとすると、水樋を流れる水量は、毎秒〇・一四八m³となり、水車の有効落差を四・五m、水車効率を上掛け水車

の上限近くの〇・七とすれば水車の出力として、四・五七kWが得られる。(23)

図８は諸外国とわが国の水車の直径と幅の分布状況である。この図からわかることは、わが国の平均的な動力水車（主に粉挽き用）の幅は上・胸・下掛けを問わず約四ｍ（一二尺）程度までは約〇・三ｍ（一尺）、約四・六ｍ（一四尺）以上では約〇・九ｍ（三尺）付近に分布し、直径で一二から一四尺の間は連続的に幅が変化しているように見える。図中に示したように、釜石地域で最初に築造された大橋高炉の送風用水車も、伝統的寸法比の中にある。

ちなみに、鹿児島集成館上流の取水口跡での用水流量計測に基づく動力の試算では、流量が毎秒〇・一～〇・二㎥、落差五ｍ、効率〇・七として出力は三・四～六・九kWとされており、(24) 集成館高炉の水車も大橋高炉の送風水車とほぼ同規模、同出力であったことがわかる。

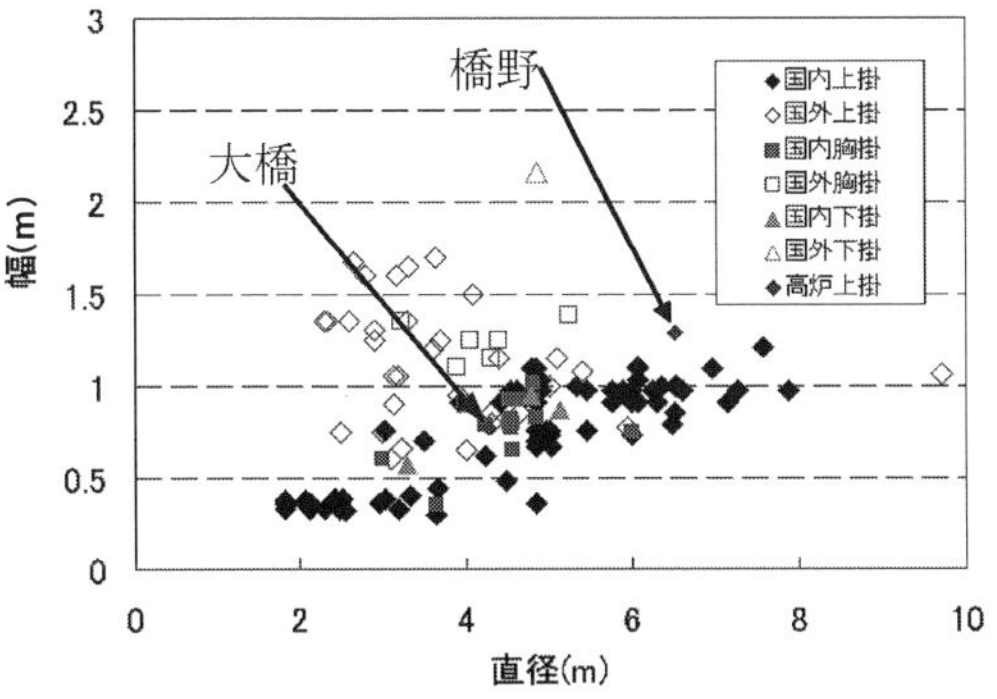

図８　水車比の分布

このような出力、直径の同等性からも、鋳造法には記載されていない水車諸元などに関する情報は、那珂湊反射炉築造事業中に鹿児島の技術者や職人から大島が得た可能性が高い。

以上のように幕末期の高炉送風水車を取り巻く環境は、西欧とわが国では大きな差があったが、当時の技術者たちはその情報を得ることが出来なかったため、いずれの高炉でも、在来型水車が用いられた。

３　西洋式水車との比較

さて、西欧では、輸送手段の近代化とともに大規模工場は平地に立地するようになっていた。しかし、水車動力源として得られる水量は豊富であるものの、

図９　欧州の胸掛け式水車（鉄製）
（T.S. レイノルズ『水車の歴史』平凡社、1989年、314頁）

落差は低くならざるを得ない。そこで、西欧の動力用水車は、低落差に対応し、水量調節が容易、バケット内の水の重量を有効に動力に変換可能、しかも回転数も高い、という特性を持つ、当時のわが国のものとは逆回転の胸掛け式（図９参照）への移行がほぼ完了していた。一方、わが国の高炉水車は、動力源として山間部の流水の落差を利用する上掛け式であり、日本国内の動力用水車には、効率の面で勝る胸掛け式の例はほとんどない。

さらに、水車の幅に関しても西欧とは大きくその思想が異なっていた。西欧は低落差であったこともあるが、前述のように上掛けであっても直径に対する幅の割合（水車比）がわが国のものに比べて大幅に大きい。しかも、大島高炉が作られたのと同時期、すでに鋼体化の進んだ西欧の胸掛け式水車の効率は八〇％にも達していた。すなわち、鋳造法に描かれた水車軸高さに合わせて日本式の水車を製作した場合、横幅が西欧に比べて狭いため、原典の想定に対して出力が三分の二から半分になり、送風量は想定量の二分の一程度となる。加えて、記録によると大橋高炉送風水車の回転速度はおおよそ毎分三回転であったのに対し、西欧の水車回転速度は直径が大橋クラスの四ｍ台の胸掛け式水車の場合、平均的に毎分七から一〇回転であり、わが国で西欧の図と同じ寸法比の円筒形の「ふいご」を製作したとしても、送風量に劣り、送風周期も長くなる。

これまで、大島高炉に関しては「洋式ふいご」では送風量が十分確保出来ず、鍛冶屋「ふいご」の仕組みを用いた複動式の「ふいご」に変更したことで操業に成功した、というのが一般的な説明だった。確かに間違いではないが、問題点を工学的に言えば、〝わが国在来の水車比を用いたことによる出力不足と、水車形式の違いによる回転数の不足の相乗効果による送風量不足〟、と説明することが出来る。なお、現存する橋野や仙台領で用いられた複動式の「水車ふいご」の場合、上昇行程は水車動力によってなされるが、下降行程はピストンの自重によるもので、製粉水車の仕組みそのものである。これが、大島の導入した技術を正当に評価した表現といえるのではないだろうか。

この結論は、彼がその年末に向け築造を指揮した橋野高炉の水車から傍証される。橋野高炉の送風水車は、大橋高炉に比べて直径が二・二五ｍ（七・四尺）、幅が〇・五ｍ（一・七尺）大きくなっている。直径自体は在来型水車としては通常に存在する範囲であるが、幅に関しては明らかに平均より広く、水車比も当該直径の在来型水車のおよそ一・五倍となっている。加えて、単なる水受けにたまった水の落差を利用する上掛けではなく、水勾配二・五分の一（約二二度）の長さ約八・二八ｍ（四間三尺）の水路を流下した流れがバケットに衝突する衝動を利用し、回転速度を向上できるよう箱状の水流誘導装置（ブレスト）を含めて設計されている。さらに、水車パドル（水受け）にも動圧を効率よく受けられるように角度がつけられている。この機構も、在来型としては珍しい。先述した方法と同様に、跳水による損出を無視して出力を算出すると、出力七・一一㎾が得られ、大橋の四・五七㎾に比べて約一・六倍となっている。このことからも、大橋の出力不足を踏まえての新しい高炉での水車設計変更であったことが読み取れる。

まとめ

江戸期にわが国にもたらされた西欧の技術書は概論的記述が中心の入門書が多く、システムを再構成するのに十分な情報が得られたわけではない。日本の在来技術によって、不足している情報を補う必要のあった幕末期の技術導入では、このような技術面での不具合が起きることがあり、これを、前述のように、それまでの知識に裏打ちされた技術によって解決して行った時期とも言えるだろう。

三　高炉用の水車駆動送風機

1　陸前（仙台領）・陸中（盛岡領）の製鉄産業

江戸末期の時点で、わが国の洋式高炉は、稼働状態にこだわらないならば、鹿児島領の集成館高炉（一八五四年）、箱館東部の古武井高炉（一八五八～一八六一年頃）のほかは、仙台領北部（一八六一年～）と盛岡領南部（一八五八年～）に築造されていた高炉群である。このうち古武井高炉（砂鉄利用、水車送風）は、武田斐三郎の指導によって築造されたが、稼働できず、大島高任に技術者派遣を要請したものの断られ、操業が頓挫、その後文久三年（一八六三）頃の台風で大きく破損し放擲され、集成館高炉も文久三年、薩英戦争時に英国軍艦による艦砲射撃で破壊された。

わが国で初めて操業に成功した高炉である鹿児島集成館のものは、操業があまり順調ではなかったといわれる。大島高任が築造を指導した大橋高炉でも、運転開始当初は不調続きであったことはよく知られている。前項で述べたように、双方ともその運転開始当初の「ふいご」駆動用水車の出力はおおよそ四・五kWと明らかにされているが、[25]伝統的水車比の水車出力では、十分な送風量が得られなかったのである。そこで、大島は旧来の製粉水車の機構を用い、杵の代わりに「ふいご」の中心軸を上方向に駆動し、その自重で落下させる機構を考案した。このときの「ふいご」のストロークは中心軸に取り付けられた腕の長さで決まるが、負荷を考慮すると過度に長くすることはできないので、旧来の横置きの「吹き差しふいご」のストロークを短くし、ピストン断面積を増大させた縦置き複動式の「ふいご」

を製作したということも改良点の一つである。

2　現存する「高炉ふいご」

江戸期、北上山地に位置した高炉は、南北約六〇kmの範囲に、ほぼ直線的に立地している。急峻な地形と、幕府の禁令により物資運搬に車両を使用できなかった地域という制限下、輸送は駄獣に頼った。運搬可能重量は少量であったため[26]、資材等輸送量は最小限にしなければならず、必然的に原料産地近傍での操業が求められた。そのため製鉄事業は、砂鉄あるいは鉄鉱石を至近距離で採取でき、木炭の生産が容易な山間地に立地することになった。

さて、この地域で江戸期（明治初期完成を含む）に築造された高炉は盛岡領一二座、仙台領四座である（これらとは別に、近年盛岡領でさらに一座確認されている。仙台領でもさらに増加の可能性がある）。それぞれで使用された「高炉ふいご」の外観を図10に示す。それぞれ図10-1が盛岡領、図10-2が仙台領のものである。それぞれ張り出し部を除いた「ふいご」本体部分の概寸を表1に示す（なお、当然ながら尺貫法で製作さ

表1　各ふいごの本体寸法（mm）

	仙台領	盛岡領
横	890	870
奥行き	890	905
高さ	870	1050

10-1　盛岡領（橋野）
（釜石市立鉄の歴史館蔵）

10-2　仙台領（大東）
（個人蔵：一関市大東町）

図10　各藩高炉で使用された水車ふいご

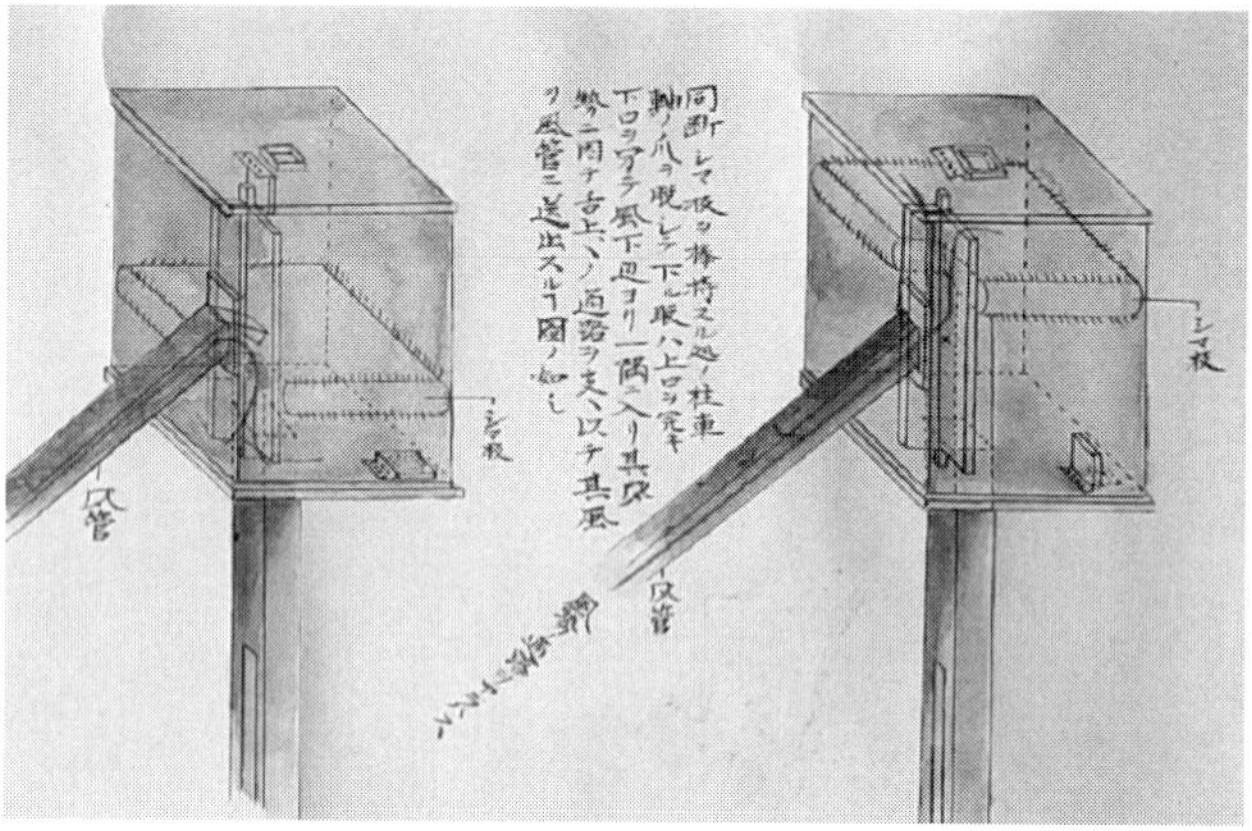

図11 橋野高炉の水車送風機の機構図（高炉絵巻より）

れているはずだが、ここでは便宜的に㎜単位で記載する）。

高炉の本格操業を達成した技術者としては、盛岡領では盛岡藩士である大島高任が有名である。それに対し、仙台領の高炉は、農民階級の芦文十郎により築造され[27]、操業開始後は、盛岡領の高炉群で製造・販売されていた銑鉄に代わり、自領石巻鋳銭場《いせんば》に銑鉄を供給した。これによって釜石地域の高炉は主要な販路を失い、余剰鉄により運営が苦境に陥るのである。後に芦は、築造に当たっては、自ら筆写した鉄熕鋳鑑を参考にしたと述べている[28]。なお、仙台領の高炉のうち文久山高炉は明治に入って、製品搬出の便が良い近隣の栗木鉄山に移設、継続使用された。

奇しくも、後にこの「ふいご」の辿った運命は、明治二七年（一八九四）まで継続使用された橋野三番高炉の「ふいご」と似ている。双方とも送風の役目を終えてからは、内部の機構を撤去し、穀物入れとして用いられた。釜石のものは異形であるはずの底板と天板が同形状であるほか、弁機構や流路跡を含め、内部機構は痕跡を含め確認できないのに対し、旧仙台領の大東町の「ふいご」は、原形からの改造は少なく、さらに風管も保存されており、仕組みを把握するうえで非常に貴重である。

さて、双方の具体的な異同であるが、主要点は以下の通りである。

⑴同思想の部分

・空気の流路が外側部ではなく内部に設置されている。
・複動式である。
・内部の逆止弁機構は、双方とも盛岡領の「高炉絵巻」に描かれたものと同一である（図11参照）。
・二台一組で用いられていた。聞き取りによると、双方とも同一形状のものがもう一台存在していた。

⑵異思想の部分

・一行程あたりの送風量の差。
　双方断面積は誤差範囲で一致している（およそ半間四方）が、行程に差があり、送風量は仙台側が一行程当たり一・三八㎥、盛岡側は一・六四㎥である。日本在来型水車で水車回転数を一分あたり三回転とすれば、それぞれ、一分あたり四・一四㎥、四・九二㎥となり、盛岡領の送風量は仙台領のものと比しておよそ二〇％多い。橋野の高炉の水車はその径と幅の比が在来型に比して大きくなっており、同じ外形であると旧来の水車比のものと比べ二五％程度出力が増加するが、これは前記の送風量比とほぼ一致する。このことは仙台領では逆に日本型水車比の水車を使用したことを示す。この状態で出銑を継続的に行うためには、高炉が橋野と同等の規模であるなら、水車を小径にして回転数を増加させる必要がある。
・保存形態。
　橋野に残された「ふいご」は、単独でオリジナルのものではなく、少なくとも二つの「ふいご」の資材を使用して再度組み立てなおしたと考えるべきである。一方、仙台領のものは、板の組み合わせに使用されている当時の鎹《かすがい》もそのまま残されており、オリジナルの形態を保っている。

　盛岡・仙台各領の高炉立地は地域的に鉄鉱石の産出地という特性から隣接しており、全く情報交流がなかったとは思えないが、「水車ふいご」の形態の異同から、それぞれの地域の技術者が、それぞれが得た知識を基礎として操業を行ったことは確かである。

おわりに

岩手県釜石市にある釜石市立鉄の歴史館は、釜石の鉄の歴史を概観できる観光施設である。来館者は、ゆるやかな曲線を描く通路に導かれ、導入として設けられたシアターに入る。その場所には、原寸大で復元された橋野三番高炉が威容を誇っている。地上一七ｍになんなんとする高さの高炉は、釜石のような辺鄙な土地の、さらに辺鄙な山中に、当時の先端技術産業が存在したことを示す。そして、それを可能にした当時の日本の技術水準の高さを実物教材で知るということは、文系理系を問わず、それまでの江戸時代というものの位置づけを見直すきっかけになるのではないかと思う。

釜石の製鉄もそうであるが、歴史的事実の背景には地域性が大きな位置を占めている。十年ほど前に、英国のアイアンブリッジ峡谷博物館の元館長Ｓ・スミス氏の橋野高炉現地視察に同行したことがある。たまたま、「小学生の時、校庭で磁石を用いて砂鉄とりをすることは誰でもやることですから」と口にした。そうすると彼は、「イギリスではそれはない」というのである。イギリスの学校の校庭では磁石を動かしても砂鉄はつかないそうだ。日本人にとって、地面に鉄があることは常識といえる。一方、イギリスでは磁石の実験に校庭の土は使えない。そもそも、校庭に限らず砂の中にさえ砂鉄はほとんど含まれていないという。そのかわり、鉄鉱石はわが国より分布が広かったので、鉱石による製鉄が中心となった。日本では、多寡はあるにせよ鉄鉱石に比べ砂鉄は各地に分布し、イギリスと日本では鉄鉱石と砂鉄に対してもつ意識が正反対ともいえる。

時代背景の視点もまた重要である。明治に入りお雇い外国人の鉱山学者クルト・ネットーは、東京帝国大学での講演の中で、「鉄道も道路もないこの国で製鉄産業など時期尚早である。（釜石に建設中の）官営の高炉に掛ける資金があるのならば、道路整備に使うべきである」と述べている。[29] 鉄の内需はあるとしても、それに対応できる技術は当面間に合わないから、輸入することにし、産業の基礎となるべき輸送網を確保すべきという意図と思われる。この時点での、製鉄事業は民生利用を目的としていたわけであるが、わが国の草創期（江戸末期）の高炉製鉄は国防からの必然により外国文献から得た知識をもとに始まった。しかし、それを可能としたのは古来からのたたら製鉄技術であり、水車製粉技術であり、窯業の技術であった。

以上本稿では、これらのうち、たたらでの送風と製粉水車を融合させた高炉送風技術に関して、その仕組みの相違、工学的分析、分布に関して調査した結果をまとめた。水車を用いた送風技術（たたら用）の存在は、南部・伊達領のほか、文献上、福島と北海道で確認されているが、これらの回転運動を直線運動に変換する機構の情報が得られれば、大坂で現れ、江戸を経ずに伝播したと考えられる機構知識に関して明らかになることが期待される。

註

（1）森嘉兵衛『陸奥鉄産業の研究』（法政大学出版局、一九九四年）。

（2）同右。

（3）同右。

（4）池森寛「日本の水車用木製平面ふるい機」（『日本機械学会第76期全国大会講演論文集（Ⅳ）』一九八八年）三四一～三四二頁。

（5）大島善太郎『大島高任閣下功績伝承録（稿本）』（一九二一年）。岡田廣吉私家版、（一九九四年、所収）、中田義算「洋式高炉の輸入と大島高任先生」（『鉄と鋼』一〇巻、一九二四年）など。
（6）畠山剛『岩手木炭』（日本経済評論社、一九八〇年）。
（7）岡田廣吉「花巻の耐火煉瓦」（『花巻市文化財調査報告書』第九集、一九八三年）一一一～一三六頁。
（8）兵庫県三木市立金物資料館での聞き取りによる（二〇一四年一月）。
（9）岩手県立博物館編『北の鉄文化』（岩手県立博物館、一九九〇年）。
（10）野原健一『たたら製鉄業史の研究』（渓水社、二〇〇七年）。
（11）雲南市朝日光男氏（菅谷高殿施設長）による。
（12）永田和宏「たたら製鉄の発展形態としての銑鉄製錬炉「角炉」の構造」（『鉄と鋼』九〇―四、二〇〇四年）。
（13）長谷川雅康編「薩摩のものづくり研究　薩摩藩集成館事業における反射炉・建築・水車動力・工作機械・紡績技術の総合的研究」（『科研費特定領域研究II　研究成果報告書』、二〇〇四年）。
（14）長谷川雅康編『近代日本黎明期における薩摩藩集成館事業の諸技術とその位置づけに関する総合的研究　研究成果報告書』（同研究班、二〇〇六年）三九～四〇頁。
（15）森嘉兵衛『九戸地方史　下巻』（同書刊行会、一九七〇年）。
（16）同右。
（17）一関市菅原悦男氏（水車ふいご所有者）による。
（18）田村栄一郎『みちのくの砂鉄いまいずこ』（久慈郷土誌刊行会、一九八七年）。
（19）同右。

(20) レファレンス依頼への回答のあった資料館・博物館等は以下の通り。泉佐野市歴史館いずみさの、葛城市歴史博物館、京都府歴史博物館、吹田市博物館、池田市立歴史民俗資料館。直接ヒアリングを行ったのは、大阪歴史博物館、三木市金物資料館、雲南市鉄の歴史博物館及び周辺の資料館。このほか各地域の研究者からのレファレンス情報の提供を受けた(二〇一三年)。
(21) 小野寺英輝「幕末明治期の水車「ふいご」の地域特性」(『日本機械学会講演論文集』一三―一、日本機械学会、二〇一三年)S二〇二一。
(22) 大島信蔵編『大島高任行実』(私家版、一九三八年)。
(23) 小野寺英輝「幕末期の西欧技術導入と在来技術(盛岡藩の高炉水車を例として)」(『日本機械学会論文集』七四―七四六C、二〇〇八年)二三六二～二三七〇頁。
(24) 前掲書(14)。
(25) 前掲書(22)。
(26) 牛馬一頭当たりの平地での可搬荷重は双方とも、およそ一二〇kg。しかし、牛は馬の一・三～一・五倍の登坂能力を有し、山間地に位置する釜石地域では、馬は用いられず、牛だけが使用された)。
(27) 田口勇など編『みちのくの鉄』(アグネ技術センター、一九九一年)一六一頁。
(28) 同右。
(29) クルト・ネットー『日本鉱山編』(東京帝国大学、一八七九年)。

補論　南部・伊達地方と出雲の砂鉄成分比較

刀剣制作が行われた出雲地方など南西日本の砂鉄製鉄産業とは異なり、北日本の砂鉄製鉄の主目的は日常生活用品製造であり、玉鋼はほとんど作られていない（南部地域にも僅かに、鉧押法による玉鋼の製造記録はある）。日用品でも南部鉄瓶などは高級なものは芸術性も高いが、根本的には、一般的な鋳造品であり、不純物の除去のための〝鍛え〟とは無縁である。ここでは、前述した、炉に機械式水車ふいごを用いていた久慈地域で産出する砂鉄について選鉱試験を行い、①選鉱難易度、②成分の差の二点から比較した結果を述べる。ただしここでは成分の異同指摘にとどめ、具体的な考察は後にゆずる。

1回目

2回目

3回目

4回目

補図１　ドバの流水選鉱

補表１　各地域の砂鉄等の主成分一覧

			Fe	Ca	Ti	Zr	K	Cu
①	久慈市阿子木	マサ	43.71	1.65	1.00	0.03	ND	ND
②	久慈市待浜	マサ	35.12	1.22	1.61	0.02	1.07	ND
③	久慈市山形 大野高校	ドバ	37.13	0.13	5.78	0.01	ND	ND
④	雲南市（砂鉄）	マサ	48.86	0.71	3.23	0.07	ND	ND
⑤	雲南（鉄塊）	チタン鉄鉱 陪焼後の試料	49.06	0.98	1.92	0.71	0.82	ND
⑥	釜石（鉄鉱石）	チタン鉄鉱 陪焼後の試料	38.93	10.06	0.07	ND	ND	1.15

材料は、久慈市教育委員会から提供を受けた久慈市内（旧久慈市・旧大野村）の砂鉄を含有する土あるいは砂で、久慈の東側平坦部にある①阿子木、②侍浜は〝マサ〟（真砂：磁鉄鉱）、西側山間部にある③大野高校敷地（大野）の〝ドバ〟（土場：褐鉄鉱）とよばれるものの計三種である。

まず、同市教育委員会から提供を受けた砂鉄含有砂について選鉱を行った。方法は、乾燥後、回転式粉砕機で小麦粉程度の粒度に粉砕し、磁力選鉱、その後、磁石に付着させたまま水槽中で揺動させる方法をとった。揺動は流水中で行い、水の濁度が複数回ほぼ平衡状態になった時点で一旦乾燥させ、この作業を繰り返した。補図１に各ステージの状況例を示す。マサは、一回の流水選鉱で砂部分がほぼ除去されるのに比して、ドバは、二〇回以上繰り返しても砂鉄分を高純度で抽出することは不可能であった。

以下、在来型鉄製造の国内二大産地であった東北北部の東部沿岸と山陰奥出雲、それぞれの試料のX線分析の結果を示す。分析は、選鉱後の試料をハンドヘルド型蛍光X線分析器 HORIBA　MESA-600 を使用し、計測は基礎パラメータ法 Mining_LE_FP 法を用い、照射時間は 60sec. とした。IZUMO は比較対照のために提供を受けた雲南市吉田近傍の選鉱後の砂鉄、izumore は同じく塊状鉄である。なお磁力の影響は、組成分析であるので存在しない。

各地域の主な成分の含有率を補表１にまとめる。特徴的であるのは、雲南のマサと大野のドバのチタン含有率の多さである。また、釜石橋野は銅鉱脈と隣接しているので他とは異なり有意な含有率となっている。なお、橋野鉱石は採取したもののうち、平面を選んで計測しているとは言え、含有率が平均化されているとは言いにくいが、定性的には十分有意な結論と考えられる。

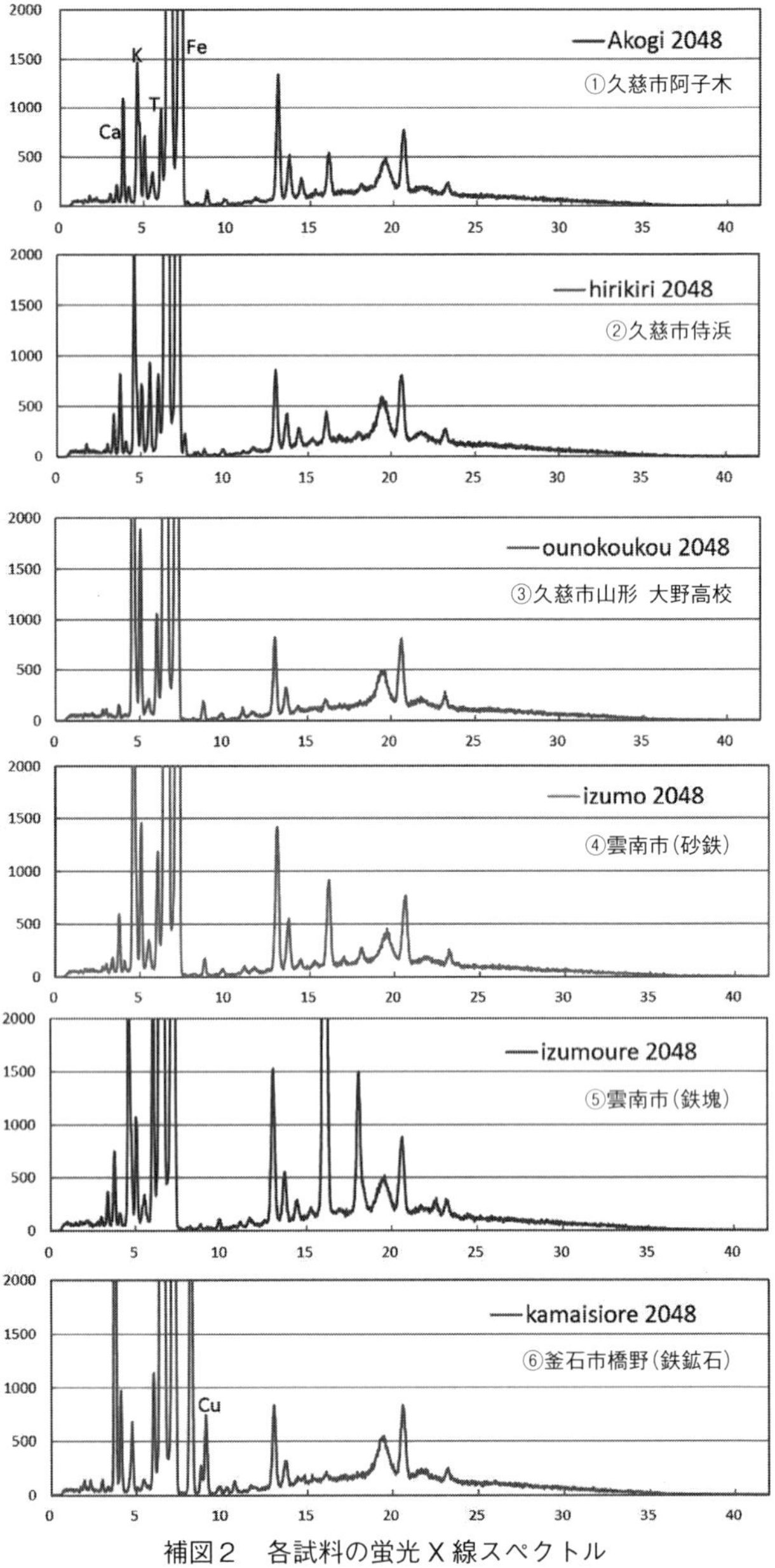

補図２　各試料の蛍光Ｘ線スペクトル

計測結果のスペクトルを補図2に示す。縦軸はそれぞれの物質の含有量の多寡を表わす〝カウント〟、横軸は物質の違いを表わすeVである。全般的にみると、山砂鉄の雲南のマサは、浜砂鉄系の阿子木・侍浜のマサと比べてチタンの含有率が多い。一方、大野のドバ系の砂鉄であるが、一〇〜二〇eVの区間を見ると、釜石の鉄鉱石成分と非常に類似していることが分かる。釜石鉄鉱石の銅およびカルシウム成分が他に比して多いが、これは石灰鉱床と鉄鉱床・銅鉱床混在していることによる。他の地域とは成分の異なる大野の砂鉄は水車製鉄の原料となっており、成分の違いによる特性差が送風機構の差異につながった可能性もある。このことは、釜石橋野、伊達領北部、函館東部、福島沿岸地域の砂鉄成分との比較により、その可能性がより明確になる可能性があることを示している。

参考文献

久保輝一郎・加藤誠軌『X線回折による化学分析』（日刊工業新聞社、一九五五年）五〜六頁。

深沢力「本邦砂鉄中の稀土元素に関する研究」（『工業化学雑誌』一六三―二、一九六〇年）二四五〜二五一頁。

出雲の角炉製鉄

角田徳幸

はじめに

角炉は、たたら吹製鉄の技術を基礎としながらも、洋式高炉の技術を取り入れ、炉体に耐火煉瓦を使用した製鉄炉である。その開発は、官営広島鉱山において、工部省からの派遣技術者である小花冬吉と、小花を引き継いだ黒田正暉によって行われた。

官営広島鉱山は、明治に入り安価な洋鉄の流入によって、たたら吹製鉄が次第に斜陽化する中、旧藩営で行われていた広島県内の在来製鉄業を保護する目的で明治九年（一八七六）に設立されたものである。双三郡・比婆郡・山県郡に所在する鉧と大鍛冶場を作業所とし、設立当初の作業所数は四〇余を数える。同鉱山では、洋鉄に対し割高であった和鉄の生産性を向上させるため、人力に頼っていた送風施設の動力化などに取り組んだが、その一つとして開発されたのが角炉であった。

角炉は、たたら吹製鉄で廃棄された鉄滓を原料に使用するとともに、炉の耐久性を高めて従来三～四日であった一回の操業日数を延ばすことで、たたら吹製鉄に比べ採算性・生産性を改善することに成功した。しかし、導入された角炉（丸炉）は四基のみで、大部分は従来のたたら吹製鉄による操業が続けられていたのが実情であった。官営広島鉱山は、明治三七年に民間の米子製鋼所に払い下げられることとなる(1)。

その後、角炉は中国地方各地に伝播し、出雲では近世以来の大経営者である櫻井家が明治四〇年頃に槙原製鉄場に建設したのが嚆矢である。大正から昭和にかけては、同じく有力経営者であった絲原家の福禄寿製銑工場や鳥上木炭銑工場などでも角炉が採用されており、後者では昭和四〇年（一九六五）まで操業が続けられた。

角炉製鉄は、中国山地のたたら吹製鉄が近代化に対応するために開発された製錬法である。その中核地域であった出雲では角炉の受容は遅れるが、櫻井家・絲原家に残る史料などから、官営広島鉱山とは異なる展開を見せていたことが明らかになってきた。本稿では、出雲を中心に角炉を検討することで、たたら吹製鉄が近代化の中でどのように生き残りを模索したのか考えてみることとしたい。

一　角炉の構造

角炉には、旧来のたたら吹製鉄に使われた製鉄炉の炉高を三mほどの高さにした官営広島鉱山門平作業所や上野作業所のようなものと、方形炉の上部に煙突を設けて高さ八m前後にした落合作業所のようなものがある。また、門平作業所には炉体が円筒形を呈する丸炉と呼ばれるものもあった。このうち、落合作業所の角炉は、明治二六年（一八九三）に黒田正暉が建設したことが明らかであるが、その他の角炉については年代が明確になっていない。

角炉の展開過程について、大橋周治は、①炉の平面形が長方形でたたら吹製鉄炉に近い門平角炉、②平面形は長方形であるが炉の内傾角度が高炉に近い上野角炉、③平面形が方形で炉高が高い落合角炉の順に整備されたと見る。そして、前二者を旧式角炉、後者を黒田式角炉と呼ぶ(2)。永田和宏もほぼ同様な展開を考えるが、大橋の旧式角炉をたたら型角炉、黒田式角炉を落合角炉としている(3)。両者の角炉に対する理解には大きな違いはないが、「たたら型角炉」は端的にその構造を表現しており、黒田式角炉は厳密には「落合角炉」以外にないので、後者の名称を基本に用いたい。

1　たたら型角炉

官営広島鉱山門平作業所（広島県庄原市）の角炉（図1-1）は、高殿鈩の本床・小舟よりなる地下構造の上に築かれた。炉は基底部で長さ一八二cm、幅一三六cm、高さ三〇三cm、炉底は内法で長さ一二一cm、幅四五cmである。炉の横断面は、上端部が外傾して幅一〇六cmと広くなっている。炉壁内面は煉瓦積み、外側には粘土が塗られており、鉄帯を四ヶ所に巻いて補強される。送風は水車鞴で、炉下部の両長辺に送風管四本ずつ計八本を設ける。その配置は、両側壁の送風管が向き合わず交互になっており、炉内にまんべんなく通風できるよう配慮されている(4)。

官営広島鉱山上野作業所（広島県庄原市）の角炉（図1-2）は、基底部で長さ二四二cm、高さ三三三cmで、門平作業所のものより長さがある。炉の横断面形は、基底部よりも上端幅が狭く内傾する。内壁は炉底より三分の一ほどの高さのところが最も幅広で、それより下に向かって狭まっており、炉底は長さ一八二cm、幅三〇cm、深さ三六cmの溝状となる。送風施設はトロンプ二基で、送風管は炉下部の両長辺に四本ずつ計八本が設けられた。トロンプは、垂直に立てた木製管に水を落とすことにより、その上部の吸入孔から空気が吸い込まれることを利用した送風装置で、小花冬吉が欧州留学の経験から導入したものである。操業は、村下二人、向村下一人、炭坂一人、手子四人の計八人で行われた。銑鉄三七・五kgに対し、原料の鉄滓は一一一・五～一二三・八kg、木炭二〇六・三～二一七・五kg、石灰石二一・五

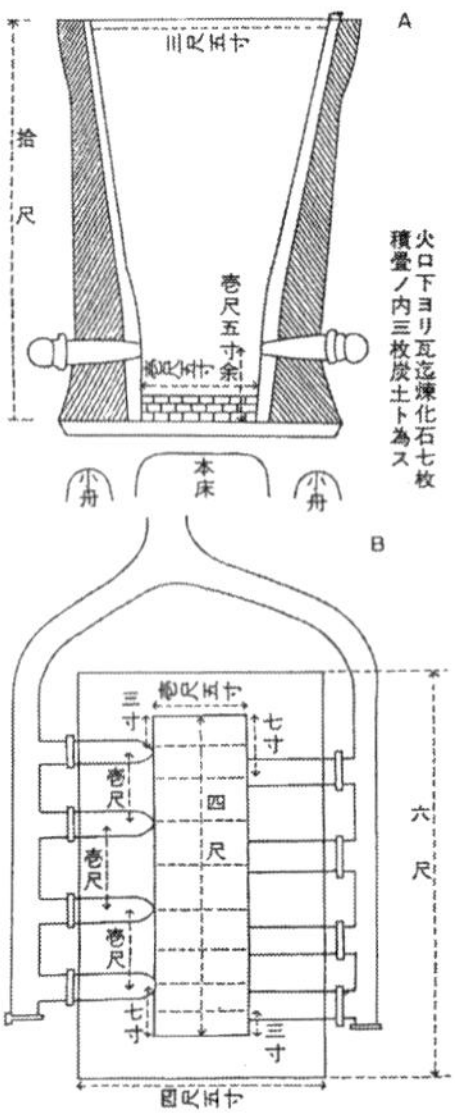

1．官営広島鉱山門平作業所

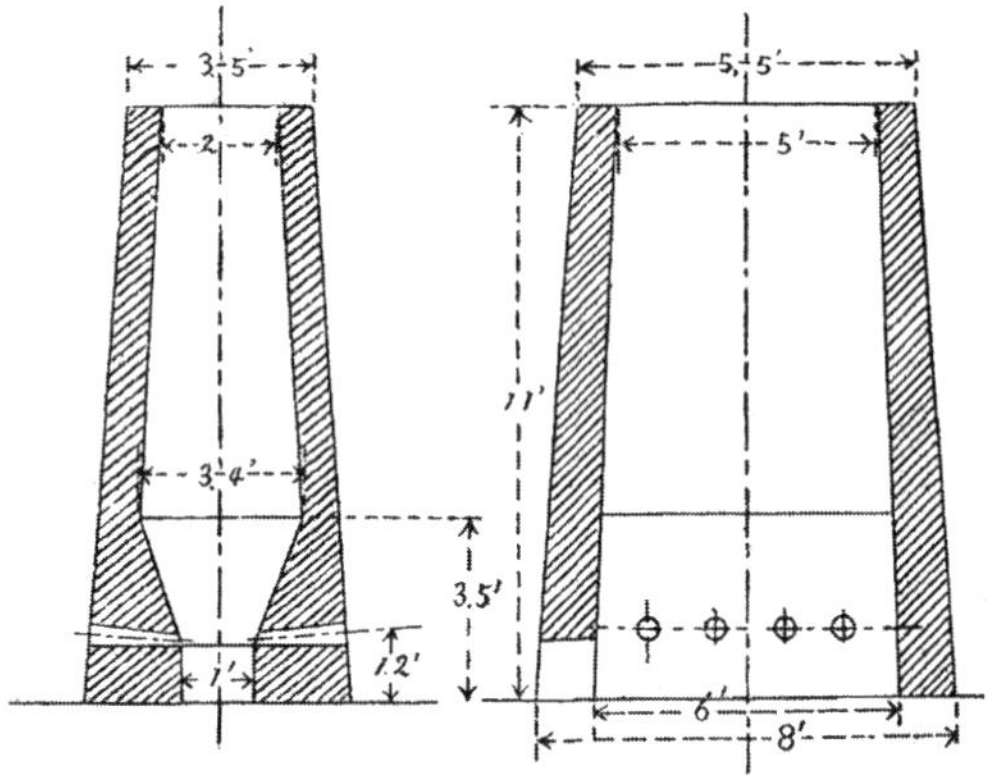

2. 官営広島鉱山上野作業所

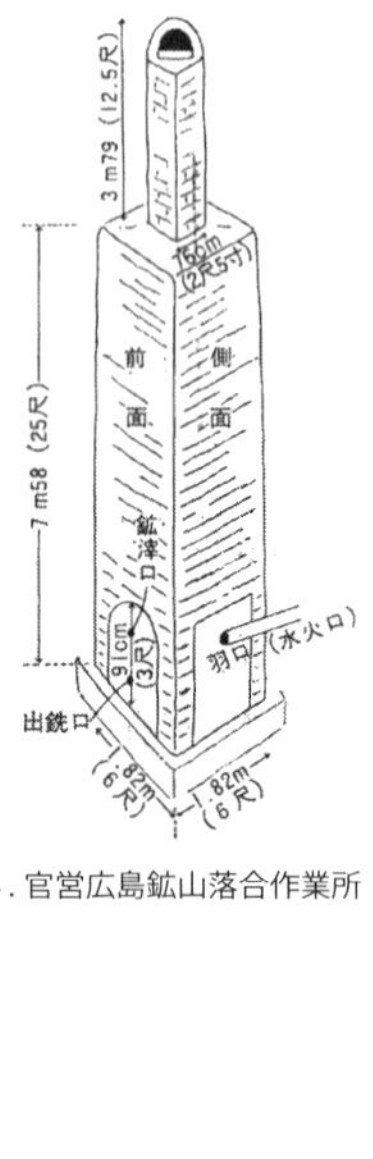

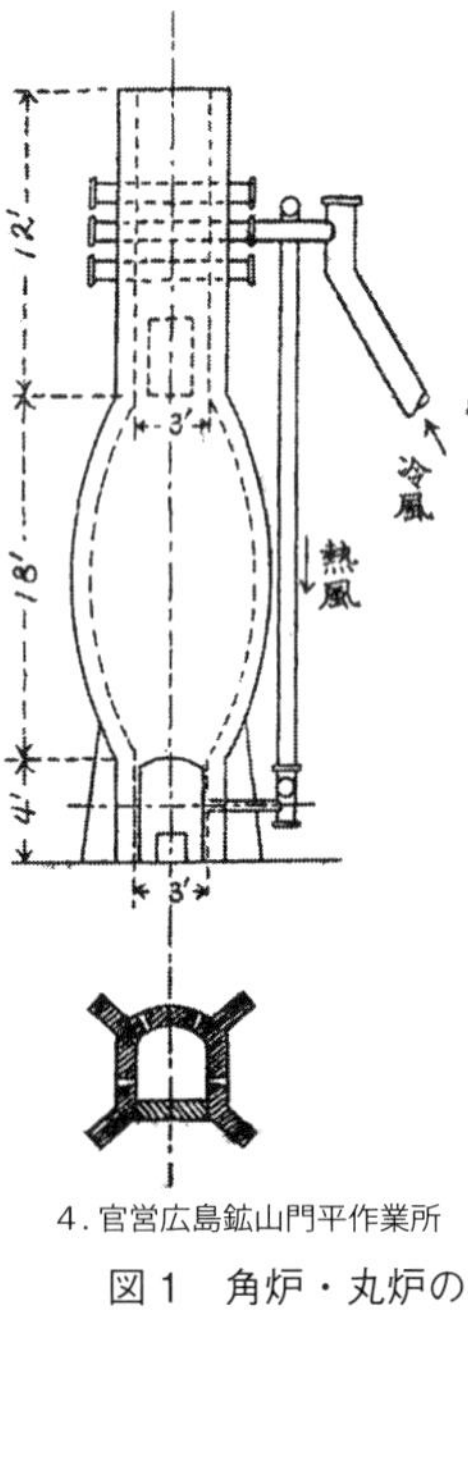

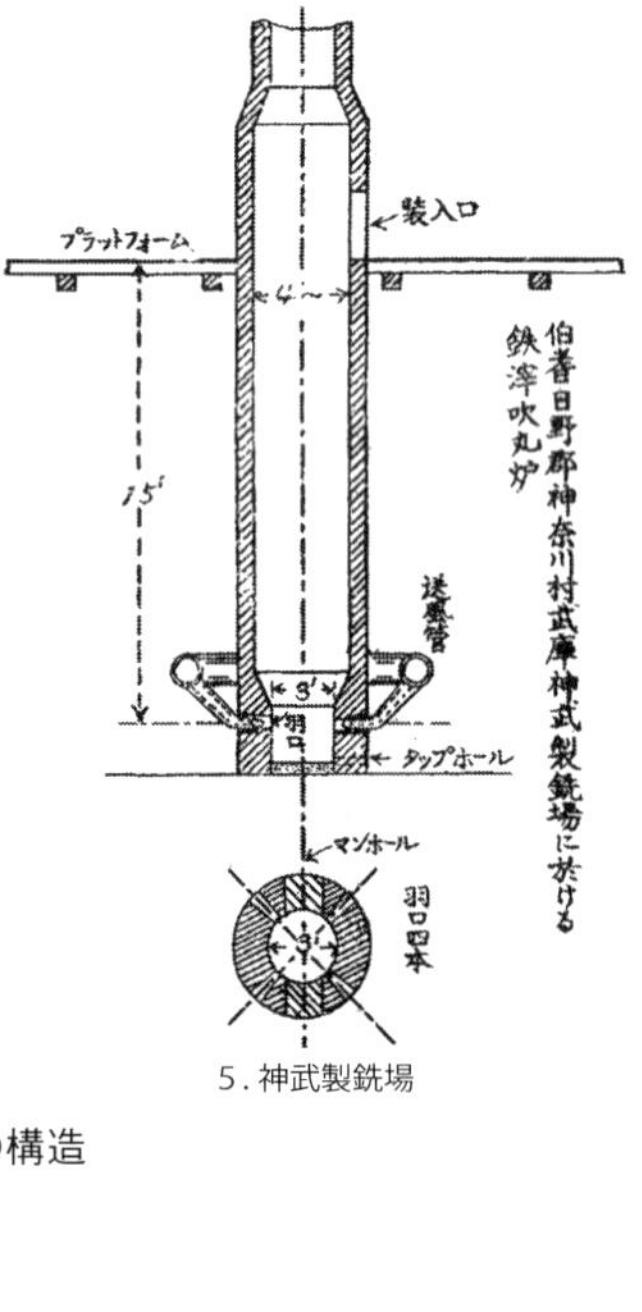

3．官営広島鉱山落合作業所　　4．官営広島鉱山門平作業所　　5．神武製銑場

図1　角炉・丸炉の構造

kgが必要であった。日産は約一・七ｔで、一五日の操業期間で銑鉄二四・七〜二五・一ｔが生産された(5)。

たたら型角炉は、横断面形に違いがあり、門平作業所は炉体が外傾するのに対し、上野作業所では炉体が内傾する。また、炉底の形状は、前者の幅が広いのに対し、後者は幅が狭められている。炉底の幅が狭いのは、低い送風圧でも炉底温度が上がるように配慮された構造との指摘がある(6)。

官営広島鉱山の払い下げ後、たたら型角炉は、槙原製鉄場（島根県奥出雲町：明治・大正期）で建設された(7)。

２　落合型角炉

官営広島鉱山落合作業所（広島県三次市）の角炉（図1-3）は、明治二六年（一八九三）に建設された。その構造は必ずしも明らかではないが、大橋による復原的な検討がある。これによれば、炉は基底部で一辺一八二cm、内法は一辺九〇cmの正方形、炉高は七五八cmの規模を有し、その上部に高さ三七九cmの煙突が設けられる。原料の装入口は炉体のほぼ中央部にあったと推定され、基底部前面の下部に出銑孔と、上部に鉱滓排出孔をもつ。送風管は、炉体下部の両側面と後方に一本ずつ計三本である。水車駆動の鋳鉄製鞴からは、円形鋳鉄管一二本を二列三段に横置きにした熱風炉を通して熱風が送られたという。

明治二七年度は稼働日数一二二日で、原料の鉄滓四二三・五ｔ、木炭六〇一・八ｔ、石灰石七八・二ｔを使用して、銑鉄一六八・〇ｔ、翌明治二八年度には一一〇日で、原料の鉄滓四三八・八ｔ、木炭五八三・二ｔ、石灰石七六・八ｔを用いて、一六四・四ｔの銑鉄が生産された。銑鉄一ｔ当たりの生産にかかる経費は一七〜一八円で、たたら吹製鉄炉に比べれば年間生産量で四〜五倍、一ｔ当たりの経費では一〇円程度の削減になったとされる(8)。

操業状況は、明治二六〜二九年の記録がある。連続操業日数は最長六〇日、平均二三日で、日産は〇・九〜一・七ｔ、

表１ 官営広島鉱山落合作業所の操業状況

操業開始			操業終了			操業	鉄滓	砂鉄	石灰石	木炭	生産量	日産
年	月	日	年	月	日	日数	(t)	(t)	(t)	(t)	(t)	(t)
明治26	11	15	明治26	11	18	4	10.9		1.9	16.3	3.9	1.0
	12	3		12	9	7	22.6		4.2	35.0	7.7	1.1
	12	13		12	27	15	51.6		9.6	82.0	21.9	1.5
明治27	1	12	明治27	2	13	33	118.0		21.9	157.6	50.8	1.5
	4	13		4	18	6	14.9	2.0	2.8	27.5	6.4	1.1
	4	27		5	18	22	80.5	0.4	14.9	121.1	37.4	1.7
	9	21		9	25	5	13.4		2.5	24.9	4.5	0.9
	10	5		10	12	8	21.6		4.0	35.2	7.5	0.9
	10	19		12	17	60	215.2		39.8	284.8	95.3	1.6
明治28	2	2	明治28	2	22	21	78.0		14.4	109.8	30.7	1.5
	4	23		5	16	24	91.8		17.0	128.9	35.7	1.5
	11	15		12	14	30	115.4		21.9	168.5	42.1	1.4
明治29	1	10	明治29	3	5	56	231.7	1.5	22.9	172.4	83.7	1.5
	5	12		6	7	27	97.4		17.6	134.9	37.8	1.4
計							1,163.0	3.9	195.4	1,498.9	465.4	1.3

平均一・三tであった。原料の鉄滓・砂鉄に比べ木炭は一・二八倍ほど多く使われており、原料に対する銑鉄の歩留まりは四〇%である[9](表1)。

落合型角炉は、官営広島鉱山では他の作業所に建設されることはなく、全く同様な構造をもつ角炉は他には知られていない。炉の上部に煙突を設けた角炉は、福禄寿製銑工場(島根県奥出雲町)、鳥上木炭銑工場(同)、槙原製鉄場(同:昭和期)などに見られる。

3 丸炉

官営広島鉱山門平作業所に建設された丸炉(図1-4)は、炉体の中央が丸く膨らみをもち、内径九〇cm、高さ六六六cmで、その上に原料装入口と高さ三六〇cmの煙突を備える。送風管は炉基部の後方に二本、両側面に一本ずつの計四本があり、トロンプ二基から煙突の余熱を利用した熱風が送られた。銑鉄三七・五kgに対し、原料の鉄滓は一一六・二kg、木炭一五七・五kg、石灰石一七・二kgが必要で、日産は一・五七t、三〇~四〇日の連続操業が可能であったという。作業は、頭取・村下・向

村下・炭坂各一人、炭焚四人の計八人で行われた。(10)

神武製鉄場（鳥取県江府町）の丸炉（図1-5）は、炉体が円筒形で、内径一一〇cm、原料装入口から送風管までの高さは四五〇cmである。炉底は内径九一cmに狭められており、対角線上に四本の送風管が設けられた。送風は水車鞴で、熱風装置は備えられていない。銑鉄三七・五kgに対し、原料の鉄滓は八六・三〜一一一・五kg、木炭七五〜一〇五kg、石灰石一一・三〜一五kgを必要とした。鉄滓は一cm以下に破砕して装入し、三時間ごとに三七五kgの銑鉄が得られた。日産は三tで、四〇日の連続操業が可能であったという。(11)

丸炉は、その後、大正八年（一九一九）の安来製鋼所奥津工場（岡山県鏡野町）、昭和二年（一九二七）の帝国製鉄竹森工場（広島県庄原市）、昭和一二年の帝国製鉄加計工場（広島県安芸太田町）、昭和一五年の帝国製鉄三成工場（島根県奥出雲町）などへと継承された。

二　出雲の角炉

1　槙原製鉄場（明治・大正期）

櫻井家が万延元年（一八六〇）に開設した製鉄場である。幕末から明治時代にかけて同家の中心的な高殿鈩として操業が行われてきたが、明治四〇年（一九〇七）頃に旧来のたたら吹製鉄炉の地下構造を利用して、その上に角炉が建設された。

角炉（図2）は、上部が開放された構造で、たたら型角炉である。炉高は三三〇cmと高く、炉頂より原料と木炭が装入できるよう作業床が高さ二七三cmのところに設けられる。平面形は両端部が丸みを帯び、基底部で長さ二四二cm、

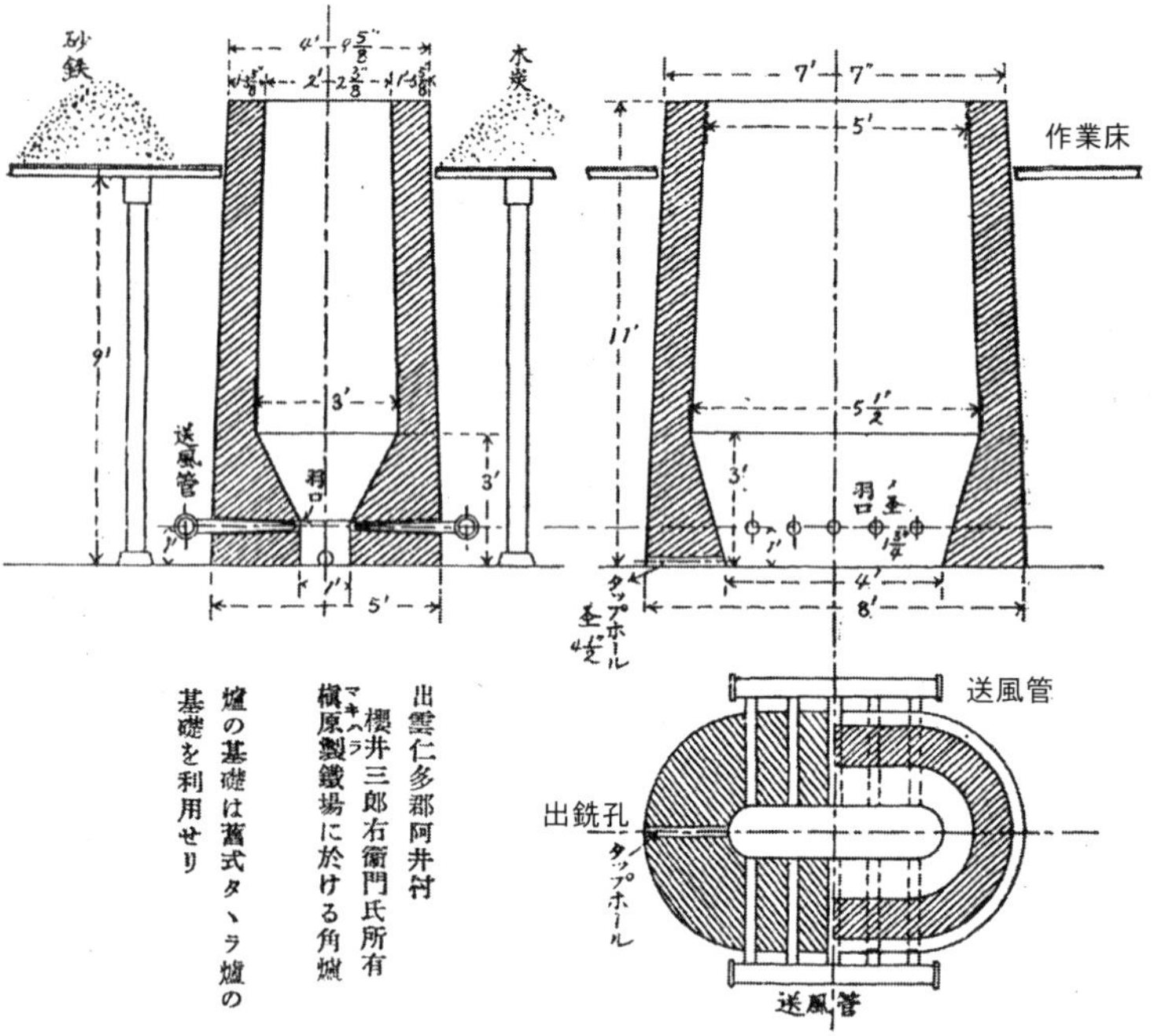

図２　槙原製鉄場の角炉(明治・大正期)

幅一五二cmである。炉の横断面形は、基底部より上端幅が狭く内傾する。内壁は炉底より三分の一ほどの高さの幅が最も広くなり、下に向かって狭まる。炉底は長さ一二一cm、幅三〇cmの溝状となり、端部の一方に銑鉄の抽出孔がある。炉体は下部には耐火煉瓦、頂部には粘土質山土を使用して、内壁には粘土を六cmほどの厚さで上塗りした。送風は水車鞴で行われ、風は熱風装置を通した後、炉の両長辺に五本ずつ向かい合うように配置された送風管より入る構造である。

操業には六人が従事し、原料は砂鉄、燃料は木炭で、これに少量の石灰石が加えられた。約一時間の予備加熱の後、銑鉄屑を少量投入し、これが熔融して滴下し始めた段階で木炭五九・八kg、砂鉄七四・七kg、石灰石三kgを一回に装入した。操業開始後、約一〇時間で一回目の出銑が行われ、それ以後三時間ごとに約三七四kgの銑鉄が抽出でき、一ヶ月の製銑高は約八〇tに及んだとされる。

二〇日間の連続操業が可能で、炉壁の補修には六日間を要したという[12]。

明治期における角炉の操業状況は明らかでないが、大正元(一九一二)年一一月～一二年三月については史料がある。一年の操業回数は、大正八年までは五～九回でほぼ通年稼働している。しかし、一〇～一二年は一～二回に留まって

表２　槙原製鉄場の作業状況

操業開始				操業終了				操業	生産量	日産
年	月	日	時刻	年	月	日	時刻	日数	（t）	（t）
大正元	11	9	6:00	大正元	11	22		14		
	12	25	12:00	大正２	1	9		16		
大正２	3	20	6:00		3	20	11:00	1		
	3	23	6:00		3	28	16:15	6		
	4	2	6:00		4	14	9:00	13	33.8	2.6
	5	1	6:00		5	8	16:00	8	21.3	2.7
	5	24	5:00		6	4	16:00	12	30.9	2.6
	6	24	5:00		7	10	6:00	17	41.2	2.4
	9	22	6:00		10	9	6:00	18	44.3	2.5
	10	30	6:00		11	18		20		
	12	15	6:00		12	25		11	28.2	2.6
大正３	1	9		大正３	1	23		15		
	3	13			3	31		19		
	5	2			5	15		14		
	5	31			6	11		12		
	9	23			10	12		20		
	11	7			11	26		20		
	12	18		大正４	1	6		20		
大正４	3	10			3	31		22		
	4	27			5	10		14		
	6	2			6	16		15		
	9	25			10	8		14		
	10	29			11	19		22		
	12	8			12	30		23		
大正５	1	15		大正５	2	8		25		
	4	14			5	2		19		
	5	30			6	14		16		
	7	1			7	18		18		
	10	29			11	13		16		
	12	5		大正６	1	2		29		
大正６	4	16			4	21		6		
	4	29			5	30		32		
	6	27			7	8		12		
	9	25			10	3		10		
	10	21			11	21		32		
	12	23		大正７	1	9		18		
大正７	4	11			4	13		3		
	5	3			5	17		15		
	5	30			7	6		38		
	10	25			11	10		17		
	11	27		大正８	1	26		61		
大正８	4	30			5	19		20		
	6	23			6	27		5		
	7	4			7	23		20		
	10	3			11	1		30		
	12	16		大正９	1	11		27		
大正10	5	16		大正10	6	1		17		
	10	28			11	20		24		
大正11	2	17		大正11	3	5		17		
大正12	3	16		大正12	3	25		10		

おり、経営的に困難となっていたことが窺える。稼働日数は、大正七年一一月～八年一月の操業で六一日に達したことがあるが、平均すると一八日である（表2）。作業は村下四～五人、炭焚四人、小廻二人で行い、二交替制で当たったと見られる[13]。

「工業日誌」によれば、大正元年一一月一〇日（操業二日目）から一二日（四日目）では三時間ごとに出銑し、一回に五～八本、一日当たり五二～五九本の棒銑が得られている。一回当たりの出銑量は、平均三六四kgと記録されており、棒銑は平均七本できたので、一本は五二kg程度と見られる。大正二年における操業一回分の生産量は二一・三～四四・三tであった。稼働日数の長短により差があるが、日産にすると二・四～二・七tであり、前述の山田報告に符合する。銑鉄生産に要する木炭の量は、銑一駄に付き八五貫～八五貫六四〇目とされており、銑鉄一〇〇kgに対し木炭は二八五kg前後が必要であった。生産された銑鉄は、そのまま出荷されるものの他に、鋳物方に回され犁先や鍋釜などの鋳造品に加工されるものもあった。

2　福禄寿製銑工場

絲原家が大正六年（一九一七）九月に操業を開始した製鉄場で、大正一一年まで存続した。

施設（図3-1）は、角炉が設けられた工場・事務所・鞴場・職員住宅二棟などで構成され、道路と工場の間には砂鉄置場があった。

工場（図3-2）は、木造二階建て曽木（柿）葺きである。角炉の建屋と倉庫を兼ねたもので、平面形はT字形を呈する。角炉の建屋は、長さ一〇m、幅一四・五m、中央には角炉が設置され、二階で原料の装入、一階では出銑作業が行われた。倉庫は、角炉建屋の二階と繋がっており、長さ二四・四m、幅七・二mである。砂鉄と木炭が保管され、そのま

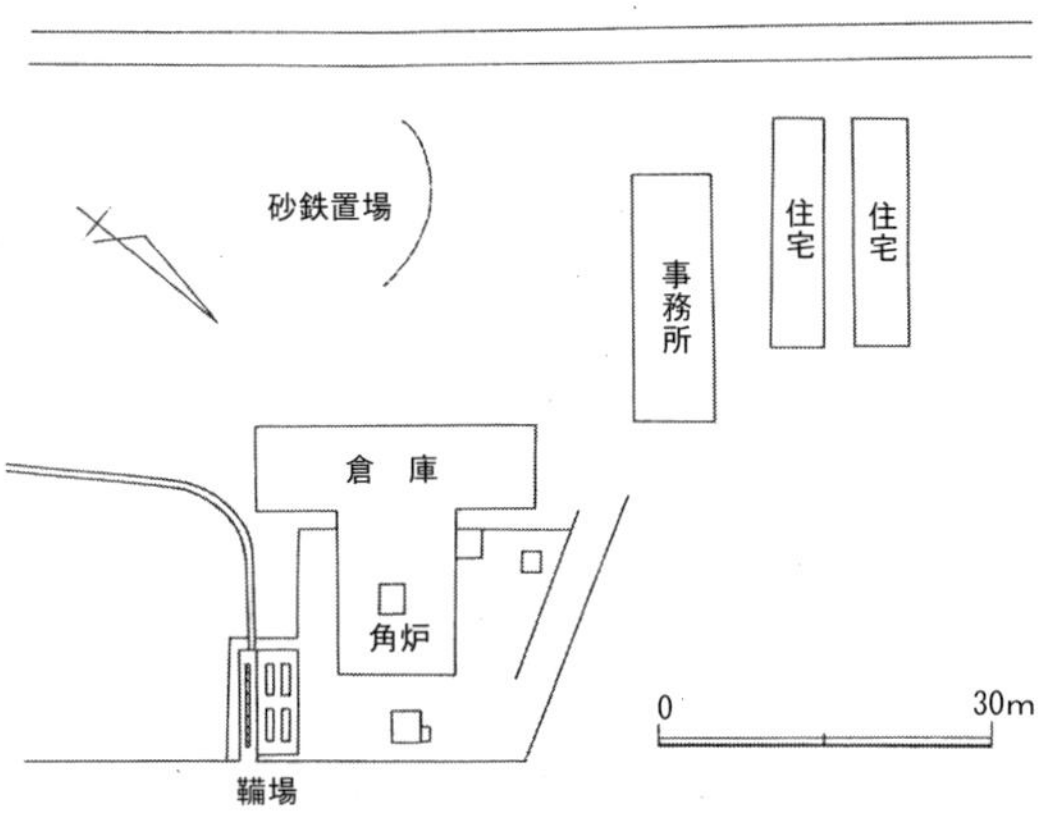

1. 施設の配置

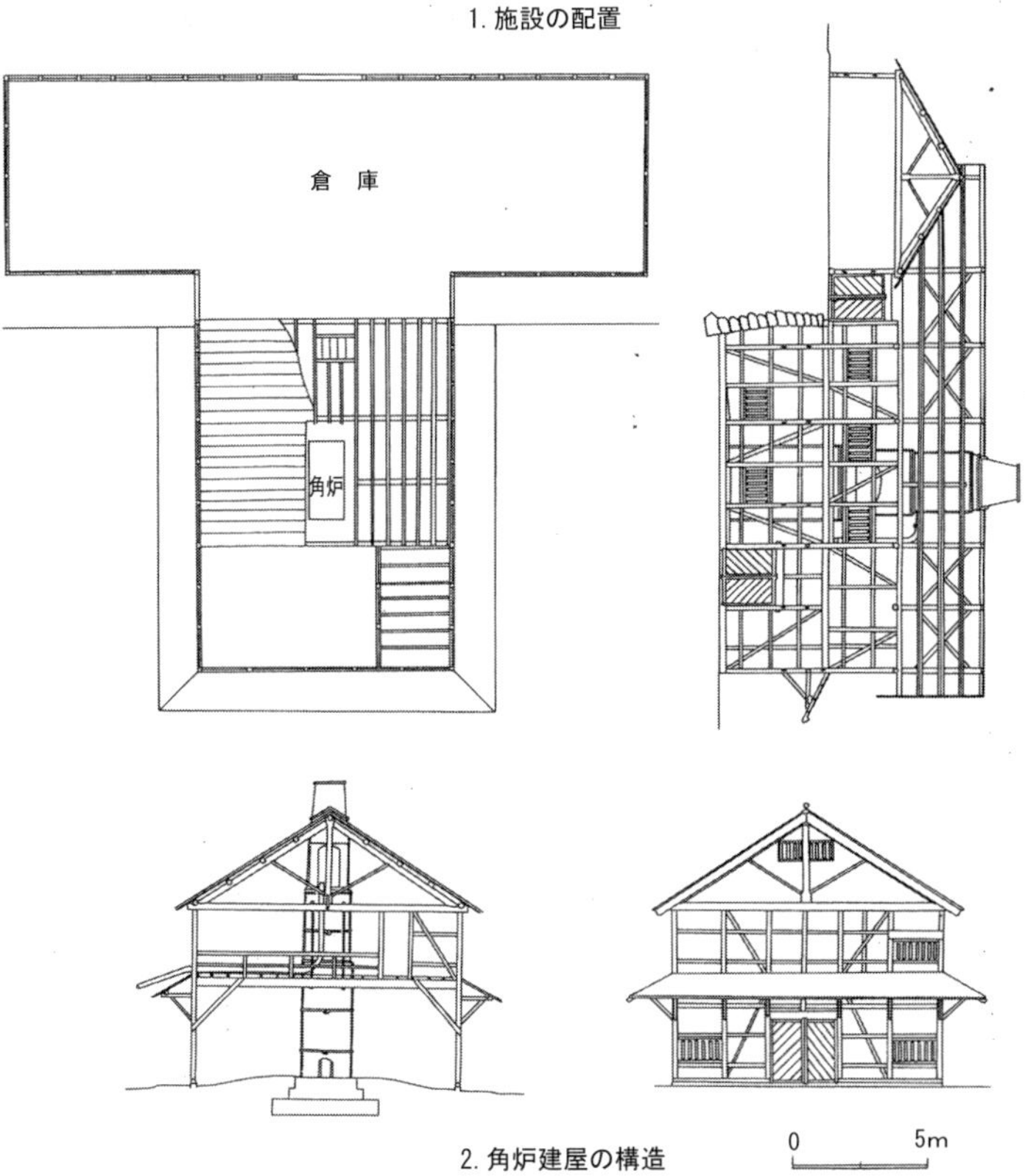

2. 角炉建屋の構造

図３　福禄寿製鉄工場

ま棟続きにある角炉の原料装入口から、炉内へ投入されたと見られる。

角炉(図4)は、煉瓦積みで、鉄帯を一四ヶ所に巻いて補強し、炉の上部に煙突を備えたものである。煙突を含めた高さは一一m、炉底より装入口までの高さは四五〇cm、炉の内法は炉底で長一五〇cm、幅三八cmである。炉基部短辺には出銑口があり、高さ八四cm、幅四〇cmで上部はアーチ形となる。通常は閉塞され、出銑時に孔を開けて前面に配置された型に向かって銑鉄を抽出したものと見られる。原料装入口は、炉底より高さ四五四cmのところの両長辺にあり、幅一六〇cm、高さ六七cmで上部はアーチ形である。送風施設は、別棟の鞴場に設置された水車駆動式の吹差鞴四基で、角炉排煙部の熱風管を経て、炉の基部に設けられた送風管より熱風が送られる。送風管は、両長辺に六本ずつ計一二本が設けられ、先端部で外径二四cmである。その配置は、炉内では両側壁の送風管が向き合わず、互い違いになっており、炉内の通風性が考慮されている。

炉の地下構造は、長さ四三〇cm、幅四〇六cm、深さ一八〇cmのほぼ方形をした土坑の中に構築される。土坑の下には、長辺に沿うよう二列の水抜がある。水抜は両側面に石を建てた石組みで、内法で幅三〇cm、深さ三〇cmである。地下構造の壁面は、松杭により保護されており、底面に松丸太を敷並べた後、栗石・コンクリートなどを順に充塡する。栗石・コンクリートはそれぞれ六〇cmの厚さがあり、角炉の土台と防湿施設としての機能を果たした(14)。

一回当たりの操業日数は、史料によってわかる範囲では七～三〇日で、平均すると一八日である。創業から二年目の大正七年(一九一八)には三〇日連続操業が行われ、二〇日以上の生産が可能であったが、大正一一年四月の廃業前、半年間は一〇日前後の操業に留まっており、困難な経営状況であったようである(15)(表3)。

製錬は、砂鉄を原料に、木炭を燃料として、少量の石灰石を加えて行われた。原料・燃料の使用量は、大正六年の記録がある。九月の操業では一日当たり砂鉄は平均七・五t、木炭は平均一〇・一tが使われており、その装入回数は

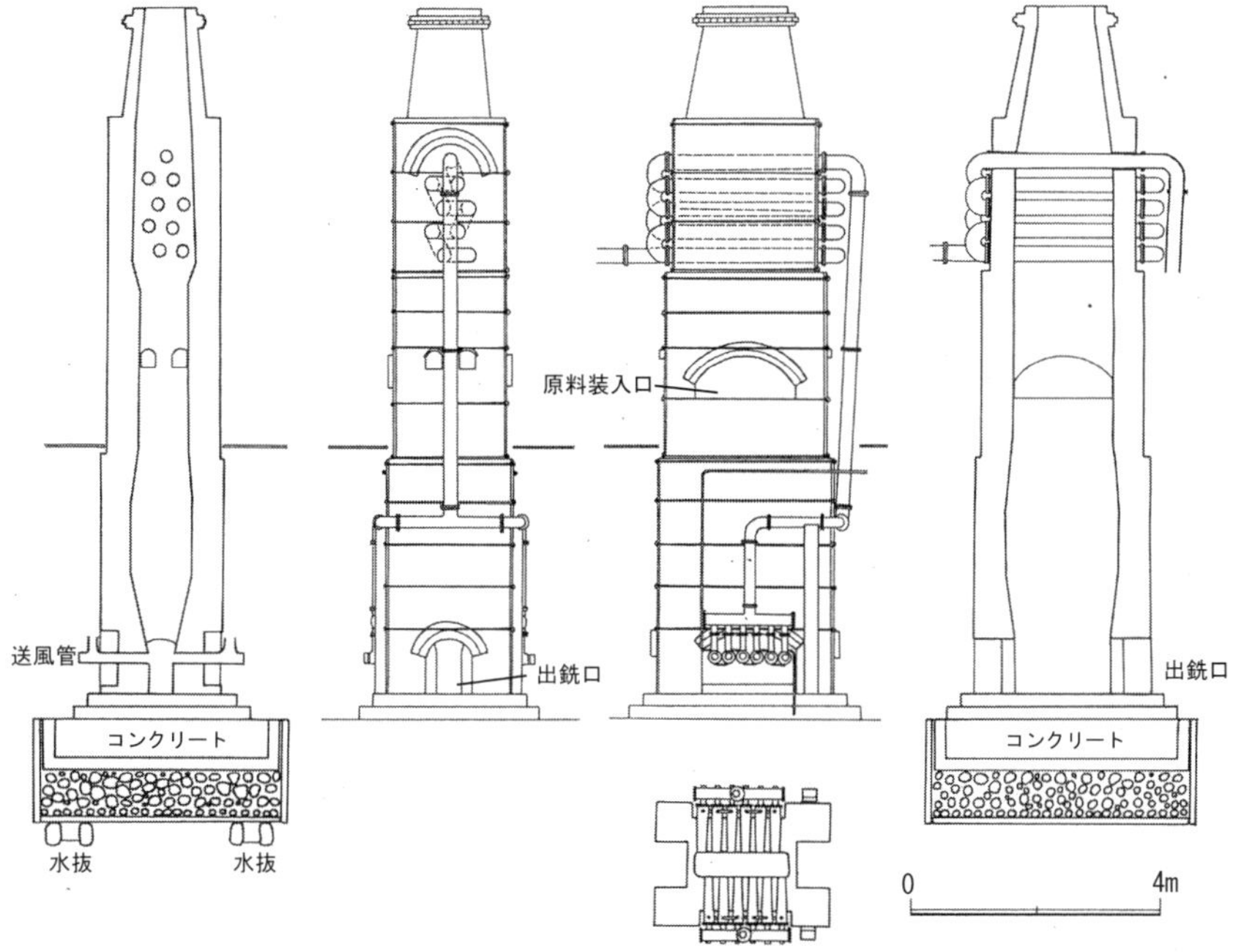

図４　福禄寿製銑工場の角炉

平均八一回である。一一月から一二月の操業では砂鉄は平均八・二ｔ、木炭は平均一一・〇ｔである。装入量は一回当たり砂鉄一〇一・三～一一二・五kg、木炭は一四二・五～一五〇kgで、装入回数は平均七四回を数える。砂鉄に比べ木炭は一・三五倍ほど多く使われており、砂鉄に対する銑鉄の歩留まりは四九～五五％である（表４）。

生産された銑鉄は、型に流し取られた棒銑と、その他の屑銑に分けられる。出銑量に占める割合は、棒銑が八五～九〇％、屑銑が一〇～一五％である。棒銑は操業ごとの平均で一日に七六～八三本作られており、一本当たりの重さは平均で四三・三～四七・六kgである（表４）。一日当たりの出銑量は、大正六、七年頃では四ｔ前後、大正八年五月以降は四・五～四・九ｔ程度に向上しているようである（表３）。

木炭		装入
貫	t	回数
2,796.8	10.5	92
2,188.8	8.2	72
2,624.0	9.8	82
2,624.0	9.8	82
2,432.0	9.1	76
2,496.6	9.4	78
2,656.0	10.0	83
2,464.0	9.2	77
2,720.0	10.2	85
3,480.0	13.1	87
3,230.6	12.1	史料欠
29,712.8	111.4	

木炭		装入
貫	t	回数
2,736.0	10.3	72
2,736.0	10.3	72
3,280.0	12.3	82
3,280.0	12.3	82
3,320.0	12.5	83
3,240.0	12.2	81
3,320.0	12.5	83
3,160.0	11.9	79
3,240.0	12.2	81
3,000.0	11.3	75
3,320.0	12.5	83
3,160.0	11.9	79
2,910.0	10.9	73
3,040.0	11.4	76
2,920.0	11.0	73
2,720.0	10.2	68
2,680.0	10.0	67
2,480.0	9.3	62
2,680.0	10.1	67
2,520.0	9.5	63
2,640.0	9.9	66
2,600.0	9.8	65
2,440.0	9.2	61
67,422.0	252.8	

表３　福禄寿製銑工場の作業状況

操業開始				操業終了				操業	生産量	日産
年	月	日	時刻	年	月	日	時刻	日数	（ｔ）	（ｔ）
大正 6	9	19	6:00	大正 6	9	30	12:00	11	45.5	4.1
	11	30	12:00		12	23	12:00	23	90.2	3.9
大正 7	3	30	8:00	大正 7	4	23		24	85.7	3.6
	6	15	6:00		7	15		30	110.0	3.7
	9	14	6:00		10	4		20	80.5	4.0
	11	25	12:00		12	16		21	79.9	3.8
大正 8	1	19	6:00	大正 8	1	30	12:00	11	39.8	3.6
	5	25	6:00		6	10	12:00	16	72.5	4.5
	6	17	6:00		7	9	12:00	22	104.8	4.8
	10	4								
史料欠										
大正 9				大正 9	6	7	6:00	20	90.2	4.5
	9	15	9:00		10	10		25	122.1	4.9
史料欠										
大正 10	10	28	7:00	大正 10	11	4	3:00	7	31.0	4.4
	11	16	7:00		11	28	15:00	12	58.9	4.9
大正 11	3	24	8:00	大正 11	4	3	12:00	10	41.8	4.2

表４　福禄寿製鉄工場の生産内容と原料

(1)大正６年９月19日～30日

年	月	日	生産高		棒鉄			屑鉄		砂鉄	
			貫	t	貫	t	本数	貫	t	貫	t
大正６	9	19～20	680.9	2.6	586.8	2.2	46	94.1	0.4	1,656.0	6.2
		20～21	942.0	3.5	856.4	3.2	71	85.6	0.3	1,584.0	5.9
		21～22	1,107.4	4.2	1,028.2	3.9	84	79.2	0.3	1,775.5	6.7
		22～23	1,107.1	4.2	988.7	3.7	74	118.4	0.4	1,979.5	7.4
		23～24	1,052.3	3.9	920.2	3.4	73	132.1	0.5	1,850.0	6.9
		24～25	1,071.6	4.0	827.8	3.1	66	243.8	0.9	1,708.5	6.4
		25～26	1,174.0	4.4	1,033.2	3.9	81	140.8	0.5	2,146.0	8.0
		26～27	1,200.3	4.5	1,055.4	4.0	81	144.9	0.5	2,275.5	8.5
		27～28	1,236.8	4.6	1,107.1	4.2	85	129.7	0.5	2,516.0	9.4
		28～29	1,271.6	4.8	999.7	3.7	81	271.1	1.0	2,386.5	8.9
		29～30	1,291.3	4.8	1,178.8	4.4	91	112.5	0.4	2,127.5	8.0
計			12,135.3	45.5	10,582.3	39.7	833	1,552.2	5.8	22,005.0	82.5

(2)大正６年11月30日～12月23日

年	月	日	生産高		棒鉄			屑鉄		砂鉄	
			貫	t	貫	t	本数	貫	t	貫	t
大正６	11	30～ 1	423.9	1.6	373.2	1.4	33	50.7	0.2	1,800.0	6.8
	12	1～ 2	1,068.0	4.0	833.5	3.1	76	234.5	0.9	1,944.0	7.3
		2～ 3	1,145.0	4.3	999.0	3.7	84	146.0	0.6	2,460.0	9.2
		3～ 4	1,121.5	4.2	964.8	3.6	85	156.7	0.6	2,460.0	9.2
		4～ 5	1,246.0	4.7	1,123.4	4.2	102	122.6	0.5	2,490.0	9.3
		5～ 6	1,170.8	4.4	1,029.8	3.9	94	141.0	0.5	2,130.0	8.0
		6～ 7	1,203.4	4.5	1,071.9	4.0	97	131.5	0.5	2,200.0	8.3
		7～ 8	1,205.7	4.5	1,083.2	4.0	97	122.5	0.5	2,370.0	8.9
		8～ 9	1,156.6	4.3	1,077.5	4.0	99	79.1	0.3	2,113.6	7.9
		9～10	1,063.0	4.0	975.9	3.7	87	87.1	0.3	2,314.0	8.7
		10～11	1,193.3	4.5	1,137.1	4.3	99	56.2	0.2	2,314.0	8.7
		11～12	1,194.8	4.5	1,071.1	4.0	97	123.7	0.5	2,456.4	9.2
		12～13	1,236.4	4.6	1,124.4	4.2	101	112.0	0.4	2,776.8	10.4
		13～14	1,127.1	4.2	1,022.5	3.8	87	104.6	0.4	2,545.4	9.5
		14～15	1,137.5	4.3	1,034.3	3.9	84	103.2	0.4	2,082.6	7.8
		15～16	1,104.8	4.1	1,057.2	4.0	87	47.6	0.2	2,189.4	8.2
		16～17	958.8	3.6	868.3	3.3	74	90.5	0.3	2,189.4	8.2
		17～18	969.0	3.6	882.6	3.3	72	86.4	0.3	1,691.0	6.3
		18～19	953.8	3.6	908.6	3.4	73	45.2	0.2	1,975.8	7.4
		19～20	808.8	3.0	722.8	2.7	60	86.0	0.3	1,900.7	7.1
		20～21	933.9	3.5	868.9	3.3	70	65.0	0.2	1,762.8	6.6
		21～22	950.1	3.6	925.6	3.5	76	24.5	0.1	史料欠	
		22～23	670.4	2.5	589.4	2.2	50	81.0	0.3	史料欠	
計			24,042.6	90.2	21,745.0	81.5	1,884	2,297.6	8.6		

3　鳥上木炭銑工場

安来製鋼所鳥上工場として大正六年（一九一七）に設立された。その後、同工場は、昭和一〇年（一九三五）に国産工業安来製鋼所鳥上工場、昭和一二年には合併により日立製作所鳥上分工場、昭和三一年に日立金属鳥上分工場、昭和三四年に日立金属より分離して鳥上木炭銑工場となるが、角炉による木炭銑の製造は昭和四〇年まで続けられた。

大正七年に操業が開始された角炉は、原料には砂鉄を使用し、毎年冬季の二ヶ月ほどの操業であった。年産は約二〇〇tとされることから、日産は三・三t程度と見られる。大正一一年から昭和八年までの経営は、鳥上村長として工場誘致に尽力した堀江理之助が借り受けて行われ[16]、昭和九年からは本社直営となる[17]。

角炉（図5）は、煉瓦積みで鉄帯を巻いて補強されており、炉の上部に煙突を設ける。炉底より砂鉄装入口までの高さは四二〇cm、炉の内法は長一三五cm、幅六五cmである。送風施設は水車駆動の吹差鞴で、排煙部の熱風装置を経て炉の長辺両側にそれぞれ五本ずつ計一〇本設けられた送風管を通して熱風が送られた。送風管は、鋳鉄製で水冷式になっており、内径は二五cmである。操業は、六人交代で計一二人が従事した。一回当たりの原料装入量は、真砂砂鉄七五kg、木炭七五kgで、これが一日八〇～九〇回ほど繰り返された。日産は三・七tで、約四〇日間の連続操業が可能であったという[18]。昭和一七年三月～一八

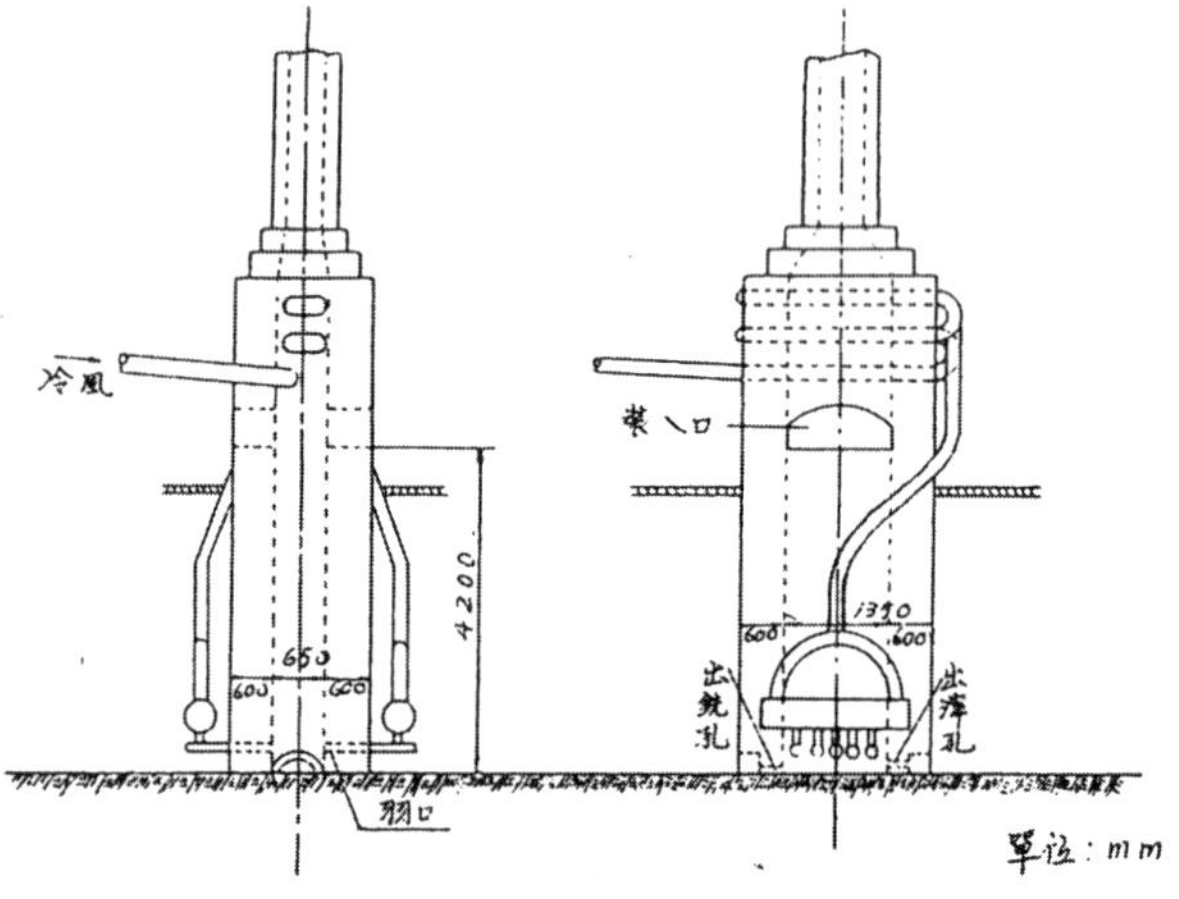

図5　鳥上木炭銑工場の角炉

年二月の操業では、砂鉄三五三一ｔ、木炭三七三三ｔで、銑鉄一四一二ｔが生産されており、砂鉄に比べ木炭は一・〇六倍ほど多く使われ、砂鉄に対する銑鉄の歩留まりは四〇％である。[19]

表５　鳥上木炭銑工場生産量

操業期間	生産量(t)
昭和 9 年 11 月～ 10 年 2 月	379
昭和 10 年 3 月～ 11 年 2 月	1,151
昭和 11 年 3 月～ 12 年 2 月	1,557
昭和 12 年 3 月～ 13 年 2 月	1,260
昭和 13 年 3 月～ 14 年 2 月	1,046
昭和 14 年 3 月～ 15 年 2 月	994
昭和 15 年 3 月～ 16 年 2 月	1,279
昭和 16 年 3 月～ 17 年 2 月	1,486
昭和 17 年 3 月～ 18 年 2 月	1,412
昭和 18 年 3 月～ 19 年 2 月	1,237
昭和 19 年 3 月～ 20 年 2 月	1,026
昭和 20 年 3 月～ 20 年 8 月	242
昭和 21 年 12 月～ 22 年 2 月	112
昭和 23 年度	821
昭和 24 年度	884
昭和 25 年度	1,399
昭和 26 年度	1,833
昭和 27 年度	1,482
昭和 28 年度	1,248
昭和 29 年度	1,242
昭和 30 年度	1,189
昭和 31 年度	2,369
昭和 32 年度	2,778
昭和 33 年度	3,041
昭和 34 年度	3,319
昭和 35 年度	4,047
昭和 36 年度	3,814
昭和 37 年度	3,130
昭和 38 年度	3,080
昭和 39 年度	2,403
昭和 40 年度	782

角炉の操業は、昭和二〇年八月の第二次世界大戦の終結により休止となるが、昭和二一年に再開されており、昭和九年から昭和二六年の年間生産量は、通年操業が行われた場合には概ね一一〇〇ｔから一五〇〇ｔ前後で推移する。昭和二七年には、砂鉄を焼き固めてペレット化して用いるペレタイジング設備が設置された。ペレタイジング操業が本格化する昭和三一年以降の年間生産量は大きく伸びて三〇〇〇ｔ前後となり、昭和三五年には四〇四七ｔにも達した[20]（表５）。

４　槙原製鉄場（昭和期）

櫻井家が安来製鋼所の要請を受けて、昭和一〇年（一九三五）に槙原製鉄場跡地に新たに設置したもので、昭和二〇年まで操業された。[21]角炉の建設工事は八月一六日に着手した後、一二月一四日には初回操業の火入れが行われている

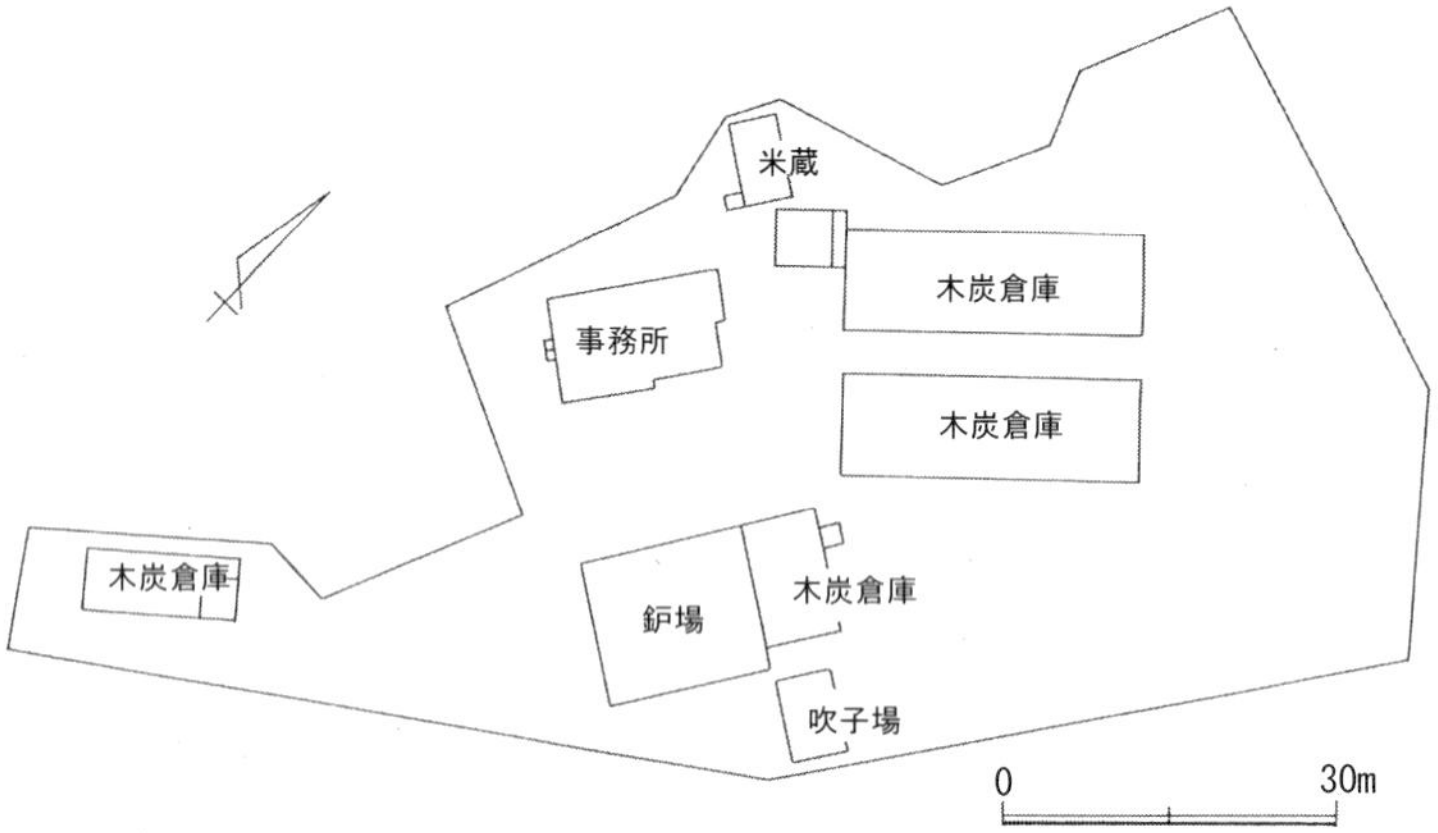

1. 施設の配置

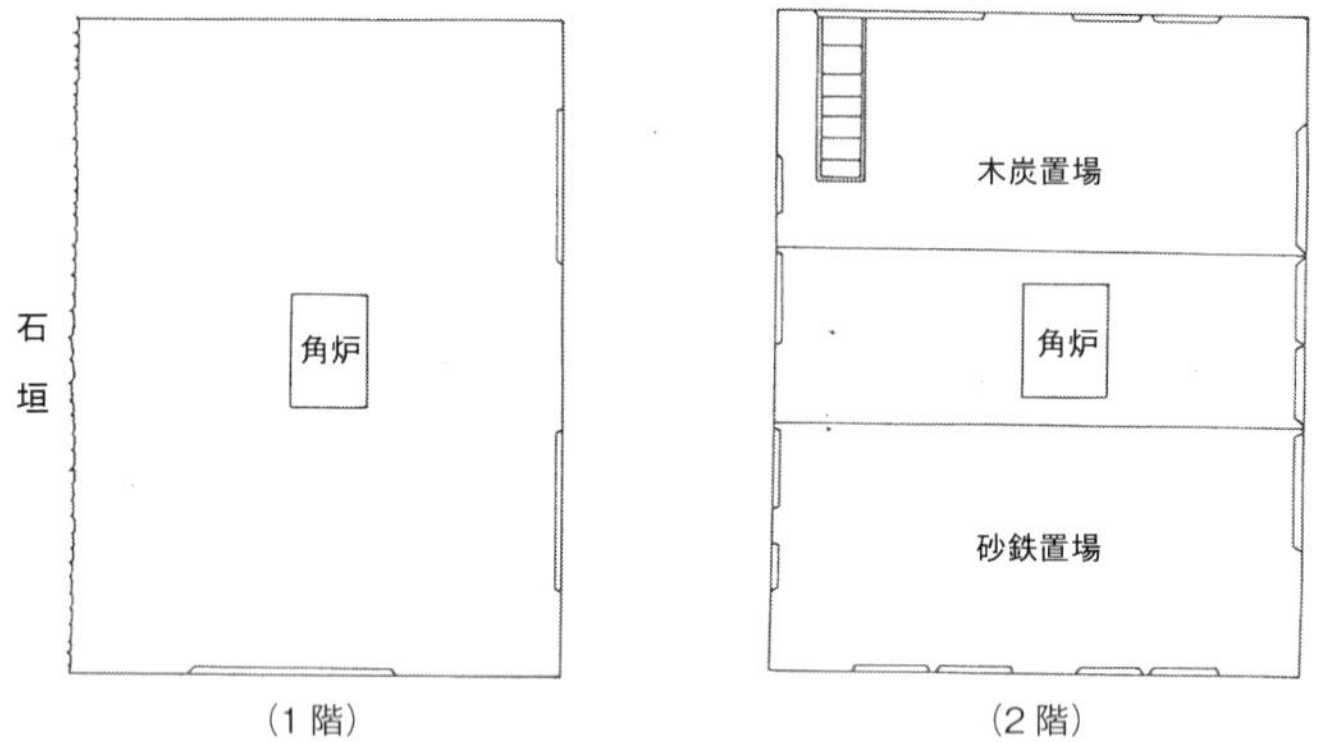

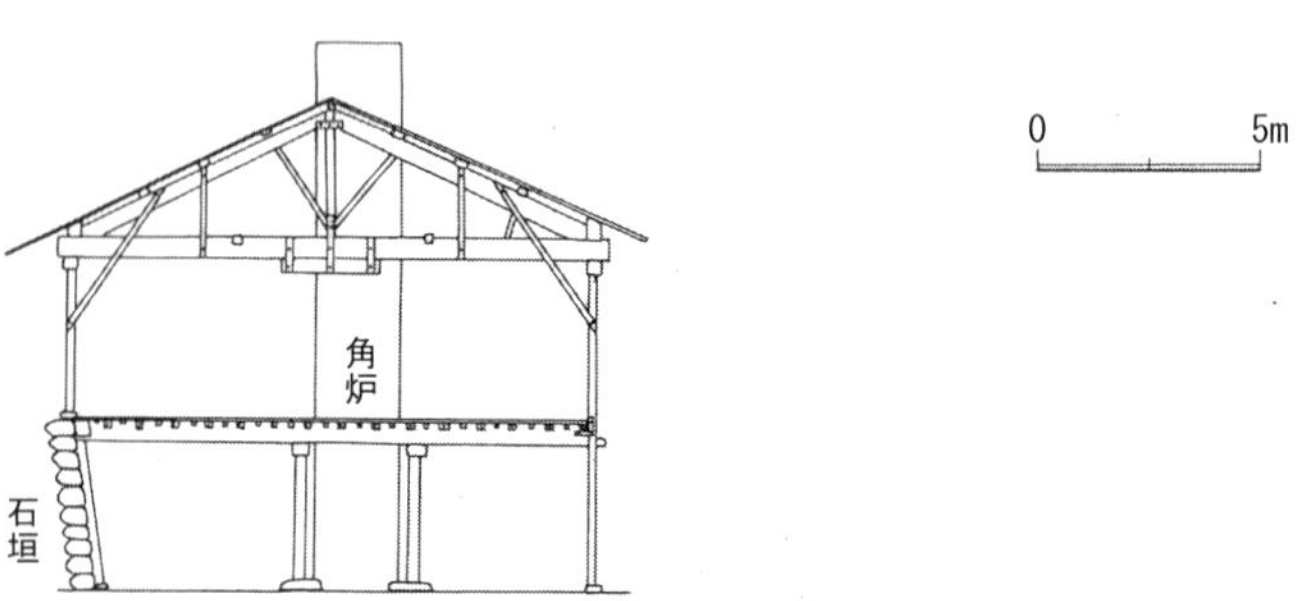

2. 鉧場の構造

図６　槙原製鉄場（昭和期）

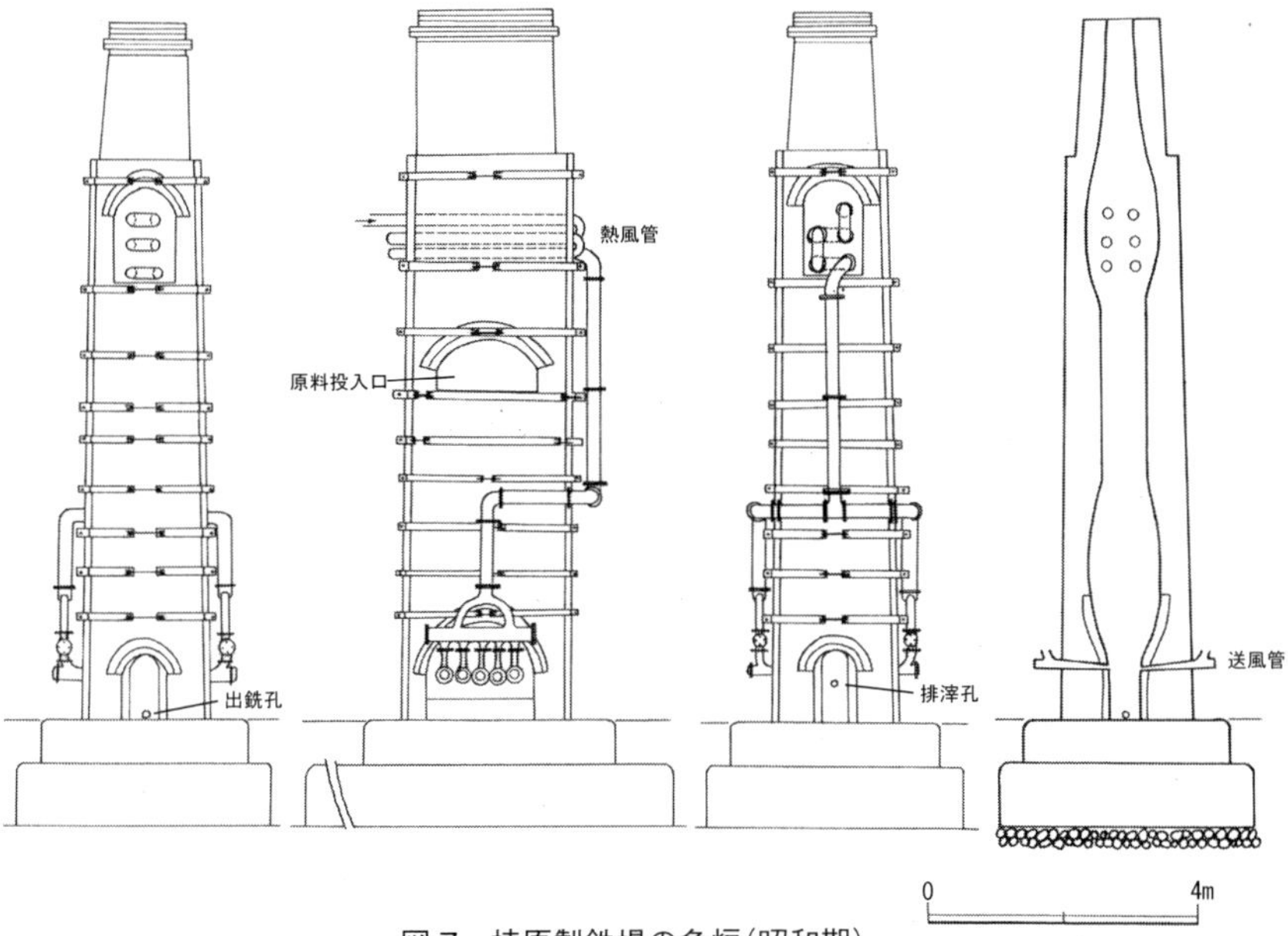

図７　槙原製鉄場の角炉(昭和期)

ことから、建設に要した期間は四ヶ月足らずであった。[22]

施設(図6-1)は、角炉が設置された鈩場を中心に、吹子場・事務所・木炭倉庫四棟・米蔵などよりなる。

鈩場(図6-2)は、木造二階建て板葺きで、屋根には亜鉛波板が張られた。平面形は長方形を呈し、長さ一四・五六m、幅一一・八三m、高さ七・二八mである。建屋の中央には、角炉が設置され、原料装入口がある二階は砂鉄と木炭の置場となり、一階では出銑作業が行われた。

角炉(図7)は、煉瓦積みで、鉄帯を九ヶ所に巻いて補強されており、炉の上部に煙突を備える。煙突を含めた高さは一〇・三m、炉の内法は長一五〇cm、幅三六cmである。炉基部の短辺には出銑孔、反対側短辺のやや高い位置には排滓孔が設けられる。出銑口は高さ九〇cm、幅六〇cmで、上部はアーチ形である。通常は閉塞されているが、下部に一〇cmほどの円形孔を開けて銑鉄を抽出した。原料投入口は、炉底より高さ四六〇cmの長辺両側にあり、幅一五〇cm、高さ七五cm

表６　槇原製鉄場の作業状況

回数	操業開始				操業終了				操業日数	従事者数		備考
	年	月	日	時刻	年	月	日	時刻		先番	後番	
1	昭和 10	12	14	6:30	昭和 11	1	14	7:15	32	5	5	＊1
2	昭和 11	3	1	7:30		4	22	7:00	53	5		
3		5	12	11:30		6	21	8:00	41	6	6	
4		7	17	6:30		8	28	8:00	43			
5		10	13			11	16	8:00	35			
6		12	20	7:10	昭和 12	2	10	5:00	53	6		
7	昭和 12	3	13			4	22		41		6	
8		5	25	6:15		8	13	5:00	81	6		
9		9	19			11	11	8:00	54		6	
10		12	11	6:00	昭和 13	1	27	8:00	48	6		
11	昭和 13	4	2	6:00		6	5	8:00	65	6		
12		6	25	6:00		7	19	14:00	25			
13		9	5	6:00		11	4		61			
14		12	14		昭和 14	2	13	8:00	62			
15	昭和 14	4	21	6:00		6	16	8:00	57			
16		9	1	6:00		11	2	8:45	63			
17		12	6	6:15	昭和 15	1	26	11:00	52	6		
18	昭和 15	4	15			6	15	1:30	62			＊2
19		7	8	6:00		8	16	8:00	40	6		
20		10	12			11	17	8:00	37		6	
21		12	14		昭和 16	1	26	8:00	44	6		
22	昭和 16	4	1			7	12	8:00	103			
23		8	20			10	21	8:00	63		6	
24		12	7		昭和 17	1	17	9:30	42	6		
25	昭和 17	4	1			6	6	11:00	67	6	6	
26		8	8	6:00		10	22		76	6	6	
27		12	13	8:00	昭和 18	1	17		36	6	6	＊3
28	昭和 18	4	6	6:30		5	26		51	6		
29		7	4			8	13	8:00	41			
30		11	14		昭和 19	1	12	8:00	60			
31	昭和 19	3	20			5	13	8:30	55	7	7	
32		7	11			7	11	22:15	1		6	＊4
33		8	2			8	3	7:30	2			＊5
34		不明				9	2	朝				
35		10	10			12	5		57			
36	昭和 20	4	28	6:30	昭和 20	6	4	8:00	38			
37		8	6	6:30		8	25	8:00	20	6	6	

（注）＊1　吹立火入式、金屋子神社報告祭
　　＊2　6月15日用水の事情で操業中止
　　＊3　1月17日砂鉄不足により操業中止
　　＊4　炉のアーチ煉瓦落ち操業中止
　　＊5　炉の煉瓦落ち操業中止

表７　槙原製鉄場生産量(昭和 17 ～ 19 年〔1942 ～ 44〕)

年	月	生産量（kg）	稼働日数	日産（t）	砂鉄（kg）	木炭（kg）	石灰石（kg）
昭和 17	4	171,231	30	5.7			
	5	179,979	31	5.8			
	6	32,205	6	5.4			
	8	128,267	24	5.3			
	9	176,013	30	5.9			
	10	125,504	22	5.7			
計		813,199	143	5.7			
昭和 18	4	253,278	25	5.0	666,563	633,289	75,000
	5		26				
	7	190,286	28	4.6	496,725	469,650	60,000
	8		13				
	11	237,864	17	5.0	595,125	595,425	72,000
	12		31				
昭和 19	1	111,588	12	4.6	279,034	281,550	34,500
	3		12				
計		793,016	164	4.8	2,037,447	1,979,914	241,500

で上部はアーチ形である。送風は、鈩場に隣接する吹子場に置かれた水車駆動式の吹差鞴四基で行われ、炉排煙部の熱風管を経て、長辺両側に五本ずつ設けられた送風管から温風が送られた。炉基底部には、長さ五・一五m、幅三・九m、深さ一・八mに及ぶコンクリート製の地下構造があり、炉の土台と防湿施設としての機能を果たした。煙突の上部には吹き上げた砂鉄を回収するため、吹き上げ防止タンクが設置された。タンクは鉄製で縦横一八〇cm、高さ二四〇cmである。下部は砂鉄を回収できるよう漏斗状になっており、側面には排気口がある。

製鉄作業に当たった職員の構成は、村下四人・村下見習一人・炭焚四人・小廻三人・砂鉄洗一人・雑職工二人の計一五人である[23]。

操業は、昭和一〇～二〇年の稼働期間中に計三七回行われた。操業日数は、故障による作業の中止を除けば、最長一〇三日間、最短二〇日間で、一回当たりの平均は五二日間である。作業は、基本的には先番六人・後番六人の計一二人が交替しながら昼夜を分かたず従事した（表6）。櫻井家に記録がある昭和一七年（一九四二）四月一日～六月六日の操業は六七日間で三八三・四一五t、八月八日～一〇月二二日の操業は七六日間で四二九・七八四tで

表8　槙原製鉄場生産量
（昭和10～12年〔1935～37〕）

年	月	日	貫	t
昭和10	12	15	423.1	1.6
		16	978.3	3.7
		17	1,229.1	4.6
		18	1,388.6	5.2
		19	1,371.0	5.1
		20	1,409.5	5.3
		21	1,420.0	5.3
		23	1,368.0	5.1
		24	1,470.0	5.5
		25	1,472.6	5.5
		26	1,514.0	5.7
		27	1,390.0	5.2
		28	1,600.4	6.0
		29	1,460.0	5.5
		30	1,628.8	6.1
		31	1,471.0	5.5
昭和11	1	1	1,521.0	5.7
		4	1,570.0	5.9
		5	1,552.0	5.8
		6	1,421.0	5.3
		7	1,520.0	5.7
		8	1,521.0	5.7
		9	1,543.0	5.8
		10	1,430.0	5.4
		11	1,340.0	5.0
	3	2	660.0	2.5
		3	1,300.0	4.9
		4	1,420.0	5.3
		5	1,350.0	5.1
		6	1,370.0	5.1
		7	1,370.0	5.1
		8	1,420.7	5.3
		9	1,420.0	5.3
		10	1,460.0	5.5
		11	1,460.0	5.5
		12	1,410.0	5.3
		13	1,250.0	4.7
		15	1,410.0	5.3
		27	1,500.0	5.6
	5	13	800.0	3.0
		14	1,370.0	5.1
		22	1,661.0	6.2
		27	1,450.0	5.4
	6	2	1,520.0	5.7
	7	19	1,556.0	5.8
		20	1,500.0	5.6
		21	1,500.0	5.6
	10	16	1,706.0	6.4
昭和12	1	18	1,560.0	5.9

ある。月別に日産を見ると五・二～五・九tで、平均すると五・七tである。昭和一八年度については、三ヶ月ごとにまとめられた製銑作業実績表があり、生産量に加えて砂鉄・木炭・石灰石の使用量がわかる。一日当たりの生産量は四・六～五・〇t、平均四・八tで、砂鉄使用量は平均一二・七t、木炭一二・三t、石灰石一・五tである。砂鉄と木炭の使用量はほぼ同量に近く、砂鉄に対する銑鉄の歩留まりは三九％である[24]（表7）。

　また、昭和一〇年（一九三五）一二月一五日～一二年一月一八日の操業については、古井亀五郎による生産量の記録がある。これによれば、一日当たりの出銑量は一・六～六・四tとかなり差があるが、平均すると日産五・二t前後となる[25]（表8）。

三　出雲における角炉製鉄の特徴

1　製鉄原料と生産された銑鉄

(1)製鉄原料

官営広島鉱山で開発された角炉は、生産経費を抑えるために原料には鉄滓を使用した。その一方、落合作業所角炉の試験操業では、砂鉄製錬も行われている。明治二七年（一八九四）四月一三日から一八日の六日間にわたり実施された第九回目の試験操業では、鉄滓とともに砂鉄を使用しており、「製塊砂鉄試験スルニ、上等ナル鼠色銑ヲ得、至極好結果ヲ表シタリ」と報告されている。製塊砂鉄とは砂鉄九・石灰一を調合したものを粘土水で塊状にしたものであるが、角炉で砂鉄製錬が可能であることは、開発当初から確認されていたようである(26)。

出雲で稼働した角炉の製鉄原料は、官営広島鉱山で使われた鉄滓ではなく、すべて砂鉄であった。砂鉄は、真砂と赤目に大別されるが、鳥上木炭銑工場の砂鉄は、化学分析の結果、二酸化チタンが一・四九％であることから真砂砂鉄である(27)。一方、槙原製鉄場（明治期）の鉄滓は二酸化チタンが一一・九七～一二・〇五九％(28)、鳥上木炭銑工場の鉄滓は二酸化チタンが二〇・二三～二五・四五％と高く(29)、いずれも赤目砂鉄を製錬したものと見られる。槙原製鉄場の「工業日誌」によれば、主として真砂砂鉄が使われているが、赤目砂鉄の使用も記載されており(30)、分析値はこうした操業を反映したものと言える。

製鉄原料として安価な鉄滓ではなく砂鉄を使用したのは、鉄滓を原料とする銑鉄は燐を多く含むのに対し、砂鉄の場合には燐分が少ないことが考えられる。山陰の大規模経営者は、明治三〇年代に入ってから呉海軍造兵廠へたたら吹製鉄で製造された庖丁鉄や鋼の納入を本格化させるが、それは各種兵器の素材となる特殊鋼を製造するための原料として用いられた。特殊鋼を生産する酸性平炉や坩堝炉では、有害な燐や硫黄を除去することができないので、燐などの不純物が少ない砂鉄を木炭で還元した庖丁鉄や鋼・低燐銑が製鋼原料として最適であったためである。その一方で、スウェーデン銑や英国へマタイト銑といった輸入低燐銑も使われており、低燐性の確保は軍需を見込む経営者にとって経営を左右する問題であった(31)。

(2) 生産された木炭銑

角炉において木炭を燃料に還元された銑鉄は、その特性から木炭銑と呼ばれた。鉄滓を原料とする官営広島鉱山落合作業所の木炭銑は、燐〇・四七九％、硫黄〇・〇二九％を含む。これに対し、砂鉄を原料とする槇原製鉄場の木炭銑は、明治四三年の呉海軍工廠による分析では燐〇・〇一一～〇・〇二％、硫黄〇・〇一八～〇・〇二四％と燐・硫黄とも低い(表9)。兵器素材となる特殊鋼は、不純物である燐と硫黄がそれぞれ〇・〇三％以下のものであり、製鋼原料にも同程度以下の含有量が要求された。槇原製鉄場の木炭銑はその条件を満たすものといえる。

Ti	Co	Al	出典
			註(9)
			註(11)
0.08	ナシ	0.03	註(18)
			註(23)
0.09	ナシ	0.03	註(18)

ではその合計値を示す。

陸海軍への納入努力は、官営広島鉱山でも行われたが質的・量的な問題から成功しなかった。一方、槇原製鉄場を経営した櫻井家は、呉海軍工廠への製品納入に関して明治二八年(一八九五)に近藤家・絲原家と売納同盟契約を交わし、明治三四年に呉海軍工廠に製鋼所の建設が決定すると、翌年には田部家を加えた四家で「海軍用鉄材売納ニ関スル組合契約」を結んでいる(32)。海軍の需要が拡大する前から、周辺の経営者とともに鉄材納入の体制が整えられており、角炉においてもそれに応じた品質

表9　木炭銑の化学分析結果

製鉄所名	C	Si	Mn	P	S	Cu	Ni	Cr	Mo	V
落合	※2.332	0.512	0.086	0.479	0.029	ナシ				
槙原(明治)A	※3.15	0.26	0.27	0.014	0.021					
槙原(明治)B	※3.26	0.33	0.39	0.012	0.024					
槙原(明治)C	※2.89	0.43	0.45	0.012	0.022					
槙原(明治)D	※3.31	0.45	0.52	0.016	0.021					
槙原(明治)1	※3.71	0.18	0.52	0.02	0.018					
槙原(明治)2	※3.50	0.12	0.43	0.019	0.021					
槙原(明治)3	※3.16	0.18	0.40	0.014	0.019					
鳥上(昭和)	3.15	0.164	0.17	0.106	0.019	0.02	ナシ	0.05	痕跡	0.18
槙原(昭和)	3.30	0.03	0.05	0.085	0.027		痕跡	0.06		
竹森	3.73	0.196	0.15	0.135	0.019	0.02	ナシ	0.05	痕跡	0.12

※C量は、原典では遊離炭素(黒鉛)と化合炭素(セメンタイト)として示されているが、本表

の保持が図られていたことが窺える。

　こうした明治の海軍需要に応じた木炭銑に対し、昭和のそれはやや異なった様相を見せる。鳥上木炭銑工場の木炭銑は、燐〇・一〇六％、硫黄〇・〇一九％、槙原製鉄場は燐〇・〇八五％、硫黄〇・〇二七％、丸炉である帝国製鉄竹森工場も燐〇・一三五％、硫黄〇・〇一九％と硫黄の含有量は低いが燐は高くなる（表9）。昭和の木炭銑は、納入先から燐に関しては海軍ほどの要求を受けなかったので相対的に高めになったと見られる。

　槙原製鉄場の木炭銑は、昭和一七年（一九四二）の販売量八一万二三四四tのうち約九割に当たる七二万二三四四tが日立製作所安来工場に出荷された。同工場は鳥上木炭銑工場の木炭銑をチルドロール（金属板を圧延する鋳鉄製ロール）の材料として日立製作所若松工場に供給している[33]。また、帝国製鉄で生産された「大暮木炭銑」は、チルドロールのほか、インゴットケース（鋳型）・高級工作機械用の鋳物類を製造する際に高炉銑に添加する形で使用されており、一部は特殊鋼の原料にも用いられた。普通のコークス銑に比べて単価が高い木炭銑が使われたのは、鋳物用として流動性に富み鋳損じが少ないこと、硬度が高く耐摩耗性に優れ、強靭性も備えていたためである。その特徴は、砂鉄に含まれるチタン・バ

ナジウムなどによるものとされる[34]。

２ 角炉の構造と生産性

(1) たたら型角炉

角炉は、すでに述べたように構造的には、たたら型角炉から落合型角炉へと展開したとされる[35]。出雲の角炉は、明治期の槙原製鉄場を嚆矢とするが、落合型角炉ではなく、たたら型角炉であった。従来のたたら吹製鉄炉でも明治時代中期には、水車鞴・トロンプの導入によって炉高を一・四～一・七m程度まで高くする改良が行われており[36]、たたら型角炉は言わばその延長線上にあることから、受容し易いものであった。

槙原製鉄場の角炉は、炉の基部を厚くして炉底の幅を狭めている点や、送風管を炉内で対面するように配置する点など、たたら吹製鉄の砂鉄製錬技術を継承したものと見ることもできる。一方、炉高を従来の二倍以上に当たる三・三mとすること、炉体に耐火煉瓦を使用すること、熱風装置を備え熱風を送風すること、鉄と鉄滓の分離を良くするために砂鉄とともに石灰石を装入することは、大きな技術革新であった。炉高が高く熱風が送風されたことで砂鉄還元の効率性が高まり、耐火煉瓦による炉体の強化は平均一八日に及ぶ連続操業を可能にした。その結果、日産は二・四～二・七tに達しており、前身の槙原鉧が三日押(一回三昼夜操業)で四・二一～四・四tであったことと比較すると、日産でも二倍近い差があったことが窺える[37]。

高さ(cm)	原料	操業日数	日産(t)
303			
333	鉄滓	15	1.7
760	鉄滓	23	0.9～1.7
666	鉄滓		1.57
450	鉄滓		3.0
330	砂鉄	18	2.4～2.7
450	砂鉄	18	3.6～4.9
420	砂鉄	40	3.7
460	砂鉄	52	4.8～5.7

槙原製鉄場の日産は、官営広島鉱山上野作業所が一・七t、落合作業所が一・三tであったことに比較してもかなり高い。連続操業日数は、落合作業所の平均

表10　角炉・丸炉の比較

製鉄所名	所在地	建設年	炉形	平面形	送風管（片側）	炉底内法(cm)	
						長さ	幅
門平	広島県庄原市		たたら型角炉	長方形	8(4)	121	45
上野	広島県庄原市		たたら型角炉		8(4)	182	30
落合	広島県三次市	明治26	落合型角炉	方形	3(1)	90	90
門平	広島県庄原市		丸炉	円形	4(1)	90	90
神武	鳥取県江府町		丸炉	円形	4(1)	91	91
槙原	島根県奥出雲町	明治40	たたら型角炉	隅丸長方形	10(5)	121	30
福禄寿	島根県奥出雲町	大正6	福禄寿型角炉	長方形	12(6)	150	38
鳥上	島根県奥出雲町	大正7	福禄寿型角炉	長方形	10(5)	135	65
槙原	島根県奥出雲町	昭和10	福禄寿型角炉	長方形	10(5)	150	36

二三日には及ばないが、上野作業所の一五日よりは長く、比較的安定した操業が行われていた（表10）。炉体の上部に煙突を設けた複雑な構造をもつ落合型角炉ではなくても、それを凌ぐ生産性を確保できたことが、たたら型角炉が採用された理由と考えられる。

たたら型角炉としては高い生産性を有していた槙原製鉄場であるが、燃料である木炭の不足によって連続操業を中断せざるを得ない状況がしばしば生じた。木炭の使用量は、砂鉄の二・八倍程度と多く、操業を継続するのに必要な木炭の確保が課題であったことが窺える。

(2) 福禄寿型角炉

福禄寿製銑工場、鳥上木炭銑工場、昭和期の槙原製鉄場の角炉は、構造・規模とも類似点が多い。平面形はいずれも長方形で、炉の内法は長さ一三五～一五〇cm、幅三六～六五cm、原料装入口までの高さは四二〇～四六〇cmである。送風管の数は、福禄寿製銑工場が片側六本計一二本、鳥上木炭銑工場と槙原製鉄場は片側五本計一〇本であり、相違点は少ない。これらは炉の上部に煙突を有する点で、落合型角炉と同系統と考えられる。しかしながら、官営広島鉱山落合作業所の角炉は、平面形は正方形で、炉の内法は長さ幅とも九〇cm、原料装入口までの高さは七六〇cmと高く、送風管は両側面と後方に一本ずつ計三本を配置したもので、同型の角炉とするには大きな違いがある（表10）。

福禄寿製銑工場の角炉は、炉の基部が長辺・短辺とも厚くなって内側に狭まっており、両側壁の送風管は向き合わず互い違いの配置となる。前者は槙原製鉄場(明治・大正期)、後者は官営広島鉱山門平製鉄場のたたら型角炉に見られる特色である。これに落合型角炉の煙突を設け、さらに官営広島鉱山門平製鉄場の丸炉に見られる煙突部の熱風管を加えたものが福禄寿製銑工場の角炉である。この角炉は、木原小一郎が絲原家の依頼により設計・建設したもので[38]、ここでは福禄寿型角炉と仮称しておきたい。

福禄寿型角炉は、大正期の福禄寿製銑工場では日産三・六～四・九t、操業日数は平均一八日であった。たたら型角炉で明治・大正期の槙原製鉄場は日産二・四～二・七t、操業日数は平均一八日であり、生産量は大きく増えている。また、同じ福禄寿型角炉である昭和期の槙原製鉄場は、日産五・二～五・七tで、操業日数は平均五二日と長くなっており、さらに生産量が増大したことが窺える。原料の砂鉄に対する銑鉄の歩留まりは、大正期の福禄寿製銑工場が四九～五五％であるのに対し、昭和期の槙原製鉄場は三九％、鳥上木炭銑工場は四〇％であり、むしろ前者の方が良い。

一方、銑鉄生産に要する砂鉄と木炭の量は、福禄寿製銑工場では一・三五倍の木炭を必要とし、槙原製鉄場と鳥上木炭銑工場はほぼ同量に近い。これは、明治・大正期の槙原製鉄場が二・八倍もの木炭を必要としたことと比較すると大幅な改善である。炉の上部に煙突を設けた落合型角炉は本来熱効率が良く、原料の鉄滓に対する木炭の量は一・二八倍であった。たたら型角炉で上部が開放されている槙原製鉄場の木炭使用量が多いのは、熱効率に劣るためである。福禄寿型角炉は、銑鉄の生産性が高いたたら型角炉の上部に、熱効率の良い落合型角炉の煙突を付設した構造をもち、官営広島鉱山で開発された角炉の技術を融合・発展させたものと言える。

おわりに

官営広島鉱山で開発された角炉は、安価な鉄滓を原料とし、一回当たりの操業期間を伸ばすことで、洋鉄に対し割高な和鉄の生産経費を抑えようとしたものであった。たたら型角炉から落合型角炉へと改良が加えられ生産効率の向上も図られたが、角炉は生産性において洋式高炉に太刀打ちできなかった。

官営広島鉱山の払い下げ後、角炉は海軍へ製鋼原料を納入していた出雲の有力経営者に受容された。原料には、割高だが燐分の低い砂鉄を使用し、特殊鋼に用いられる低燐銑を効率的に生産することで角炉は一定の役割を果たした。生産性を向上させ、操業期間を延ばすために技術改良も行われ、官営広島鉱山の角炉技術を応用した福禄寿型角炉が考案された。海軍需要を失うと、旧来の経営者の多くは製鉄業から撤退することとなる。しかし、砂鉄製錬による木炭銑は、高炉銑にない耐摩耗性・強靭性・流動性などの特性を備えていたことから、高級工作機械用などとして特殊用途の需要があり、鳥上木炭銑工場などで生産が続けられた。

官営広島鉱山から鳥上木炭銑工場に至る角炉の歴史は、たたら吹製鉄が近代化の中で生き残りを模索した過程をよく示している。わが国の製鉄史において、角炉がその中心となることはなかったが、砂鉄を原料とする木炭銑の特性を活かすことで近代製鉄においても一定の役割を果たしたのである。

註

（1）　向井義郎「官営広島鉱山とその経営」（『日本製鉄史論』たたら研究会、一九七〇年）二九一～三一八頁。

（2）大橋周治「黒田正暉―たたら吹きから角炉へ―」（『幕末明治製鉄史』アグネ、一九七五年）二九二～二九九頁。
（3）永田和宏「明治期におけるたたら製鉄の衰退と改良の試み」（『近世たたら製鉄の歴史』丸善、二〇〇三年）二一一～二一七頁。
（4）「門平作業場雲母鉱鎔解試験」（『東城町史　備後鉄山資料編』東城町、一九九一年）九九九～一〇〇二頁。
（5）野呂景義「本邦製鉄事業の過去及び将来」（『鉄と鋼』一（二）、日本鉄鋼協会、一九一五年）一四八～一四九頁。
（6）永田和宏「たたら製鉄の発展形態としての銑鉄製錬炉「角炉」の構造」（『鉄と鋼』九〇（四）、日本鉄鋼協会、二〇〇四年）四三～四四頁。
（7）大橋前掲註（2）三〇四～三〇六頁。大橋は、明治四〇年に新屋製鉄所（鳥取県日南町）、大正七年に安来製鋼所鳥上工場で建設された角炉も旧式角炉であったとするが、史料等では確認できなかった。
（8）大橋前掲註（2）二九二～三〇三頁。
（9）「官営落合作業場製銑所竣功につき鉄滓吹試験記録」（『東城町史　備後鉄山資料集』東城町、一九九一年）九七六～九九六頁。
（10）野呂前掲註（5）一四九～一五〇頁。
（11）山田賀一「中国に於ける砂鉄精錬」（『鉄と鋼』四（四）、日本鉄鋼協会、一九一八年）七五頁。
（12）山田前掲註（11）七一～七四頁。
（13）「工業日誌」（櫻井家文書、b3-15-10）、「内方職工簿」（櫻井家文書、b3-23-10・11・12・13・14・15・17）、「作業日記」（櫻井家文書、b3-26(1)-18）、櫻井家蔵。
（14）「工場法ニヨル工場新設許可願」（絲原家文書、2①84）、「三頓炉」（絲原家文書、2①85）、絲原記念館蔵。

(15)「出銑記録」（絲原家文書、２①21〜25）、「出鉱簿」（絲原家文書、２①26・27）、絲原記念館蔵。
(16)並河孝義『株式会社鳥上木炭銑工場』（手稿、執筆年不詳）。
(17)日立金属株式会社安来工場百年史編成委員会編『日立金属株式会社安来工場百年の歩み』（日立金属安来工場、一九九四年）三四頁。
(18)八木貞之助「中国地方に於ける砂鉄製錬」（『製鉄研究』一四五、製鉄研究会、一九三五年）一一一〜一一三頁。
(19)並河前掲註(16)。
(20)並河前掲註(16)。
(21)明治期の角炉は、高殿鉧地下構造を利用したとされるが、昭和期の角炉は高殿鉧とは地点が変わっており、その位置は移動している。櫻井三郎右衛門氏によれば、昭和一〇年の角炉建設時には明治・大正期の角炉は存在せず、水田であったという。
(22)槙原製鉄場で操業に従事した古井亀五郎の日記による。
(23)「工場設置願」・「小型溶鉱炉明細書」（櫻井家文書）、櫻井家蔵。
(24)前掲註(23)「小型溶鉱炉明細書」、及び「銑鉄協議会報告書綴」（櫻井家文書、b3-24-50）、櫻井家蔵。
(25)前掲註(22)。
(26)前掲註(9)九八三〜九八四頁。
(27)八木前掲註(18)一一二頁。
(28)山田前掲註(11)三八三頁。
(29)八木前掲註(18)一一三頁、永田和宏「角炉の鉄滓あるいは砂鉄を用いた製銑反応機構」（『鉄と鋼』九〇(四)、日本鉄鋼協会、二〇〇四年）五一頁。

(30)　前掲註(13)「工業日誌」。

(31)　渡辺ともみ『たたら製鉄の近代史』（吉川弘文館、二〇〇六年）二〇七〜二一二頁。

(32)　渡辺前掲註(31)二一二〜二二六頁。

(33)　前掲註(23)「小型溶鉱炉明細書」、及び並河前掲註(16)。

(34)　帝国製鉄株式会社『大暮木炭銑』（一九五二年）一四〜一八頁。

(35)　官営広島鉱山上野作業所は、明治三一年の「製銑製鉄原価計算」によれば砂鉄を原料とした従来のたたら吹製鉄であった。一方、明治三七年には角炉による鉄滓吹が行われていたことが明らかであり、たたら型角炉はこの間に建設されたものと見られる。したがって、明治二六年に建設された官営広島鉱山落合作業所の落合型角炉より後出する。向井前掲註(1)三二八、三四〇頁。

(36)　角田徳幸『たたら吹製鉄の成立と展開』（清文堂出版、二〇一四年）八九〜九一頁。

(37)　槙原鉐の一代当たりの生産量は、万延元年と明治一六年の史料を参考にした。鳥谷智文「近世後期から明治前期における櫻井家鉄山経営」（『櫻井家たたらの研究と文書目録』奥出雲町教育委員会、二〇〇六年）六〇・六八頁。

(38)　木原小一郎は、鳥取県日野郡福栄村（現日南町）の技師で、福禄寿製銑工場に先立つ大正六年三月より操業を始めた伯耆近藤家の新屋山製鉄所の角炉建設も行った。高橋一郎「奥出雲におけるたたらの成立と発展」（『鐵の道を往く』山陰中央新報社、二〇〇二年）二〇二頁。「大正六年日誌　福禄寿製銑工場」（絲原家文書、2①10）、絲原記念館蔵。

〔付記〕　本稿をなすに当たっては、次の各氏のご指導・ご協力を賜りました。末尾ながらご芳名を記し、感謝申し上げます。
絲原安博・大澤正己・相良英輔・櫻井三郎右衛門・高岩俊文・高尾昭浩・高山泰子・三奈木義博

幕末の軍制改革と兵站整備

―火薬製造を中心に―

福田　舞子

はじめに

近年、従来の戦略・戦術に偏りがちであった狭義の軍事史に対して、歴史上の軍事行動が当時の社会・政治に与えた影響をもその射程に含む「歴史学としての軍事史」が提唱されて以降、軍事組織の成立、運用の過程の持つ歴史的意義について追究する意義が高まっている(1)。幕末・維新期の軍隊組織の形成に関しては様々な視点からの研究が可能であり、軍隊を支えた兵站・輜重に着目する重要性も指摘されている(2)。西洋式軍制導入に伴い、幕府の武器・弾薬の製造・管理にあたる諸役も大きく変容した。従来の研究に目を向けると、大砲鋳造や火薬製造の必要性から、開成所（蕃書調所、洋書調所）における科学技術部門が設立されたことを踏まえ、同所における科学技術の振興や関係の深い洋学者に注目した研究が数多くなされている(3)。また、幕末の情勢のなかで開成所を位置づけ、段階的に開成所が軍事方面に偏重していく様子も整理されている(4)。

しかし、火薬製造にかかる諸政策の実務を担う鉄炮玉薬奉行以下支配の役人（以下、本稿においては「鉄炮玉薬方」と呼ぶ）に関しては、これまで殆ど顧みられてこなかった。幕府職制のなかでも閑職ともいえる役職であり幕政のなかに占める重要度が低いこと、また、そのため、残された史料も少ないことが原因と考えられる。

鉄炮玉薬方は幕府の火薬製造・管理を職掌とし、幕府の火薬およびその原材料の製造・管理に関するすべての政策に関与している。鉄炮玉薬方が軍制改革の影響をどのように受け、変容したかについては、幕末の軍制改革に伴う火薬関連政策の実態を解明するうえで注視されるべきと考えられる。特に、当時は火薬製造に西洋式の手法を導入することも始まっており、火薬政策を取り巻く状況と化学の導入の経緯は互いに関連して考察されるべきといえる。

本稿では幕末の幕府火薬政策について、鉄炮玉薬方の変化を中心に、蕃書調所精煉方と鉄炮玉薬方の関わりも視野に入れて考察を加える。

一　幕末の軍事情勢の変遷

火薬は火器の使用に不可欠な品であり、幕府として火薬をいかに確保するか、という問題が浮上する時期は、軍事的緊張関係の推移と比例する。そこで、幕末の軍事情勢と火薬の製造・流通の問題を絡めて概観することとする。

一八世紀後半より異国船が江戸近海へ渡来する事例が増加し、海岸防備の必要性が高まると、軍需品としての硝石に再び関心が集まり出した。老中首座阿部正弘主導のもとで海岸防備のための大砲や、西洋流砲術の調練に力が注がれた(5)。それに伴い火薬・硝石の需要が高騰し、幕府は江戸近郊で米搗き水車を転用して火薬の製造を行うとともに、火薬および火薬原材料の流通を管理するための座を設けて流通統制を厳格化させることを計画した(6)。火薬はおおよそ硝石六〇～八〇％、硫黄八～二五％、木炭一〇～二〇％の割合で混合してつくられるが、原材料のなかで最も高い割合を占める硝石は日本国内で自然に産出しないため、人工的に製造する必要があった。『重修本草綱目啓蒙』では加賀・越中・讃岐産の硝石が上品であるとされ、それに次ぐ品質のものとして筑前・豊後・美作・飛騨・安芸・伊勢産のものが挙げられている。(7) なお、江戸では主に上野産および武蔵国秩父産の硝石が流通していたことが、『諸問屋再興調』より知れる。(8) 幕府の治世が安定し軍事的緊張が薄まった一七世紀以降は医薬品としての需要の方が高く、火薬の材料として幕府が特に注視していた様子はみられない。幕府が硝石を入手するにあたっては、江戸麹町の御用商人伊勢屋長兵衛を通じて取り寄せていたことが『諸問屋再興調』享和三年（一八〇三）閏正月の記事に記されている。(9) また、幕末には江戸市中で魚の腸等を用いた人造も行われるようになる。(10) これらの点から、幕末に至るまで、幕府は、火薬は勿論、硝石を製造・統制する仕組みを持っていなかったと思われる。(11) なお、明治以後は海外産硝石の輸入が拡大、特に、チリ硝石の輸入は巨額に上り、国内産業を圧迫した。(12) 一大産地であった越中国五箇山の例では、加賀藩や政府が硝石の買い上げ量を削減したことを受けて明治二年（一八六九）頃より硝石の製造が縮小、同二四年には製造が全面的に中止されたとされる。(13)

安政五年（一八五八）の井伊直弼の大老就任後、守旧派の井伊の方針により火薬関連の政策も含め、西洋式軍制の導入に関わる政策が停滞してしまう。万延元年（一八六〇）三月に井伊が桜田門外の変で殺害されて以後、老中安藤信正・同久世広周の主導で文久元年（一八六一）五月より始められた文久の軍制改革によって、再度、西洋式軍制の導入が進められることとなる。

文久期の政治情勢は、諸大名の発言力および国政への影響力が増大し、それが国政における朝廷権威の浮上を招いていた。そうした状況に直面し、老中安藤信正と同久世広周は朝廷の権威を抑え付けるのではなく、公武が一丸となって国政にあたることを方針として定め、政策を実施した。その方針に従い行われた文久の幕政改革では国内の政治統合を実現するための朝廷尊奉と公議尊重を政治目標に掲げ、武備充実による日本の強国化を実現するための軍制改革、冗費節減、諸大名の負担軽減による全国的な国力強化を行うことが政策基調として定められた[14]。

そのなかでも最重要課題として行われたのが軍制改革であり、西洋技術を本格的に導入して軍制の根本的改革を行い、最終的には各地に分散している軍事力を幕府に集中させて全国的な統一軍を創設することが目標とされた[15]。しかし、幕藩体制のもとでは各藩の主体性が保障されているため短期間で統一的な軍制を敷くことが実質不可能であることや、将軍上洛費など対朝廷関係の出費が著しいため、軍事関係だけに国力を集中することはできなかった[16]。このことは幕府軍制掛も自覚しており、したがって、幕府のみの軍事力、なかでも海岸防備については真っ先に整備すべき問題として天保期以来改革が進められていたため、文久期には陸軍方面に特化しての再編に力が注がれた[17]。

それにより、歩兵・騎兵・砲兵の三兵からなる洋式装備の陸軍が編成された。なかでも兵の主力をなす歩兵は大量の兵卒を必要とし、幕府は兵卒・武器・火薬の確保、兵の訓練、士官の養成に苦労している[18]。個々の兵卒が小銃を装備して戦闘に参加する歩兵の創設を受けて火薬、および硝石の統制に再び力が注がれたと考えられる。歩兵は三兵の主力であり、予定された兵員数は三兵全体のおよそ八〇％に昇る[19]。歩兵らの用いる銃・弾薬類が幕府からの貸与とされたことによって火薬・硝石の製造が急務となり、文久・元治期には硝石御自製場の制定をはじめ火薬関連諸政策が大幅に進展する[20]。

三兵の創設と実戦への投入は、その後の軍事機構の編成に影響を及ぼした。元治元年(一八六四)一一月、陸軍奉行・軍艦奉行は連名で海陸軍教授所を開成所と合併させることを求めた。上申書は、開成所における科学教育・研究の成果をいち早く軍事面に役立てさせ軍事部門の強化を図ろうとするものであったが、その冒頭部分で常野の乱における戦闘の様子が報告されている。

常野の乱(筑波戦争、または天狗党の乱)は、元治元年三月に水戸藩の急進的尊攘派を中心とする一派が攘夷実行を求めて常陸国筑波山に挙兵したことに端を発する[21]。当初は藩内での収束が図られたが、同藩の政治情勢も相まって乱は長期化、同年六月より順次幕府陸軍が派遣されるに至った。陸軍奉行・軍艦奉行の訴えるところによると、常野の乱の追討戦においては測量学・地理学・器械学・築城学などを修得した者が追討軍にいないため、敵方との距離の遠近にかかわらず銃砲を発射し、武器類の破損に際しても修復することができないような状況であったようである[22]。この経験を基に、戦地での大砲その外器械類の取り扱いが重要視されはじめ、開成所は軍事科学に偏重していく[23]。さらに、のちの武器・弾薬の製造部門の変遷に多大な影響を与えたものとして、慶応三年（一八六七）のフランス陸軍大尉シャノアンの建言が注目される。

慶応年間の幕府は、小栗忠順らが中心となって公使レオン・ロッシュを介してフランスの援助を受けるなど、親仏的傾向を強めていた。軍制に関しては、慶応元年一月に来日したシャノアン率いる第一次顧問団によって、フランス式陸軍編制への全面的な転換が図られている。フランス軍事顧問団にとっても造兵方面の組織・技術の改革、教導は活動のひとつの支柱をなしていたようである[24]。

以下、火薬需要の高騰に伴い、火薬関連諸政策の実務を担う鉄炮玉薬方へ現れた影響について確認したい。

二　鉄砲玉薬方の動向

鉄炮玉薬方は、幕府の鉛、火薬原材料の製造・管理、および銃砲用の火薬製造・管理をその職掌とする[25]。留守居の支配を受け、持高勤め、役扶持二〇人扶持、二人が定員で勤めた。二〇〇俵前後の家禄の者が任命されることが多く、席次は御目見焼火之間であった[26]。西洋式軍制の導入が進み実戦における銃砲の必要性が高まるに従い、組織の見直しが図られ、文久二年(一八六二)三月一一日に講武所奉行支配とされ、翌三年七月二六日には、席次を洋書調所頭取之次布衣之場所、役料七〇〇俵高とされた(27)。

また、鉄炮玉薬奉行の歴代就任者に目を向けると、一七～一八世紀にかけては死去による辞任が目立ち、最長で二六年間勤めた事例も確認される。軍制改革に伴う変化としては、講武所奉行支配とされて以後、のちに洋書調所頭取となる中川市助(安政三年〔一八五六〕二月二二日～文久二年一二月一日在職、慶応元年〔一八六五〕五月七日～同四年四月再任)、同じく洋書調所頭取杉浦勝静(万延元年〔一八六〇〕六月一九日～文久二年五月一五日在職)、元神奈川奉行定番役頭取締窪田泉太郎(慶応二年五月四日～同三年一〇月一八日在職)など、鉄炮玉薬奉行就任の前後に西洋式軍制の導入に深く関わる役職を経験する者が確認される点が注目される。

実際の火薬・硝石の製造現場における作業の指示・監督には、同心以下手附・出役の者があたる。また、戦時において、武器・弾薬等を輸送する際にはそれに随行した(28)。手附・出役は必要に応じて他の役職に就いている者、非役(小普請、勤士並寄合)、無勤(部屋住、二三男、厄介)等から任命された。あらかじめ人員の規定もなく、まとまった史料を得難いこともあって、これらの正確な人員を把握することは難しい(29)。鉄炮玉薬奉行が講武所奉行支配とされた文久二年三月以後に手附・出役・雇に任命される事例が多く確認される(30)。また、文久三年五月には江戸および近在一〇里四方が硝石御自製場に指定され、指定された地域での私の硝石製造および商取引が禁じられた(31)。なお、硝石御自製場の範囲は、同年一二月には関八州・伊豆・駿河・遠江・三河・甲斐・信濃国の天領まで、次いで慶応三年正月には前述の国々の万石以下の旗本知行所、寺社ならびに寺社領のある町、および陸奥・出羽・越後・飛騨国の天領、万石以下の旗本知行所、寺社ならびに寺社領のある国々まで拡大された(32)。

硝石御自製場が指定されたことを受けて、鉄炮玉薬奉行の配下には硝石製造御用出役が新設された。軍制改革に伴う火薬関連政策の進展、特に硝石御自製場の指定に伴い鉄炮玉薬方の職務内容が増加し、人材の補塡が急務であった様子が窺える。鉄炮玉薬方に任ぜられた者のなかには、蕃書調所精煉方に関与した経験を持つ者も確認される（後述）。また、ペリー来航の直後には高島流砲術の皆伝者である下曾根金三郎へ西洋流火薬製造を命じたことも知られている[33]。鉄炮玉薬方にも硝石や火薬の製造に関する化学的知識・技術が必要とされたものと思われる。

蕃書調所精煉方から鉄炮玉薬方へと人材が異動した事例については、原平三氏が「蕃書調所の科学及び技術部門に就て」（『帝国学士院紀事』二巻三号、一九四三年）のなかで触れたのがはじめと思われる[34]。原氏は、精煉方設立当初に精煉方出役に任ぜられた小林祐三が文久三年四月に鉄炮玉薬奉行手附へと異動したことに触れ、「文久三年から翌元治元年にかけて、精煉方からは素人が一掃せられ、略々専門家のみとなった」と述べている[35]。また、小林が精煉方出役を務めた当時の精煉学を「極幼稚」[36]とも評価しており、精煉方から他の幕府役職への異動を、精煉方にとって不要な人材の排斥という見方がなされていると解釈できる。しかし、原氏の論は同所教授職を勤めた宇都宮三郎の談話『宇都宮氏経歴談』（一九〇二年）に負うところが大きく、宇都宮の主観的な評価が多分に含まれるものといえる。蕃書調所精煉方と鉄炮玉薬方との繫がりについては、再考されるべきであろう。

蕃書調所は安政二年から同四年にかけて企画・設立され、文久二年一一月に洋書調所へと、翌三年八月に開成所へと改称された。教授内容は、万延元年の半ばまで「蕃書観読」すなわち蘭語教育のみであったが、次第にさらなる西洋の知識・技術の習得が必要とされ、英語・仏語・独語が増設、語学以外では天文学・地理学・究理学・精煉学（元治元年〔一八六四〕に化学と改称）・器械学・物産学・数学・画学・活字の諸科が順次新設された。文久の改革以後、幕府は、西洋式軍制の本格的研究と軍事関係書籍翻訳のために洋学者を大々的に動員しはじめている[37]。

精煉方（元治元年に化学方と改称）は万延元年八月に設置され、文久元年五月、当時の蕃書調所頭取古賀謹一郎の上申によって教官等の待遇改善が図られた[38]。西洋式軍制の導入によって大砲の鋳造方法や火薬の製造方法などを修得する必要性から化学への関心が高揚、精煉方は語学以外では最大の規模を誇っていたという。教官には宇都宮三郎、辻信次などが起用されたが、外人教師から直接学んだ経験を持つ者はおらず、本格的な西洋化学教育が行われるのは慶応二年にオランダ人化学者ハラタマが招聘されて以後のこととなる[39]。

蕃書調所精煉方の役割として銃砲鋳造、および火薬製造の技術研究開発が求められたことを示す事例として、硝石製造御用出役と精煉方との間に人材の行き来があったことが確認できる。一例として、硝石製造御用出役頭取に任命された山縣儀三郎は、任命以前、文久二年五月に蕃書調所精煉方世話心得となり、同年一二月には講武所において大砲製造地銅分析試験手伝を命ぜられている[40]。

また、鉄砲玉薬奉行中川市助は安政三年二月二二日に鉄炮玉薬奉行に任命され、文久二年一二月一日より洋書調所頭取となった[41]。精煉方から「化学」へと改称されたのは中川の頭取在任中のことであり、調所において化学の振興が図られた時期に頭取を勤めたことがわかる。元治元年三月二四日に勤士並寄合となるが、慶応元年五月七日に鉄炮玉薬奉行へと再任される。鉄炮玉薬奉行の歴代就任者をみても、再勤した事例は中川市助のみである。子の鼎之助が元治元年八月一七日から慶応二年八月一四日まで開成所取締役を勤めたことからも、頭取時代の中川の功績は評価されていたと考えられる。

文久三年五月には火薬の原材料である硝石の確保に力を入れるべく、前述の通り、鉄砲玉薬奉行の支配下に硝石製造御用出役といった手附・出役を任命する事例が増加しており、火薬・硝石の確保に力を注いでいた様子が窺える[42]。また、元治元年六月、大砲鋳造にかかる経費を削減すべく勘定奉行小栗忠順が行った建策により鉄砲製造奉行が設置され、大砲鋳造に関することはすべて鉄砲製造方の職分となった[43]。これ以後、鉄砲玉薬方は大小砲の製造から切り離され、弾薬・諸器械の製造に特化するようになる。各製造部門が専門に特化したことによって、造兵部門の人間に一層「舎密」の知識・技術が必要とされる状況が生まれ、奉行以下、出役・手附に至るまで、開成所化学局（蕃書調所精煉方）との人的繋がりが密になっていく様子が確認できる。

三　砲兵局への傾斜

先述の通り、元治元年（一八六四）六月以後に常野の乱鎮圧のために陸軍を派遣してからは開成所と軍事関係部署との関係がより密接なものとなっていく。常野での追討戦の経験を経て、戦地での大砲その外器械類の取り扱いが重要視されはじめ、慶応三年（一八六七）のフランス陸軍大尉シャノアンの建言を受けてその傾向がさらに顕著なものとなる。特に陸軍編制に関しては慶応元年正月に来日したシャノアン率いる第一次顧問団によって、フランス式軍制への全面的な転換が図られた。造兵方面の組織・技術改革、教導はフランス軍事顧問団の活動のひとつの柱であった(44)。シャノアンの建言を受けて、鉄砲玉薬方や鉄砲製造方が担ってきた火薬や銃砲周辺器械類の製造・管理は砲兵局が担うべきものとなり、造兵にかかる職務の多くは砲兵方へと組み込まれていった。なお、銃砲そのものの製造は鉄炮製造方の管轄とされた。

銃砲の製造は、弘化・嘉永期以来、大筒鋳立御用掛の職掌とされてきた。嘉永四年（一八五一）九月に鉄炮玉薬同心間野源次郎が大筒鋳立御用掛を命ぜられた事例(45)もあり、銃砲の鋳造・修復に際しては鉄炮玉薬方が尽力したものと思われる(46)。しかし、専門の部局を設置するのではなく、その都度西洋流砲術の皆伝者などから適任者を選別して加役として命じる鋳立御用掛は組織として管理がしづらく、冗費がかさむ元であった。そこで慶応元年五月、小栗忠順の建策によって鉄炮製造奉行、同下奉行、同俗事役、同下役が設置され、銃砲の製造を組織的に担う部局が成立した(47)。鉄炮製造方においても科学的知識・技術に秀でた人物が必要とされ、「舎密学幷機械学ニ長し候もの(48)」を出役として命じ、銃砲の製造にあたることが定められた。これにより、銃砲製造と火薬製造の部門は完全に切り離され、鉄炮玉薬方の職掌が縮小されることとなった。

鉄炮玉薬方を縮小し、砲兵方を拡充しようとする動きは、慶応三年六月には江戸城竹橋門内に置かれた鉄炮玉薬方役所を砲兵方へ引き渡すよう、鉄炮玉薬奉行へ通達がなされたことからも窺える(49)。砲兵方が重要視された様子は、人事の一部にも見ることができる。学問所教授出役や開成所頭取を歴任した井上弥三郎が慶応二年一二月二九日に砲兵差図役頭取へと任命されたほか、安政三年(一八五六)以来開成所教授手伝出役、講武所出役などを勤めた原田吾一は、鎖港談判使節団の一員として渡仏し慶応二年一月に帰国した後、砲兵差図役頭取勤方へと任ぜられ、一時開成所教授職を勤めるも慶応四年一月に砲兵頭並となっている。元開成所教授職であり小栗忠順とともに滝之川火薬製造所の建設などに尽力したことで知られる武田斐三郎は、慶応二年四月以後砲兵方にて頭取および頭並を勤めた。また、元治元年(一八六四)六月に小栗の建言で設立された鉄砲製造奉行を慶応二年二月より勤めた日高圭三郎が同三年六月以後砲兵方へ配属されている事例も確認される(50)。

しかし、鉄炮玉薬方などの造兵方面から砲兵方へと優秀な人材が異動することについては、少なからず反発も出ていたようである。慶応三年二月二三日、鉄炮玉薬奉行間宮将監・友成郷右衛門・吉田昇太郎・中川市助・窪田泉太郎は、慶応元年一一月より同奉行組同心を勤めている柏原淳平について、「蘭学等も宜出来弾丸其他製造もの原書ニ寄取調格別ニ御用弁相成候もの(51)」であり、砲兵局などから登用の掛け合いが来ているが、転役されては「玉薬局ニ洋書翻訳仕候者も無之実ニ御差支」になるものであると、洋書原典にあたって弾丸・火薬の製造法を研究できる人材が玉薬方から砲兵局へ流出する事態になることを懸念している。そこで、「格別之訳を以五拾俵高ニ被成下御手当扶持三人扶持被下置学問所勤番格御鉄炮玉薬製造方被　仰付候様仕度」と願い出た。これは陸海軍が今後拡充されていくことを考慮し、鉄炮玉薬方のうち「業前出来候者」を新たに「御鉄炮玉薬製造方」として任命することを求めたものである。

当時の鉄砲玉薬奉行らの経歴に目を向けると、友成郷右衛門は元講武所砲術教授方、前節でも取り上げた中川市助は元洋書調所頭取、窪田泉太郎は元神奈川奉行定番役頭取締を勤めている。(52)軍事関係書の翻訳に関して専門知識を有する人材を留め置く必要性をより強く感じていたものと考えられる。しかし、再三に亙る鉄砲玉薬奉行の建言は退けられ、同年、柏原は砲兵へと任命された。(53)武器・弾薬の製造・管理が鉄砲玉薬奉行から砲兵へと移行していく様子、ひいては近世的軍団編成の時代から近代的軍隊組織への転換の様子を見ることが出来る事例といえる。

おわりに

軍制改革に伴う幕府火薬政策は文久年間を画期に大きく進展する。それら諸政策の実務を担う鉄炮玉薬方について、政策の進展に伴ってどのような変化がみられるのか、蕃書調所精煉方と鉄炮玉薬方の関わりを絡めてみてきた。文久の軍制改革に伴い火薬、特に硝石製造に関する政策が進められて以後は鉄炮玉薬方の職務内容が大幅に増加したことを受け、手附・出役の増員が図られた。幕末期、従来の職制では社会情勢の変化に対応しきれず、特に外交・軍事関係の役職において必要な人員を手附・出役という形で補填することが行われたが、鉄炮玉薬方においても同様であったことがわかる。また、火薬・硝石の製造に西洋化学の知識・技術を活かすことが求められたことを受け、蕃書調所精煉方に関与した経験を持つ人材が鉄炮玉薬方に配属されている点も注目される。

幕府火薬政策の進展に伴う鉄炮玉薬方への人材登用に関しては従来着目されてこなかったが、蕃書調所精煉方が大砲鋳造および火薬製造の必要性から設立されたことからも、同所における化学の振興が鉄炮玉薬方の職務内容に深く関わっていたことは間違いない。鉄炮玉薬方と蕃書調所精煉方の繋がりはより注視されるべきであろう。

幕末の軍制改革を通じて、近世初頭以来鉄砲玉薬方の職掌であった銃砲・火薬の製造・管理は、文久年間に銃砲と火薬類とに担当部署を分化し、最終的にフランス式の陸軍編制の導入によって砲兵方へとその職務の大部を組み込まれ、明治陸軍へと引き継がれていく。慶応年間の軍制改革全体の流れとしてはフランス軍事顧問団の建白に従い、砲兵局のなかに武器・弾薬類の製造・管理に関わる職務の大部を収める方向へと進んでいく。しかし、近世を通じて武器・弾薬類の製造・管理を担ってきた鉄砲玉薬方からは反発も出ており、「製造方」設立を要求するなど、砲兵への人材流出を食い止めようとしていた。近世的軍団編成から銃砲が主戦力となる近代的軍隊へと移行するなかで、従来の兵站整備を担う部門での変化を示すものとして興味深い。

註

（1）阪口修平『歴史と軍隊―軍事史の新しい地平』（創元社、二〇一〇年）序章。

（2）保谷徹「近世近代移行期の軍隊と輜重」（『歴史学研究』八八二、二〇一一年）、同「戊辰戦争の軍事史」（明治維新史学会編『講座明治維新　第三巻　維新政権の創設』有志舎、二〇一一年）。

（3）原平三「蕃書調所の科学及び技術部門に就て」（『帝国学士院紀事』二（三）、一九四三年）、沼田次郎『幕末洋学史』（刀江書院、一九五〇年）、佐藤昌介「化学教育のはじまり―蕃書調所のばあい」（『化学と工業』二九（九）、一九七六年）、芝哲夫「ハラタマと日本の化学」(『化学史研究』一八、一九八二年)、同『オランダ人の見た幕末・明治の日本』(菜根出版、一九九三年)、同「長崎におけるK・W・ハラタマの舎密学講義録―御幡栄蔵「舎密学見聞控」―」(『化学史研究』二五(二)通巻八二、一九九八年)、吉田忠「物理学・弾道学・化学」(中山茂編『幕末の洋学』ミネルヴァ書房、一九八四年)など。

(4) 宮地正人「混沌のなかの開成所」(『学問のアルケオロジー』東京大学出版会、一九九七年)。

(5) 阿部正弘の老中首座在任中における海防政策については、石井孝『学説批判　明治維新論』(吉川弘文館、一九六一年)、藤田覚「海防論と東アジア―対外危機と幕藩制国家―」(青木美智男・河内八郎編『講座日本近世史七　開国』(有斐閣、一九八五年)第一章)、守屋嘉美「阿部政権論」(『講座日本近世史七　開国』第二章)、原剛『幕末海防史の研究―全国的にみた日本の海防態勢―』(名著出版、一九八八年)、上白石実「弘化・嘉永期年間の対外問題と阿部正弘政権」(『地方史研究』四一―三(通号二三一、一九九一年)、仲田正之「安政の幕政改革における鉄炮方江川氏の役割」(『幕末維新論集三　幕政改革』吉川弘文館、二〇〇一年)、田中弘之「阿部正弘の対外政策に関する一試論」(『駒沢史学』五八、二〇〇二年)、同「阿部正弘の海防政策と国防」(『日本歴史』六八五、二〇〇五年)、後藤敦史「弘化・嘉永期における海防掛の対外政策構想―異国船取扱方を中心に―」(『ヒストリア』二一六、二〇〇九年)など。

(6) 拙稿「幕府による硝石の統制―軍制改革と座・会所の設立」(『科学史研究』(第二期)五〇、二〇一一年)。

(7) 小野蘭山述、梯南洋校・増訂『重修本草綱目啓蒙』(一八四四年)。

(8) 『諸問屋再興調』第七巻(東京大学出版会、一九六六年)、一一四〜一一六頁、四九号。

(9) 『諸問屋再興調』第七巻、一六二〜一六四頁、七六号。

(10) 『江戸町触集成』第一九巻(塙書房、二〇〇三年)、二六二頁、一六八九三号。

（11）近世の輸入硝石については、天保一五年（弘化元〔一八四四〕）オランダ船 Stad Tiel 号が長崎に輸入した脇荷物「サルヘートル〔サルペーテル、saltpeter〕四十三斤」が確認される（「天保雑記」第五十六冊『天保雑記（三）』内閣文庫所蔵史籍叢刊第三四巻、汲古書院、一九八三年、六五四頁）。山脇悌二郎氏はこれらを「長崎で取引された庶民のための洋薬」と述べている（山脇悌二郎『近世日本の医薬文化』平凡社、一九八五年、一四九～一五一頁）。なお、弘化三年（一八四六）渡来のオランダ船による輸入品リストのなかには硝石は見られないが、脇荷物のうち「右之外例之薬種類桁々有之候得共有来之品略ス」とあるため、明記されていない品目については未詳（「弘化雑記」第七冊『弘化雑記・嘉永雑記』（内閣文庫所蔵史籍叢刊第三五巻、汲古書院、一九八三年、二五四～二五六頁）。嘉永元年（一八四八）はオランダ船アンテレーセン号によって貿易品がもたらされたが、リスト内に硝石は確認できない（「嘉永雑記」第二冊『弘化雑記・嘉永雑記』内閣文庫所蔵史籍叢刊第三五巻、汲古書院、一九八三年、四七〇頁）。なお、唐船による輸入について「塩硝」「白塩硝」「焔硝」などの品は確認できない（永積洋子編『唐船輸出入品数量一覧―一六三七～一八三三年復元唐船貨物改帳・帰帆荷物買渡帳』創文社、一九八七年）。太田弘毅氏の倭寇研究にも見られるように、一七世紀以後の中国からの硝石輸入は後期倭寇による密貿易が主体であり、具体的数量を追究することは困難と思われる（太田弘毅『倭寇―商業・軍事的研究』春風社、二〇〇二年、第四部）。また、幕府高官や長崎地役人等の個人的な注文品を輸入する誂物輸入について、文政一一年（一八二八）～天保一三年（一八四二）の輸入品目をみると、高島秋帆の誂物として同八年オランダ船 Twee Cornelissen 号が持ち渡った「サルペートルシ子ール zuiver salpeterzuur」〔硝石精（硝酸）〕三ポンドが確認される。以後、小銃や鉄砲付属品とともに注文されるケースが散見される（石田千尋『日蘭貿易の構造と展開』（吉川弘文館、二〇〇九年）第三部「誂物の基礎的研究」表四六～七四）。

（12）『横浜市史　資料編二　日本貿易統計』（横浜市、一九六二年）。

(13) 小坂谷福治『五箇山の民俗史』(上平村教育委員会、二〇〇二年)一六五頁。
(14) 久住真也『長州戦争と徳川将軍―幕末期畿内の政治空間―』(岩田書院、二〇〇五年)二一頁。
(15) 原剛『幕末海防史の研究―全国的にみた日本の海防態勢―』(名著出版、一九八八年)五四頁。
(16) 田中彰『幕末維新史の研究』(吉川弘文館、一九九六年)三三頁、飯島千秋「文久期の幕府財政」(『江戸幕府財政の研究』(吉川弘文館、二〇〇四年、第一編第二章、註1)三九～四六頁。
(17) 井上清『新版　日本の軍国主義Ⅰ』(現代評論新社、一九七五年)六二頁、田中彰『幕末維新史の研究』(吉川弘文館、一九九六年)三一～三八頁。
(18) 歩兵の創設とその展開過程については拙稿「幕府歩兵の創設と展開―常野の乱を中心として―」(『一滴』二〇、二〇一二年)、歩兵の創設と火薬製造政策の変遷に関しては拙稿「幕末文久期の軍制改革と火薬製造について」(『文化財学雑誌』五、二〇〇九年)参照。
(19) 歩兵創設に伴う兵員の補充に関しては久留島浩「近世の軍役と百姓」(山口啓二ほか編『日本の社会史　第四巻 負担と贈与』(岩波書店、一九八九年))、熊澤徹「幕末の軍制改革と兵賦徴発」(『歴史評論』四九九、一九九一年)、飯島章「文久の軍制改革と旗本知行所徴発兵賦」(『千葉史学』二八、一九九六年)など。
(20) 文久の軍制改革に伴う軍事関係費の増加については、飯島千秋『江戸幕府財政の研究』(吉川弘文館、二〇〇四年)第二・三章を参照。
(21) 常野の乱の顛末に関しては『続徳川実紀』第四篇(国史大系五一巻、吉川弘文館、一九六七年)、『孝明天皇紀』第四・五(吉川弘文館、一九六八・一九六九年)、『水戸藩史料』下編全(吉川弘文館、一九七〇年)、『水戸市史』中巻(五)(水戸市役所、一九九〇年)、「常野両州為追討御用被差遣候御持小筒組役々進退其外取調書」(内閣文庫一六六―三八一号)、

「常野浮浪徒一件」弐（内閣文庫一六六―三一三号）など。
(22) 勝安芳編『陸軍歴史』下（明治百年史叢書）（原書房、一九六七年）一八一～一八二頁。
(23) 註(4)宮地論文、三七頁。
(24) 註(17)井上書、亀掛川博正「慶応幕政改革について」（家近良樹編『幕末維新論集三　幕政改革』吉川弘文館、二〇〇一年）、保谷徹「フランスの文書館と日本関係史料―幕末維新期の軍事関係史料調査報告―」（『東京大学史料編纂所研究紀要』八、一九九八年）一一九頁。
(25) 「諸向地面取調書」十一（内閣文庫一五一―二四六号）、笹間良彦『江戸幕府役職集成（増補版）』（雄山閣、一九六五年初版、一九七一年増補版）一五二・一五六頁。
(26) 註(25)笹間書、一五六頁。
(27) 東京大学史料編纂所編『柳営補任』四（大日本近世史料、東京大学出版会、一九六四年初版、一九八三年覆刻）、二八八頁。
(28) 「御進発御用小銃ハトロン其外共大坂表江陸地相廻シ候儀申上候書付」（江戸城多聞櫓文書三五六二〇号（以下、「多〇〇号」というように表記）、「御進発御用大小砲弾薬其外大坂表江陸地相廻し方之節差添罷越候御鉄炮玉薬組之者御手当被下方之儀等伺候書付」（多一四四八六号）、「御進発御用大砲附属弾丸其外共大坂表江陸地相廻シ候書付」（多二七三八一号）、「御進発御用大小砲附属弾丸諸器械横浜表迄海陸相廻シ候儀申上候書付」（多二八九四五号）、「御進発御用大小砲附属弾薬大坂表江陸地相廻し候儀申上候書付」（多三二五三〇号）など。
(29) 鉄炮玉薬方の手附・出役に関する研究は管見の限り見られないが、本報告では蕃書調所における出役のありようについて宮崎ふみ子「蕃書調所＝開成所に於ける陪臣使用問題」（『東京大学史紀要』二、一九七九年。のち家近良樹編『幕政改革』幕末維新論集三、吉川弘文館、二〇〇一年）、関儀久「江戸幕府洋学振興政策下における厄介の役職登用について―開成所教授方の任命に注目して―」（『教育基礎学研究』一、二〇〇三年）を参考にした。

(30)「御鉄炮玉薬組同心御雇永田忠五郎明細短冊」（多六一一九号）、「御鉄炮玉薬奉行組同心御雇松田源次郎明細短冊」（多三七五五号）、「御鉄炮玉薬奉行組同心御雇石井久右衛門明細短冊」（多三七五六号）、「御鉄炮玉薬奉行組同心御雇竹尾弘作明細短冊」（多五七一五号）、「御鉄炮玉薬奉行組同心御雇奈良橋次郎吉明細短冊」（多五七一八号）、「御鉄炮玉薬奉行組同心御雇山田浜之助明細短冊」（多七〇一九号）、「御鉄炮玉薬奉行組同心御雇木村耕三郎明細短冊」（多七六二一号）、「御鉄炮玉薬奉行組同心御雇武藤八郎明細短冊」（多七六五三号）など。

(31)『幕末御触書集成』第三巻、四六五～四六六頁、三三一七号。

(32)『幕末御触書集成』第三巻、四七二頁、三三八二号。

(33)東京大学史料編纂所編『市中取締類集』三（大日本近世史料、東京大学出版会、一九六一年）三四九～三五〇頁、四〇五号。

(34)註（3）原論文。蕃書調所精煉方に関しては「開成所伺等留」「開成所事務」（ともに東京大学史料編纂所所蔵）が基礎史料であり、原氏以後の研究もこの二点の史料が基となっている。特に、精煉方をはじめとする科学技術部門における幕府の人材登用については史料的制約から研究が遅れがちであり、研究の進展が俟たれる（註（29）宮崎論文、一六〇頁）。

(35)註（3）原論文、四五二頁。

(36)註（3）原論文、四五〇頁。

(37)註（4）宮地論文、三六～三八頁。

(38)「開成所伺等留」（東京大学史料編纂所所蔵）、註（29）宮崎論文、一五九頁、註（29）関論文、二三頁。

(39)　沼田次郎『幕末洋学史』(刀江書院、一九五〇年)七四頁、佐藤昌介「化学教育のはじまり―蕃書調所のばあい」(『化学と工業』二九(九)、一九七六年)七六一頁、宮崎ふみ子「開成所に於ける慶応改革―開成所「学政改革」を中心として―」(『史学雑誌』八九(三)、一九八〇年)一八〇頁。
(40)　「国立公文書館所蔵内閣文庫江戸城多門櫓文書」三九二七六号。
(41)　実父は長崎奉行在任中、当時長崎奉行手附であった近藤重蔵らに命じ「清俗紀聞」を編纂したことで知られる中川忠英。中川忠和の養子に入り、家督を相続した(「鉄砲玉薬奉行中川市助明細短冊」(多四五二六号)、『柳営補任』、小川恭一編『寛政譜以降　旗本家百科事典』四巻(東洋書林、一九九八年)一九四二～一九四七頁)。
(42)　註(30)に同じ。
(43)　勝安芳編『陸軍歴史』上(明治百年史叢書、原書房、一九六七年)一五一～一五三頁。
(44)　保谷徹「フランスの文書館と日本関係史料―幕末維新期の軍事関係史料調査報告―」(『東京大学史料編纂所研究紀要』八、一九九八年)、一一九頁。
(45)　「鉄炮玉薬奉行間野馬三郎由緒書親類書遠類書」(多三二八号)。
(46)　「通航一覧続輯付録　巻之二十二」海防砲礟部(『通航一覧続輯』第五巻、清文堂出版、一九七三年)。
(47)　勝安芳編『陸軍歴史』上(陸軍省、一八八九年)巻六　砲銃鋳造二、七〇～七三頁。
(48)　同右。
(49)　「竹橋御門内砲兵方御構内・大砲弾丸諸器械共蓮池御門江移替候ニ付大手門車牽入之儀申上候書付」(多七〇〇六三九号)。
(50)　註(4)宮地論文、勝安芳編『陸軍歴史』、「開成所伺等留」(東京大学史料編纂所所蔵)など。

(51)「御鉄炮玉薬奉行組柏原淳平儀学問所勤番格御鉄炮製造方被仰付候様奉願候書付」（多一一四一〇号）。以下、特に断りの無い限り同史料による。

(52)「鉄砲玉薬奉行中川市助明細短冊」（多四五二六号）、『柳営補任』、小川恭一編『寛政譜以降　旗本家百科事典』四巻（東洋書林、一九九八年）一九四二〜一九四七頁。

(53)「御鉄砲玉薬奉行・御目付・清水小普請組支配江砲兵被申渡砲兵頭可相談可達趣」（多三七一〇〇号）。

Ⅱ 電信編

幕末期の電信機製造
―蘭書文献の考察を中心に―

河本　信雄

はじめに

幕末から明治にかけて日本の最大の課題は、西洋列強の植民地とならないことであったといえよう。帝国主義を推し進めそして産業革命を経て強大となった西洋列強に対抗するためには、直接干戈を交えることを想定した軍事力とそれを支える経済力の強化が必要であった。さらには一九世紀後半、権益保有、貿易などによる経済的搾取に舵を切りつつあった西洋諸国の経済的な植民地とならないことも、大きな命題となっていく。

この時代、「帝国の手先」(1)の代表は、近代化のための社会インフラである「鉄道と通信」であったといえる。技術的には、「蒸気機関と電信」と言い換えられよう。経済的な植民地とならないため日本が目指していたのは、自国による権益確保とともに、貿易収支の改善および技術の自立という観点から、西洋技術製品の国産化であったことは論を待たない。電信機に関しては、幕末期より早くも製造にチャレンジしている。そして佐賀藩は、安政四年（一八五七）におそらく日本で最初の電信機製造に成功している(2)。同じ年に薩摩藩も製造し実験を成功させている。

明治初期のように技術指導をするお雇い外国人は存在せず情報が非常に限られた幕末期に、技術者たちはどのようなことを拠りどころにして電信機を製造していったのだろうか。本稿では先行研究、史料を紐解き、特に幕末期に日本にもたらされた蘭書を糸口にしてこのことを論考していく。

一 「遠西奇器述」

幕末期には蘭書から和訳され電信機のことが書かれた書物がある。川本幸民の「遠西奇器述」（嘉永七年〔一八五四〕）と箕作阮甫の「衣米気針衣米印刷伝信通標略解」である（後者は次節にて述べる）。「遠西奇器述[3]」は影印版にて、『江戸科学古典叢書11 エレキテル全書／遠西奇器述／阿蘭陀始制エレキテル究理原／和蘭奇器』（以下、『江戸科学』）に所収されている。「遠西奇器述」について『江戸科学』は、以下のように解説している。

> 『遠西奇器述』の刊行は第一輯が嘉永七年冬（安政元年 一八五四）、第二輯は安政六年秋（一八五九）。薩摩藩蔵版となっているのは幸民が斉彬に招かれていたからである。本書の成立事情は凡例にある。川本幸民が『朝夕の講習の余話』を門人田中綱紀（第一輯）、三岡友蔵（第二輯）がまとめたものである。ファン＝デル＝ブルグ（P.van der Burg）の『理学原始』（Eerste grondbeginse len der Natuurkunde, Gonda, 1852）を底本とし、他の蘭書を参照し、さらに和蘭商館で理化学にくわしいファン＝デン＝ブルック（Dr. J. K. van den Broek）の助言を得たという。[4]蒸気・電信を中心とする西欧技術が川本幸民の手によって、はじめて本格的に紹介された。この当時としては高度な知識であって、然るべき基礎がなければ理解できぬ内容であり（中略）蒸気機関の模造や電信機の製作・操作に関心をよせる者にとっては、格好の入門用書物であった。[5]

解説文中に「成立事情は凡例にある」とあるが、「遠西奇器述」凡例の当該箇所には、「其ノ説多クハ一千八百五十二年我カ嘉永五年撰スル処ノ阿蘭人ファン・デル・ベルグ氏ノ理学原始ヨリ出ヅ」[6]と記されている。

この「遠西奇器述」第一輯にある「伝信機《テレガラーフ》」の項は、次のように始まる。

伝信機二種アリ、一ヲ印点伝信機トイフ、点数ヲ以テ記号ヲ定メ此ノ処ニテ示サムト欲スル所ノ点数ヲ打テバ、彼処ノ紙上ニ其ノ数ノ印痕ヲ出ダス者ナリ、一ヲ鍼指伝信機トイフ、図版ノ周辺ニ字ヲ列シ鍼ヲ以テ其ノ字ヲ指示セシムル者ナリ、[7]

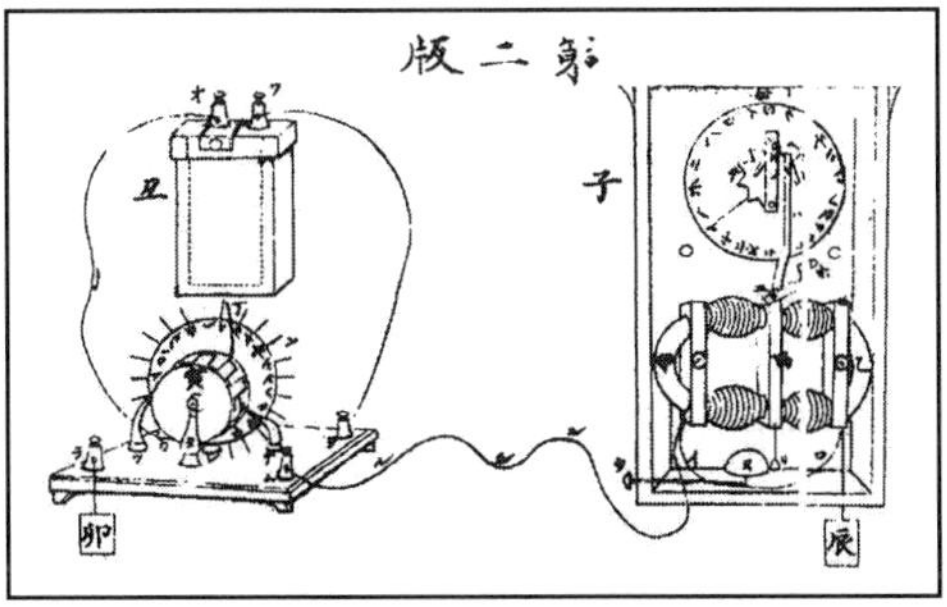

図１　「遠西奇器述」に掲載の鍼指伝信機（指字電信機）の図（『江戸科学』296 〜 297 頁）

まずは二種類の電信機、「点数ヲ以テ記号ヲ定メ」る「印点伝信機」、つまり符号を用い一般によく知られているモールス電信機と、「鍼指伝信機」、つまり時計のような文字盤があり送信機の針が指した文字・数字を信号を受けた受信機が同じ文字・数字を指し示す、電信黎明期に存在した指字電信機[8]を紹介している。なお、針を使用した電信機には磁針の振れる方向を読み取る針式電信機もあるが、記述内容からここでは指字電信機と考えてよい。これに続き「饒千万里ノ遠キモ河海ヲ阻ツルモ、一銅線ノ達スル処ハ音信ヲ伝フルコト実ニ数瞬ヲ容レズ…」[9]と記され、電信機が何であるかが簡単に説明されている。ついで指字電信機の解説がこの後一二頁にわたり「伝信機《テレガラーフ》」の項のほぼ最終頁まで続く。図は一点掲載されている（図１）。一方、モールス電信機は冒頭の紹介以外には解説はなく図も記載されていない。

「遠西奇器述」の主な底本は、『江戸科学』解説文（つまりは「遠西奇器述」凡例）

にあるとおり「ファン=デル=ブルグ（P. van der Burg）の『理学原始』」であるが、同書には以下のように三つの版が存在する。

> P. van der Burg の物理書（引用者註：『理学原始』のこと）であるが、第1版は1844年に出版されている。この版には静電気だけで電流を扱う動電気の課はなかった。電池などを扱う動電気の課が設けられるのは第2版（1847年）からである。（中略）第3版は1854年に刊行され大幅に増補されている。（中略）電信機についていうと、第2版ではロゲマン（W.M. Logeman, 1821～1894）の電信機の図だけがのせられているが、第3版ではモールス（Samuel F. B. Morse, 1791～1872）の電信機の説明と図が追加されている。[10]

モールス電信機の解説が記載されるのは一八五四年の第三版からである。一方、「遠西奇器述」の底本は一八五二年に撰されたので第二版だと考えられる。つまり「遠西奇器述」は底本にないがゆえにモールス電信機の解説がなかったのである。

国立国会図書館（以下、国会図書館と略す）には、『理学原始』が三つの版とも所蔵されている。原題名は "Eerste grondbeginselen der natuurkunde, strekkende tot leesboek voor alle standen hoofdzakelijk tot zelfonderrigt voor jonge lieden, en tot handleiding voor onderwijzers"（以下、"Eerste grondbeginselen" と略す）であり、直訳すると『最初の物理学：全ての人々、特に自習をする若者および教師のガイド向けの本として』となる。以下に閲覧可能な国会図書館本の概要を記す。

第一版はおそらく三冊の本の合冊であり、刊行年は "EERSTE STUKJE"（第一部）と "TWEEDE STUKJE"（第二部）が一八四四年（＝弘化元年）、"DERED STUKJE"（第三部）が一八四五年（＝弘化二年）である。頁はとおしとなっており、本文は五四五頁からなる。「安政戊午」（安政五年〔一八五八〕）と「長崎東衙官許」[11]の印が押されている。

第二版は一八四七年（＝弘化四年）の刊行、本文六四六頁。やはり「安政戊午」「長崎東衙官許」の印記がある。第九章（四七八～六四六頁）は電気（Electriciteit）の解説であり、その中の五八四～六四六頁の節の表題は"Magnetische werking vanden galvanichen stroom of electro-magnetisumus"となっている。電磁石などについて記述されており、指字電信機も解説されている。やはりロゲマンの指字電信機が図示されている。「遠西奇器述」に掲載の図（図1）とほぼ同じなので、やはり「遠西奇器述」は"Eerste grondbeginselen"第二版を底本としていたことがわかる。

第三版は一八五四年（＝安政元年）刊行、本文八〇八頁。（おそらく幕府による）カバーが施されており、カバーの表には「窮　四番甲　ファンデルヒュルグ　エールステゴロンドベギンセレンデルナチュールキユンテ　千八百五十四年　[12]㋴印　己未五《ママ》、全一冊　中」と書かれている。また「安政己未」（安政六年（一八五九））、「蕃書調所」、「長崎東衙官許」の印が押されている。

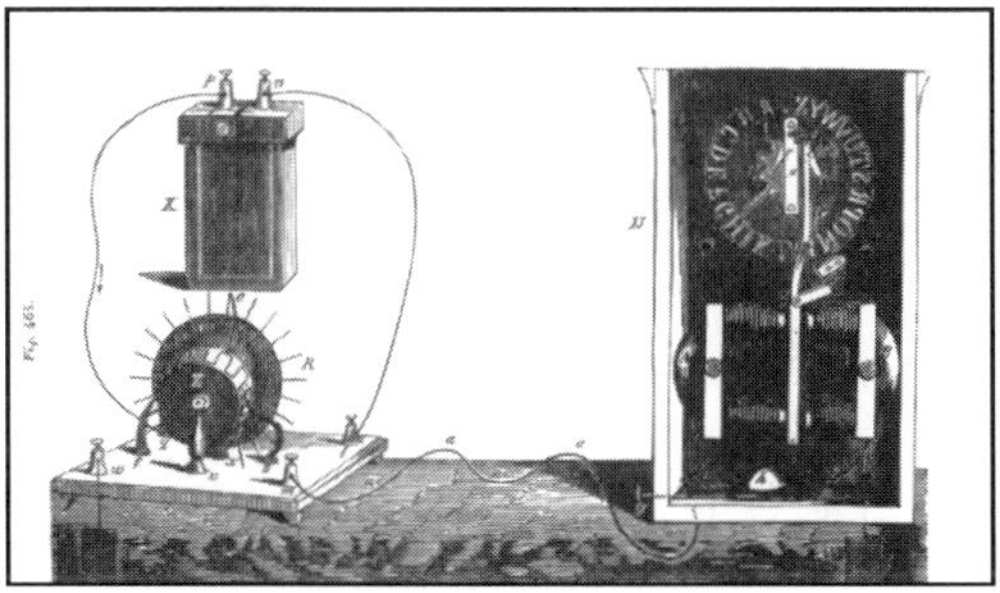

図2　"Eerste grondbeginselen" 第3版、744頁に掲載の指字電信機の図

第三版の第八三項（七二三～七六三頁）の表題は"Magnetische werking van den galvanischen stroom. Toepassingen van deze eigenschap des strooms. Electro-magnetische telegfaphen en uurwerken."で、電磁石や電信機などについて書かれている。ここには第二版と同じくロゲマンの指字電信機の図[13]（図2）が掲載されている。電信機は電磁石などの解説に続き記述されている。当然のことながら、電信機は電磁石などの理論・知識を前提とするからである。一方、「遠西奇器述」には電磁石の解説はない。このことは「遠西奇器述」の筆者も認識しており、「伝信機テレガラーフ」の項の最後に、「越歴的爾（引用者註：エレキテル）ノ麻偪捏

多（同：マグネット）ニ感《ママ》シテ（中略）其ノ理ノ本ヅク所ニ至テハ小冊子ノ得テ尽ス所ニアラズ」(14)、つまり電磁石の理論は「遠西奇器述」においては記述していない、と記している。

指字電信機の解説も、形状、動き、配線、操作など電信機の使用に関する事項であり、製造方法や部品については記述されていない。図もシンプルである。これらをもとにして、当時の日本の技術者が電信機を製造することが出来たとは考えづらい。事実、「遠西奇器述」を翻訳した薩摩藩において、島津斉彬は「指字電信機の模造を命じたが、その後方針を転換し、（中略）モールス機の模造を命じた」(15)ともされている。「遠西奇器述」の記述内容からして、当然だといえよう。

「遠西奇器述」は西洋の技術の一端を紹介するもので、『江戸科学』の解説にあるように、あくまで「電信機の製作に関心をよせる者にとっては、格好の入門用書物」であったといえよう。抄訳であり電信機の基礎知識となる電磁石については記述されておらず、電信機の解説もシンプルであった。それは底本である“Eerste grondbeginselen”第二版自体がモールス電信機に関しては記述しておらず、またタイトルからわかるとおり、最初の物理学、つまり物理学の入門テキストで、電信機に関しては物理学を学ぶ一環としての記述であったからでもある。

以上のことから、「遠西奇器述」は実際に製造に携わる技術者にとっての参考書とはなり得なかったといえよう。

二 「衣米気針衣米印刷伝信通標略解」

まずはその名称だが、先行研究・文献である「箕作阮甫の電信機翻訳書『衣米針《ママ》衣米印刷伝信通標略解』について」(16)（以下、「「伝信通標」について」）、『技術史』(17)などは、「衣米針《ママ》衣米印刷伝信通標略解」と記している。しかしながら、横浜市立大学学術情報センター・三枝博音文庫に所蔵されている原典（全四九丁、ただし、写本の可能性あり）[18]には、三文字目に「気」が入っている。正しくは「衣米気針衣米印刷伝信通標略解」（以下、「伝信通標」）である。「わが国初期の電信機の絵巻について」[19]（以下、「電信機の絵巻」）は「伝信通標」のことを、「『衣米針（ママ）衣米印刷伝信通標略解』、これは箕作阮甫訳で、翻訳年代は記載がなく不明である。しかし、阮甫と同じく幕府天文方の御用をつとめた山路弥左衛門がテレガラーフ伝習に関係した安政2年8月頃とされている。（引用者註：この箇所に註がふられており、註には「呉　三秀　大正三年『箕作阮甫』昭和46年復刻版　P. 217　思文閣」とある）この訳述には、後半部分がなく、訳が未完なのか、紛失したのか、不明である」[20]と解説している。

註に記載の『箕作阮甫』[21]の当該箇所には、「猶ほ阮甫の翻訳で『衣米針（ママ）印刷伝信通標略解』といふのがある。此衣は「エレキ」のこと米は「マグネ」のことで。即ち電信機のことに関しての翻訳である。是書には年代が記していないので。何年頃のものか分らないが。電信機は安政元年《一八五四》閏七月長崎の和蘭商館長ドンクルキュルチュス《Donker Crutius》が和蘭国王の命で幕府に其十八函を献納したことがある。所謂、エレキトロマグネティーセ《Electromagnetische》、テレガラーフ《Telegraph》である。又安政二年《一八五五》八月に山路弥左衛門はテレガラーフ伝習に付手当金を幕府から頂戴して居るから。多分矢張此頃の訳述であらうと思われる」[22]（傍線・傍註は原文ママ）と記されている。また『日本電気通信史話』[23]においては、「「衣」はエレキ、「米」はマグネ、「通標盤」は電信機のことである」[24]とある。

これらの文献から、「衣」はエレキ＝電気、「米」はマグネ＝磁石を意味し、「衣米」は電磁石であろうことが、そして「通標盤」は電信機を意味することがわかる。つまりは、「衣米気針衣米印刷伝信通標略解」を現代語になおすと、「電磁石気針、電磁石印刷、電信機概説」となるのであった。また翻訳時期は、安政二年（一八五五）八月ごろと推定されている。

「電信機の絵巻」は「伝信通標」の原典が判明した[25]、そしてその原典は国会図書館に所蔵されているとしているが[26]、記述どおり、国会図書館には原典である“Beknopte beschrijving der voornaamste electro-magnetische wijzer- en druk-telegrafen”（以下、“wijzer- en druk”と略す）が所蔵されている。原典タイトルを和訳すると、“electro-magnetische”は電磁石、“wijzer”は針、“en”は英語の“and”、“druk”は印刷、“telegrafen”は電信機なので、『電磁石針及び印刷電信機』となる。これは先に記した「伝信通標」の現代語訳とほぼ同じなので、「伝信通標」のタイトルは蘭書原典のタイトルを訳したことがわかる。

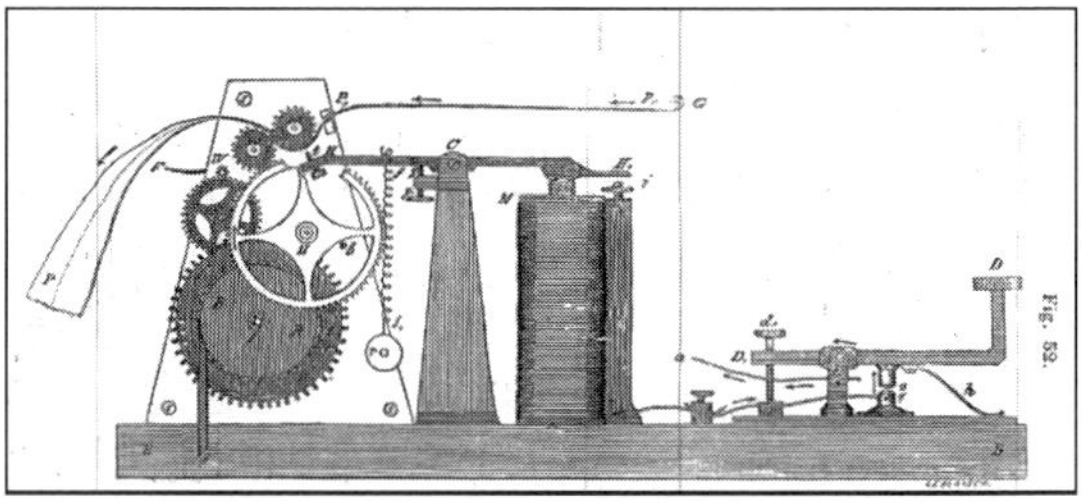

図３　“wijzer- en druk”57 頁に掲載の印字式電信機の図

“wijzer- en druk”における第一篇は、ガルバニ、ダニエルなどの電池や電磁石、第二篇は、クック・ホィートストン、ロゲマンなどの針式、指字電信機、第三篇は、モールスなどの印字電信機、第四篇は、電信機用器具、電信機組立、通信などについて記述されている[27]。国会図書館本（一八五〇年刊行）は序文四頁、本文九四頁からなり、本文の内七五頁が電信機に関する記述である。電信機の専門書であるだけに、物理学のテキストである「遠西奇器述」の底本“Eerste grondbeginselen”に比べて、電信機およびその内部構造・部品の正確な図もふんだんに挿入されており（図３はその一例）、はるかに詳しく電信機のことが解説されている。電信機の構造をよく理解出来る書物だといえよう。

一方、「伝信通標」の現存個所は“wijzer- en druk”における、序文・目次に続く本文の二四頁半ばまでで、全体の四分の一程度である[28]。「伝信通標」六～四二丁に記述されている第一篇は「瓦而華尼説バッテレイ」（ガルバニ電池）など電池の記述である。四二〜四八丁にある第二篇は「衣麻針通標盤」(電磁針式電信機)と表題されているが、「コーケ・ウェアツト子通標盤」(クック・ホィートストン電信機)に続く、「バイン通標盤」(ベイン電信機)の解説の途中で終わる。

　このように“wijzer- en druk”には第三篇にてモールス電信機の解説があるのに対して、「伝信通標」は第二篇の途中までなのでモールス電信機は記述されていないのであった。

　和訳本ではないが、電気・電信について記した漢訳洋書の写本が二冊残されている。長崎大学附属図書館所蔵の「博物通書」(29)(全三四丁)と福井県立図書館所蔵の「電気通標」(全四四丁)である。表題は異なるが前者の表題である「博物通書」は後者の内題となっており、また記述内容も前者は後者にある西暦紀年の解説、日出日入表が省略されていることを除けばほぼ同じなので(30)、中国語原典は同一の書物であるとして間違いない。「博物通書」の表紙、「電気通標」の内題の丁には「咸豊元年」「耶蘇降世一千八百五十一年」と記されているので、清国において一八五一年(＝嘉永四年)に刊行されたことがわかる。

　この漢訳洋書には指字電信機の解説はあるものの、指字電信機以外の電信機については「又一法能以二染色一伝レ彼、又一法能以二印板字一伝レ彼、皆事甚奇、而法甚瑣、殊難二筆述一」(31)とのみ記されている。和訳すると、他の方式の一つは染色を以てよく相手に伝える、一つは字を刻むことを以てよく相手に伝える(32)、全ての事はとても不思議でそれゆえに仕組みはとても複雑で筆述することがことさら難しい、となろう。染色を以て伝える機器はファックスのことであろうか(33)。字を刻むことを以て伝える機器は、エンボッシング式モールス電信機(34)のことだと思われる(35)。

「博物通書」「電気通標」の著者(36)は、モールス電信機は複雑すぎるとのことで、最初から匙を投げ中国語での解説は省略していたのであった。蘭学の第一人者ではあるものの専門は医学である阮甫にとっても、高度な専門知識が要求される“wijzer- en druk”第三篇のモールス電信機解説の翻訳は、「博物通書」「電気通標」の著者同様に困難であったのではなかろうか。阮甫は“wijzer- en druk”を和訳するにあたり、「博物通書」「電気通標」を参考にしていた可能性もある。そうだとすると「博物通書」「電気通標」にモールス電信機の解説がないので参考とする漢文がなかった、またモールス電信機に関する中国語の専門用語を（漢訳されていないがゆえに存在しなかったので）借用出来なかったことも考えられる。これらのことは翻訳を継続するにあたり、大きな障壁となったことであろう。

また「「伝信通標」について」は、「阮甫が電信機を実見し吉雄圭斎の知識にも触れたのは嘉永七年（一八五四）一月、彼は大いに電信機書の翻訳への意欲をかきたてられたであろう。しかし翌年には米・蘭から献上された最新のモールス電信機が、蘭学者たちによって実際に取り扱われ操作法も会得された。（中略）新しい電信技術書が次々と輸入されている。啓蒙書としても技術解説書としても『伝信通標』の出る幕はなくなっていたのである」[37]としている。

「電信機の絵巻」は後半部は紛失か未完であるかは定かでないとしているが、以上のようなこともあり、阮甫は多大な労力をかけてまで翻訳を続ける必然性を見出すことが出来なかった、つまり未完であったのではなかろうか。理由は異なるが『テレガラーフ古文書考―幕末の電信』[38]も未完であるとしている。阮甫は嘉永七年一一月に下田において大地震に遭遇するのだが、その際に所持していた蘭書一六七冊を失う、その中には翻訳中の「伝信通標」の蘭書原典も含まれていた、そのためまたその後阮甫は多忙であったこともあり翻訳は続けられなかった、と推定している[39]。

いずれにしても、「伝信通標」は草稿のままで終わり世に出ることはなかった。

幕末の技術者たちにとって「「伝信通標」について」が記しているように、「『伝信通標』の出る幕はなくなっていた」。このことに筆者も首肯する。しかしながら、「新しい電信技術書が次々と輸入され」たことにより、「伝信通標」の原典である“wijzer- en druk”自体の出る幕がなくなったとは思われない。前述したように“wijzer- en druk”は詳しく電信機のことを解説している。「伝信通標」の出る幕がなくなったのは、その内容ではなく翻訳を待つより原典を参照するほうが近道であったためであろう。

今も昔も技術に関する用語・解説文は難しく、その分野に造詣のない人にとっては難解である。それは外国語でなく母国語においてでもある。現代のビジネスの場においても、語学が達者でも技術知識を持たない人による通訳より、外国人と日本人の技術者が共通の技術知識と英語の技術用語、そして図やチャートを使って片言の英語で会話するほうが、はるかに意思疎通が出来る。幕末も同様であったと思う。技術者向けに専門知識を持たない翻訳者が、無理やり和訳する必要はなかったのではなかろうか。蘭語がある程度理解できれば、技術用語を追いそして図を参照することにより、技術者たちは原典を理解することが出来たと思われる。

幕末期、西洋技術に携わった技術者たちは、多かれ少なかれ蘭語を理解しようと努めていた。彼らは“wijzer- en druk”をはじめとした蘭書原典を頼りに（一部の人は電信機を実見し）、電信機の製造にチャレンジしていったのではなかろうか。筆者はその可能性が高いと考える。

三　電信機が解説された蘭書

前節までに国会図書館所蔵の蘭書が登場してきたが、これは「昭和29年（１９５４）のはじめに、国立国会図書館支部上野図書館で、ふるい洋書３６３０冊が発見され[40]」、現在も国会図書館に所蔵されているからである。なお、これら洋書の「大部分はオランダ語のもので、（中略）その主体をなすものは徳川幕府の調査研究機関の一つであった蕃所調所の蔵本で、大部分は19世紀前半に刊行されたものである[41]」。

『蘭学資料研究会　研究報告　第126号　幕末の電信機　（附）幕末航空資料補遺　幕末の蒸気船補遺[42]』（以下、『幕末の

電信機』）は、これらの幕府旧蔵洋書を調査し幕末期の電信機関係の蘭書を八種紹介している。和蘭文献其の一～其の八として整理しているが、例外として其の一に『ショメール百科全書』が紹介されている。掲載されている八種の概要は以下となる。

＊『幕末の電信機』の記述[43]をベースとして、この他に『江戸幕府旧蔵洋書目録』、『江戸幕府旧蔵蘭書総合目録[44]』、国会図書館書誌情報を参照した。

＊次の順に記した。①和訳書名（『幕末の電信機』の記述に準じた）、②著者名、③書名（国会図書館書誌情報に準じた、本稿にて略称表記済のものは略称で表記）、④刊行年、⑤本文頁数、⑥一連（索引）番号[45]と国会図書館所蔵冊数、⑦国会図書館以外の所蔵場所と冊数[46]、⑧国会図書館本印記、⑨国会図書館本以外の印記。なお、⑦⑨に関しては、対応する事柄がある場合のみ記した。

○其の一：①『ショメール百科全書』、②Chomel, M.Noel, ③"Algemeen huishoudelijk-, natuur-, zedekundig-, en konst- woordenboek: vervattende veele middelen om zijn goed te vermeerderen, en zijne gezondheid te behouden."，④一七七八～一七八四年、⑤四三七〇頁（第一巻から第七巻までのとおしの頁数）・七四九頁（第八巻）、⑥６５～７２、八分冊（同じ本が八冊でなく第一～八巻がそれぞれ一冊、電気Eの部は６６にあり）、⑦東京外語大学、八分冊[47]、⑧「蕃所調所」

○其の二：①『理学原始』、②P. Van der Burg, ③"Eerste grondbeginselen"

第一版―④一八四四年、⑤五四五頁、⑥２７２４、一冊、⑧「安政戊午」（五年）「長崎東衙官許」

第二版―④一八四七年、⑤六四六頁、⑥１８２５、１８４８～１８５０、四冊、⑦静岡県立中央図書館葵文庫[48]（以下、葵文庫）、一冊、⑧「安政戊午」（五年）「長崎東衙官許」、⑨「駿府学校[49]」

第三版—④一八五四年、⑤八〇八頁、⑥１３７、８６４、２２６６〜２２７０、２７２５、八冊、⑦葵文庫、一冊、⑧「安政己未」（六年）「蕃書調所」「長崎東衙官許」「大学南校[50]」、⑨「安政丁巳」（四年〔一八五七〕）「静岡学校[51]」

○其の三：①『主要電磁式指示及印点電信機説明の袖珍記述』、②著者名記載なし、③"wijzer- en druk."、④一八五〇年、⑤九四頁、⑥８６７、２４１６、２４７８、２６５７、四冊、⑦葵文庫、一冊、⑧「長崎東衙官許」「大学南校」、⑨「安政丙辰」（三年〔一八五六〕）「蕃書調所」「静岡学校[52]」

○其の四：①『モールス式の電磁印点電信機の解説』、②Schellen, H, ③"Beschrijving van den electro-magnetischen druk-telegraaph van MORSE"（以下、"druk…MORSE"と略す）、④一八五二年、⑤七〇頁、⑥５４３[53]、２３９８、２４８０、２５５８、２５６０、２６６０、３０７７[54]、３１３３、八冊、⑧「安政丙辰」（三年）「蕃所調所」「長崎東衙官許[55]」

○其の五：①『電信機の知識の指導書』、②Foreach, J.A., ③"Handleiding tot de kennis der electrische telegraphie : naar het Hoogduitsch"（以下、"kennis…telegraphie"と略す）、④一八五三年、⑤七六頁、⑥５４５、一冊、⑧「安政丙辰」（三年）「蕃所調所」

○其の六：①『電磁式電信機』、②Hall, C.C.van, ③"De electro-magnetische telegraaf in zijne verschillende trappen"、④一八五五年、⑤三一九頁、⑥１２７１、１２７２、２１８６、２１８７、四冊、⑧「長崎東衙官許」

○其の七：①『天然色大図解による電磁式鍼指及印点電信機』、②Koten, J.H.van, ③"De electro-magnetische naald-wijzer- en druk-telegraaf, in natuurlijke grootte voorgesteld"、④一八五五年、⑤一六頁、⑥１１６２、一冊、⑧「長崎東衙官許」

○其の八：①『超電流の電磁式電信機及び電気時計に対する応用』、②Koten, J.H.van, ③"De galvanische stroom,

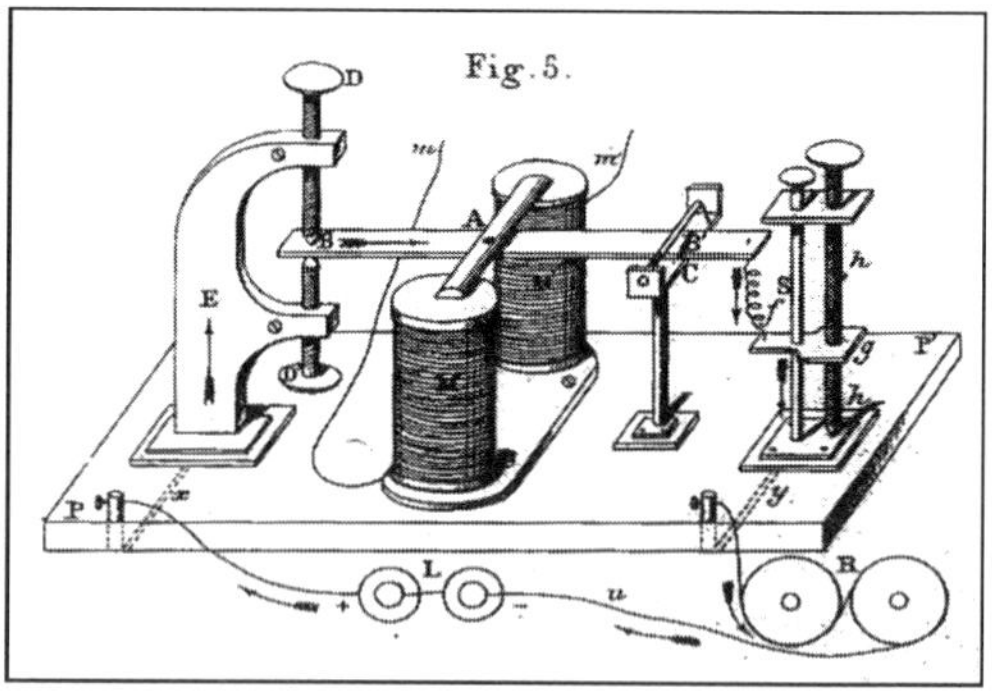

図4 "druk…MORSE" Ⅲ頁に掲載の図

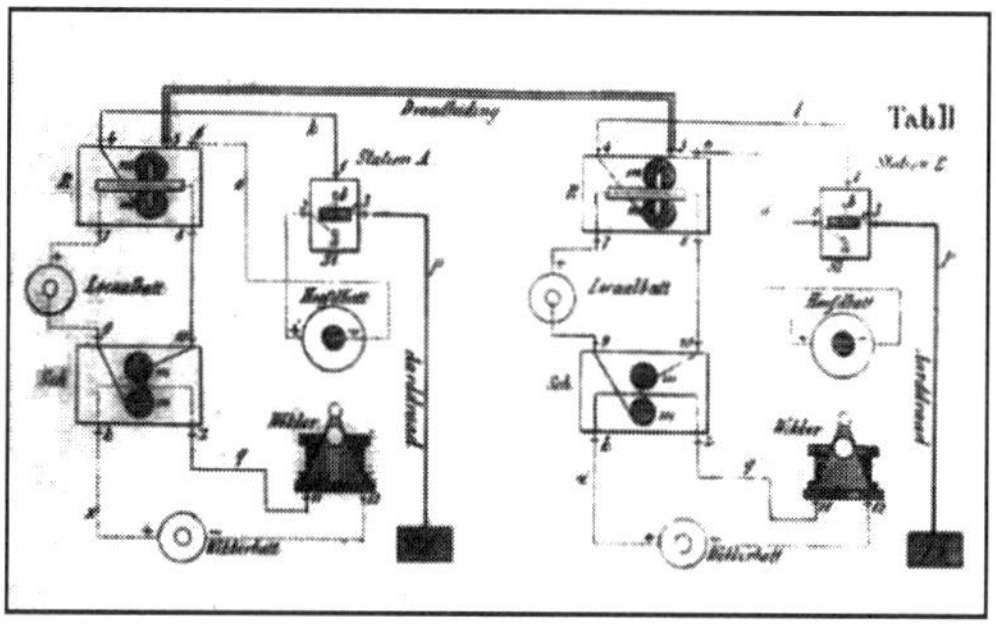

図5 "kennis…telegraphie" 60 頁に掲載の配線図

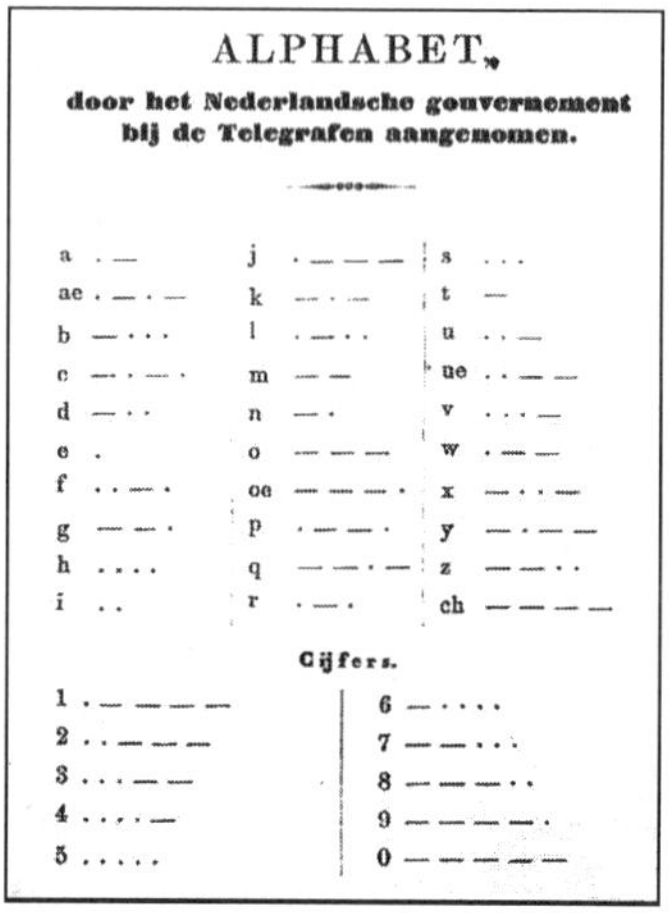

ALPHABET,

door het Nederlandsche gouvernement
bij de Telegrafen aangenomen.

a	. —	j	. — — —	s	. . .
ae	. — . —	k	— . —	t	—
b	— . . .	l	. — . .	u	. . —
c	— . — .	m	— —	ue	. . — —
d	— . .	n	— .	v	. . . —
e	.	o	— — —	w	. — —
f	. . — .	oe	— — — .	x	— . . —
g	— — .	p	. — — .	y	— . — —
h	. . . .	q	— — . —	z	— — . .
i	. .	r	. — .	ch	— — — —

Cijfers.

1	. — — — —	6	— . . . .
2	. . — — —	7	— — . . .
3	. . . — —	8	— — — . .
4	. . . . —	9	— — — — .
5	. . . . .	0	— — — — —

図6 "kennis…telegraphie"69頁に掲載のオランダ語符号表

toegepast op electro-magnetische telegrafen en uurwerken"④一八五五年、⑤一四七頁、⑥１４１９～１４２１、１７４０、四冊、⑧「長崎東衙官許」

「遠西奇器述」の底本"Eerste grondbeginselen"（『理学原始』）は其の二にある。電信機末記載の第一版は一冊、指字電信機記載の第二版は国会図書館に四冊、葵文庫に一冊、合計五冊、モールス電信機も記載の第三版は同じく八冊と一冊で合計九冊が幕府に旧蔵されていた。「伝信通標」の原典である"wijzer- en druk"は其の三にあり、四冊と一冊で合計五冊が旧蔵されていた。

其の四の"druk…MORSE"は八冊旧蔵されていた。その名のとおりモールス電信機のことが詳しく解説されている。モールスの印点電信機、装置の作動、モールス電信機の長所と速度、モールスの符号送信用書と盤、モールス電信機の中継リレー、モールス電信機中継機の接続の鍵、二荷用の中継器を持つモールス電信機の七章からなる(56)。図は、巻末に四頁にわたり掲載されている（図4はその一例）。

其の五の"kennis…telegraphie"は図・表が多く盛り込まれており、電信機器（"De toestellen in het algemeen"）の配線図（図5）やオランダ語アルファベット電信符号（"door het Nederlandsch gouvernement bij de telegrafen aangenomen"図6）などが図示されている。電磁石・導電線など電信の基礎となる知識も解説されている。

其の六は「通信手の指導と教養人の読者のための伝信の原理の明瞭な解説を含(57)」んでおり、磁気・電気・発電・電磁力・電信機の章からなる(58)。其の七は「1. ホイートストーン及びクックの双信式電信機　2. ジーメンス及びハルスケの指示電信機　3. モールスの印点電信機(59)」が記述されており、タイトルのとおり、それぞれの電信機の大型図版がカラーで掲載されている。其の八は、光学式通信機(60)から書き起こしており、電信機は針式・指字式・印点（モールス）式が解説されている。

電信機記載の蘭書は、其の一と其の二の"Eerste grondbeginselen"第一版を除くので合計三七冊となる。同第二版にはモールス電信機は記載されていないので、モールス電信機記載の蘭書は三二冊となる。電信機の専門書は、其の三から其の八までで二三冊となる。指字電信機未記載のものもあるが、モールス電信機は全てにおいて記載されている。これらの専門書は一八五〇年以降の刊行である。このころにはオランダではモールス電信機が主流となっていたのであろう。

電信機専門書の中では、モールス電信機の解説書である其の四の"druk…MORSE"が八冊で最も多い。幕末期、幕府は、世界の主流ではなかった指字電信機を購入したことから電信機に関して見識がなかった、ともされている。しかしながら、幕府旧蔵文献から見る限り、幕府はモールス電信機の優位性を認識し研究に力を入れていたと思われる。ついで多いのが、其の三の"wijzer- en druk"で合計五冊旧蔵されていた。前節で述べたが、同書もモールス電信機が詳しく解説され図も豊富に掲載されている。

日本にもたらされた年代に関して、この"druk…MORSE"、"wijzer- en druk"および其の五の"kennis…telegraphie"には安政三年の印記があり、この年までには日本に輸入されていたと考えられる。なお、この中で「伝信通標」の原典である"wijzer- en druk"は、前節で述べたとおり翻訳時期は安政二年（一八五五）八月ごろだと推定されているので、このころには日本にもたらされていたと思われる。

佐賀藩も多くの蘭書を所蔵していた。「鍋島家で嘉永五年（子年1852）から慶応二年（寅年1866）まで洋書の管理と出納に使用された「洋書目録」[61]は、『佐賀藩鍋島家「洋書目録」所収原書復元目録』にて翻刻・整理されている。同書は、「洋書目録」の分類および項目ごとにふられているとおし番号の順に準じてまとめられている。

「遠西奇器述」の底本である"Eerste grondbeginselen"は、「理学書」の項に掲載されている。「二番」[62]に一八四七年刊行の第二版が、「三番」[63]に一八五三年刊行の第三版が、[64]「四番」[65]に一八五四年刊行の第三版（注意書きに「七番同シ」とある）が、「七番」[66]に同じく一八五四年刊行の第三版が掲載されている。つまり、佐賀藩は指字電信機記載の第二版を一冊、モールス電信機も記載された第三版を三冊、合計四冊所蔵していた。「伝信通標」の原典である"wijzer- en druk"は「雑書」の項にある。「廿四」[67]にあり、注意書きには、「但写本」「ヱレキトル　テレガラーフノ書」と記されているので写本だと思われる。「六六」[68]にもあり、こちらには写本との注意書きはないので原典だと思われる。幕府の旧蔵本リストにないものでは、「理学書」の項の「十七」[69]に"Telegraphie gegrond op de natuurkunde（1856）"

（『理学からみた電信術』）がある。

佐賀藩は電信機に関する蘭書を写本も含めると七冊所蔵していた。調達時期は「理学書」の項に関しては、「十七」が「安政五年午十二月御買入」[70]のくくりに入っており知ることができるが、「二番」「三番」「四番」「七番」は買入時期が記されていないこれ以前のくくりに入っており知ることはできない。「雑書」の項に関しても、「廿四」「六六」はともに「安政六未二月御買入」[71]以前の買入時期未記載のくくりに入っており、これも知ることはできない。しかしながら、記載順からすると、安政五〜六年以前の調達だと考えられる。おそらく幕府とほぼ同時期に入手していたのであろう。

筆者は、佐賀藩は“wijzer- en druk”をはじめとした蘭書原典を教科書として電信機の研究・製造を進めたと考える。このことは、佐賀藩において電信機も含めて西洋技術の研究、製品の製造を担当していた精煉方の主要メンバーである中村奇輔[72]の言動からも垣間見られる。佐賀藩が安政四年六月に薩摩藩に電信機を贈った際に[73]、「中村は平生の持論を発揮し、総て機械は之を発明するまでが難事なれど、既に成りて図説に著はされたる以上は資本だにあらば容易に製造し得るもなりと断定し[74]」ている。

状況からして「機械」には電信機も含まれるとして間違いないだろう。「図説に著はされたる」は、当時の日本においては輸入された技術関係の蘭書以外にふさわしい書物はないといえよう。また「図説」には、第一節で述べたとおり簡単な説明とシンプルな図では参考とはなり難いので、詳細に、という枕言葉をつけて解釈すべきであろう（「容易に」には、心意気や誇張も含まれているとしてよいのではなかろうか）。中村の言動をこれらのことを勘案して換言すれば、詳細に図説された蘭書原典と読解する能力そして資金があれば電信機は作ることができる、となろう。

四　佐久間象山の電信機製造

前節までに、幕末期の技術者たちは電信機のことが詳述された蘭書を頼りに電信機を製造していったであろうことを論述してきた。しかしながら、一般には佐久間象山が嘉永二年（一八四九）に電信機を製造したとされている。ペリー来航（嘉永六年）の四年前という日本人は誰一人電信機を実見していない時期に、はたして象山は電信機を製造することができたのであろうか。本節ではこのことについて考察していく。

先行文献における、象山の電信機製造に関する記述をいくつか例示する。

○『逓信事業史　第三巻』（一九四〇年）：「電信の研究を始めた人が信州松代にあった。佐久間修理（象山）其の人で（中略）嘉永二年（一八四九年）に至り、電気に依る通信方法を研究し、自ら電信機械を作り、（中略）実験した。之我国に於ける最初の電信機製作者にして、又我国電信界の鼻祖と謂はねばならぬ[75]」

○『国際通信の日本史　植民地化解消へ苦闘の九十九年』（一九九九年、以下、『国際通信の日本史』）：「佐久間象山が勉強したのはオランダのショメール百科全書だったようだが、その本の簡単な記述とオランダ渡来の事物のちょっとした見聞だけで電気の作用を理解してしまったのだ。そしてこの年（引用者註：嘉永二年）、（中略）電文の送受に成功する[76]」

○『エレクトロニクスを中心とした年代別科学技術史（第5版）』（二〇〇一年）：「佐久間象山、蘭書知識を手掛かりに、日本最初の有線電信機を１８４６～１８５１年頃試作[77]」

○『世界大百科事典　第19巻』（二〇〇七年）：「日本では、49年（嘉永２）に佐久間象山が松代藩においてオランダの文献《理学原始第2版》（1847）をもとに指示電信機を作り、電信の実験に成功している。これは54年（安政1）にペリーがモールス電信機を将軍に献上するよりも5年も前のことであった[78]」

このように科学技術史の専門書をはじめとして、ほとんどすべての文献は嘉永二年に象山が電信機を製造し実験に成功したとしている。そして多くの文献は、この時に日本で初めて電信機が製造されたとしている。定説といってよい。

最初にあげた『逓信事業史　第三巻』の記述は、「逓信博物館の功労者であり、「江戸時代の交通文化」（昭和26《ママ》年[79]）という名著を残している樋畑雪湖（正太郎）氏（明治一八年から大正一一年まで逓信省に奉職、昭和一八年没）の研究が基礎とされている[80]」のだが、『江戸時代の交通文化[81]』には「象山の電信機の研究は（中略）弘化三年（中略）より嘉永四年に至る約六年間（中略）其の証として今逓信博物館にある工部省電信寮以来の引継品に象山の電気通信に使用したといふ絹巻銅線がある。其古き附札に嘉永二年象山自製の文字があるのと、今一つは「松代」に於ける古老の談話である[82]」と記されている。

根拠は絹巻銅線の附札と古老の話としている。前者に関しては、浅野応輔博士[83]が「象山は蘭書によって電気学を知り、嘉永二年には自ら絹巻銅線を作り電気試験を行ひ[84]」と記しており、電気用ではあったことは確かである[85]。換言すれば、電信用であったかは確かではないといえよう。後者に関しては、何年であったかを特定する古老の話が、『日本の先覚者　佐久間象山[86]』（一九七〇年）に詳しく記さている。

『日本の先覚者　佐久間象山』には、編者である斎藤勲が、象山の電信機の製造・実験から半世紀以上たった大正一〇年（一九二一）九月二九日の宴席にて、存命であった象山の弟子で当時八六歳であった五明静雄より聞いた話が書き記されている。それは五明が嘉永二年二月に象山による電信送信実験の準備を手伝ったとの話である。この話を根拠として、斎藤は嘉永二年に象山は電信機を製造し実験をしたとしている[87]。文献史料などは記されていない。

このことに対して、関章は「佐久間象山と日本の電気技術の遺産[88]」（一九九〇年）にて以下の論拠をあげ[89]、五明が語った年は記憶違いであるとし嘉永二年説を否定している。

①『象山全集[90]』において、電気にかかわる用語等が登場するのは安政三年（一八五六）七月一〇日付の勝海舟にあてた書簡[91]からとなる。また実験としては安政五年春からとなる[92]。

②象山が電信機の存在を知ったのは嘉永六年である（このことは、後に論述する）。

③象山が島津斉彬所有の電信機研究資料を入手する時期は、安政四年以降と推定される。このことは象山が安政五年春から電気にかかわる研究を始めたことと符合する。

④電信実験に必要な電池は安政六年一一月の時点でも完成していない[93]。また万延元年（一八六〇）六月以降は新たな電気にかかわる実験は行ってはいない。ゆえに電信機の実験はこの間に実施されたことになる。

⑤五明が象山の門を叩いたのは嘉永四年である[94]。ゆえに嘉永二年に行われた実験の手伝いは出来ないはずである。

⑥五明は「翌年一月近所の火災で（中略）電信機、写真機などが、みな焼けてしまった[95]」と述べているが、嘉永二年の翌年に実験した地では火災は発生していない。万延元年の翌年には火災が起こっている。

⑦これらのことを総合し判断すると、万延元年になって初めて電信実験が可能になり実施された、とみるのが妥当である。

②に関して、関は「だいいち、電信機というものの存在を、象山本人が嘉永六年（一八五三）に杉田成卿[96]の家で見せてもらった文献で初めて知ったと明言しているのである[97]」と記しており、最も明確な論拠としていると見受けられる。典拠は示されていないが、おそらく『象山全集』に所収されている書簡、安政六年一一月三日「〔四三七〕勝麟太郎に

贈る」のことだと思われる。同書簡には次の文章が記されている。

ファンデルビュルグの儀も段々難有奉存候、全く初め御声掛御座候故に人手へも渡り不申、且第三版にて大慶無此上候、第二版は癸丑の夏薩藩の本と申事にて杉田の宅にて瞥覧、テレガラフヂアマクネートの事など始めて承知(98)、

「ファンデルビュルグ」はP. van der Burgのことだとして、「第三版」「第二版」はP. van der Burgが著した“Eerste grondbeginselen”（『理学原始』）の何版かを指すとして間違いないと思われる。書簡が書かれた年、安政六年は己未なので「癸丑」は嘉永六年となる。「テレガラフヂアマクネート」はオランダ語で“telegraaf de magneet”つまり磁気電信機のことである。すなわち、象山は嘉永六年の夏に杉田成卿の家にて薩摩藩所有の“Eerste grondbeginselen”第二版をみて初めて電信機のことを知った、と書かれている。関の論述どおりである(99)。

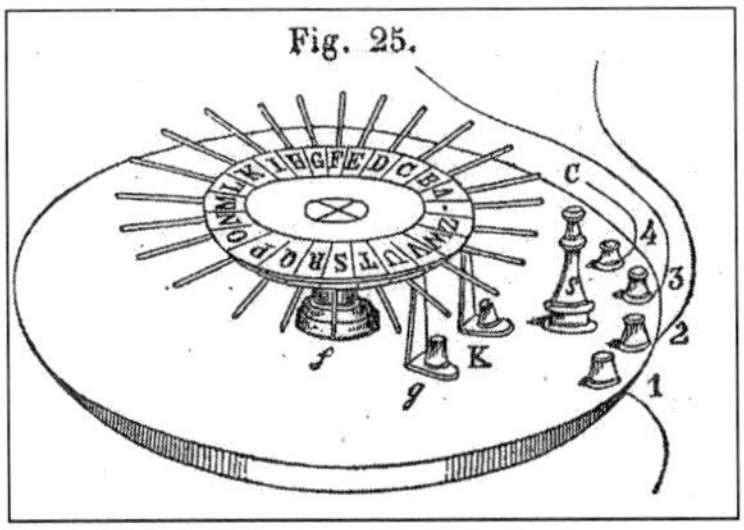

図7 “wijzer- en druk”30頁に掲載の指字電信機送信機の図

絹巻銅線に関しては言及されていないものの、論拠は一次史料からも確認出来ることから関の論述は間違いないと思われるが、以下に蘭書文献の視点からも考察していきたい。

前述した先行文献に関して、『国際通信の日本史』はショメールの百科全書に言及しているが、前節で記したとおり刊行は一七七八～一七八四年なので、静電気の記述はあるものの「当然、一八三〇年以降に発明された電信の記述はない(100)」ので、同書を参考にして電信機を作ることは不可能である。

『世界大百科事典　第19巻』は「《理学原始第二版》（一八四七）をもとに指示電信機を作り」としている。前述のとおり象山が『理学原始』、つまり“Eerste grondbeginselen" 第二版を見たのは嘉永六年なのでこのことは否定されているが、蘭書文献の観点からすると以下となろう。第一節で論述したとおり同書を底本とした「遠西奇器述」を参考として電信機を製造することは困難であった。また同書は物理学のテキストであって電信機の専門書ではなかった。電信機のことは詳述されておらず、図もシンプルなものが一枚掲載されているのみであった。如何に象山が天才であったとしても、同書の記述内容から指字電信機を作り上げることは出来なかったと思われる。

前節で述べたとおり電信機を製造するに際して、大変有益な蘭書で、なおかつ指字電信機が詳しく解説・図示されている(図7はその一例)"wijzer- en druk" は一八五〇年の刊行である。その他の電信機専門書の刊行もすべて一八五〇年以降である。いずれも、嘉永二年(一八四九)の時点では象山は見ることができない。

以上のことからも、佐久間象山が嘉永二年に電信機を試作・実験したことは史実でない、とすべきであろう。

おわりに

前節までに紹介した主な蘭書の刊行年と日本にもたらされた時期、および和訳本、電信機の伝来、日本における研究・製造・実験に関する主な事柄を次表(224~225頁)にてまとめた。流れを整理すると以下となる。

オランダにおいて弘化四年(一八四七)に指字電信機が記載された文献が刊行される。嘉永三年(一八五〇)には指字電信機、モールス電信機双方が詳しく解説された電信機の専門書が刊行される。(おそらく)嘉永六年に指字電信機、そして嘉永七年にモールス電信機が日本にもたらされ蘭学者などが実見する。嘉永六年から七年(安政元年)にかけて幕府・薩摩藩・佐賀藩が電信機の研究を始める。

嘉永七年には指字電信機が記載されている「遠西奇器述」第一輯が刊行される。このころまでには底本である指字電信機記載、モールス電信機未記載の“Eerste grondbeginselen”第二版が日本にもたらされていた。安政二年（一八五五）には“wijzer- en druk”（のおそらく一部）が阮甫によって翻訳されており（「伝信通標」、未刊行）、このころまでに“wijzer- en druk”は日本にもたらされていた。また“druk…MORSE”は安政三年までには日本に輸入されていた。“wijzer- en druk”,“druk…MORSE”はともにモールス電信機のことが詳細な図入りで詳しく解説されており、幕府の旧蔵冊数も多かった。

そして、安政四年に佐賀藩がモールス電信機の製造を成し遂げる。同年、指字電信機からモールス電信機に方針変更した薩摩藩は、おそらく佐賀藩の電信機も参考にして製造し実験を成功させている(101)。佐賀藩は、さらにはおそらく数年の時を要して指字電信機を製造している。指字電信機の電気・機械機構はモールス電信機のそれとは大きく異なる。同じ電信機でも方式が違えば製造することは容易ではなかったのであろう。

第一節・第二節にて述べたように、和訳本では電信機を製造することは出来なかったと思われる。その主な要因は、モールス電信機の記述がなかったことと部分的な翻訳であったからだと考えられよう。また蘭書であっても電信機の記述が簡略な物理学書では、電信機の製造には至らなかったと思われる。正確な図入りで詳細に解説された電信機の専門書が必要であったと考えられる。

日本の電信機製造の歴史は嘉永二年の象山の電信機製造から書き起こされることが多いが、前節で論述したように、このことは正しくない。幕末期の日本人の技術力・適応力を強調したい向きもあると思われるが、丹念に先行研究、史料、そして蘭書を紐解くと、安政二、三年ごろに日本にもたらされた、図入りで詳細にモールス電信機が解説された蘭書をもとに、ようやく安政四年にモールス電信機が製造されたであろうことが浮かび上がってくる。

西暦	オランダでの出来事	和暦	日本での出来事
1856		安政3年	“druk…MORSE” の幕府印記はこの年㋒。このころまでに日本にもたらされる。
			福井藩、電信機の試作研究を進める。
1857		安政4年	佐賀藩、モールス電信機製造（6月以前）。
			佐賀藩、モールス電信機を薩摩藩に贈る（6月）。
			薩摩藩、モールス電信機製造、実験成功（おそらく6月以降）。
1858		安政5年	三瀬諸渕 、伊予大洲にて電信実験成功（8月、製造ではない）。
1859		安政6年	“Eerste grondbeginselen” 第3版の幕府印記はこの年㋓。このころまでに日本にもたらされる。
1860		安政7年 万延元年	佐久間象山、電信機の製造・実験を行う。
1861			プロシャ、幕府に指字電信機献上（12月5日〔西暦1861年1月15日〕）。
		文久元年	盛岡藩、指字電信機製造。
1862		文久2年	広瀬自愨（幕府）、指字電信機雛型製造。
1864		元治元年	佐賀藩、この年までにエーセルテレカラフ（指字電信機）製造 *C。

*A 箕作阮甫は「箕作西征紀行」の（ペリーの幕府への電信機献上より一カ月前の）嘉永7年1月13日記事において、長崎出島和蘭館にて電信機を見たことを書きとめている（箕作阮甫「箕作西征紀行」〔東京大学史料編纂所編『大日本古文書 幕末外国関係文書附録之一』〈東京大学出版会、1913年．1986年復刻再刊〉〕479頁より）。記述内容からすると、電信機は指字式であったと考えられる。またこの時、すでに吉雄圭斎は電信機の伝習を受けていたと記されている（同、479～480頁より）。このことからすると、前年中に電信機がもたらされていた可能性が高い。中野明『サムライ、ITに遭う 幕末通信事始』（NTT出版、2004年）は、電信機が日本（長崎）にもたらされたのはファン・デン・ブルックが来日した1853年8月2日（西暦）から阮甫が見た1854年2月10日（同）までの間だとしている（94～95頁より）。

*B「遠西奇器述」表紙に「嘉永甲寅仲冬新彫」（前掲『江戸科学』141頁）、つまり、嘉永7年11月新彫、とある。和暦11月13日は西暦1855年1月1日となるので、11月13日以降に刊行の場合だと西暦では1855年となる。

*C エーセルテレカラフが収納された木箱には元治元年と箱書きされているので、この年までに製造されたと考えられる。

表1　幕末期電信機関係年表

西暦	オランダでの出来事	和暦	日本での出来事
1844	“Eerste grondbeginselen”第1版刊行。物理学のテキスト。電信機の記述はない。	弘化元年	
1847	“Eerste grondbeginselen” 第2版刊行。指字電信機が解説されている。	弘化4年	
1850	“wijzer- en druk” 刊行 ㋐。指字電信機、モールス電信機が詳しく解説されている。「伝信通標」 の原典。	嘉永3年	
1851		嘉永4年	（清国にて、咸豊元年、電気・電信機の解説書である「博物通書」〔「電気通標」〕が刊行される。指字電信機のみが解説されている）
1852	“Eerste grondbeginselen” 1852年版刊行㋑。おそらく第2版。指字電信機が解説されている。「遠西奇器述」 の底本。	嘉永5年	
1852	“druk…MORSE” 刊行㋒。モールス電信機が詳しく解説されている。	嘉永5年	
1853		嘉永6年	幕府、江川太郎左衛門による調査・研究はじまる。
1853		嘉永6年	薩摩藩の研究始まる。
1853		嘉永6年	オランダより長崎に指字電信機がもたらされる。電信機日本初伝来（嘉永7年1月13日〔西暦1854年2月10日〕以前*A）。
1854	“Eerste grondbeginselen” 第3版刊行㋓。指字電信機、モールス電信機が解説されている。	嘉永7年安政元年	箕作阮甫、電信機を実見（1月13日）。
1854		嘉永7年安政元年	ペリー再来航、幕府にモールス電信機献上（2月15日）。江川太郎左衛門実見（2月）。
1854		嘉永7年安政元年	オランダ、幕府にモールス電信機献上（閏7月）。
1854		嘉永7年安政元年	佐賀藩の研究始まる。
1854		嘉永7年安政元年	「遠西奇器述」第一輯刊行㋑（11月、西暦1854年12月もしくは1855年1月*B）。指字電信機が解説されている。
1855		安政2年	おそらく、このころまでに、“wijzer- en druk” が日本にもたらされ㋐、8月ごろにその一部が「伝信通標」として翻訳される。
1856		安政2年	市川兼恭・大野弥三郎（幕府）、モールス電信機雛型製造（12月12日、西暦1856年1月19日）。

当時のハイテク製品である電信機は、容易に製造できるものではなかった。まずは、詳細な解説と図が掲載された蘭書の入手が必要であった。そして電信機関係にかぎらず蘭書全般による科学技術情報の収集力、製造するための設備や部品、そのための資金力、優秀な技術者が必要とされた。このような総合的な技術力を有する佐賀藩・薩摩藩のみが、早期に製造することができたのであろう。

何度も失敗を重ねようやく成功した反射炉による鉄製大砲鋳造と同様に、電信機も生半可なことでは製造できなかった。しかしながら、その過程は大きく異なっていた。反射炉は、周知の如く和訳された『ロイク王立鉄製大砲鋳造所における鋳造法』を参考にして技術者たちが製造していった。一方、電信機は蘭書原典を頼りに製造されたと思われる。これは大規模工事を必要としチームであたらなければならない反射炉と、少人数による製造で個人の技能に左右される電信機との差であろう。

註

（1）D・R・ヘッドリク（原田勝正他訳）『帝国の手先　ヨーロッパ膨張と技術』（日本経済評論社、一九八九年）は、一九世紀のヨーロッパの膨張（帝国主義による植民地化）は技術の勝利に起因するとしている。汽船、キニーネ、鉄砲、電信、鉄道などの技術は「帝国の手先」であったとして論じている。

（2）多くの文献は、佐久間象山が嘉永二年（一八四九）に電信機を製造した、としているがこの説は正しくない。第四節で論述する。

（3）『江戸科学古典叢書11　エレキテル全書／遠西奇器述／阿蘭陀始制エレキテル究理原／和蘭奇器』（菊池俊彦解説、恒和出版、一九七八年、以下、『江戸科学』）。

（4）同、解説七二頁。
（5）同、同七五頁。
（6）同、一四五頁。
（7）同、一六三頁。
（8）指字電信機は指示電信機と表記されることもある。本稿では引用文を除き指字電信機に統一した。
（9）前掲『江戸科学』一六三頁。
（10）布施光男「幕末期のガルバァニ電池について—佐久間象山の電池を中心にして—」（日本科学史学会編『科学史研究第Ⅱ期第28巻（No.171）１９８９年秋』岩波書店、一九八九年）一四八頁。
（11）「幕府は長崎奉行に輸入洋書を検査し、改め印を押すことを命じた。長崎には東西二つの役所があったが、東役所がこの職掌に任じ「長崎東衙官許」という印を用いた」（ホームページ「東大附属図書館／一般展示／東大初期洋書教科書の世界（常設展：２００５年４月～６月）」〔http://www.lib.u-tokyo.ac.jp/tenjikai/josetsu/2005_02/kaisetsu02.html〕）。
（12）判読不明。〇の中にユ、つまり㋴のような形状が書かれている。
（13）国立国会図書館本において第二版は複写不可、第三版は複写可なので、第三版の図を掲載した。
（14）前掲『江戸科学』一七五頁。
（15）若井登・高橋雄造『てれこむノ夜明ケ—黎明期の本邦電気通信史—』（電気通信振興会、一九九四年）五二頁。
（16）菊池俊彦「箕作阮甫の電信機翻訳書『衣米針衣米印刷伝信通標略解』について」（洋学史学会編『洋学2—洋学史学会研究年報』八坂書房、一九九四年、以下、「『伝信通標』について」）。
（17）三枝博音『技術史』（東洋経済新報社、一九四〇年）。三枝博音『三枝博音著作集　第十巻』（中央公論社、一九七三年）

にても所収されている。

(18) 二七丁と二八丁が全く同じ内容となっている。写本作成時に誤って重複して筆写したとも考えられる。

(19) 榊原聖文「わが国初期の電信機の絵巻について」(『Bulletin of the National Science Museum. Series E, Physical sciences & engineering 1』〔一九七八年〕、以下、「電信機の絵巻」)。

(20) 同、三四頁。

(21) 呉三秀『箕作阮甫』(大日本図書、一九一四年)。

(22) 同、二一七～二一八頁。

(23) 奥谷留吉『日本電気通信史話』(葛城書店、一九四三年)。

(24) 同、六二頁。

(25) 前掲「電信機の絵巻」三四頁より。

(26) 同、四五頁より。

(27) 前掲「「伝信通標」について」五八頁より。

(28) 同、六二頁より。

(29) ホームページ「長崎大学附属図書館近代化黎明期翻訳本全文画像データベース」(http://gallery.lb.nagasaki-u.ac.jp/dawnb/economy_28_1.html)にて画像が公開されている。

(30) 布施光男「『電気通標』及び『博物通書』について」(日本科学史学会編『科学史研究　第Ⅱ期第16巻(No.122)1977年夏』岩波書店、一九七七年)七四～七五頁より。

(31) 「博物通書」「電気通標」ともに三〇丁。なお、後者には返り点がふられているが、前者にはふられていない。

(32)「印板字」は字を印板（版）する、つまり字を刻むと解釈した。

(33)「染色」、つまり色を染めることは紙が変色するファックス通信を連想させる。ファックスは一八四〇年代に考案された。一八四三年に発明されたイギリスのベインによる印画電信（オートグラフ）もこの一種である（高橋雄造『百万人の電気技術史』〔工業調査会、二〇〇六年〕一一〇頁より）。

(34)モールス電信機において、印字にて記録する方式が発明されたのは一八五四年のことである（W. H. Preece and J. Sivewright "Telegrapy" Longmans, Green, and CO., 一八七六年、六八～六九頁より）。これ以前は針の圧力によって紙テープに押し型をつける方式（エンボッシング方式）であった。嘉永七年（一八五四）にペリーが幕府に献上した電信機はエンボッシング方式であった。

(35)前掲「『電気通標』及び『博物通書』について」も、「〝印字板〟とあるので、モールス（中略）の電信機と思われる」（八三頁）としている。

(36)瑪高温（Macgowan, Daniel Jeremore, 一八一四～一八九三年）。二〇年近く中国に住んだアメリカ人宣教医、多くの本を執筆しており日本版も刊行されている（小澤三郎『幕末明治耶蘇教史研究（オンデマンド版）』〔日本キリスト教団出版局、二〇〇六年〕一九〇頁より）。

(37)前掲「『伝信通標』について」六四頁。

(38)川野辺富次著・発行『テレガラーフ古文書考―幕末の電信』（一九八七年）。

(39)同、一一八～一二一頁より。

(40)蘭学資料研究会編・発行『江戸幕府旧蔵洋書目録』（一九五七年、以下、『旧蔵洋書目録』）「序」より（頁はふられていない）。

(41) 同右。

(42) 升本清『蘭学資料研究会 研究報告 第126号 幕末の電信機 (附)幕末航空資料補遺 幕末の蒸気船補遺』(蘭学資料研究会、一九六三年、以下、『幕末の電信機』)。

(43) 同、六四〜七〇頁。

(44) 日蘭学会編・発行『江戸幕府旧蔵蘭書総合目録』(一九八〇年、以下、『蘭書総合目録』)。

(45) 前掲『旧蔵洋書目録』および前掲『蘭書総合目録』は一連番号、前掲『幕末の電信機』は索引番号としている。

(46) 前掲『蘭書総合目録』を参照した。

(47) この他に、赤羽弘道「日本最初の電信機 佐久間象山の電信機の研究」(日本電信電話公社業務管理局管理課編『電信電話業務研究』No.154、Vol.26、通信文化振興会、一九六三年)は、仙台市宮城県立図書館、千葉県佐倉高校、福井県大野市、長崎県平戸市松浦楽歳堂、山口県萩高校、長野県松代真田家、東京国立博物館においても現存しているとしている(四三頁より)。

(48) 駿府学問所旧蔵本が静岡県立図書館葵文庫に収蔵されている(静岡県立中央図書館葵文庫編・発行『静岡県立中央図書館葵文庫 江戸幕府旧蔵洋書目録』(一九六七年)「序」より(頁はふられていない))。

(49) 前掲『蘭書総合目録』九四頁より。

(50) 同右。なお、「大学南校」は国会図書館閲覧可能本以外における印記である。

(51) 同右。

(52) 同、一七三頁より。

(53) 前掲『幕末の電信機』は548としているが、前掲『旧蔵洋書目録』、前掲『蘭書総合目録』の記述に拠った。

(54)　前掲『幕末の電信機』は2677としているが、前掲『旧蔵洋書目録』、前掲『蘭書総合目録』の記述に拠った。
(55)　前掲『幕末の電信機』は「大学南校」の印記ありとしている（六六頁より）が、前掲『蘭書総合目録』には記載されていない（一六五頁より）。また閲覧可能な国会図書館本においても「大学南校」の印記は確認できない。其の六～八も同様。
(56)　前掲『幕末の電信機』六六～六七頁より。
(57)　同、六七頁。
(58)　同、六七頁より。
(59)　同、六九頁。
(60)　電信機の発明以前に光学式の腕木通信が存在した。腕木通信は、腕木の表す文字コードを望遠鏡で読み取って情報を伝達する方式。
(61)　松田清編『佐賀藩鍋島家「洋書目録」所収原書復元目録』（松田清研究室、二〇〇六年、以下、『「洋書目録」復元』）iii頁。
(62)　同、一七〇頁。
(63)　同、一七〇～一七一頁。
(64)　「三番」の項の冒頭には「千八百五十二年」との記述があるが、注釈にて「「目録」記載の1852年版は未詳」とある。一方、原典の書誌情報には、“3de geh. omgew. druk. Gouda, Goor. 1853.”とあり、第三版、一八五三年刊行と記されている。“Eerste grondbeginselen”第三版は一八五四年刊行であるとしてきたが、ここでは『「洋書目録」復元』の書誌情報の記述に準じ、本稿の他の箇所と異なり「一八五三年刊行の第三版」と記した。
(65)　前掲『「洋書目録」復元』一七一頁。

(66) 同、一七一～一七二頁。
(67) 同、四四頁。
(68) 同、五三頁。
(69) 同、一七四頁。
(70) 同、一七三頁。
(71) 同、六二頁。
(72) 文政八年(一八二五)～明治九年(一八七六)。京都出身。京都の広瀬元恭の塾、時習堂で蘭学を学ぶ。化学に詳しく、佐賀藩の佐野常民に誘われ同藩に出仕する。
(73) 中野禮四郎編『鍋島直正公傳 年表索引総目録』(侯爵鍋島家編纂所、一九二一年)に、「安政四年六月一一日。公(引用者註:鍋島直正のこと)千住大之助に内書を授け、佐野栄寿左衛門・中村奇輔に電信機を齎らしめて倶に鹿児島へ赴かしむ」(一四一頁)とある。
(74) 中野禮四郎編『鍋島直正公傳 第四編』(侯爵鍋島家編纂所、一九二〇年)四二六～四二七頁。
(75) 逓信省編『逓信事業史 第三巻』(逓信協会、一九四〇年)六一～六二頁。
(76) 石原藤夫『国際通信の日本史 植民地化解消へ苦闘の九十九年』(東海大学出版会、一九九九年)二一～二二頁。
(77) 城阪俊吉『エレクトロニクスを中心とした年代別科学技術史(第5版)』(日刊工業新聞社、二〇〇一年)五三頁。
(78) 下中直人編『世界大百科事典 第19巻』(平凡社、二〇〇七年)三四〇頁「電信」の項。
(79) 正しくは昭和六年(一九三一)。
(80) 前掲「日本最初の電信機 佐久間象山の電信機の研究」三九頁。

(81) 樋畑雪湖『江戸時代の交通文化』（刀江書院、一九三一年）。
(82) 同、九七頁。
(83) 安政六年（一八五九）～昭和一五年（一九四〇）。逓信省電気試験所の初代所長。近代日本の電気工学の基礎を築いた人物。
(84) 日本電気事業史編纂会編『日本電気事業史』（電気之友社、一九四一年）二一頁。
(85) 長谷川孫助「「電信の父」はダレか」（『電気通信』三一巻二六四一号、電気通信協会、一九六八年）六二頁より。
(86) 斎藤勲編『日本の先覚者　佐久間象山』（長野県松代町象山神社奉賛維持会、一九七〇年）。
(87) 同、一二～一三頁より。
(88) 関章「佐久間象山と日本の電気技術の遺産」（『金属』通巻八四五号、アグネ、一九九〇年、黒岩俊郎編『技術文化ブックス2　技術の文化史　産業考古学シリーズ（2）』〔アグネ、一九九三年〕にても所収されている）。
(89) 同、七七頁に記されている。
(90) 信濃教育会編『象山全集　上巻』同『下巻』（尚文館、一九一三年）。
(91) 前掲『象山全集　下巻』七〇七～七二〇頁に所収されている。関は書簡中のどの箇所を指しているかを記していないが、七一五頁に「バッテレイ」との用語が確認できる。
(92) 関は関章「佐久間象山の電池―再現と実験―」（『産業考古学』三四号、産業考古学会、一九八四年）にて、「安政五年（一八五八）春、佐久間象山は初めて電池をつくった。そしてそれを電源にして、地雷火を発火させようとしている」（五頁）と記している。実験とはこのことを指していると思われる。同論文の当該箇所の注釈から、前掲『象山全集　下巻』に所収の書簡「安政五年八月廿二日（四一一）村上誠之丞に贈る」中の「当春中（中略）ガルバニ機を製し候て試み候」

（九〇二頁）を典拠としていると思われる。

(93)　関は前掲「佐久間象山の電池」にて、安政六年（一八五三）一一月時点では電池が完成していないことは明らかである（七頁より）としている。

(94)　前掲『日本の先覚者　佐久間象山』には、「私は一六歳のとき象山先生の門に入り」（一二頁）とある。大正一〇年（一九二一）九月二九日、五明が八六歳の時の談話なので、一六歳の時は数え歳では嘉永四年（一八五一）となる。

(95)　前掲『日本の先覚者　佐久間象山』一四頁。

(96)　文化一四年（一八一七）～安政六年（一八五九）。江戸時代後期の蘭学者。蕃所調所教授などを歴任した。

(97)　前掲「佐久間象山と日本の電気技術の遺産」七七頁。

(98)　前掲『象山全集　下巻』九四七頁。

(99)　中野明『サムライ、ＩＴに遭う　幕末通信事始』（ＮＴＴ出版、二〇〇四年）も前掲『象山全集』より多くの書簡を引用し（日付は西暦変換、また現代語訳されている）、象山は嘉永六年（一八五三）夏に初めて電信機のことを知ったので嘉永二年に電信実験を行うことはありえない、としている（五二～五七頁より）。

(100)　電信百年記念刊行会編『てれがらふ―電信をひらいた人々―』（逓信協会、一九七〇年）二五頁。

(101)　第三節にて記したとおり安政四年（一八五七）六月に佐賀藩から薩摩藩へ電信機が贈呈された際には、専門家である中村奇輔が同行していたので、単に贈るだけのものではなく、電信機に関することを教授したとも考えられる。薩摩藩の電信機完成が安政四年のいつごろであったかについての明確な記録・史料はないが、佐賀藩より贈呈された電信機を参考にして完成させた可能性が高い。前掲『てれがらふ―電信をひらいた人々―』も「この貴重な贈り物が薩摩藩の電信研究に大きく貢献したであろうことも容易に想像される」（四四頁）としている。薩摩藩の電信機製造に関して、尚古集成館編・発行『図録 薩摩のモノづくり―島津斉彬の集成館事業』（二〇〇三年）には安政四年四月に電信実験に成功した（三八頁より）とあるが、より詳しく記述されている同館発行の『島津斉彬の挑戦―集成館事業―』（田村省三他著、二〇〇三年）には安政四年とのみ記され何月かまでは記されていない（一一七頁より）。典拠は両書とも記していないが、おそらく『島津斉彬言行録』だと思われる。同書の該当箇所には、「電気ノ用法ハ、安政三年丙辰ノ夏、御在江戸ノ節、器械ヲ創製セラレ、渋谷御邸ニオイテ籾メテ御試ミアラセラレ、同四年丁巳五月御下国、器機モ御下シ相成リ、尚ホ修成シ、大イニ試験ヲ経テ完全ナルニ至レリ、（中略）初メハ器械ノ造法ト用法ノ完全ナラザルニ依リ、其功ヲ見ルコト能ハズ、数十回ノ試験ヲ経テ、遂ニソノ功ヲ顕ハシタリト、而シテ鹿児島ニオイテ御本丸御休息所ヨリ二ノ丸探勝園御茶屋ニ通線シ、日々試験シ、稍練熟致シ候ニツキ（通信ハ鉛墨ヲ以テ記号スル機ナリ、線ノ長サ凡ソ三百間許リ、絹糸ヲ以テ巻キタル者ナリ）、同年九月十二日磯邸へ琉球官吏ヲ召サレ」（岩波茂雄校訂『島津斉彬言行録』岩波書店、一九四四年（原題：市来三郎編『斉彬公御言行録』一八八四年）三二～三三頁）と記されている。この文章から、薩摩藩における電信機の実験の成功は安政四年五月から次の話題の日付である九月一二日までの間であったと推定される。また「五月御下国」後、「其功ヲ見ルコト能ハズ、数十回ノ試験ヲ経テ」なので、下国後早々に成功したとは考えづらい。六月以降に薩摩藩は実験に成功した、と見るのが妥当であろう。

本稿は『佛教大学大学院紀要 文学研究科篇』第四二号（二〇一四年三月刊行）に掲載された論文「幕末期の電信機製作」を、その後の調査・研究結果を踏まえ改訂・改題したものである。

幕末・明治期の電信技術と佐賀

宇治　章

はじめに

明治四年一二月一四日(西暦一八七二年一月二三日)、岩倉使節団の副使・伊藤博文がサンフランシスコでの歓迎レセプションの際に行った有名な演説(いわゆる日の丸演説)で次のように語っている。

鉄道は帝国の東西両方面に敷設せられ、電線は我領土の数百哩に亘《わた》って拡張せられ、数箇月中に殆んど一千哩に及ばんとす。灯台は今や我国の沿岸に設置せられ、我造船所も亦活発に活動しつつあり。此等の施設は総て我文明を助成するものにして、貴国及び他の諸外国に対し深く感銘する次第なり(1)。

日本は明治維新によって、数百年来強固に継続してきた封建制度を打破し、その際、実施された幾多の改革によって、急速な進歩を遂げつつあるという。それは、陸海軍や科学、教育制度はもちろんのことであり、そして極めて具体的な例として、鉄道・電信・灯台・造船など文明国の証しとしての科学・技術の進展を謳ったのである。

しかし、伊藤の演説はいささか誇張されたものであったと言わざるを得ない。というのも品川―横浜間の鉄道敷設工事が進んでいたものの、正式には開業していなかったし、電信も明治二年に築地運上所から横浜裁判所まで電信が開通していたが、東京―長崎間の電信線架設が決定され、明治四年八月に着工されたばかりであったからである。それでも西欧列強と対等に伍していくためにはそう言わざるを得なかったわけで、明治政府もそれが急務だと考えていたからに他ならない。

これらの事業を推進したのは大隈重信や伊藤博文といったいわゆる開明派官僚たちであり、実際にこれらの事業を担った工部省の技術官僚たちであったといわれる。そしてこの工部省には多くの佐賀藩出身者が関わった。

佐賀藩では、幕末に大砲鋳造にはじまり、蒸気車・蒸気船の雛形を作り、小規模ながら本格的な蒸気機関を備えた洋式蒸気船を製造し、また電信機の製作にも成功したとされる。工部省で電信寮や製作寮・燈台寮などで佐賀藩出身者が中心的役割を果たしたのも当然であったろう。

日本において電信事業が開始されるのは、明治二年のことであるが、日本にもたらされた電信機としては、嘉永七年（安政元年〔一八五四〕）正月、ペリーの二度目の来航の際に幕府に献上された電信機や、同年閏七月にオランダ献上の電信機が知られている。また、それ以前、嘉永七年一月一三日、ロシア使節のプチャーチンが来航した際、その対応のために長崎に出張した川路聖謨らが、出島オランダ商館で電信機を見たという記録が彼らの日記等に記されている。特にオランダから献上された電信機は佐賀藩主鍋島直正をいたく刺激し、早速、精煉方に電信機の試作を命じ、安政四年には完成したという。佐賀藩には電信機を正確に理解し、それを製作するだけの技術集積があった。それが維新後、工部省において、電信事業を主導する初代電信頭・石丸安世らに引き継がれていくわけである。

本稿では、幕末期の電信および電信機に関する知識や技術がどのようなものであったのか。それが佐賀藩での電信機製造にどう関わったか。また、明治以降、工部省が設置され、全国に電信網を整備し、電信機の国産化が図られていく。また佐賀では全国に先駆けて電信架設に欠かせない碍子等の製造を手がけている。このように電信技術の普及と展開が進められていくなか、佐賀の技術力がどう生かされていったのかといった点を中心に論述するものである。

一　幕末・維新期の電信事情

1　電信機についての知識と技術

(1)外国からもたらされた電信機

国立科学博物館の榊原聖文氏の論文『わが国初期の電信絵巻について』[2]によれば、「一八六二年以前に渡来した電信機は5件知られている」といい、年代順に、①出島オランダ商館の電信機、②ペリー献上の電信機、③オランダ献上の電信機、④福井藩の電信機、⑤プロシアの電信機を挙げている。

この頃の電信機は大きく分けて、針が文字盤の文字を指す指字電信機と、文字を長短の記号に替えて、その印痕で示すモールス式電信機の二種類が知られ、時代的には指字式の方が早く、モールス式は当時、最新式であったとされる。これらには見聞したり、試験した記録が残っているものも多く、論文では、そのような記録等を中心に、その形式や機構などを論述するが、その後、知られるようになった『金海奇観』のような資料もあり、ここではそれらの資料も含めて、幕末期の電信機の状況を考察したい。

【出島のオランダ商館の電信機】

嘉永七年(一八五四)にロシアのプチャーチンが長崎に来航した際に、その対応を命じられた川路聖謨一行が、オランダ商館を訪問し、商館医師ファン・デン・ベルグから電信機を見聞したという記録が、おのおのの日記に残されている。

川路聖謨の『長崎日記』には、嘉永七年一月一三日のこととして、「近頃アメリカにて造りたるといふ脈一ツ動くうちに百里之内にても通達合図乃出来る品を拵かかり居たりをみせたり。これはエレキテルとジシャクとを合せたる法也」という。(3)

川路とともに応接掛を務めた古賀謹一郎の『西使日記』にも同様の記事が見え、(4)同じく同行した箕作阮甫の『西征紀行』では洋学者らしく、装置について詳しく記述している。

別に一机上に電気機器あり。錫箭の内に一土壺を内れ、更に錫箭を内れ薬汁を盛る。○鼇頭に、「薬汁はフルヂュンドズワーフルシュール」トアリ。二行に六坐の壺箭を幷へ、各々扁平銅条を外箭に連ね、其のガルハニ気を興し、六壺の前に一硝子瓶の底に二細孔あり。其の口を硝子塞にて固封せる者を置き、中に水を盛りて、其の半ばに至るときは、ガルハニ気の二極に遭いで水分析せらる。又別に一座の盤面に字を書せる。恰も時儀盤の状の如く、銅箭より銅線の表に絹糸を糾纏せる者二条を連ねて、一は盤脚、一は盤底に接すれば、動線に沿いて電気盤面の針と呼応し、銅の指す所に応じ、其の字を見て其の事の如何なるを知る。其奇巧驚くべし。(5)

前半の部分は電信機には欠かせない電池(ダニエル電池であろう)の様子で、フルヂュンドズワーフルシュールとは希硫酸のことである。また、時儀盤とは時計の文字盤のことで、文字にあわせて針を動かすと電気が流れて、一方の文字盤にその文字を指す指字電信機であることが分かる。ペリーがモールス電信機を幕府に献上する以前に、すでに長崎のオランダ商館では指示電信機が渡来していたわけである。

ちなみに、プチャーチンが長崎に来たのは、この時が最初ではなく、前年の嘉永六年七月一九日に長崎港にやってきている。その時は佐賀藩が対応し、幕府全権の川路聖謨・筒井政憲らの到着を待ったが、一〇月に一旦、長崎を離れて、上海に向かい、嘉永七年一月三日に再び長崎にやってきたのである。このとき、佐賀藩主鍋島直正は旗艦パルラダ号の調査を命じ、何回か調査を行うが、八月一八日、八月二四日には、精煉方のメンバーの本島藤太夫と中村奇輔が、士官室において七寸ほどの蒸気機関車の模型がテーブルに敷かれたレール上を走行するのを見学し[6]、このことが精煉方での蒸気車雛型製造の参考となったという。

【ペリー献上の電信機】

ペリーの艦隊は嘉永六年（一八五三）六月に浦賀沖に姿を見せ、久里浜で浦賀奉行戸田氏栄・井戸弘道が会見。アメリカの国書を受けとっている。その時は来年の再来を予告して江戸湾を離れたが、嘉永七年一月一六日、前年の予告通り、七隻の艦隊が来航、羽田沖まで来た後、小柴沖に停泊した。そしてつづく一七日、横浜に上陸して、蒸気車模型などとともに電信機も幕府に献上したのである。電信機二台と付属品として電信線四把、ガタパーチャ線一箱、電池四箱、亜鉛板、碍子、接続用器、モールス機用重錘、酸類各一箱であったという[7]。

この電信機は、エンボッシング・モールス電信機と呼ばれるもので、現存している（重要文化財、郵政博物館所蔵）ため、その構造、機構が詳しく分かる。モールス電信は、米国のモースが発明した有線電信の方式で、遠隔地間に置かれた送信機と受信機を電線で結び、送信機のキーを打鍵することによって、回路が閉じ電磁石がはたらいて、受信機（レジスター）の部品が長短の信号を記録し、通信を行うものである。米国でも一八四四年に実用化されたばかりの最先端の技術であった。信号の長短を、針を紙テープに押しつけて突起をつけて記録することからエンボッシング式と呼ばれる。モールスキー、レジスター、信号増幅のためのリレー（継電器）といった機器類と、紙テープを巻き取るためのリール、配線用の端子を一枚の基盤に配置している。このほかにリールを駆動するための重錘、電池および電線が付属していたが、これらは失われている[8]。

ペリー献上の電信機は同年二月二四日に、横浜村の応接所から同地洲干（乾）弁天境内まで銅線を張り、ペリーが連れてきた電信技術者トレイバーとウィリアムによって電信実験が行われた。ペリー来航の際の有様や電信実験の様子などは日米両国の記録が残っている。

『松葉楼叢書』には「紅毛密告」「答和蘭書」「異聞秘録」「神奈川日記」等が所載されているが、この内、「神奈川日記」は明石藩の山本一改の所録であり、ペリー献上の電信機の装置図が記載されている（図1）。その図の説明に「此針銅、御仮屋より洲乾迄六町半程の所、如此引張有之、且何十里隔つるも、針銅のばし候得者通じ候。杭より杭の間十四五間づゝ有之。杭の上に付けたるもの、青き硝子、針金の上に白木綿の糸にて巻有之、（中略）白き紙の様成物、ポチポチと底付出る。此底に何の所と申合印有之故読之、[9]（後略）」とある。

また仙台藩士・大槻磐渓編『金海奇観』（ペルリ神奈川応接図巻）は、藩主の命によって浦賀に赴き、本牧沖に碇泊する米国船や横浜の応接所などの模様を実検し、その折に目撃した大砲・軍艦をはじめ、彼理（ペルリ）らの肖像など、およそ五〇図を画いたものである。その一つとして電信機の図がある。

「雷電伝信機略図」とされ、次のような説明が添えられている。「此器二箇、一箇ハ一二町乃至三四町先ニ置キ、Aノ針金ヲ此器ニ繋ギ、Bノ針金

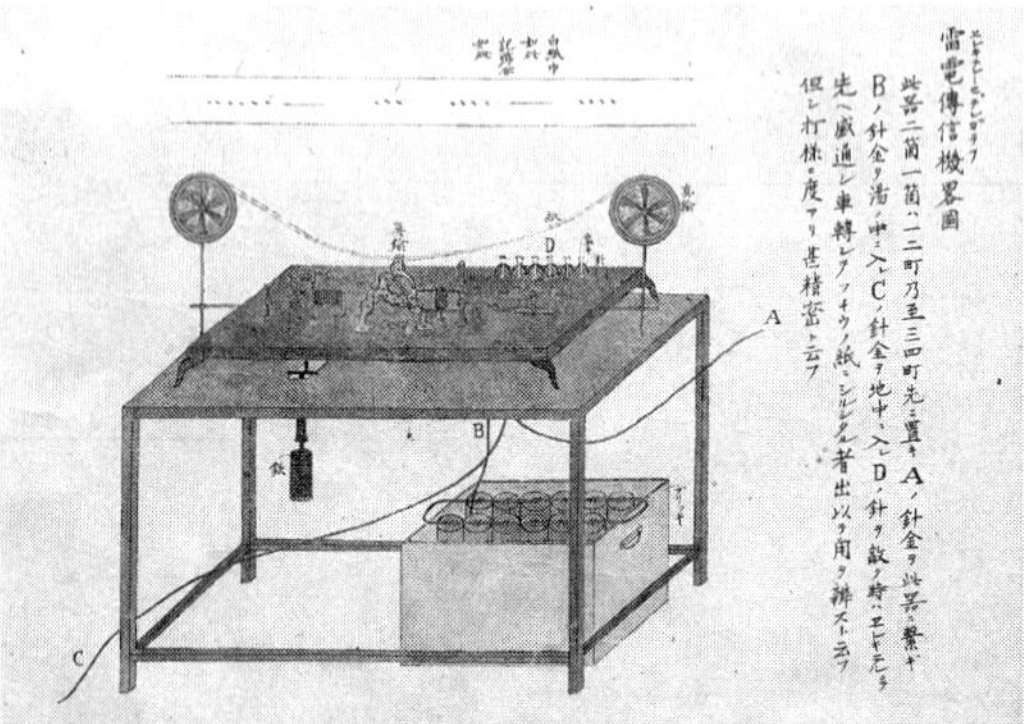

図2『金海奇観』にみる「雷電伝信機略図」

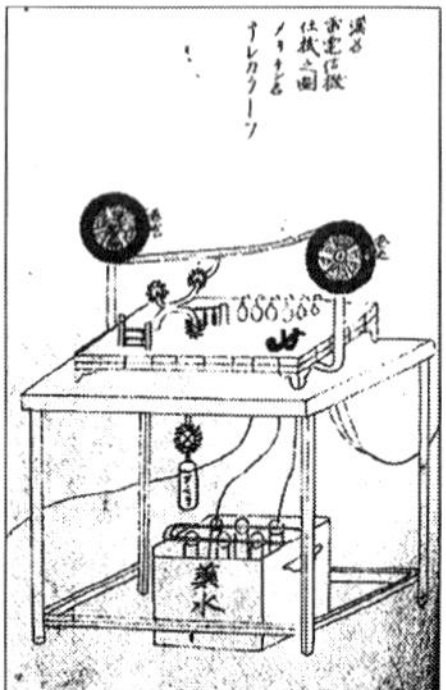

図1　「神奈川日記」に著された「雷電信機仕掛之図」

ヲ湯ノ中ニ入レ、Cノ針金ヲ地中ニ入レ、Dノ針ヲ敲ク時ハ、エレキテルニテ先へ感通シ、車転シテ、フチウノ紙ニシルシタル者出以テ用ヲ弁スト云フ、但シ打様二度アリ、甚精密ト云フ」[10]と配線の状況が記述されている。また机の下には六個二列の電池（ダニエル電池）が描かれている（図2）。

この電信機のデモンストレーションは、日本から米国に答礼品を贈った際に再び行われたが、その後実用されることなく、電信機は竹橋にあった幕府の倉庫にしまい込まれたままになってしまったという。次に述べるオランダ献上の電信機を、安政二年（一八五五）に勝海舟らが将軍・家定をはじめ幕閣の前で実演する際に、この電信機も取り出して動かそうとしたが、損傷や部品の損失があって出来なかったという[11]。

【オランダ献上の電信機】

オランダ政府は、安政元年（一八五四）閏七月一日、長崎出島の商館長、長崎奉行所を通じて、電信機を献上した。先に紹介した榊原聖文「わが国初期の電信絵巻について」では、オランダ商館長から長崎奉行所に差し出された書付を紹介している[12]。

　　長崎御奉行所筋々江之封書横文字和解

　寅安政元年閏七月朔日

長崎御奉行所水野筑後守様江阿蘭かぴたん、私儀謹而申上候義有ㇾ之、則左之通、

（中略）

一、右之通、彼方より申付越候に付、何卒夫々御手数被㆓成下㆒言被㆓成下㆒候様奉ㇾ願候、猶右に付、申上候義左之通御座候、

船将次官グファビユス人名事、和蘭国王蒸気船スームビング船号を以、右エレキトロ、マグネティーセ、テレガ

ラーフを爰許迄持届候、右一式十八箱に入付有レ之候、尚右組立方其外書記附属仕候当和蘭国王ウキルレム、デデルテ人名之趣意を述、阿蘭陀かぴたんより日本国帝に献上仕候様申付越候義に御座候、（中略）

右之条々、謹而奉二願上一候、

かぴたん　どんくるきゆるちゆす

西　吉兵衛印

楢林栄七郎印

右之通、和解差上候申候、以上、

寅閏七月朔日

このことから、電信機はスンビン号（のちに幕府に献上されて観光丸となる）に積まれて運ばれてきたこと、電信機一式が一八箱に納められて献上されたことが分かる。そして興味深いのは、組立方を記した書付も一緒に献上されたことである。その実はオランダ商館長ヤン・ヘンドリック・ドンケル・クルチウスがペリーに対抗して本国政府から幕府に電信機を献上するよう働きかけた結果であり、安政元年七月二八日に到着したということであった。

この長崎で献上された電信機は、その取扱方を学習の後、翌安政二年六月頃江戸へ運ばれている。

すなわち長崎奉行・川村対馬守から阿部伊勢守へ『テレガラーフ仕掛方之義に付伺候書付』という上申書が提出され、この結果、詳しく伝習を受ける必要があるとして、勝麟太郎（海舟）・小田又蔵ほか、幕府天文方山路弥左衛門父子らによって、絵図および伝習書物の写取、電信機の伝習が行われた。その時の一連の伝習書物が、早稲田大学図書館蔵の宇田川興斎編『テレガラーフ伝習聞書』、宇田川興斎訳編『テレガラーフ取扱之規定横文字和解』、イカ・ファンデン・フルック著、宇田川興斎訳編『エレキトロマク子ティーセテレガラーフの解』の三冊であるという(13)。

この『エレキトロマク子ティーセテレガラーフの解』が、先に述べた組立方を記した書付であり、オランダ商館の医師ファン・デン・ブルックが著し、宇田川興斎は翻訳・書写したものである。そしてこれには図解部分が欠落しているが、榊原氏によると、論文執筆の契機になった新たに発見された「文久二年壬戌四月　佐古尚欽写之」の絵巻がそれに当たるという。(14)

この絵巻は、一個あるいは数個の電信機の部品図、実体配線図等よりなり、彩色してあり、随所にかな文字によるオランダ語の名称が表記してあり、続けて日本語の訳名と簡単な説明が記入されている。第一図から第一一図まで描かれるが、例えば第一図は五種の絵図に分けられ、(1)ダニエル電池の極板、素焼きの壺等、(2)局部電池の接続図、(3)印字機および継電器用電磁石の図、(4)中間接続端子図、(5)接続用電線図といった具合で、原図がオランダ人の手によるものであるため、書写されたものではあるが、非常に具体的に、正確に描かれている。ちなみに、ファン・デン・ブルックはJan Karek van den Broek（一八一四〜六五）であり、川路聖謨ら一行に長崎出島で指字電信機について説明したファン・デン・ベルクその人である。

そして榊原氏は、この絵巻および前述の『テレガラーフ伝習聞書』三冊を検討した結果、この電信機の特徴は、

(1)モールス電信機である。

(2)ダニエル電池を使用している。

(3)テープ駆動用動力として重錘を使用している。しかし、その方法は、ペリーの電信機とは異なり、鎖を鎖車にかけ、鋸歯車にめぐらし、この鎖に動滑車状の重錘を懸垂させ、駆動力としている。

(4)電池起電力の測定にガルバノメーターを使用している。

(5)電信回路は直流による単流単信回線で開電式である。したがって、ペリーの電信回路とは異なる。(15)

これらの資料は、それ自体貴重であるが、ペリーの電信機、その他の電信機の回路等の研究の基礎となるもので貴

重であるとしている。

なお、この電信機は前述したように、勝麟太郎・小田又蔵らによって組立てや取扱いが伝習され、翌安政二年七月一三日に江戸の浜御殿（のちの浜離宮）で、将軍家定をはじめ、老中阿部伊勢守正弘、同役久世大和守、新若年寄の鳥居・本多など、主な幕閣たちが居ならぶ中、電信実験が行われた。その時の状況は小田又蔵ほかが著した『和蘭貢献電信機実験顚末』に詳しい。電池の製法、電信機の施設方法などに苦心を重ねたという。ペリーの電信機の実演の際は、将軍家定は服喪中であり、また横浜で行われたこともあり、限られた幕府役人しか見ていないのと対照的である。

【福井藩の電信機】

安政五年（一八五八）一一月に電信機一台を購入した記録があるという。同様に前述の榊原氏は、長崎に来ていたオランダ海軍の医師ポンペの「日本における医務報告書」（電信百年記念刊行会編『てれがらふ―電信をひらいた人々』所載）を引用して、

越前侯は（一八五八年、安政五年）十一月に電信機械一台を購入して、私のところに学生若干名をその伝習のためによこされたが、私は電信の実地家でないから、海軍中尉ウイツヘルス氏の助力を得て、私の家で数回通信に成功した。その後も数日間越前の諸君が私の許で実習して、十一月中にその電信機をもって帰国された（後略）

というものの、詳細は不明で、電信機の形式を推定することも困難であるとしている。(16)

【プロシアの電信機】

万延元年（一八六〇）九月、プロシア（プロイセン）のオイレンブルク伯爵率いる東アジア遠征団が、日普修好通商条約締結のために来日した際に、幕府への献上品のなかに電信機一式があった。

『プロイセン・ドイツが観た幕末日本 オイレンブルク遠征団が残した版画、素描、写真』（ドイツ東洋文化研究協会、

二〇一一年）には、公式献上品に関するリストが掲載されている。

電磁式電信機四台と付属部品一式　シーメンス＆ハルスケ社(17)

と記されており、その註に「ヴェルナー・シーメンスが一八五六年に発明した、〝ダイヤル式電信機〟として知られる新型の電信機」とある。

赤羽接遇所で日普修好通商条約が締結された一八六一年一月二四日（万延元年一二月一四日）、江戸城の黒書院で幕府高官らに電信機が正式に披露された。しかし、この電信機が将軍の御前で披露されたのは、それからさらに五年の後であったという。蕃書調所に勤務していた加藤弘之は市川兼恭とともに、電信機の仕組みを学んでいたが、慶応二年（一八六六）一〇月、京都の二条城に出仕を命じられ、一一月二日に到着した。数日後、二条城の庭に、このシーメンス社の電信機が設置され、将軍宣下を九週間後に控えた徳川慶喜に、その使用法が説明されたのである。日普修好通商条約が締結されたため、ドイツ語学習の必要性が生じ、そのためにも電信機の用法を学んだのだといい、これがドイツ語学習の始まりとされる。

明治四一年（一九〇八）、加藤弘之は史学会で講演して、当時を回想して次のように語っている。

それは今の電信とは余程違う。今の電信は打って音を出すのであるけれども、其時分の電信と云うものは時計のような円い物が出来て居て、それで其針を廻して字の所に当てる。a、b、cがあって、aならばa、bならばbの所にそれを当てる、それが向うに伝わって向うも同じ字の所に針が廻って行く。それで分かるのであって、今の様に瞬速に行かない。（中略）今から見ると余程緩ろいものであった。右様なことで日本での電信の一番初めは私と市川と云う人が赤羽根のプロシャ国の公使が旅宿して居る所に行って習ったのである。それが矢張り御維新より五六年前であるから今より大抵五十年近くもなることである。(18)

これから、このプロシアから献上された電信機は、時計のような文字盤があって、針を回して文字を指す指字電信機であることが分かる。前出『プロイセン・ドイツが観た幕末日本』でも、一八五六年製のシーメンス＆ハルスケ社の電磁式電信機のモノクロ写真を掲載している[19]。

【榎本武揚が持ち帰った電信機】

これまで述べてきた電信機以降に、日本にもたらされた電信機としては初代逓信大臣を務めた榎本武揚がオランダから持ち帰った電信機が知られている。

榎本武揚は、長崎での海軍伝習第二回生として訓練を受けており、文久二年（一八六二）に幕府軍艦開陽丸の建造と軍事技術習得のためにオランダに派遣された。そして、ロッテルダムに滞在していた時に、電信機二座、線条、碍子等を購入して慶応二年（一八六六）に帰国する。江戸―横浜間に電信回線を開設するためであったという[20]。

しかし、当時日本は幕末の動乱期であったため、この時購入した電信機は築地の海軍所の倉庫に一時保管され、明治元年（一八六八）、戊辰戦争に参戦した際、これらの電信機一式を函館の運上所に預けて五稜郭に立てこもり、官軍と戦うことになった。そして翌年、榎本は降伏し投獄されたが、福沢諭吉や黒田清隆等の助命活動によって処刑されることなく、明治五年に出獄することができた。才能を買われ新政府に登用された榎本は、開拓使などを経て、明治一八年に逓信省が創設されるに当たり、初代逓信大臣に就任した。

榎本が持ち帰った電信機は、フランスのディニエ社により一八六〇年頃に製作された印字式モールス電信機で、インクのついた円盤にテープを軽く押し付けるとテープ上に符号が印字される仕組みで、ゼンマイ駆動の時計仕掛けが使われている。『日本電気事業発達史』では榎本武揚が持ち帰ったこの電信機について、よく知られた逸話を紹介している。

すなわち、函館の運上所に預けられていたこの電信機一式は、さまざまな人の手に渡ったため散逸し、所在不明となっていた。それが明治一四年頃、愛宕山下の古道具屋に並んでいるところを明工舎（現在の沖電気工業株式会社）創業者の沖牙太郎により発見されて買い取られ、明治二一年に榎本が会長を務めていた電気学会の第三回電気学会講演会の席上で、逓信省技術官僚の吉田正秀によって紹介され、榎本と二〇年ぶりに再会することになったというものである。[21] 榎本との再会を果たしたこの電信機は、後に沖牙太郎から逓信省に寄贈され、逓信総合博物館（現在の郵政博物館）の所蔵となった。

(2) 西洋見聞記に見る電信

【福沢諭吉『西洋事情』】

万延元年（一八六〇）遣米使節および文久二年（一八六二）遣欧使節と二度の渡航経験をもつ福沢諭吉は、西欧各国での見聞をとりまとめて『西洋事情』と題して慶応二年（一八六六）に出版したところ、多くの人々に読まれてベストセラーとなった。その中で「伝信機（電信機）」についての記述がある。

伝信機トハ、越列機篤児ノ気力ヲ以テ遠方に音信ヲ伝フルモノヲ云フ、越列機篤児ノ力ハ古来支那人ノ全ク知ラサル所ニテ、自カラ本邦人ノ慣レス、之ヲ簡約ニ弁明スルᄀ甚難シ、故ニ今コ、ニハ越力ノ性質ヲ論セスシテ、唯其作用ノ大略ヲ記ルス、[22]

そして、よく鍛えた鍛鉄に電気を通じれば、鍛鉄は磁石に変化して、他の鉄片を引きつけ、電気の流れを絶てば鉄片を離すなどとモールス電信機の原理を説明する。また当時の西洋諸国は、「海陸縦横ニ線ヲ張ルᄀ恰モ蜘蛛ノ網ノ如シ」とも述べ、電信機の発明は世界を狭くしたと西洋人がいうのも決して大げさではないともいう。

【木村鉄太『万延元年遣米使節航米記』】

同じく万延元年（一八六〇）遣米使節に参加した肥後藩士・木村鉄太も『万延元年遣米使節航米記』で「伝信機」について述べる。

○伝信器《テリガラフ》

一　庫中伝信器アリ。急足超馬《ヒキヤクテンマ》ノ迂遠ナシニ。書信ヲ以テ。百千里ノ外ニ問答ス。速ナルヿ。影ノ従ガ如シ。余等到時。通信ヲ新約児《ニウヨルク》ニ通ス。相距ヿ凡ソ我四十余里。而メ立刻ニメ回信《ヘンシン》来リ報ズ。是レ越列幾的爾《エレキテル》ノ力ナリ。之ヲ制ニ亜鉛《トタン》板。及ヒ銅板ヲ続ギ。能ク桶中ニ納メ曽硫酸ヲ灌グ。亜鈆ハ即チ「ポスチイフ」即チ陽気ト成リ。銅ハ即チ「子ガチイフ」即チ陰気ト成テ。一ノ越列幾的爾ヲ生ス。信を伝ント欲ル所ヨリ。我方ニ。常ニ銅線ヲ張リ。又我方ニ別ニ短金線ヲ以テ。其ノ頭ヲ銅線ノ端ニ。少ク離シ置キ。容易ニ銅線ニ触レザラ令ム。又其ノ金線ノ尻ヲ越列幾的爾中ニ入ル。則金線。「エレキテル」気ヲ吸ヒ含テ。勢ヒ将ニ搖晃《ブリ、》セントス。信ヲ通ニ臨デ。我問フ所ノ辞ニ依テ。彼ノ文字二十六字ノ牌《フダ》ヲ押《ヲサエ》レバ。牌金線ニ触レ。金線ノ頭。又銅線ニ触ル。「エレキテル」銅線ニ移リ。到底煽動《ドコマデモヒラメキ》。忽チ百千里外ニ達シ。此ノ押エル所ノ字。彼ニ行テ。紙ニ書ス。毛髪ヲ違ヿ無シ。然トモ真ノ文字ヲ書ニ非ズ。皆記号《ヲチヤウ》用テ書フ。牌ヲ押ヿ。久ケレバ。紙ニ━ノ記号ヲ書ス。押ヿ急ナレバ。•ノ記号ヲ書ス。譬バ━此ノ如メ記ル者ハ。伊ノ字ト定メ。━此ノ如ナル者ハ。呂ノ字ト定テ。之ヲ相《ハン》スルナリ。都テ信ヲ通ノ速ナル者ハ。「エレキテル」伝信器《テリガラフ》ヲ以テ。第一トス。之ヲ推バ。凡我一時ニ。地球ヲ周回スルヿ。百五十六回ナル可シ。風舩之ニ次ギ蒸気車。又之ニ次グ(23)

使節団一行が電報局を見学した際に、アメリカ側が行った説明に依拠したものと考えられるが、電池やその配線、送受信の仕組など的確に記述している。そしてフィラデルフィアからニューヨークへの連絡に電信が利用され、直ちに返事が返ってきたことを記している。そしてこの使節団には佐賀藩精煉方の福谷啓吉が、福村磯吉の名で副使の村垣範正の従者として派遣されている。福谷が電報局見学に参加したかどうかは定かではないが、この木村の見聞の内容は、帰国後、福谷を通じて精煉方のメンバーなどにも伝えられたであろうことは想像するに難くない。

【福田作太郎『英国探索』】

『英国探索』は、文久二年（一八六二）の遣欧使節団によるヨーロッパ六か国「探索」の報告書の一部である。というのも使節団の任務に外交交渉のほかにヨーロッパ諸国の「探索」があったからである。したがってそれは随員の人選にも現れており、三人の通詞の内、品川藤十郎に支障が生じたため、万延元年の遣米使節での実績を買われて福沢諭吉が選ばれている。この「英国探索」にも「テレガラーフの事」が記されているが、この項の内容も福沢の見聞・聞き取りによるものであろうとされている[24]。ちなみにこの福田作太郎が、明治二年（一八六九）の東京―横浜間の電信線開設に関わり、その後も電信寮で電信助などを務めた福田重固である。

【野村文夫『西洋聞見録』】

また野村文夫（村田文夫）著の『西洋聞見録』は、前編三巻が明治二年（一八六九）一二月刊で、後編四巻が明治四年一月に刊行されている。後編巻之一「英国政體」に、「伝信機　附大西洋伝信機ノ図」が記載されている。英国ではすでに鉄道が各地を連絡しており、そしてその傍らには必ず電信線が設置されているという。また大西洋を結ぶ、海底電信線にも触れている[25]。

野村文夫こそ、慶応元年（一八六五）に佐賀藩士石丸虎五郎（安世）、馬渡八郎（俊邁）とともに英国に渡った人物である。英国での三人の行動や見聞は、多久島澄子『日本電信の祖　石丸安世―慶応元年密航留学した佐賀藩士―』に詳しく、「野村が見聞したものは、石丸・馬渡も同様に見聞してきたものと考えられる[26]」としている。石丸安世が明治維新後、工部省電信頭として、電信事業を進めるにあたって、大いに知識と情報を得る機会となったと考えられる。

2 電信機製造の試み

(1)佐賀藩の電信機

佐賀藩では、精煉方によって電信機製造の試みが進められ、安政四年(一八五七)には完成をみるが、その契機になったのはオランダが幕府に献上した電信機であった。オランダの軍船スンビン号は安政元年七月二八日に長崎に入港したが、佐賀藩主鍋島直正は、ほどなくしてスンビン号を視察し、船将ファビウスに海軍設置について意見を求めたという。その時にオランダが幕府に献上した電信機にも並々ならぬ関心を示し、精煉方に命じて電信機の製造を命じたという。

『鍋島直正公傳』第四編ではその時の事情を次のように伝える。

七月二十八日長崎に白帆注進ありて、和蘭国旗を飜したる蒸気軍艦二隻入津す。其一は船名をスームビング、船将をグハビュースといひ、其二は、船名をヘゲー、船将をファビュースといふ、本国より特派せられて来れるなり。武装船なるを以て、例の如く警備として国老多久長門諸役々兵士等を率ゐて長崎に出張せり。かくて商館長ドンクル・キュルシウスは、本国よりの書翰を長崎奉行に呈し、去年日本政府より註文せる数多の蒸気船、風帆船の事につきての和蘭政府の意思と、日本の米露両国と条約を締結したるにつきての本国の志望とを長崎奉行に伝達したり。(中略)かくて更にキュルシウスは、こも国王の旨なりとて、近年欧州に『エレキテル・マグネテイセ・テレガラフ』(電信機)の発明ありて、遠隔の地との通信往復を瞬息の間に弁ずるやうになりたる事を陳述し、日本に於ても之を使用せらるべしと勧告し、今度持ち渡りたる其機械十八函を長崎奉行に差し出して幕府に献進したり。(27)

そして同じく『直正公傳』に、

甲寅年和蘭国王より幕府にテルガラフ通信器械を献ずるや、彼等は其西洋最新の発明にて、英国を始め、各国みな之を施設し、針金を以て遠隔の地へ瞬時に通信するを得る利器なることを勧告したるを以て、是を聞かれし公は、政治に軍事に必要の利器なりと信じ、乃ち精錬方に命じてその製造を試みしめられき。(28)

と記されている。

それでは佐賀藩精煉方で製作された電信機とはどういうものであったのか。

河本信雄『幕末期の電信機製作―蘭書文献の考察を中心に―』では、幕府旧蔵洋書目録や佐賀藩・薩摩藩の洋書目録を丹念に調査し、オランダにおいて弘化四年（一八四七）頃から指字電信機が記載された文献が、嘉永三年（一八五〇）からはモールス電信機が解説された専門書が刊行され、嘉永七年（安政元年（一八五四））には指字電信機記載の翻訳書『遠西奇器述』第一輯が刊行される。そして安政二～三年にはモールス電信機が詳述された『WIJZER-EN DRUK-TELEGRAFEN』『druk-telegraaph van Morse』『kennis der electriche telegraphie』が日本に伝来し、『WIJZER-EN DRUK-TELEGRAFEN』の一部は安政二年に箕作阮甫によって翻訳されたという。(29)

そのうえで嘉永六～七年に日本に電信機そのものがもたらされ、日本人技術者が実見するようになり、嘉永七年（安政元年）に薩摩藩・佐賀藩が電信機の研究を始め、ついに安政四年には佐賀藩が電信機の製作に成功し、同年、薩摩藩も電信機の製作に成功したという。

この流れから河本氏は、「幕末の技術者たちは和訳本では電信機の製作完成までたどりつけなかった。モールス電信機が詳述されている蘭書原典を見て（そして電信機を実見して）、ようやく製作することができた、とするのが妥当であろう」と結論づける。そして佐賀藩の製作した電信機を「おそらくモールス電信機」であったろうといい、薩摩

藩でも「研究方針を指字電信機からモールス電信機に変更したのち、モールス電信機の製作に成功」したという。(30)

佐賀藩精煉方での主要メンバーである中村奇輔が、嘉永六年にプチャーチン来航の際、蒸気機関車の模型を見学したことは先に述べたが、このとき長崎オランダ商館で川路聖謨ら一行が見せられた電信機を中村らも見たかもしれない。そして同様にファン・デン・ブルックに詳しい説明を聞いたとすれば、指字電信機およびモールス電信機を試作するには十分な情報が得られただろう。また中村は安政二年から始まる長崎海軍伝習に参加しており、その際、同じく伝習に参加していた勝海舟を通じて『エレキトロマク子ティーセテレガラーフの解』等の三冊やその図解である絵巻を見聞きしたかもしれない。またこの『エレキトロマク子ティーセテレガラーフの解』を著したファン・デン・ブルックに直接、モールス電信機の概要を聞いた可能性もある。後述するように佐賀藩精煉方では、「エーセルテレカラフ」と称する指字電信機を製作するが、モールス電信機にこだわり、その製作に成功したと考えられる。オランダから幕府にモールス電信機が献上されたことが契機となり、電信機製造の命が下ったわけで、その目指すものは指字電信機ではなく、最新式のモールス電信機であったろうと考えられるからである。

佐賀藩は安政四年に電信機を完成させたのち、それを薩摩の島津斉彬にも贈呈している。『直正公傳』には次のように記している。

六月公は近似長千住大之助に内書を齎らすべく命ぜらるゝとゝもに、電信機製作に成功せる佐野栄寿左衛門、中村奇輔にも同道鹿児島に赴くべく仰出ありて、中旬より途に上らしめられたり。蓋し内書及び使命の委細は、其伝を逸せるを以て知る能はざるも、表面製造に成功したる電信機を侯に贈らむとせられしにて、佐野、中村は其説明を為すために派遣せられたるなり。かくてこれを受けたる斉彬侯は大に悦び、厚く千住、佐野を引接するとゝもに、電信機について中村に委しく質問し、鹿児島に設けたる西洋工事の製作場をも概しめて種々の質問をなしたりしに、中村はその機巧と能弁とを以て詳細に応答説明をなしたりしを以て、侯は席の進むをも覚えざる程に傾聴したり。かくて遂に中村は平生の持論を発揮し、総て機械は之を発明するまでが難事なれど、既に成りて図説に著はされたる以上は、資本だにあらば容易に製造し得るものなりと断言したりしを以て、侯及び在席の者はみな其豪胆に畏敬したりといふ。(31)

中村奇輔は、精煉方の中でも特に化学に強く、電信機製造の主要メンバーであった。精煉方では石黒寛次が主に蘭書の翻訳を担当し、中村がその蘭書の図説を見て考案することが多く、また田中久重・儀右衛門父子や、弟子の田中精助は機械技術に優れていた。この頃の電信機の場合、その機構自体は存外、簡単であるが、電流を流して通信を可能とするためには、バッテリーとしてのダニエル電池の製法が肝要となる。『和蘭貢献電信機実験顚末』を著した小田又蔵も電池の調製に苦心しており、前出の『エレキトロマク子ティーセテレガラーフの解』でも「ダニエル・バッテレイ」の製法に多くを割いている。蘭書を翻訳するだけでなく、化学に深い造詣を持つ中村だからこそ、「既に成りて図説に著はされたる以上は、資本だにあらば容易に製造し得るものなり」と断言できたのであろう。佐野常民をはじめとする佐賀藩精煉方のチーム力が電信機製造を可能にしたと考えられる。

また、佐賀藩精煉方製造と伝えられる電信機がもう一つある。それは長崎県諫早市の個人所有で、諫早市美術・歴史館に保管されている「エーセルテレカラフ」と呼ばれる電信機である。送信機と受信機の二台からなる指字式電信機で、送信機の文字盤を回転させることで、受信機の指字針が回転して文字を伝える仕組みである。佐賀藩精煉方で中村奇輔らにより製作された可能性が高いとされる。保存状態がよく真鍮や鉄製の部品からは加工技術の高さが伺え、幕末に作られた現存する唯一の国産の電信機で、蘭学など西洋の科学技術が日本に広がったことを示す上で学術的価値が高いとして、平成二七年（二〇一五）三月一三日付けで国の重要文化財に指定されることが答申された。(32)

受信機と送信機、それぞれ木箱に収納され、木箱の表書には、

「元治元年甲　中村考　エーセルテレカラフ　子八月吉辰」

「元治元年甲　中村考　エーセルテレカラフ　子八月嘉平日」

との墨書が見える。この中村が中村奇輔のことと考えられているが、中村は文久二年(一八六二)に薬品の実験中に事故に遭い、一命は取り留めたが再起不能となり、十数年の後、明治九年(一八七六)に亡くなっている。したがってこの電信機の製作は元治元年(一八六四)以前と推定され、おそらく佐賀藩精煉方でモールス電信機が作られたと考えられる安政四年頃、またはそれ以前であろうと思われる。

ただ、諫早家では文久元年から早田市右衛門(運平)らを佐賀藩精煉方に伝習稽古として派遣しており、銃砲製造などに従事したようで、電信機についても指導を受けた可能性がある。したがってこの電信機はその成果として、箱書きに記された元治元年頃、精煉方から贈与されたものであったのか、または、中村らが考案した電信機をもとに早田運平ら諫早からの派遣メンバー達の手によって作られた同類品であったのかもしれない。

詳細は不明であるが、何らかの形で早田らが電信機に関与した可能性があり、それゆえ早田運平の子孫の家(文化庁の指定答申書には諫早家の個人とのみ記されている)に伝来するに至ったようである。

(2)佐久間象山および薩摩藩の試み

電信機を製作しようとする試みは佐賀藩・薩摩藩だけではなく、それ以前に佐久間象山が、フランスのショメールの『百科全書』のオランダ語版をもとに、嘉永二年(一八四九)頃に日本で初めて電信実験に成功したとされている。

象山は電線・コイル・ダニエル電池などを自作し、自宅から鐘撞堂まで約七〇mを通信したといい、このときの電信機は指字電信機の一種であったといわれている。前出『日本電気事業発達史』でも、「嘉永年間には電信機を作り

郷里信州松代町に於て可なりの距離を経て通信を実験した。嘉永二年（六十六年前）電信機用として自ら作りたる絹巻銅線の一片は残って逓信省博物館に保存されている」[33]と記されている。

しかし、確かに佐久間が作製した絹巻銅線は現存するものの、電信機については明確ではなく、佐久間の実験が成功したかどうかは、はっきりとは分かっていないとの説もある。

平成一五年（二〇〇三）、国立科学博物館で開催された特別展「江戸大博覧会―モノづくり日本―」の図録で、佐久間象山を紹介し、ガルハニセスコックマシネ（電気治療器）とともに、電信機の写真を掲載し、松代藩真田家旧蔵品で真田宝物館蔵としているが[34]、この送信機と受信機からなる指字電信機も、エナメル線が使用されているなど、一見して昭和期の作とする見方もある。また前出「エーセルテレカラフ」の文化庁の指定答申書でも、この「エーセルテレカラフ」が「幕末期の国産電信機として伝存する唯一の事例[35]」と述べられている。

一方、薩摩藩でも安政四年（一八五七）頃、電信機を製造したとする。池田俊彦『島津斉彬伝』によると、

斉彬はまた安政二年緒方洪庵、川本幸民、杉田成卿等に命じ電信に関する蘭書を翻訳せしめ、江戸田町邸宇宿彦右衛門、肥後七左衛門、梅田市蔵等に電信機の雛形を造らしめんとせしが、初めは都合よく行かなかったが数十回の試験後遂に成功した。鹿児島にては同四年本丸休息所より二の丸探勝園茶屋に電信機を通じ、日々斉彬自ら実験をなし通信は鉛墨もて記号し、線は長さ約三百間絹糸を巻いた[36]。

と述べている。しかしこの電信機がどのようなものであったのかは不明である。「通信は鉛墨もて記号し」とすることから、印字式のモールス電信機であったのだろうか。また探勝園での実験の時期もはっきりしない。この年、斉彬公は四月三日に江戸を発し、途中、京都に寄り、五月二四日に鹿児島に帰着しているので、少なくともそれ以降である。同年六月には佐賀藩から電信機が贈られ、大いに悦び、これを契機にそれまで薩摩藩で製造を進めていた電信機

に改良を加え、完成に至ったと考えられないか。翌五年、勝海舟は長崎の海軍伝習の一環で、咸臨丸で鹿児島を訪れ、斉彬公に謁見し、その時に、電信機を見たという。また教官であったカッテンディーケもそれを見て、オランダが幕府に献上したモールス電信機に倣って作られたものであると記録している。(37)

二 電信技術の普及と展開

1 工部省での電信事業

⑴工部省以前のお雇い外国人による電信技術の導入

明治元年(一八六八)に神奈川県判事の寺島陶蔵(宗則)は、江戸―横浜間に電信機の架設を計画した。これはイギリス公使パークスが電信機導入実験を意図して要請したものであったが、実際にこの計画を立てたのは、パークスに信頼されていた灯台建築首長ヘンリー・ブラントンだった。寺島はその計画に基づき、電信技師の周旋から資材調達までブラントンに一任した。そのとき雇用されたジョルジ・マイルス・ギルベルトは、それに必要な機材を調達し、これを積み込んだ船で来日した。持参した電信機は、イギリスの鉄道会社が使用していた単針電信機であった。しかし幕府がフランスの援助で進めていた江戸―横浜間の電信機架設工事が頓挫していたので、そのために購入していたブレゲー指字電信機を使用することとなった。ギルベルトは「伝信機取扱規則」一三か条を定め、神奈川県県兵から選抜した伝信機伝習御用四名に電信機の取扱いと簡単な保守方法を伝習した。(38)

このギルベルトが電信お雇い外国人第一号である。そして明治二年八月、横浜の灯明台役所と横浜裁判所との間に電信線を架設、同年九月、横浜裁判所―築地運上所間の電信線架設が開始された。

また同年、オーストリアから電信機一対が献上された。『日本電気事業発達史』には「同年墺地利国より通商条約締盟の為め差遣せられたる使節より、針尖にて現字紙に小孔を穿ちて符号を現出するエムボッシング、モールス電信機(Embossing Morse Instrument)二基を献上したりし[39]」と述べる。

本間清雄は幕府留学生としてプロシアで語学・法律学を学んでいたが、この電信機を明治天皇の天覧に供するため、その説明役を務めるため一時、帰国したという。また幕末、開成所で教授方に任じ、維新後横浜裁判所で翻訳方となり、明治二年に外務省に転じ権大丞に任ぜられていた子安峻は、天覧に供するにあたり、御前において実地試験を命じられたが、その時に五〇音に配置した邦文の符号を考案し、これが「本邦に於ける電信符号の嚆矢なり[40]」という。

その際、機械の一部に故障が生じたため、着任したばかりのギルベルトに依頼して修繕させ、子安にその通信方法を伝授して、何とか天覧に供することが出来たという。結局、この当時はまだお雇い外国人の手を借りなければ、日本人だけではどうすることもできない状況であった。

なおこのモールス印字機は、その後、外務省と築地電信局に据え付けられ、公用のみの通信に供された。両所間の電信線は明治二年中に落成し、明治三年一月八日から通信を開始した。これが「本邦に於いてモールス機を取扱たる始祖なり[41]」とする。

⑵電信技術の国産化

工部省の設置は明治三年(一八七〇)一〇月であるが、明治四年八月に電信寮が設置されるに至って、電信に関する官制が確立された。そして東京―長崎間の電信線架設をはじめとして、急速に電信網の整備を進めていく。それを主導したのは初代電信頭となった石丸安世であったが、実際は、電信寮にはギルベルトをはじめ多くのお雇い外国人技術者が雇用されており、電信機の取扱いから電信線の架設など電信に関わるほとんどの業務を担当していた。石丸はこのようなお雇い外国人の技術力を活用しつつ、日本人技術者養成を進めていく必要があった。そのため明治四年に修技教場(明治六年から修技校)を設け、電信技手の養成を開始し、また明治六年に電信寮に製機科を設け、電信機の修理のみならず電信機の国産化に努めた。

これらに関しては、本書所収の河本信雄氏や多久島澄子氏の論考も参照されたい。

ここでは明治初期の電信事業において、石丸は重要な役割を果たしたという点を指摘しておきたい。電信機の国産化についても、佐賀藩精煉方で電信機製造の実績をもつ田中久重や門弟の田中精助らが中心となる。また電信架設に必要な電信用陶磁器である碍子をまずは佐賀有田に発注したのも、石丸が佐賀の技術力を大いに評価し、期待してのことであったからである。

【工部省初代電信頭石丸安世】

石丸安世は『工部省沿革報告』によると、

(明治四年八月)〇一四日、電信寮ヲ置キ二等ニ班シ、通信事務ヲ料理スル局ヲ改メテ電信局ト称ス、〇一五日、工部省出仕石丸安世、電信頭ニ遷任ス、(42)

とあり、電信寮設置にともなって電信頭に任ぜられたのである。

石丸の技術力は、幕末、長崎海軍伝習に派遣され、操船術や造船学を中心に学んだが、その際、観光丸の汽罐の修理も経験しており、相当なものであった。電信に関しても、精煉方での電信機製造には直接、関与はしていないが、精煉方を通じてかなりの知識と情報は得ていたと考えられる。そして何より、前述したように野村文夫らと共に英国に渡り、造船を学ぶ傍ら、実地に電信機や電信技術に触れる機会も多々あったであろう。石丸が電信頭に任ぜられた理由も、また専門分野が異なるにも拘わらず、電信頭となってすぐに種々の事業を実行できたのも、このような知識と経験があったからだと考えられる。

『鍋島直正公傳』第六編では「先公が交通機関の余り不備なるを慨き、京浜間に電信を設けられたるに、其実権外人の手に執らる、不都合を生じたるを以て、石丸は電信頭を命ぜられて刷新をなす事となり」(43)と述べ、お雇い外国人中心の電信事業から日本人主体の電信事業への脱却が期待されての起用であったとする。

お雇い外国人のギルベルトとモリスのことについて、林董（のちの逓信大臣）は次のように語っている。

私の工部省這入った時は石丸安世といふ人がやって居た。私には技術上のことは能く分からぬが、何んでも西洋人が三百人内外も居た。蘇格蘭人《スコットランド》のギルベルトが電信のことをやって居て、其前はモリスと云ふ人がやって居た。此頃モリスは、老年になって貧乏して病気で困って居ると云ふので、横浜の三橋などが何とかして遣ることは出来ないかと話して居たが、東海道線は皆此人が架けたのだから其功績に対してドウかして遣ったら結構だと思った。(44)

「西洋人が三百人」というのは、いささか大げさではあるが、事実、電信寮にはギルベルトをはじめ多くのお雇い外国人が雇用されており、電信機の取扱いから電信線の架設、電信機の修理、電池や電信機その他の器械の検査、海底線の敷設など電信に関わるあらゆる業務を担当していた。彼らに代わる日本人技術者の養成が大きな課題となっていた。

そして『日本電気事業発達史』には石丸安世について、「夙に洋学を研究して泰西の事情に通暁し、明治四年四月工部省に入りて重要の地位に就き、同年八月電信頭に任じ同年十二月従五位に叙せられる、当時本邦の電信事業は開業日浅くして諸藩の設備整はざりしが、氏は日夜斯業の発達に腐心し、東京、長崎線、及東京、青森線等の工事に際し東奔西走、現場を臨検して工事を督励し、明治六年二月、東京長崎間第一、第二の両線竣工に次ぎ、青森線の工事も亦大いに進捗せしめたり」[45]と述べ、東京―長崎間をはじめ電信網の整備に奮闘していたことが紹介されている。

【電信技手養成と電信機の国産化】

『工部省沿革報告』によると「（明治四年一〇月）○是月、莫爾斯《モールス》印字機始メテ輸着ス、是ニ於テ仮ニ修技教場ヲ本寮内ニ設ケ、生徒六十名ニ其技術ヲ伝習ス、是ヨリ先、生徒十名ヲ撰テ指字機ノ術ヲ学ハシメ、各其実業ニ就カシム」[46]と記す。当初使用の機械はブレゲー指字機で、その技術が簡単であったため、誰でも短期間に習得して実務につくことが出来たが、明治四年一〇月にモールス印字機が渡来するに及んで、その構造が精密で操作が微妙なため、工部省内に修技教場を設け、優秀な生徒を集めて教習させることにした。伊東巳代治（のち枢密顧問官）は、選抜試験を経て伝習生となったひとりで、当時の状況を次のように回想している。

明治四年（月日失念）東京ヨリ石丸電信頭長崎ニ来リテ、広運館ノ優等生中ヨリ選抜シテ、電信ノ官費生徒ヲ採用セシメタリ、十四五名ヲ石丸電信頭自身試験シタリ、石丸氏ハ当時洋行帰リノ英語堪能ノ評判アリシ人ニテ、自分ハ石丸ノ試験ノ結果、幸ニ第一位ニ及第シ、学友竹林某ト二人採用ノ事ニナレリ、自分ハ東京ニテ暫ク電信技手ノ稽古シタル上、洋行サセテ貰フ約束ナリシヲ以テ、此ノ洋行ヲ唯一ノ目的ニ、選抜ニ応ジタル訳ナリ[47]、

と述べ、石丸自身が面接試験をしたようである。とはいっても、通信技術や電信学のほか、語学などの一般教養まで授業を受け持ったのはお雇い外国人である建築長ジョルジであった。

電信寮は、明治五年一月プロシア人ルイス・シェーファーを電機製造方に雇い入れた。シェーファーは、スイスで修業した時計師の出身で電信技術にも精通していたので、日本官員に電機製造技術を伝習させた。佐賀藩精煉方で田中久重の門下生として電信機製作に従事した田中精助は、同年一一月に上京し、石丸電信頭の周旋で電信寮修技科勤務となった。田中はシェーファーの指導を受け、工学寮内に設けられた仮製造所で、その伝習を受けた三人の技手と

ともに電信機の修繕を始めた。翌六年四月、ウィーン万国博覧会事務官の佐野常民に随行し、電信機製造伝習として墺独仏各国の工場を見学して翌七年一月帰朝した。田中はシェーファーとともに工作機械など必要な設備を充実させ、汐留倉庫内に製機所を設置し、電信機器製造の基盤が完成した[48]。

田中久重は明治六年に上京し、石丸電信頭から初めてヘンリー電信機の試作を依頼された。麻布の大泉寺に、住職の好意で仮工場を開き、一〇台の製造に成功した[49]。翌年工部省から練習用電鍵五〇台の注文を受け、これを製造・納品し賞讃を得た。これを契機として、明治八年七月に新橋に工場と店舗を構えて一般営業を開始した。これが民間電信機製造業の起源である[50]。

『電気之友』第一二八号で、石丸の経綸舎について言及して、石丸の功績を讃えている。

経綸舎とは、前電信頭石丸安世翁が（同氏略歴及び肖像は本誌第百廿六号に在り）其昔し開きたる英学の私塾にして、此門より多くの人才を輩出したること人の知る所なるが、（中略）依是観之、石丸氏は夙に英国に遊学し齎し帰れる、文明新教育を後進に授け、多くの有為なる人才を涵養したる中に就て、最も有力なる電気学者をその門より出したるは、我が電気界の為め大功あるものにて、吾人の深く謝せずんばあるべからざる所なり[51]、

2　電信用陶磁器と佐賀

(1)香蘭社での碍子等の製造

佐賀有田の深川栄左衛門が電信頭石丸安世から依頼を受けて、碍子の製造を始め、輸入品と比べても遜色のない品質のものを製造した。中島浩気『肥前陶磁史考』に「本邦電気碍子の始」として、

明治四年深川栄左衛門は、工部省電信局の命により、低圧電気碍子の製造を研究し、刻苦勉励日ならずして、舶

来品に遜色なき品質を製作し得るに至った。是本邦電気具磁器政策の濫觴である。其後十年内国勧業博覧会へ電信用器一切を出品して、賞状を授与せられ、同十二年には清国電報局及露国電信局へ、該製品を納付するの契約を結ぶに至った[52]。

と述べる。またそれに関して、同じく『肥前陶磁史考』に、

明治六年十月二十九日平林伊平製作の電気碍子が、電信寮の試験に合格して、工部省電信頭石丸安世（先の虎五郎）より、爾来専ら採用の資格ある可く布達されたのである。之より先尾張瀬戸に於て製せし鳶色及び黄色の碍子を納入し居りしも、是と含気試験の結果、平林製が絶縁耐電力に於て無比の強力にして、尾張製とは非常の差ある優良品なることを英人モリスの報告に依って決定された。

然るに伊平は明治十二年此製造を中止することゝなり、爾来深川香蘭社のみ専ら之を製作し、其後諸種の附属器を始め、高圧碍子に至るまで、採算的に研究さるゝことゝ成った[53]。

香蘭社は明治八年（一八七五）に、有田の有力窯元であった深川栄左衛門や、手塚亀之助・辻勝蔵・深海墨之助・深海竹治らと共同して設立した合本組織で、有田の陶磁業界をリードした。

平成二六年（二〇一四）に佐賀県有田町で泉山一丁目遺跡の発掘調査が行われた。上有田駅近くの道路整備に伴うもので、調査地点は、江戸時代からつづく陶家の工房があった場所で、江戸後期から明治以降の皿や鉢などの食器片と共に、香蘭社製の碍子など電信用陶磁器片が多数出土した（図3）。調査を担当した有田町教育委員会の村上伸之氏によると、これら大量の碍子類は、陶土を水簸《すいひ》するための池施設の床の下に埋め込められたものであったという。出土資料を実見したところ、碍子類は形状、大きさが異なるさまざまな種類が確認でき、ほとんどが白磁製品で、香蘭社製を表す「フ」の染付銘が手描きされたものも多かった。そしてなかでダニエル電池の磁製容器片が多数出土してい

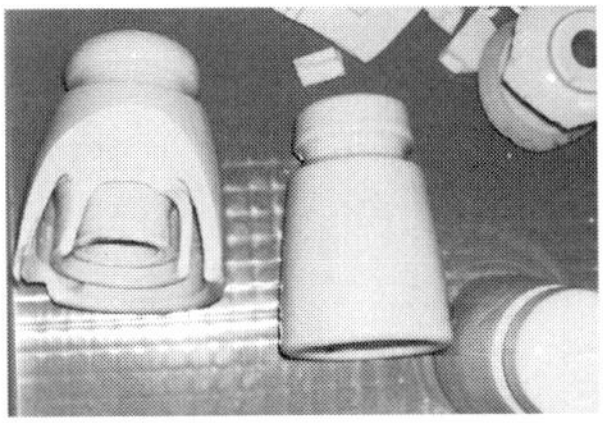
図３　泉山１丁目遺跡出土の碍子類

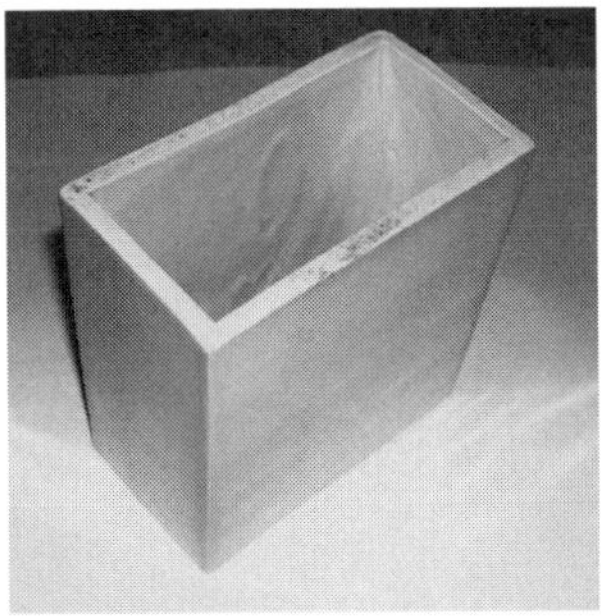
図４　泉山１丁目遺跡出土のダニエル電池のケース

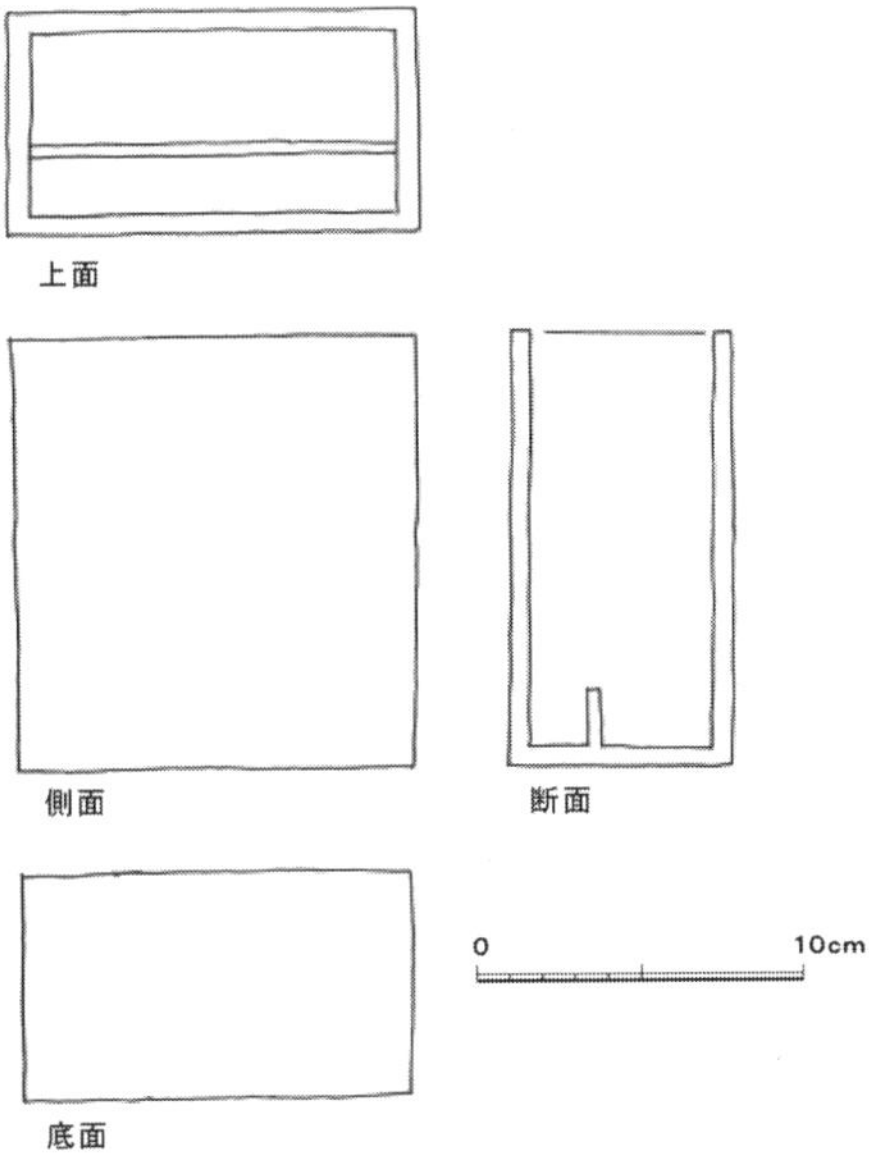

図５　ダニエル電池のケース

図６　ダニエル電池の容器
（島根県遺跡データベースより）

る点が注目された。

これは、図4および図5で見られるように、扁平角形（横幅一二・二cm、高さ一二・七cm、厚み六・七cm）の容器で、すべて白磁製品である。実際には、この中に赤褐色の素焼きの楕円瓶を入れ、楕円瓶の内側に硫酸亜鉛水溶液と亜鉛棒を入れ、外側には硫酸銅水溶液と銅板を入れる。亜鉛棒と銅板が電極となり、これに配線することにより電池として使用できるようになる。

島根県隠岐の島町の御崎谷遺跡から、同じ形状の白磁の容器と赤褐色の素焼きの楕円壺が一緒に出土している（図6参照）。この遺跡は、日露戦争前後に築かれた海軍望楼の一つである「西郷海軍望楼」の望楼跡および管理棟跡であり、明治三二年の設置という。また付近には無線用のアンテナを立てた穴も発見されており、このダニエル電池は、この時の無線通信のための電力として使用されたと思われる[54]。他にも、米子城跡第三三次・三六次調査でも、近代の遺構から、ダニエル電池の素焼きの「楕円瓶」と「外瓶と見られる磁器の細片」が出土しており[55]、また東京港区東新橋の旧新橋停車場跡遺跡でも、やはり素焼きの楕円壺と角形の磁器製容器が共伴して出土している[56]。

『御崎谷遺跡・大床遺跡』報告書では、素焼き壺には底部に「み」「(石)」「六」など七種類の印刻銘が見られるが、詳細は不明であるとしている。また「白色磁器容器」については、「全」「全製」「个」「BY」「⚓」の五種類の銘が確認できるとしている[57]。このうち、「全」「全製」については同一の製造業者で、瀬戸の加藤杢左衛門の窯印と思われる。

ダニエル電池は、本稿で何度も言及しているように電信機のバッテリーとして欠かせないものである。ペリーがモールス電信機を献上した時も、このダニエル電池を一緒に持ってきている。また佐久間象山が電信実験を行った際には、電信機だけでなくダニエル電池も自作したと伝えられる。

ただし、この頃のダニエル電池は、前出の『エレキトロマク子ティーセテレガラーフの解』で「ダニールのバッテレイ」として詳しく説明されているように、角形ではなく円筒形である。それには外側の容器は「硝子又は石焼の器」とある。石焼とは磁器のことである。そして内側には「素焼の壺但石焼の地にして上薬なきもの」を入れるとある。つまり素焼きの壺で釉薬の掛からないものとすると記されている。

一　ダニール人名のバッテレイエレキトルの力を発す為の薬品入たる器を並備する一組をいふ入用の物品を左に記す。

第一　硝子又は石焼の器。

第二　銕型を以て鋳たる鈓丹シリンドル筒形の物形、第二の図に出せし如し、此筒は長き切目あると要す、是に液をよく筒の内面に流着せしめんか為也、将又上端に柄あり、是は銅板より続たる導線蠟付す。
第三　曲たる銅板。
第四　素焼の壺、但石焼の地にして上薬なきもの也、第三の図の如し。
一　此区々の物品を組立る事左の如し、第四図の如く、鈓丹筒を素焼壺に入、尚是を硝子又は石焼の器に入れ、此硝子器と素焼壺の間に銅板を入る、此板は銅線に因て次の壺中の鈓丹に関係す、素焼壺にハ薄めたるスワーフルシュール硫黄酸を入れ、硝子器と素焼壺の間にハ、飽過溶解のスワーフルシュールコープル硫黄酸銅又一名丹礬を入れるなり、此一備を名てエレメント元因の物と云ふといひ、エレメントを集め備たるを、ダニールのガルファニーセバッテレイ、或はコンスタンテガルファニーセバッテレイと号す、バッテレイの端際を極と称す、但し鈓丹極をポシティーフェポール積極と訳ス、銅極を子ガティーフポール消極と訳スといふなり、此バッテレイを以てエレキトルの力を興し、是を導体に因て伝達す。

前に述べたように、ペリー献上の電信機をあらわした『金海奇観』の「雷電伝信機略図」（図2参照）でも、円筒形の電池が六個二列で箱に納められて、電信機がのった机の下に描かれており、幕末から明治にかけてのダニエル電池はこのような円筒形が一般的であったと思われる。

日本電池工業会の広報誌『でんち』での連載「電池雑学(52)」によれば、日本においては、明治初期にはもっぱらダニエル電池が使用されたが、明治一五〜一六年頃からは「ブンゼン電池」が使用されるようになったという。この時期、ダニエル電池があまり使われなくなったようであるが[58]、それが電話の普及とともに、電話の電鈴を鳴らすためにダニエル電池がまた盛んに使われるようになったようで、明治三〇年頃から無線電信用の電源としても使われるようになり、おそらくその頃にコンパクトで角形の形状に変わったのかもしれない。この角形のダニエル電池は一〇個繋げて一組となり、長方形の木製箱に入れられて使われたとされる。

ただ泉山一丁目遺跡出土のダニエル電池の白磁容器片（図4）には、碍子に記された銘と同じ染付「フ」の銘が入ったものが複数あり、碍子の製造開始時期よりあまり遅れるものでないとすれば、その製造が明治初期まで遡る可能性はある。

(2) 全国各地での碍子製造の展開

【武雄小田志・樋口治実の碍子製造】

肥前地区においては香蘭社以外に碍子を製造した陶磁業者に、武雄市西川登町小田志の樋口治実の樋口陶磁器製作所がある。『日本電気事業発達史』には、「時の工部卿は之が輸入を防ぎ内地にて試作せしめんが為め、明治十二年頃、樋口製作所現老主樋口治實氏に内命し見本を示し、之が製作を勧告したり[59]」という。そして明治一四年（一八八一）には、外国製品と比べて遜色ない製品を製作するに至ったという。同一七年、陸軍電信用碍子を納入し、二二年には東京電燈に低圧碍子を、二八年には京都電燈会社に納入するなど電気用碍子製造に移ってゆき、その後、高圧碍子を芝浦製作所に納入するようになったという。これがわが国における高圧碍子製造の嚆矢とする[60]。

【瀬戸・美濃での碍子の製造】

瀬戸・美濃地区では肥前地区同様に碍子の製造が盛んに行われた。前述した瀬戸の加藤杢左衛門が明治六年（一八七三）に工部省電信寮に納入したのが始まりというが、『肥前陶磁史考』がいうように「之より、先尾張瀬戸に於て製せし鳶色及び黄色の碍子を納入し[61]」ていたと思われる。『日本電気事業発達史』では、加藤杢左衛門の碍子の製造開始を明治九年とする。そして研究を重ねた結果、「品質堅硬緻密にして電気絶縁頗る高く、舶来品に劣らざるものを製作するに至」ったという。[62]さらに他の陶磁器業者も製造を開始し、瀬栄合資会社・山善製陶所・丸新商店等も碍子を製造し、岐阜県では、土岐郡下石村深井工場の林浪九郎が明治二七年にはじめて碍子を製造したという。

また日本陶器合名会社（現ノリタケカンパニーリミテド）では、明治三八年より高圧碍子の製造を始めて、芝浦製作所に納入したという。大正八年（一九一九）には碍子部門が独立して、日本碍子株式会社が設立された。同じく松風陶器合資会社でも、日露戦争後から高圧碍子を製造したとされる。

【会津本郷焼の碍子】

会津本郷焼では陶磁器業者の水野喜造が明治二二年（一八八九）、後藤象二郎が逓信大臣の頃、その勧誘により電信用碍子の製造を開始したという。[63]苦心研究の結果、ようやく実用に供し得るものを製出するようになり、同じ会津出身の飯沼貞吉（貞雄）が逓信省用度課長のときに、大量に逓信省に買い上げられ、また東京電燈株式会社にも納入するようになり、名声を得たことから盛んに製造されるようになったという。

おわりに

幕末、佐賀藩精煉方では中村奇輔らを中心に「エーセルテレカラフ」と称する指字電信機が作られたが、それとは別にモールス電信機をも製作したと考えられる。それは幕末の佐賀藩が、オランダ献上の電信機等から、電信機そのものだけでなくダニエル電池の原理や製法など、多くの電信に関する知識や情報を理解し研究を重ねていった結果であったと考えられる。ただその電信機は残っていないため、あくまで推測の域を出ないのだが、それでもそれを可能とした技術力が蓄積されていたことは確かである。

明治政府で電信事業の重要性を主張した大隈重信や伊藤博文にしても、このような旧佐賀藩の技術力は認識していただろうし、実際に工部省で初代電信頭となった石丸安世は大いにその期待に応えた。石丸は東京―長崎間の電信線架設などの難事業を成し遂げるとともに、電信技手の養成や電信機の国産化にも努め、お雇い外国人中心から日本人技術者主体の体制への転換を主導していった。また電気学者の志田林三郎ら優秀な人材の育成にも尽力した。

そして深川栄左衛門ら有田の陶磁器業者が工部省の依頼を受けて碍子の製造を開始するなど、電信用陶磁器の国産化に先鞭をつけた。それは伝統的な日用食器中心の陶磁器生産に加えて、産業用陶磁器にも道を拓いたという点で意義は大きかったといえよう。

註

(1) 瀧井一博編『伊藤博文演説集』(講談社学術文庫、二〇一一年)一三～一六頁。
(2) 榊原聖文「わが国初期の電信絵巻について」(『国立科学博物館工学研究部紀要』、一九七八年)三一～四五頁。
(3) 『大日本古文書 幕末外国関係文書 附録之一』(東京帝国大学、一九一三年)六六頁「露西亜応接掛川路左衛門聖謨日記」。
(4) 前掲註(3)二七三頁「露西亜応接掛古賀謹一郎増西使日記」。
(5) 前掲註(3)四七九頁「露西亜応接掛附津山藩士箕作阮甫虔儒西征日記」。
(6) 杉本勲他編『幕末軍事技術の軌跡 佐賀藩資料 松之落葉』(思文閣出版、一九八七年)一一三頁。
(7) 「電池雑学107 一次電池の渡来と佐久間象山(一)」(『でんち』電池工業会、二〇一三年)五頁。
(8) 文化庁国指定文化財等データベース「エンボッシング・モールス電信機(ペリー将来／米国製)」による。
(9) 東京科学博物館編『江戸時代の科学』(名著刊行会、一九三四年)二六一～二六二頁。

（10）大槻磐渓編、鍬形赤子等画『金海奇観 ペルリ神奈川応接図巻』（早稲田大学図書館洋学文庫〔文庫〇八 A二三〇〕一八五四年）。
（11）郵政博物館展示解説シート貴重資料シリーズNo.3エンボッシング・モールス電信機。
（12）榊原前掲註（2）三二一～三三頁。
（13）榊原前掲註（2）四〇頁。
（14）榊原前掲註（2）三六～四二頁。
（15）榊原前掲註（2）四三頁。
（16）榊原前掲註（2）三三頁。
（17）セバスチャン・ドブソン、スヴェン・サーラ編『プロイセン・ドイツが観た幕末日本 オイレンブルク遠征団が残した版画、素描、写真』（ドイツ東洋文化研究協会、二〇一一年）三二〇頁。
（18）セバスチャン・ドブソン他前掲註（17）三四〇頁。
（19）セバスチャン・ドブソン他前掲註（17）三三九頁。
（20）加藤木重教『日本電気事業発達史』（電友社、一九一六年）一七頁、附録二三～二四頁。
（21）加藤木 前掲註（20）附録二三～二四頁。
（22）福沢諭吉『西洋事情』（慶応大学図書館福沢関係文書〔福一―一二―一著作〕一八六六年）。
（23）木村鉄太『万延元年遣米使節航米記』（青潮社、一九七四年）二〇七～二〇九頁。
（24）福田作太郎「英国探索（福田作太郎筆記）」（日本思想体系六六『西洋見聞集』岩波書店、一九七四年）五二九、五七九～五九八頁。

(25) 村田文夫「西洋聞見録」(『明治文化全集第七巻外国文化編』日本評論新社、一九五五年)。
(26) 多久島澄子『日本電信の祖 石丸安世―慶応元年密航留学した佐賀藩士―』(慧文社、二〇一三年)九七頁。
(27) 中野禮四郎編『鍋島直正公傳』第四編(侯爵鍋島家編纂所、一九二〇年)一七三～一七五頁。
(28) 中野 前掲註(27)四二六～四二七頁。
(29) 河本信雄「幕末期の電信機製作―蘭書文献の考察を中心に―」(『佛教大学大学院紀要』文学研究篇第四二号、二〇一四年)七八～一〇〇頁。
(30) 河本 前掲註(29)八九頁。
(31) 中野 前掲註(27)四二六～四二七頁。
(32) 文化庁「平成二七年三月一三日付 文化審議会報道発表」二六頁。
(33) 加藤木 前掲註(20)一四頁。
(34) 国立科学博物館『江戸大博覧会―モノづくり日本―』(国立科学博物館・毎日新聞社、二〇〇三年)一〇、五二～五三頁。
(35) 文化庁前掲註(32)二六頁。
(36) 池田俊彦『島津斉彬伝』(中公文庫、一九九四年)四一四頁。
(37) カッテンディーケ『長崎海軍伝習所の日々』(東洋文庫、一九七六年)九八、一〇五頁。
(38) 川野辺富次「明治初期のお雇い外国人による電信技術導入のステップ」(『電気学会誌』一一四巻七・八号、一九九四年)四七六頁。
(39) 加藤木 前掲註(20)二〇頁。
(40) 加藤木 前掲註(20)二四頁。

(41) 加藤木　前掲註(20)二二六頁。
(42) 大蔵省『工部省沿革報告』(同、一八八九年、大内兵衛・土屋喬雄編『明治前期財政経済資料集成』第十七巻、原書房、一九七九年)四九九頁。
(43) 中野禮四郎編『鍋島直正公傳』第六編(侯爵鍋島家編纂所、一九二〇年)六一五頁。
(44) 高橋善七『お雇い外国人7　通信』(鹿島出版会、一九六九年)四五頁。
(45) 加藤木　前掲註(20)附録二六～二七頁。
(46) 大蔵省前掲註(41)四九九頁。
(47) 高橋　前掲註(43)七七頁。
(48) 川野辺　前掲註(37)四七九頁。
(49) 加藤木　前掲註(20)一四三頁。
(50) 川野辺　前掲註(37)四七九頁。
(51) 電気之友社編『電気之友』第一二八号(電気之友社、一九〇二年)一三六～一三七頁。
(52) 中島浩気『肥前陶磁史考』(肥前陶磁史考刊行会、一九三六年)四七一頁。
(53) 中島　前掲註(52)五八四頁。
(54) 島根県教育委員会『隠岐にある日露戦争の海軍望楼跡』ワークシートより。
(55) 米子市教育文化事業団『米子城跡第三三次・三六次調査』(米子市教育文化事業団、二〇〇二年)一三～二五、五三～五四頁。
(56) 旧新橋停車場跡・鉄道歴史資料室に、お雇い外国人が使っていた西洋陶磁器類などとともに展示されている。

(57) 島根県教育委員会『御崎谷遺跡・大床遺跡(1)』(島根県教育委員会、二〇〇一年)四二～四七頁。
(58) 「電池雑学52日本の電池の始まり(2)」(『でんち』電池工業会、二〇〇九年)五頁。
(59) 加藤木 前掲註(20)一七〇頁。
(60) 加藤木 前掲註(20)一七一頁。
(61) 中島 前掲註(52)五八四頁。
(62) 加藤木 前掲註(20)一七三～一七四頁。
(63) 加藤木 前掲註(20)一七四～一七五頁。

初代電信頭石丸安世

多久島　澄子

はじめに

佐賀藩で最初に英学を始めたのは、佐賀藩海軍伝習生の石丸虎五郎（安世）と秀島藤之助であった。安政六年（一八五九）の四月、幕府の海軍伝習生が引き揚げた長崎で、オランダ通詞三島末太郎に入門した。当面の目的は安政五年四月に決定した遣米使節団（万延元年〔一八六〇〕）に秀島藤之助を送り込むための英学稽古であった。しかし、一方では佐賀藩の海軍設立を目的としていた。藩の記録では文久元年（一八六一）、英学伝習の藩命が石丸と秀島に中牟田倉之助が加わり三人に下された。三人は、佐賀藩一〇代藩主鍋島直正が設けた蘭学寮から長崎海軍伝習生に選抜された優秀な人物であり、英学伝習生にはその後も海軍伝習生から馬渡八郎・小川剛一郎等逐次増員された。文久三年頃から会所貿易から私貿易に転換期を迎え、慶応三年（一八六七）佐賀藩はフルベッキを教授に迎え、長崎の諫早屋敷（現五島町）に洋学校の体裁を整えた。大隈八太郎（重信）重信が実質的な運営をした。

蘭学寮生は、精煉方（理化学研究所）の蘭学に卓越した石黒貫二・中村奇輔や、からくりに卓越した田中久重の仕事ぶりを目にして影響を受けていた。安政四年、精煉方で作成に成功した電信機が、直正の命により鹿児島の島津斉彬に届けられた。派遣されたのは、精煉方を取り仕切る佐野常民と、佐野が京都から呼び寄せた中村奇輔であった。

佐賀城下の西郊外一帯には御鋳《おい》立方《たてかた》（築地反射炉）・公儀御鋳立方（多布施反射炉）・火術方（中折調練場）が集中していた。このような佐賀藩科学技術施設に囲まれた蘭学寮に、石丸は安政元年に入学し、長崎海軍伝習生、英学伝習生、イギリス留学を経て、明治四年（一八七一）工部省に入り、初代電信頭として短期間にして電信網を全国に敷設することに成功した。何故に初代電信頭が佐賀藩出身の石丸であったのか、何故に石丸が工部省を転出した後も電信・電気の分野で佐賀藩出身者が活躍していくのか、以下、節を追って書いてみたい。

一　佐賀藩海軍伝習生石丸安世

1　石丸虎五郎と中牟田倉之助

二〇一一年に刊行された『プロイセン・ドイツの観た幕末日本』二八五頁に[1]、石丸虎五郎と中牟田倉之助のふたりで写った写真が掲載されている。だが、その「写真Ⅶ-30」のキャプションには「不特定の役人の肖像」としか書かれていない。なぜ「不特定の役人」と書かれた人物が石丸虎五郎と中牟田倉之助だと断定できるのかと言えば、全く同一の写真が『佐賀藩海軍史』[2]の口絵に人物名が入って掲載されているからである（写真1）。また『佐賀県教育史』[3]にも同じものが使われている。が、どちらにも出典は記されていない。さらに石丸の没後に刊行された漢詩集『櫻水遺藁』[4]には「写真Ⅶ-30」と同じポーズの石丸単独写真が口絵に使われており、『中牟田倉之助傳』[5]にも「写真Ⅶ-30」と同一ポーズの中牟田の単独写真が口絵に使われているのである。

『プロイセン・ドイツの観た幕末日本』はドイツ・東洋文化研究協会（ＯＡＧ）から、日独交流一五〇周年を記念し

写真１『佐賀藩海軍史』から（写真Ⅶ-30）と同一
右　石丸虎五郎　左　中牟田倉之助

て発行された。同書は、米・英・仏・露・蘭五ヶ国に遅れて、万延元年（一八六〇）通商を求めて来日したオイレンブルグ遠征団が残した版画・素描・写真が一冊に収まり、この中には世界各地で埋もれていたものも含まれているという。「写真Ⅶ-30」の説明文には「作者はアウグスト・ザハトラー、コロジオン湿板ネガティブから鶏卵紙に印画、一八六一年。英国王立アジア学会（ロンドン）所蔵(6)」とある。「英国王立アジア学会所蔵」と書かれたものは他に見当たらないので、「写真Ⅶ-30」は、新発見のものなのかも知れない。

　オイレンブルグ遠征団の写真師アウグスト・ザハトラーが撮影したとされる一八六一年（文久元）に、石丸と中牟田は英語伝習の藩命を受け長崎に滞在していた。他にも秀島藤之助(7)や井上仲民(8)が同宿であったのだが、なぜ石丸と中牟田だけ撮影されたのか、撮影場所の記録がなぜ無いのか謎である。ともかく、長崎で伝習中の石丸と中牟田はプロイセン・ドイツの写真師アウグスト・ザハトラーと出会い、二人の写真が一五〇年を経てイギリスから届いたのである。

　一八六〇年九月、江戸赤羽接遇所に入ったオイレンブルグ遠征団は、さまざまな献上品を用意していた。その中に、一八五六年のシーメンス＆ハルスケ社製の電磁式電信機が含まれていた(9)。遠征団の江戸滞在が残り数週間になったころに、団長のオイレンブルグ伯爵は、電信機の献上と取扱い伝習を幕府に提案した。これに対して幕府は蕃学調所の市川兼恭《かねのり》（斎宮《いつき》）と加藤弘之に伝習を命じた。これより先、遠征団が到着する直前の一八六〇年八月三一日、市川に「独逸学」を始めるよう秘密裡に指令が出され、蕃学調所内に「精錬方」が新設され、市川は教授方の一人に任命されていた。[10] ちなみに佐賀藩の精煉方設立は嘉永五年（一八五二）一一月である。[11]

市川兼恭の電信機伝習はこのときが初めてではない。安政二年（一八五五）六月、天文方山路弥左衛門父子及び洋学御用掛小田又蔵・同勝麟太郎は、浜邸において蘭人貢献のテレグラフの組立仕掛方製薬等の伝習を長崎奉行属吏から受けるように幕府から命じられた。市川は、宇田川眞齋・中西平太郎と共に山路父子に随行して伝習するよう命じられ、長崎屋源右衛門方に出張して、長崎地役人野口善太夫から伝習を受けた。次いで七月、浜邸でテレグラフ装置を作り、八月四日には将軍の上覧があった。幕府はすでに米国使節ペリーから電信機の貢献を受けていたが、竹橋御蔵に仕舞い込まれたままで、伝習の試みはこれが初めてだった。市川は安政三年一二月、蕃学調所出役教授手伝となった。語学に達者でしかも自然科学的技術に堪能な兼恭は、以後、蕃学調所の代表的人物として活躍する。[12]

安政元年七月二八日、長崎港にオランダ国旗を翻した蒸気軍艦二隻が入港した。一隻はスームビンク（のちの観光丸）、あとの一隻はヘデー号で船将はファビウスといった。オランダ国王の通商条約申し入れの書簡呈上が来日の主な目的であったが、近年のヨーロッパの発明品「エレキテル・マグネテイセ・テレグラフ」（電信機）一八箱も幕府献上品として積み込まれていた。[13]

江戸の市川兼恭が電信機伝習に勤しんでいた安政二年、佐賀藩精煉方[14]の中村奇輔[15]・石黒貫二[16]・田中久重[17]・儀右衛門[18]父子は、小蒸気船雛形・蒸気車雛形の製造に成功した。[19] 安政四年六月、藩主直正は、精煉方で製作に成功した電信機を鹿児島の島津斉彬に贈呈するため、千住大之助[20]・佐野常民[21]・中村奇輔を派遣した。[22]

安政元年六月、医学寮内に置かれていた蘭学寮は、「今や陸海軍術を和蘭より伝習する用意あるために之が拡張を要し、遂に該学寮を翻訳方と共に特設すべく」火術方に移り、同七月、城下西郊の中折に建設が始まった(23)。石丸虎五郎は、弘道館の俊秀から選抜され(24)、新築移転された蘭学寮の一期生となった。石丸より三歳年下の中牟田倉之助は翌二年に、四歳年下の大隈八太郎（重信）は、その翌三年に蘭学寮に入った(25)。

2　石丸安世の生い立ち

石丸安世は、天保五年（一八三四）六月二一日、父親石丸六兵衛、母親多賀のもとに生まれた。石丸家は龍造寺豊前守胤家から数えて四代目が石丸備後守を名乗り、石丸六兵衛安致（一七八八生）が一〇代目で家禄は物成四六石、住居は城下南郊の大井樋村（現佐賀市本庄町大井樋）であった(26)。一一代目を継いだ長兄嘉右衛門安積（一八一七生）は、藩校弘道館を好成績で卒業し、茶を嗜む優秀な人物であった(27)。伯母の浦（一七八五生(28)）は、八代藩主治茂の娘で中院通繁に嫁した徽姫(29)に天保二年まで奉仕して京都より帰国した。病身のため嫁ぐことなく文久元年（一八六一）に没したが、佐賀藩歌壇に石丸浦子の名前で参加し、「白縫集」「西肥女房百歌撰」に選歌されている(30)。このように文化的な石丸家の家庭環境の中で安世は生育していった。

石丸と同年生まれで弘道館蒙養舎・内生寮で一緒に学び、終生仲が良かった長森敬斐(31)は、明治三四年（一九〇一）七月二〇日、安世の幼年期からの様子を書き、それは『櫻水遺稾』第一巻に収められている。

龍造寺の支族に生まれ、自他ともにその矜持を保ち、幼い頃から家族友人に恵まれ穏やかな人生を歩み始めた石丸であったが、時代は大きく変革して安穏としては居られなかった。嘉永六年（一八五三）ペリー来航の年、石丸は二〇歳となった。これより前、嘉永三年の暮、直正は、伊王島・神ノ島の台場築立に着手した。この二島の台場完成により、安政元年（一八五四）六月、将軍から徳川家伝来の銘刀を褒賜され、台場用借入金五万両の返済は用捨された。同七月、将軍褒賜の銘刀・時服を小御書院に飾り頂戴式を執り行い、弘道館においては全藩から募った恭賀の詩文一五冊が奉呈された[32]。このように長崎海防が着々と進む中、藩校内生寮の有望な者の半数に蘭学を修学させることになった。長森はそのまま学校に留まり、のちに江戸留学を命じられた。無息（二、三男）の石丸は、蘭学を奨励され蘭学寮に入った[33]。

3 長崎伝習時代

安政元年（一八五四）蘭学寮生となった石丸が、長崎海軍伝習生に選抜され長崎に着いたのは、安政五年五月二五日であった[34]。安政六年一月二一日、石丸は観光丸の一万四〇〇〇ポンド蒸気罐取替の見学を命じられる[35]。

安政六年二月、幕府は財政難から長崎海軍伝習所を閉鎖するが、直正はオランダ人教師団帰国まで佐賀藩伝習生の訓練継続を幕府から取り付ける。このとき選抜された一人が石丸であった。長崎港周辺で、飛雲丸（安政四年購入の木造帆船）・電流丸（安政五年購入スクリュー式蒸気船）・晨風丸（安政五年佐賀藩建造の一本マストのカッター船）に乗り組んでオランダ人から伝習を受けた。約五ヶ月間というもの、教える方も教えられる者も必死であった。安政六年五月六日、電流丸は伊万里楠久港までオランダ人教官の同乗なしでの航海に成功している[36]。

その傍ら石丸は、安政六年四月からオランダ通詞三島末太郎に通い英語を習い始めている[37]。同年七月、海軍伝習生は佐賀に帰るが、石丸の長崎での伝習は続いた。佐賀藩御親類四家のひとつ、久保田を領する村田家（龍造寺本家）の家臣本野周蔵が、長崎で英学伝習中の石丸を訪れたとき、長崎には「精錬方勤務石黒貫二、中村喜助（マヽ）、福谷啓吉、写真伝習のため当地多久邸に寓居」し、「石丸虎五郎、中牟田倉之助、馬渡八郎、秀島藤之助、英学伝習を命ぜられ当地佐賀藩邸に在り」という。石丸は本野の進路相談に応じて「天下の形勢を察するに将来蘭書を廃止し英に一変せんこと必然なり。英語ならば世界到る所通ぜざるなし」と速やかに英学に転向するように勧めた。こうして英学伝習生に本野周蔵が加わった(38)。

文久元年（一八六一）二月、石丸虎五郎・秀島藤之助・中牟田倉之助に英語稽古の藩命が下った(39)。当時の状況は、中牟田の「親友石丸虎五郎・馬渡八郎の二人、閑叟公の命を奉じ、既に長崎に在りて英学を」修学中で、中牟田は「石丸の推薦に基きて」、派遣が決定したという(40)。秀島と中牟田は二月二三日、佐賀の自宅を出発し、すでに長崎飽《あく》の浦《うら》製鉄所のオランダ人に就き機械学と英学を勉強中の石丸虎五郎と医学勉強中の井上仲民に合流し、四人は一緒に住むことになった。

写真２　『中牟田倉之助傳』から
前列右から石丸虎五郎・中牟田倉之助

石丸・秀島・中牟田の三人は、通詞三島末太郎とオランダ人ホーゲルに入門し、午前は三島通詞のところへ、午後はホーゲルのところへ通い英語の勉強に没頭した。深く親交したのが、飽の浦（長崎製鉄所）の技術者オランダ人ハルデス、同アーケン、同ラースコイであった。三月五日には帰国の迫った長崎製鉄所のハルデスを訪れ別れの挨拶をしている。ハルデスは安政四年から佐賀藩士に造船技術を教授してくれた恩人であった。同一三日、戸町にてプロイセン国の蒸気船バルカスへ乗り込み視察した。四月二日には電流丸に乗り組み、藩主直正の名護屋城址・加部島巡視後、対馬に向かった。府中港ではイギリス軍艦を牽制し、昆の浦では、三月より居座るロシア艦が、島上にロシア国旗を立てている現状を目撃し、五島領を航海の後、同月二三日長崎に帰着した。六月にはオランダ第一等士官コルネリッセンに就いて砲術を

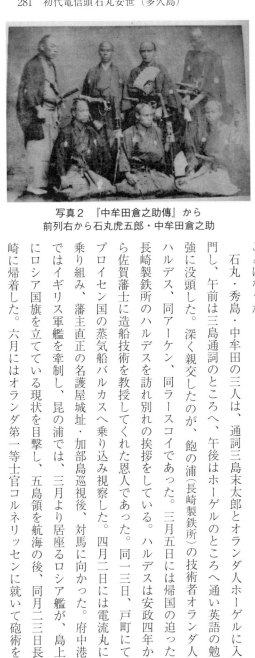

学ぶよう命令があり、石丸・秀島・中牟田は出島に通った(41)。

このころの写真と思われるのが『中牟田倉之助傳』三二〇頁掲載の写真2である。石丸と中牟田の他に、後列は右から長崎聞役石川寛左衛門・多久七郎太夫・深堀領主深堀左馬助・相良五兵衛が写っている。

文久二年一一月二一日、虎五郎は広島藩士野村文夫(この時点では村田だが原籍に戻るので、ここでは野村文夫で通す)の訪問を受ける。適塾出身の野村は、藩主浅野長勲に命じられ洋船購入のため長崎へ派遣されたのだった。この訪問は事前に連絡があったらしく虎五郎は小宴の用意をし、適塾同門の本野周蔵も呼び寄せ野村を待っていた。同月二四日、広島藩一行は佐賀藩の飛雲丸を見学する。佐賀藩側は聞役石川寛左衛門以下応接し船内隈なく案内した。野村は散々悩んだ末に飛雲丸の購入を決めた。一二月一四日、佐賀藩邸において売買契約がなされ、佐賀藩の士官と水夫によって広島に曳航されたのは翌文久三年一月一二日であった。安政四年、佐賀藩がオランダから購入し佐賀藩海軍士官と水夫を育てたスクーネル帆船飛雲丸は、四万五〇〇〇両で広島藩に売却された(42)。

この飛雲丸転売の場合は、自藩の洋式船斡旋であったが、長崎における佐賀藩英語伝習生石丸虎五郎は、英語力が向上するに従い他藩の洋船・武器購入の際にも通訳として外国人商人との斡旋をしていたものと考えられる。それによって他藩の軍備状況も把握していたのであろう。文久三年一〇月一五日、長崎市中の奉行所下と金屋町の木戸二ヶ所に左の張り紙が貼り出された。これが当時の虎五郎の活躍を物語る(43)。

肥前佐嘉出生　石丸虎五郎
此者累年蘭書修業之處《このものるいねんらんしょしゅぎょうのところ》、夷賊之狡黠《いぞくのこうかつ》ニまよひ、交易《こうえき》をたすけ、賄賂《わいろ》をむさほり、剰《あまつさえ》皇國之《こうこくの》奇計《きけい》を渠《かれ》ニ通《つう》し、
其罪不免天誅《そのつみてんちゅうをまぬがれず》、後來不悔悟《こうらいかいごせざれば》、速《すみやか》ニ令梟首者也《きゅうしゅせしむるものなり》
此外《このほか》交易をいたし　奇計をもらす之族於有之《のぞくこれあるにおいて》ハ　浪士壱万八千余勢《ろうしいちまんはっせんよせい》を以《もって》其罪《そのつみ》を糺《ただ》す者也《ものなり》

以上《いじょう》

鹿児島藩は前年文久二年の生麦事件の賠償金と犯人引渡しを拒否していた。そのためイギリスは東洋艦隊を鹿児島へ差し向け交渉を進めようとした。しかし約束の期日まで鹿児島方は返事を送らず遂に戦端が開かれた。石丸は、文久三年七月九日付の横浜新聞（英字）の薩英戦争の記事を翻訳しており、七月三日早朝、薩摩の蒸気船三艘が襲撃された戦の始まりから終りまで、ほぼ正確に翻訳できるようになっていた(44)。

佐賀藩重役で直正の腹心伊東次兵衛(45)の日記には、石丸の名前が通訳や情報収集役として頻繁に挙がり始める。元治元年（一八六四）六月、石田善太夫・石丸・中牟田・馬渡等一四人にイギリス艦船に就いて砲術稽古をするようにとの命令が下り、伝習を受けた結果、佐賀藩は銃陣を英国式に改め、エンヒールド銃を採用することとなった(46)。伊東は慶応元年（一八六五）五月六日の日記に、「薩州よりロントン府へ家来差出候由」とグラバーの斡旋で鹿児島藩士が三月に串木野沖から密航留学した情報を書き留めている。閏五月三〇日、伊東はアームストロング砲を長崎の武器商人田中秀平へ注文したつもりでいたところ、田中は受注と認識していなかった。この手違いに気づいた伊東は、石丸と馬渡にグラバーに直接面談してこの件を確かめるように指示する。翌六月一日、長崎奉行所に出向いた伊東は、佐賀藩のアームストロング砲は発注されていなかったことを確認した。

4　密航留学生石丸の出発

慶応元年（一八六五）五月、石丸は長崎でボードイン医師の診察を受ける直正の通訳をする。佐賀をはじめ各藩の武器調達で巨万の富を得たグラバーは、石丸を通して直正に招待を申し入れ同月二二日、盛大にもてなした。次いでアメリカ領事フレンチの招きにも応じた直正のテーブルにはフルベッキも同席した。同二四日、停泊中のイギリス艦の艦長の招待に応じた直正は、「十年前から蒸気船を買入れ海軍操縦の術も研究している。今度療養の為汽船で当地に来り気が晴れた、病が快復したら遠洋を航海して見たい、機会があらば、貴国に赴いて女帝に拝謁したい」と自身の思いを語っている(47)。

この直正の長崎行直後の六月一日、伊東次兵衛は「石丸虎よりセコント一件相頼、三ノ御丸差上呉候様被申聞、不得止事受取参リ候事、但時計代百二拾壱枚」と日記に書いている(48)。

直正の長崎滞在中に石丸の密航留学計画が進み、その御礼の意味のセコンド（時計）なのか、それとも、もうひと押しの意味のセコンドであったのだろうか。「対価一二一両のセコンド」が三の御丸（直正）様へ渡ったかどうかは不明であるが、密やかに密航留学計画は練られていたものと思われる記事である。

直正の「機会があれば貴国（イギリス）に行ってみたい」という希望は、慶応元年の一〇月、石丸と馬渡の代理留学として決行されることとなる。一〇月一七日の夜、石丸虎五郎と馬渡八郎はグラバーの斡旋で長崎港を密かに脱出する。先に述べた広島藩士野村文夫が同行した(49)。

寛永一二年（一六三五）発令の異国渡海禁止令は、慶応二年四月七日まで続くので、石丸等三人の密航は命がけのものであった。

5　イギリス留学時代

グラバー商会のチャンティクリーア号に息を潜めていた石丸・馬渡・野村の三人は、慶応元年一〇月一七日（一八六五年一二月四日。以下、和暦の月日以外は陽暦の月日をしめす）長崎港を出発した。喜望峰を一月二五日に越え、二月五日にセントヘレナ島の西を通過して三月二七日にロンドンに着いた。

船を乗り換え、三月三一日、アバディーン市マリシャルストリート一九番地のグラバー事務所に到着し、トマス・グラバーの長兄チャールズ、三兄ジェイムスに迎えられた。ジェイムスは文久二年（一八六二）八月から二年四ヶ月間、長崎でトーマスとグラバー商会のパートナーを務め、その後アバディーンに戻り、長兄と船舶保険会社グラバーブラザース社を経営していた(50)。ジェイムスは三人に洋服を勧め下着から上着・帽子まで一切を整えてくれ、三人はこれに従った。しかもジェイムスは、すぐに勉学に入れるように家庭教師を準備していた。

その日、フレセルという家庭教師と共に、石丸ら三人の前に現れたのは、長州藩の竹田庸次郎であった。フレセルはアンセル町第八五番地のボルネットが所有するハッチョン街八五番地ジョン・バーネットという靴屋に案内し、ここが三人の宿所となる。フレセルは断髪を勧め石丸・野村はこれに従った。馬渡については記述が無い。そして三人は百余日ぶりに待望の入浴を果たした。

四月一日、薩摩藩の長澤鼎（一三歳）が訪ねて来た。アバディーン滞在僅か四ヶ月というのに流暢な英語を話す長澤に、石丸ら三人は驚愕した。翌日、ジェイムスらの父親トマス・ベリー・グラバーから夕食に招待された三人は、グラバー事務所より四キロ程北にあるブラエヘッドの田野の中の本宅を訪問した。

四月三日から、フレセルを先生として、文法・算法の講義が始まった。その後、測量術の初歩・点算法・地理が加わり、その合間には汽車と電信機の操作の見学、石工の工場での蒸気機関見学、造船所と立て続けに見学をしている。残念ながら野村の日記は、四月二八日の裁判所見学で終わっている。

四月二一日、話合の結果、石丸・馬渡の二人と野村は下宿を別にしている。その後の勉学方針の違いからと思われる。

竹田庸次郎（春風）と長澤鼎によると薩摩藩留学生一九人中、三人は帰国し、長澤がアバディーンに、六人がロンドンに、他はフランスに滞在中という。長州藩は七人の留学生が着いたが、一人は死亡、グラスゴーに山尾庸三が、ロンドンに遠藤謹助・井上勝・南貞助の三人が、アバディーンに竹田庸次郎が滞在していた。一八六六年四月現在、日本人のイギリス在住留学生は、佐賀二人、広島一人、山口五人、鹿児島七人の合計一五人であった[51]。

山尾庸三は明治三年(一八七〇)の工部省設立に大きく関わる人物であるが、加藤詔士「グラスゴウと明治日本―ストラスクライド大学における日英交流―」[52]によれば、山尾のイギリスでの修学実績は、「ロンドン大学ユニヴァシティ・カレッジで分析化学、化学、土木工学を履修し、工場見学も体験したばかりか、さらにグラスゴウに移り、慶応二年から二年間アンダソン・カレッジ(のちのストラスクライド大学)に学んだ。そのかたわらロバート・ネイピア造船所で徒弟となり実地に造船技術を習得した」とある。文久三年にジャーディン・マセソン商会の支援で密航留学した山尾庸三は、慶応二年から明治元年までの二年間アンダソン・カレッジの夜間課程で自然哲学・無機化学・冶金学を履修し、昼間にはロバート・ネイピア造船所で実地に造船技術を学んだ。

石丸虎五郎・馬渡八郎がアンダソン・カレッジに学んで、理工系の知識を身につけたのは、加藤詔士の「ストラスクライド大学日本人留学生一覧」によれば、一八六六～六七(慶応二～三)年とある。石丸の年齢は三二歳と記してあるが、馬渡の年齢は未記入である。二人の受講科目・留学中の住所も記入されていない[53]。

石丸の長崎留学は安政五年(一八五八)から海軍伝習生として始まり、翌六年オランダ人教師団の帰国後も、長崎製鉄所の技師ハルデス、宣教師フルベッキらに就き、万延・文久・元治を経て慶応元年まで八年間に及び、造船技術・英学の勉強を続けている。イギリス到着後は、アバディーンで家庭教師フレセルにしばらく学んだ後、グラスゴーのアンダソン・カレッジに入り理工系を履修したものと思われる。

石丸・馬渡は一八六七年四月一日から一〇月一日まで開催されたパリ万国博覧会[54]に、佐賀藩会場設営等に従事するため、同年三月にはアンダソン・カレッジを後にしたと思われる。佐賀藩からパリ万国博覧会のため派遣された佐野常民・小出千之助・藤山文一・野中元右衛門・深川長右衛門の出発は、開催に間に合うものではなかった。イギリス留学中の石丸・馬渡をあてにしての万博参加であった(55)。到着直後の野中元右衛門病死という悲運もあった。石丸・馬渡は、佐野常民のオランダでの軍艦(日進丸)発注等にも随行し、会期終了後は売れ残った焼き物等の売り捌きに小出千之助を助けている。焼き物以外の一〇〇箱の茶や蠟等のうち、四〇箱を石丸と馬渡がロンドンで売り捌いた。ロンドンでの石丸・馬渡の滞在先は、イズリングストン町ノルフク街一〇番で、ここには一八六七年の年末に小出と深川が訪れた。このとき、スナイドル式銃の買い付けが行われ、石丸は小出千之助の補佐をしたものと思われる。翌一八六八年の三月三一日には佐野と藤山が訪れた。このとき日本の維新変革の一報が入り、佐野一行と石丸・馬渡は、帰国準備にとりかかった。佐野ら四人は四月一九日にマルセイユへ出てフランス蒸気船で帰国の途につき、慶応四年五月一九日、長崎に帰着した。石丸・馬渡も相前後して帰国の船に乗ったものと思われる。しかし、二人は国禁を犯した身であるために上海で待機して状況を知る必要があった。石丸・馬渡に藩の状況が知らされて長崎に着いたのは、慶応四年の夏頃と思われる(56)。

6 「経綸舎」で若者を育てる

明治元年(一八六八)九月、佐賀藩に復帰した石丸の生活は、直正の指示で長崎に留まり銃や軍艦の輸入貿易に携わった。長崎の生活が落ち着いた頃、英学希望者に教えていたものと思われる。その生徒はまず身内の中村公世(吾道)の子の無一・橘郎、中村公世の実家、有田皿山の豪商久富蔵春亭の嗣子久富季九郎、帰国中の石丸が上海で邂逅した手塚五平の義理の弟の手塚輝雄、長崎在番京糸割符宿老巨智部忠洋のひとり息子巨智部小太郎(忠承)、長崎平民水尾氏二男平田小三郎、支藩の小城藩士中野宗宏・星野寛喬・馬場国三郎等であったと思われる。イギリス留学帰りの石丸のもとへ、維新改革で通学中の学校が廃止となったり学費を絶たれたりした若者が集まってきた。

明治三年一月一二日、石丸は鉱山技師モリスの小型蒸気船で久原港（現伊万里市山代町久原）に上陸した。小城藩と佐賀藩の炭坑開発のためモリスに同道して長崎を出発したのであった。久原には江越禮太が待機して郡令梅崎源太郎が用意した屋敷で開塾した。久米邦武は石丸の墓碑銘「経綸の碑」の中でこの塾の名を「経綸舎」と書いている。『西松浦郡誌』や『佐賀県教育史』等から塾在籍者は、巨智部忠承・平田小三郎・中野宗宏・藤島長敏・右近鏑三・中野初子・星野寛喬・馬場国三郎・藤山小三郎・田尻禮造・小宮小八郎・小野眞平・手塚輝雄・中村無一・磯部橋郎・久富季九郎・志田林三郎等である。久米の墓碑銘には「青衿烝烝、多至三十餘人、対之愉然不知倦也」とあり、熱気むんむんの若者たちを相手に新知識を教えて止まない石丸の喜びが伝わってくる。

明治二年から三年にかけての石丸のイギリス留学の成果は、経綸舎の運営、有田皿山の窯業改革と、小城藩の久原炭鉱開発、佐賀本藩の木須炭鉱開発に顕れる。

石丸は、従来「職人の勘頼みであった」有田のやきもの業界に科学を持ち込み、「欧州の人々の希望と需用に応えるやきものの製作・技術改良」を勧め、「刮目して世界の大勢を明察し大いに貿易を伸長すべし」と指導助言した。ドイツ人化学者ワグネルを長崎から呼び寄せ、釉薬や顔料の開発、石炭窯の実験に取り組ませた。その結果、高価な柞灰の代わりに木灰と石灰の調合で柞灰の代用となることを知った。染付の青色の顔料は、中国から輸入される宝石並の天然鉱物の呉須であったものを、ドイツにはコバルトという顔料があることを教え、コバルトに石粉を混入するなど研究を重ね、呉須同様の色を安価で出すことに成功した。有田のやきものは、「世界の有田焼」として万国博覧会を通して盛名を博していった。

炭鉱開発については、明治四年七月の廃藩置県までに久原坑と木須坑において炭層に届くことはできなかった。しかし、石丸が長崎から連れてきた鉱山技術者モリスの蒸気機関による立坑掘削に端を発した石炭産業は、佐賀県の重要な産業として石油に転換する昭和四〇年代まで続いた。有田の磁器の「白」と石炭の「黒」は佐賀県の大きな財源となったのである。

石丸の久原での愉快な生活は長く続かなかった。明治三年一〇月、藩主鍋島直大の海外留学に随行するよう命令され、久米邦武と共に準備をはじめた。藩内の動揺を防ぐため秘密裡にことは進められた。テーブルマナーまで教授し、長崎から出発するばかりとなった年末、直正の病が重篤となり急遽出発地が横浜に変更されたため、上京することになった。

明治四年一月一八日、直正は直大の到着を待っていたかのように逝去した。

二　初代電信頭となる

1　明治四年工部省出仕

イギリス留学に特段の配慮をしてくれた直正は、石丸に適職を用意していた。この間の事情を久米邦武が次のように書いている。「先公(直正)が京浜間に電信を設けられたるに、其実権外人の手に執らるる不都合を生じたるを以て、石丸は電信頭を命ぜられ刷新をなすこととなり[(57)]」とある。明治四年(一八七一)四月一五日、工部省へ出仕し、同年八月一五日には初代電信頭に就任した。

明治三年一〇月、工部省設立の太政官布告「掌褒百工及管鉱山製鉄灯明台鉄道電信機等」の一九文字は、まさに石丸の宿志そのものであった。これに先立つ明治元年、廟議にて電信経営が決定され、灯明台局のお雇い英国人ブラントンに依頼してジョージ・マイルス・ギルベルトをイギリスから招聘し、電信の試用がはじまった。寺崎遜の回顧談(58)から当時の様子を知ることができる。神奈川県県兵として修文館で助教をしていた寺崎遜と田中銀之助が選抜され、明治二年八月、ギルベルト来朝と同時に電信機伝習御用を申し付けられ、灯明台局一室の両隅に電信機を据え置き、二人で送信機を「ドッコイドッコイ」と仮称し互に談話しながら毎日面白半分に練習した。その時の電信機はブレゲ(指針器)であった。この年一〇月一〇日、鍋島閑叟(直正)が灯明台局へ電信機械を観覧に来局し、このとき寺崎遜が説明をした。『鍋島直正公傳年表』の明治二年一〇月の記事に「九日、公横須賀製鉄所参観を願い、此日品川より汽船に乗じ、横浜に至りて裁判所その他を視察し、十一日製鉄所に至り、一旦横浜に帰りて十二日帰京す」とある。

直正の「横浜に至りて裁判所その他を視察」の目的は、「裁判所構内の灯明台の一隅の電信機及び伝習状況を視察すること」であった。直正は病気が重くなる寸前に、議定として廟議に参加し決定した事項の進捗状況を見ておきたかったのではあるまいか。電信機は安政四年(一八五七)、佐賀藩精煉方で製作していたし、横須賀製鉄所には、直正が安政四年一〇月発注し輸入した長崎製鉄所の機械が運び込まれていた。直正が藩主着任以来努めた長崎防備のための海軍整備の一端を、明治政府で活かされていることを自身の目で確かめたのが、明治二年一〇月九日から一二日の小旅行であった。

明治二年一〇月一二日、河久保正名・伊東種太郎・濱名敬信・青木某の四人が、同年一二月に吉田正秀・鈴木萬之助・大川某の三人が電信機取扱掛に任命され、同年一二月二五日、横浜局(裁判所構内の一隅に新築した狭苦しい建物)に寺崎・坂部・伊東・濱名外一人の五人、東京(築地水上警察所の旧税関即ち運上所構内)に田中・河久保・吉田・鈴木・大川の五人の体制で東京横浜間の通信を開始した。寺崎遜が主任に任命された。開局当時の音信料は、仮名一字につき銀一分で、一日大概二両から四両の収入があった。いまだ閑散としていたので、交代で英学・漢学の稽古に出かけていた。

明治四年四月時点の石丸が出仕した工部省の長官は大隈重信（参議と兼務）、権大丞が山尾庸三・井上勝、横浜に竹田庸二（春風）が鉄道事務を担当していた。電信事務は、明治三年工部省設立より同四年七月まで山尾・井上両権大丞と竹内少録坂上史生等四、五人が担当していた。工部省は木挽町の一角で事務室は八畳ばかりの座敷に寺小屋流に着席し、大隈氏は正面に、山尾・井上両氏がその左右に座し、竹内・坂上・鈴木・平岡と机をつらねた。間もなく石丸虎五郎が電信係主任に、奥村市右衛門（基晴）が電信会計係となり、平岡直健・高間政樹が電信機掛となった。明治四年四月下旬、石丸・奥村・高間・平岡は横浜へ電信線巡回として初めて出張し、寺崎・吉田・濱名等と面会した。翌五年、平岡直健は東京市内の電信局の位置選定の命を受け、日本橋・浅草・両国・本郷・四谷・赤羽の六ヶ所に決定して線路建設工事に着手した(59)。

2　明治五年電信柱の西進

ギルベルト・上島正教・平岡直健・フギンスと工夫の一同は、炭俵・火壺・鶴嘴・シヤブル（シャベルのことカ）等一切の建築道具と馬車に乗

表1　電信建築担当表　（『電気之友』133号より作成）

建築区域	主任技師	通弁	会計	測量掛
東京-静岡間	フォストル	山口　正	豊島海城	
静岡-大阪間	ハリフアックス	三橋信方	須藤重正	
神戸-竹原間	モリス	川西英吉	松野真吾	
竹原-馬関間	ラルキン	濱名金吾	平岡直健	科野三郎
九州	フライ	原田　某	福田　復	光安三平
東京-仙台間	長澤俊平			
仙台-青森間	チール	若菜清河	平岡直健	
（盛岡-青森間）	鶴田常眞・ 鳥巣敬義（補助）		久下忠重	

東京本局にはエドガル・ヂョルヂが建築長として主管し、その下にストヲン書記。ヂョルヂ解雇後はイー・ギルベルトが就任。
ラルキンは明治5年神戸局主任となり、中国一円はモリスがダンクを助手として担当した。

り、日々市中を奔走して工事を進めた。これより先、政府は各藩の公務人を招集し、電信線建設の主意を説明し工事中に不都合が無いように申し渡した。その後、建築技師等担当地区を決め各地に出張させた。平岡直健と前田本方の回顧談から表1を作成した(60)。

ここで筆者が二〇一二年に神田神保町秦川堂書店で入手した電信係の日誌（写真3）から、明治五年二月一八・一九日の電信線路建築の様子を紹介してみよう。

　二月十八日　晴　第三月廿六日火曜日
午前第十一字（ママ）、昌岡電信少属・永井銕道中属神奈川驛ニ着。

午後第一字、上島電信権少属横濱表ゟ来ル。

永井中属当驛江着之旨、本寮江電信を以て通信ス。

ハレハッキス東京より横濱表江来候由。

　二月十九日　晴風強
昌岡少属・上島権少属諸事引渡し、午前十一字当驛出發、横濱表江立寄帰京致し候事。

人足兼吉始メ一同程ヶ谷驛より当驛江来ル。午後エレバック氏来驛無之ニ付保土ヶ谷驛ニ帰ル。


ここに記された昌岡電信少属・永井銕道中属・上島電信権少属とは、明治五年の電信寮官員録から、昌岡弘毅・永井義方・上島正教であると考えられる。永井義方が鉄道寮中属であるのは明治四年一一月の官員録のみで、

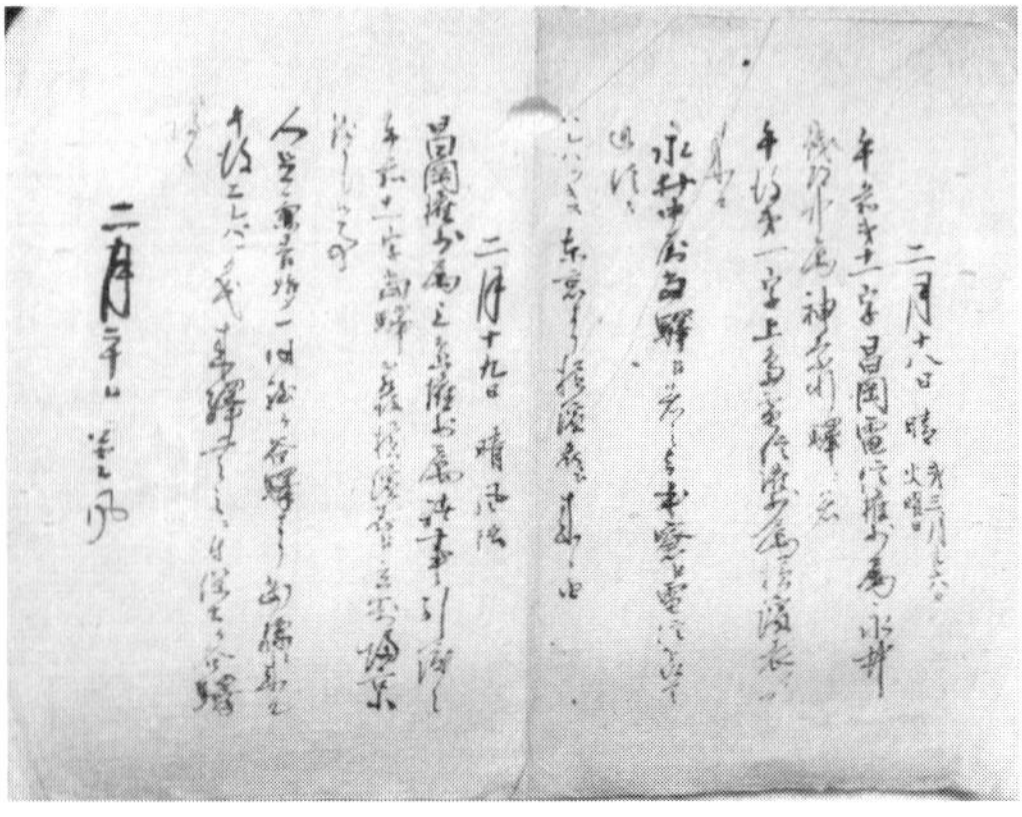

写真３　明治５年電信係の日誌

明治七年には昌岡と永井の名前は電信寮には存在しない。このことから右の日誌は明治五年のものと考える。上島正教は、当初は神奈川県兵でギルベルトとその助手フギンスの護衛の任務に就いていた。ギルベルトが付きっきりでの護衛を希望したので、上島は民部省準一六等出仕を拝命してギルベルトに付き添い、建築に従事することになった(61)。

写真4は、明治五年に撮影された大森付近の電信柱建設風景である。

写真4　大森付近の電信柱建設風景　郵政博物館所蔵

表1「電信建築担当表」の通り、各地区の担当者によって電信線路は建設され、短期間で東京長崎間の完成をみることができたのである。なお参考として筆者所蔵の駿河・遠江地方の史料から、表2「各駅の諸器械在庫表」と、見付駅陸運会社の社員が書き上げた表3「中野町村外五ヶ所江逓送器械入費書上帳」を掲げる。

近世の宿郷制度を利用して電信柱建築に必要な機材は計画的に各駅に運ばれ、出張して来たお雇い外国人の技師・助手・測量係・通訳・会計たちによって、その機材は電信線路の建設に使われ、電信網は延伸していったのであった。

佐賀県立図書館の「明治行政資料」に、明治四年七月二七日付で工部省から、「今般東京ヨリ長崎港迄別冊路程電信機御施設相成候ニ付、測量トシテ當省官員幷御雇英人一人不日出張可致ニ付、其砌」、一里ごと、七〇本の割合にて買い上げるので、杉丸太二丈六尺、末口四、五寸、元口七寸より八寸を、適当な広場に調達しておくよう指示が出ている(62)。

表2 各駅の諸器械在庫表 （多久島澄子蔵 和紙5枚綴、縦7.5cm、横5cm）

品名／駅名		奥津	沼津	吉原	蒲原	興津	江尻	静岡	鞠子	岡部
太銅線	把	178	33							18
中細銅線	把	1						1		
細銅線	把	4				1		2		
腕木	本	14	24							
ナマリ	本	52								
インスレートル		1,721	360	240	270	120	250	140	210	350之処131
インスレートル損傷		24								
釘＊	本	5,264	1,100	730	856	380	780	450	650	1,600之処318
腕金		1,730	360	240	270	120	250	140	210	350之処140
シヤクル		40								
ストラップ		40								
ハンダ								25		25
〆			五品	三品	三品	四品	三品	六品	三品	五品

右之通差廻し方取計候也 壬申（明治5〔1872〕）三月五日

＊上の表で釘の欄に朱書き記載がある分の抽出

吉原駅	釘	730本	637本有之93本不足 凡5貫800目
蒲原駅	釘	856本	凡8貫目
江尻駅	釘	780本	凡7貫目
静岡駅	釘	450本	凡4貫目
鞠子駅	釘	650本	凡6貫目
岡部駅	釘	318本	凡3貫目

表３　中野町村外五ヶ所江逓送器械入費書上帳　（多久島澄子蔵　和紙９枚綴、縦8cm、横5cm）

○見付より中野町迄

種類	量	賃金	
銅線	18把	12貫900文	馬 6疋
12 番銅線	8把	4貫800文	人足 8人
インスレートル	2樽	4貫800文	人足 8人
フラッケット	1樽	2貫400文	人足 4人
油	2樽	2貫400文	人足 4人
腕木	45本	600文	人足 1人
セツクリ	1樽	1貫800文	人足 3人
ガース	200		
銕物２箱		2貫400文	人足 4人
〆		32貫100文	
天龍川渡舟賃		10貫 80文	

○中野町より浜松まで

銅線	12把	8貫600文	馬 4疋
銅線	13把	15貫600文	人足26人
インスレートル	250	7貫200文	人足12人
フラッケット	250	2貫400文	人足 4人
釘	770本	600文	人足 1人
〆		34貫400文	

○中野町より舞阪まで

銅線	3把	4貫950文	馬 1疋

○中野町より新居まで

銅線	9把	14貫850文	馬 3疋
銅線	10把	26貫800文	人足20人
インスレートル	280	21貫440文	人足16人
フラッケット	280	5貫360文	人足 4人
釘	950本	1貫340文	人足 1人
〆		69貫790文	
合切渡船２艘		4貫 6文	

○中野町より白須賀まで

種類	量	賃金	
銅線	6把	13貫148文	馬 2疋
銅線	6把	21貫312文	人足12人
インスレートル	150	14貫208文	人足 8人
インスレートル	10	7貫104文	人足 4人
フラッケット	160		
釘	490本		
〆		55貫772文	
合切渡船賃		2貫 3文	

○中野町より二川まで

銅線	6把	15貫892文	馬 2疋
銅線	7把	29貫960文	人足14人
インスレートル	150	17貫120文	人足 8人
インスレートル	30	8貫560文	人足 4人
フラッケット	180		
釘	550本	2貫140文	人足 1人
〆		73貫672文	
合切渡舟賃		2貫 3文	

惣計　　291 貫 176 文
　　　　29 両永 117 文 6 歩

○見付より新居迄跡送り分

銅線	5把	19貫400文	人足10人

　　　　1 両 3 分永 190 文

合金 31 両永 57 文 6 分

右は従見附駅二川駅迄、線路驛々江御渡之器械逓送方、私共両人江被命、夫々運配仕入費計画之通御座候間、御検査之上御下ケ被成置候様、奉願上候、已上、

明治五壬申四月

見付驛　陸運会社
肝煎　穂積準蔵
々　村田又蔵

これに対応する文書が「明治五年電信掛一件資料」の中に含まれている。相州大住郡馬入村（現神奈川県平塚市）が電信機施設用に調達した杉丸太とその費用が良く分かる文書であるので、次に紹介する。

（表紙）「上　馬入村」

杉丸太　長弐間半・末口五寸　七拾弐本　但根入七人山形成、左右弐間宛北側打立、壱ケ所拾八本用、壱本代銀弐拾五匁

此代銀壱貫八百匁

人足　百八人　但一本打立、一人半掛リ、一人代銀十五匁

此賃銀壱貫六百廿匁

〆銀三貫四百廿匁

此金五貫七匁也

右者傳信機御□建ニ付、右木品幷ニ人足共右積り直段ニて被仰付候ハ、御請負可仕候　以上

明治五年申三月朔日　相州大住郡馬入村　年寄　杉山長蔵㊞

名主　同　恭助㊞

電信機御掛り御役人中様

また地勢と天候と闘った冒険談として、吉田正秀と星野親敦の真冬の津軽海峡横断がある。明治七年に同海峡に敷設した海底線に障害があり、二人が原因調査のため函館に渡った。渡島半島の函館から南端の福島までは故障が発見されず、青森側の今別に行って試験することになった。「性急の人」吉田は一二月二〇日に福島から船出して首尾よく今別にたどり着いた。一方、遅れて福島から船出した星野の船は難破し、星野は下北半島の佐井に上陸した。東京では星野はすでに水底の人となったものと思い、死亡の手続き中だったという。北海道開拓使の人が評して「一二月

に小船で津軽海峡を横断するとは前代未聞であり、星野の難破は当然のこと、吉田の成功は僥倖である」と言ったと伝わっている。(63)

吉田正秀は、明治二年横浜において寺崎遜に次いで電信機のハンドルを握り、同二一年、志田林三郎と共に電気学会を立上げたひとりである。同三一年、逓信省電務局長で退職した。石丸安世の「経綸之碑」建立者のひとりである。

星野親敦は、佐賀藩支藩の鹿島藩藩校弘文館洋学科の出身で、長崎の何礼之の英学塾に学んでいる。(64) 開明的な鹿島藩主鍋島直彬の下で早くから英学を志した。

3　電信線増架願い

明治六年二月、東京・長崎間の電信開通は成し遂げられたが、交信数増加に対処しなければならなかった。石丸電信頭から山尾工部大輔へ宛てた六月の文書は、見積り金額八万八千余円をはじき出した第三線架設工事の願書である。(65) 翌七月九日には、「早急に工事にかかり人々の要望に応えなければ、便益・信頼を失うので、まず横浜神戸間の一線増架工事にとりかからせてください」と懇願している。

明治六年、太陽暦を採用して官員月給を削減しなければならないほど政府は財源不足に苦しんでいた。そのような中、大隈重信が同年五月から財政・金融政策の実権を握った。従来の緊縮政策から事業拡大の大隈財政が始まろうとしていた。工部省へも積極的に事業費が投入されよう

写真５　明治５年電信線検査　中列右から石丸、３人目大隈
『実業之日本／大隈侯哀悼号』大正 11 年より

としていた。そのような時代背景のもとに「電信線増架願」は作成された。

４　電信寮修技教場と経綸舎

イギリス留学から帰国した石丸は、藩の消滅等で学業を途絶された若者や、従来の学校の廃止で行き場を失った若者を私塾「経綸舎」に学ばせたことは先に述べたが、東京に出た石丸は「経綸舎」を東京の屋敷内（芝区西久保桜川町）に移した。明治四年（一八七一）一〇月、従来のブレゲー電信機に代わり「モールス印字機」が初めて到来し、技術者養成に迫られた石丸は、「修技教場」を設けた。「経綸舎」はこの「修技教場」と密接な関係をもっている。いまだ電気をバテレンと呼び恐れる時代に、電信機操作や電信線建設の人材養成学校に入る者の確保は困難であった。石丸はまず久原から「経綸舎」塾生を呼び寄せ、上級者は電信寮職員とし、かつ「経綸舎」の指導者とした。年少者は「修技教場」や「工部小学校」等各自適した進路を拓いてやった。塾生の回顧談などから推測すると、中野宗宏・藤島長敏・石倉忠徳、工部省のお雇い外国人でイギリス国籍のラグデンとマルカムが「経綸舎」の教師であった(66)。「経綸舎」は「修技教場」の予備校でもあり、入校してからも学力を補う塾の役割を果たした。石丸が「修技教場」に教え子や知人・縁者を引き入れたであろうことは、表４「電信修技教場・修技校卒業生一覧表」にも現れている。

「修技教場」は赤坂葵町の電信寮内に設け、二五人の通信技術伝習生を募集した。入学資格は初め一二歳以上二〇歳迄、後には一五歳以上二五歳迄に改められた。洋書の試験があって選抜給費の便宜が与えられた(67)。

「経綸舎」から電信寮に入った者は、石井理一・藤島長敏・右近鏑三・手塚輝雄・古川五郎・土屋愿郷・鶴田暢・赤星昇（柴田鼎）・山岡景員・迅瀬正之等である。「経綸舎」を経て工部大学校に学んだ者は、志田林三郎・中野初子・田中林太郎。帝国大学に進んだ者は、巨智部忠承・石渡敏一。この他「経論舎」に学んだ者として、工部省鉱山寮鉱山技術学校に進んだ高取伊好は、後年佐賀県一の炭坑王となった。また平田小三郎は判事、中村無一は陸軍少将、江越孝太郎は海軍少将、磯部橘郎は会計検査官を経て実業家となった。この他、吉田正秀・尾崎正若は、終生、石丸に心服した電信寮職員であった。

5　電信機国産化に向けて

日本での電気製機（電気機械製造）の始めは、スイス人のセーファーという人物で、この人に学んだ田中大吉（一八四六〜一九〇五）・田中精助（一八三六〜一九一〇）が日本における電気製機の元祖である[68]。

佐賀藩精煉方として電信機・蒸気船・大小銃の製作に関わった田中久重（一七九九〜一八八一：初代儀右衛門）を石丸は東京に招聘する。明治六年（一八七三）一月に久留米を出発した久重は、同年一一月、電信寮から「モリス形稽古機械三〇個、一九五円」と「同ゼンマイ仕掛一二個、一〇二〇円」の注文を受けた[69]。石丸の期待に応えて久重は電信機製造に成功し、国産品が出来ていった。

田中大吉は、慶応元年（一八六五）久重の養子となり、久重没後に二代目久重を襲名した。久重と上京後の明治七年、電信寮少手三等となる。田中精助は、京都の銅版彫刻師梅川夏北の子（前名重泰）で、弘化四年（一八四七）父親逝去の際、親交の深かった久重が引き取り、明治初年に田中精助を名乗った。元治元年（一八六四）佐賀藩の精煉

表4　電信修技教場・修技校卒業生一覧表

年次	卒業総数	佐賀	長崎	神奈川	山口	東京	京都	大阪	鹿児島
明治4年	39	8	0	1	0	10	2	4	0
5年	64	5	2	1	1	20	0	3	0
6年	49	2	3	0	3	15	0	1	0
7年	65	6	2	1	4	20	1	1	0
8年	56	2	1	1	2	12	2	0	0
9年	83	4	1	1	0	22	3	1	0
10年	150	0	不明	1	10	50	3	4	2

『帝国大日本電信沿革史』別表と『電気之友』85号から多久島作成

方雇いとなる。明治五年一一月、石丸安世・佐野常民に誘われ上京し、海軍省を経て、工部省電信寮少手二等として電信機の修理・製造に当たった。同六年ウィーン万国博覧会に中村喜一郎（中村奇輔長男）・藤山種広（前名文一、一八六七年のパリ万国博覧会に参加）等と派遣され、ドイツ・フランスにて時計・電信機の技術を習得し(70)、翌七年帰国して電信寮に戻った。

セーファーは、明治五年の初めに日本に来て虎ノ門の電信寮で電信機の修理を担当し、後に汐留で製機所を担当した。当時の製機所の設備はわずかに足踏み旋盤が三台で、その中の四尺旋盤はセーファー自身がドイツから持参したものであった。彼の卓抜した非凡な技能を証明する逸話がある。田中精助がオーストリア博覧会に派遣された折、彼地で購入した製機用諸機械を積み込んだフランスの汽船ニール号が下田付近に沈没して機械類も海底に埋没した。引き揚げられた機械のうち、歯切盤だけはセーファーが丹念な修理と熟練によって機能を回復させ、各種の作業に用いられた(71)。

三　石丸安世後の電信事業

1　沖牙太郎、石丸安世の屋敷で創業

東京虎ノ門に本社を置く通信機器メーカー沖電気工業株式会社の創業者、沖牙太郎（一八四八〜一九〇六）の半生を辿ると、電信寮・修技校・製機所の様子が見えてくる。この中には石丸安世邸内の長屋で下請工場を構え、独立への一歩を踏み出した話も含まれているので少し長くなるが書いておきたい。

広島県出身の沖牙太郎が職を求めて上京したのは、明治七年（一八七四）一月、二七歳のことであった。工部省電信

寮の修技科長であった原田隆造の家の下僕の職を得た沖は、主人原田の弁当を持って電信寮に通うのが日課となった。当時汐留の電信寮技術課には、電信操作の技術を担当する修技科と、電信機械の装置・修繕を主とする機械科とがあって、付属の修技校（原田校長）では百余名の通信伝習生を収容していた。それ以前は赤坂葵町の電信寮内の修技課に教場を設けていた。

元銀細工師の沖は、電信機の製作・修繕に興味をもち、作業の手伝いをするようになり、間もなく製機所技手の田中精助・荒木勘助等の推薦を受け、主人原田校長の了解を得て、自作の銀簪を添えた履歴書を提出して、その年の八月、製機所の雑役に採用された。機械の掃除から始めて、セーファーに就いて旋盤作業を習得し、明治八年三月には技術一等見習い下級に昇進し、月給一二円をもらうことになった。セーファーは、明治八年二月満期解雇となって帰国した。その後は製機所の中堅として田中精助所長の下、田中大吉・荒木勘助に伍して専ら旋盤作業を担当した。製機所が明治八年度に製作した製品は、ガルバノメーター（電流を検出し測定する計器）一〇個、聴響器数台に過ぎなかった。翌九年度には聴響器二〇台・避雷針電鑼等を製作できるようになった。明治一〇年一月には官制の改革により電信寮は電信局と改称され、同僚の多くは俸給を低減された。そのような中で沖は技術一等見習上級より工部九等技手二級・月給一七円に昇進した。上京以来僅か三年にして技手に栄進し、堂々と官員録に載るまでになった。

写真６　『沖牙太郎』から　石丸安世と石丸邸

明治一一年、製機所は新築され蒸気機械等の設備を整え、田中久重工場の従業員を一挙に採用して製機所の規模拡大を図った。一一年度の製造品は、「比利敦発明流電気計二〇個、電鑼二四個、両頭電極器五〇個、電鈴用釦鈕二九個、円面器一三個、避雷針一個、聴響器二基、電鈴一個、傳話機二基である」。傳話機二基とは、明治九年ボストンのベルによって発明され翌一〇年一一月、わが国に輸入されたいわゆる磁石電話機を模作したものであった。明治一一年の後半より一二年の前半にわたり、製機所は著しく進捗を遂げ、「印字機及び諸器械修理五五四基、モールス印字機一〇台、ブリトン試験器二〇基、傳話機六組、その他部品・電信建築材料を夥しく制作」できるようになった。ことにモールス印字機の出来ばえは激賞された。沖牙太郎・三吉正一・田岡忠次郎・若林銀次郎等の中堅組は、率先して「ヤルキ」社という秘密研究会を発足させ、ひそかに国産品の製造を計画した。まず、若林・田岡が電信用モールスインキと炭酸紙の製作に成功し、次に三吉が絹捲線製造機を、沖は紙製ダニエル電池・漆塗線(エナメル線)を考案し、いずれも工部省からその功労を表彰された。

所員の増加に伴い製機所内の和親協力の美風が失われていくのを感じた沖は、同僚の荒木勘助・神谷正純・福田知至等や、試験係の吉田正秀・今井盛悦・尾崎正若・高宮信守等の後援を得て、明治一二年九月、芝西久保桜川町の石丸安世邸内の長屋一戸を借り受け、四五円の足踏み旋盤二台を据付け、電信局の下請工場として旗上げした。当時の製品は、炭素粉を黒砂糖で練り、木製のプレスで圧搾したブンゼン電池用のカーボンを主とし、その他、電機材料・電鈴等を製作した。職工は天才的技能を持つ加藤藤太郎(二二歳)、鍛冶の山田亀吉と先手の小僧の三人だけで、沖・荒木・神谷等が役所の帰途に作業を指導し、新製品の研究に没頭した。

明治一三年の一月、沖は辞表を提出した。しかし、簡単には辞職を許されず、依願免官の辞令を手にしたのは、一三年の御用納めの日であった。このとき、同僚の九等属松岡寛之助より開業資金三〇〇円の出資を受け、京橋新肴町一九番地(のちに銀座三丁目三番地と改称)、二等煉瓦(煉瓦づくりの二階建)の一角を借りて石丸邸内の工場をここに移転した。明治一四年新春、「明工舎」として独立の夢が叶ったのである。この年の三月、上野で開催された第二回内国勧業博覧会に出品した顕微音機（電話）が有功二等賞を受賞して「明工舎沖」の名声が広く知れ渡った。その後社業の拡大に伴い、「合資会社沖商会」「沖電気株式会社」と改称して現在に至るのである。(72)

2　電信寮から電信局その後

明治四年（一八七一）四月に工部省電信掛となり、同八月に初代電信頭となった石丸安世は、芝区桜川町の元松本藩邸を購入しその長屋に私塾「経綸舎」を開き、有為の者を止宿させ、出自や身分に関わらず、意欲ある者の進学・就職を助けた。

明治七年五月、石丸は東京青森間の電信開通のために青森と函館に出張した。ほぼ全国の電信網が整いつつあった同年七月、大蔵省造幣寮への転勤が命じられる。電信に関する定則や通信料金などを集大成して、明治七年八月一三日に「大日本政府電信取扱規則」を、同二八日には「日本電信条例」を布告して電信事業の政府管掌を確立する直前のことであり、電信線の全国網羅まであと一息のところでの異動であった。(73)

工部省の主導権を持つ井上馨・山尾庸三・伊藤博文等にとって、石丸を頂点とする電信・電気分野での旧佐賀藩の活躍が疎まれたのかも知れない。

東京の石丸邸内で、沖牙太郎が工場を始める明治一二年には、石丸は大蔵省大書記官として大阪と東京の往復生活を送っていた。しかし、東京桜川町の東京経綸舎は、相変わらず若者を育てていた。

3 石丸に続く佐賀出身者

石丸が電信頭であった電信寮の初め、助は石井忠亮、権助は福田重固、七等出仕は奥村基晴と石丸源作であった。石井忠亮と石丸源作は、共に佐賀藩海軍出身で、源作と石丸は文久元年(一八六一)四月、電流丸に同乗している。[74] 石井は佐賀藩の三重津海軍学校の教官をしていた。[75] 石丸安世転出後は石井忠亮が三代目電信頭となり、電信修技生の教育に尽力し、特に石丸の意志を継ぎ碍子の国産化を目指し電気試験所を設置した。[76]

以下、石丸の教え子たちを簡単に紹介しておこう。

中野宗宏は嘉永二年四月一一日生まれで、明治一二年(一八七九)四月、イギリス・ロンドン出張を命じられた。同年一月に万国電信条約に加盟した日本は、同年六月に開催されるロンドン電信会議に委員として、芳川大書記官を出席させたが、中野はその随行に任命された。帰国後は少技長、逓信省電信局第一部長、外信局次長と昇進したが、明治二五年一月一一日、四四歳で病没した。墓は麻布区長谷寺(『電気之友』六号)。

中野初子《はつね》は宗宏の弟で、安政六年一月五日(初子《はつね》の日)に生まれ、工部大学校を出て東京帝国大学工科大学教授となり教育者として活躍した。第三代電気学会会長も務めている。大正三年二月一六日、五六歳で病没。

志田林三郎は工部大学校卒業後、イギリスのグラスゴー大学留学を経て明治一六年工部省電信局に入った。同一九年帝国大学教授となり、翌年には東京電信学校初代校長、二一年には幹事となり電気学会を創立し、この年工学博士の学位も授与された。二二年、逓信省初代工務局長となるが、二三年非職となり、二五年一月四日病気のため早世した。三六歳で没した志田は石丸の教え子の中で最も優秀であった。

石井理一は主記となり電気学会創立に関わり、明治二三年五月には万国電信会議に出席する栗野外信局長の随行としてフランスに派遣された。大正一二年九月二〇日、七六歳で病没した。

鶴田暢は第一回電気学会では主計を務め、当時は逓信五等技師と、東京電信学校教授も兼務していた。
このように石丸安世の教え子たちは、電信・電気の分野で活躍してその裾野を広げていった。

おわりに

佐賀藩士石丸虎五郎（安世）が、如何にして工部省に入り、初代電信頭に就任し、短期間にして電信の建設整備を成し遂げることができたのか、若き日の伝習時代から一応書き上げたつもりである。

佐賀一〇代藩主直正は、長崎海防の必要性から西洋文明を取り入れることに懸命であった。その佐賀藩に生まれた石丸は、蘭学・英学を学び、イギリス留学もし、直正の希望の一翼を担い、期待に応え成長を続け、ついに明治四年（一八七一）、明治政府において日本の近代化の象徴、工部省の初代電信頭に就いたのである。結果、電信網は驚異的なスピードで全国に張り巡らされた。如何に旧徳川時代の宿郷制度を利用し、旧幕臣の優秀な人材が揃っていたとしても、電信の何たるかを知らずには仕事の成就には至らなかったであろう。安政元年（一八五四）から佐賀藩精煉方に出入して電信機を知り、長崎では安政五年から八年間、英語・蒸気・造船技術等を学び、留学先のイギリスではアンダソン・カレッジで実地に電信を学んだ石丸なればこその事業達成であった。鍋島直正は、情報を早急に正確に伝達することが最大の武器であることを知っていた。自主自立して電信機を国産化し、電信網を敷き、管理運営すべきことを認識していたと思われる。このように重要な工部省電信寮に、満を持して送り込まれたのが、石丸安世であった。佐賀藩において石丸安世が一人突出していたわけでは無く、何十何百と続く人材の中のひとりであった。

註

（1）セバスティアン・ドブソン＆スヴェン・サーラ編『プロイセン・ドイツが観た幕末日本―オイレンブルク遠征団が残した版画、素描、写真―』（ドイツ東洋文化研究協会、二〇一一年）。

（2）秀島成忠編『佐賀藩海軍史』（一九一七年、知新會）。

（3）佐賀県教育史編さん委員会『佐賀県教育史』第四巻通史編（一）（一九九一年）二五五頁。

（4）石丸安世『櫻水遺稿稾』（輯校光吉元、発行編輯及発行者東京市芝区西久保櫻川町二番地石丸龍太郎、一九一八年）。

（5）中村孝也『中牟田倉之助伝』（中牟田武信、一九一九年）。中牟田倉之助、天保八年（一八三七）生～大正五年（一九一六）没。目付石橋三右衛門「安政五年午従正月海軍傳習ニ付詰中着到」には「安政三年五月から長崎に出て伝習、五人扶持米九石、志（鍋島志摩組）午二十三歳」。

（6）『プロイセン・ドイツが観た幕末日本―オイレンブルク遠征団が残した版画、素描、写真―』三六八頁。

（7）秀島藤之助とは「安政五年午従正月海軍傳習ニ付詰中着到」によれば「切米二十石、部屋住、志（鍋島志摩組）午二十四歳」、長崎在住伝習は「安政三年正月から約八ヶ月在、翌四年は十一ヶ月在、五年は九月二十九日から帰郷し十月十五日着崎」。

（8）井上仲民とは「安政五年午従正月海軍傳習ニ付詰中着到」によれば、「十五人扶持、米二十七石、志（鍋島志摩組）午三十五歳」、「安政五午正月遊学被仰付出崎之末、同三月自余同様傳習被仰付、八月二十七日御暇ニ付帰、同九月十一日再崎」。三好不二雄・嘉子『佐嘉城下竈帳』（九州大学出版会、一九九〇年）一一四頁には「材木町東に住み、職業は外治（外科医）、十六歳の妹満寿と母親四十三歳」。

（9）『プロイセン・ドイツが観た幕末日本―オイレンブルク遠征団が残した版画、素描、写真―』三三九・三七一頁。

(10)『プロイセン・ドイツが観た幕末日本―オイレンブルク遠征団が残した版画、素描、写真―』一〇八～一〇九頁。

(11)久米邦武編述・中野禮四郎校補『鍋島直正公傳』年表索引総目録（侯爵鍋島家編纂所、一九二一年）年表一〇九頁。

(12)原平三『市川兼恭』（温知會、一九四一年）三五～三九頁。

(13)『鍋島直正公傳』第四篇一七二頁。

(14)佐賀藩精煉方は、ワフネル『百工舎密』（百科全書）、ウィッテイン『科学全書』、リユスト『百工提要』（一八四七年）の により「総金属類・塩灰類・硝子・石炭・陶磁器・木材・製革・石鹸・紡績・製紙・醸酒・製糖・製薬・写真術等」の研究に従事し、そのうち、最も緊急を要する「銃砲鋳造法・火薬・製鉄・製鋼・弾丸・装線法（施條砲）・造船・造機」には全力を注いだ。『新訓海上砲術全書』（一八六一年）により「火薬製法、硝石、硫黄、木炭の選定・検査法等、点火術、信管、火管、号火、火箭等、砲弾丸製造法、銅、鉄、鋼、亜鉛、鉛の用法、砲車車台、照準法」を、フレメン『英制大小銃論』（一八六〇年）により車台アホイト製式、火管製法、大砲を製する最良の鉄質選定法、英国装線砲（アームストロング砲製造法式）を、リユトウ『軍用法書』（ブロウル訳、一八六四年）により「兵粮・衣糧・銀方・進軍・野営・通信・斥候等各種戦時対敵法」を、『和蘭後装銃』（一八六七年）により和蘭銅製装線銃を研究するに至る。最も苦心惨憺したのがアームストロング砲の製造で、『英制大小銃論』を原典としてアームストロング砲の製作に成功した（秀島成忠編『佐賀藩鉄砲沿革史』三六九～三八一頁）。慶応三年（一八六七）十二月の試放を経て翌四年の上野戦争に、六ポンドアームストロング砲が使われた（秀島成忠編『佐賀藩鉄砲沿革史』「佐賀藩銃砲沿革概要」五一～五三頁）。

精煉方で翻訳を担当した石黒貫二の記録、三七冊が、鍋島報效会に所蔵されている。内訳は「鍋島家資料目録」によれば左の通りである。

製煉方研究調書原本訳書（リュスト氏原著）石黒寛次扣記録九冊、製煉方研究調書原本訳書（リュスト氏原著）石黒寛次

扣記録一二冊、製煉方研究調書原本訳書石黒寛次扣記録二冊、製煉方研究調書原本訳書（ワフネル氏原著）石黒寛次扣記録八冊、製煉方研究調書原本訳書（軍制及兵器之部）石黒寛次扣記録六冊。

（15）　中村奇輔とは『鍋島直正公傳』第四篇に「雷粉を製造するに苦心鍛錬を経て精力絶倫の人京都の化学工技者」一七頁。「嘉永六年八月二四日、ロシア艦に乗込む本島藤太夫に同道し、円臺に回走する七寸ばかりの蒸気車の雛形、艦内の各砲を見学した」、「初めて施條腔にて円錐弾を遠距離に発射する技術に接し一大変革に遭遇」六三～五頁。「嘉永六年十二月五日、プチャーチンの艦隊再来しまたまた本島は中村を同伴し銃陣調練・大砲打方を見学、艦内を悉く探索した」一〇五頁。「安政二年六月第一次長崎海軍伝習生として派遣される」二六三頁。

（16）　石黒貫二は文政五年（一八二二）丹後田辺藩士の子に生まれ、京都広瀬元恭の時習堂に学ぶ。幕府の遣欧使節団の一行に参加し、文久三年（一八六三）一月六日、直正に復命し、「直寛」の名を賜った。実際に使ったのは直正公の死後で、「ちょっかん」と発音した。明治十一年（一八七八）造幣局長石丸安世に招かれ造幣局精製分析所長を同十四年まで務め、明治十九年肝臓癌のため六十五歳で逝去、墓所は青山霊園一種イ六号八側五番（多久島澄子『日本電信の祖　石丸安世』慧文社、二〇一三年、二六八～二七一頁）。

石黒は寛次と書かれているものが多いが、ここでは石黒家所蔵の履歴書に沿い、貫二とする。『鍋島直正公傳』第四篇には以下のように記されている。「理化学に精通して気根強き但馬人」一七頁、「図説により更に参互考案して之を究めむとする探求心を有し、智識透徹にして而も精根強きこと非常なり」二六〇頁、「安政二年六月長崎海軍伝習生として派遣される」二六三頁。

（17）　田中久重とは、「一七九九年久留米生まれで、一八八一年東京に没した。別名、からくり儀右衛門（初代）、近江。幼少より細工物が得意で、カラクリの発明家。広瀬元恭に入門する。妹いねは、元恭の妻。佐野常民に誘われ佐賀藩精煉方に入る。娘いそは、石黒貫二の妻」（『日本電信の祖　石丸安世』三一七〜三一八頁。石黒貫二・中村奇輔と共に第一次長崎海軍伝習生として派遣される（『鍋島直正公傳』第四篇二六三頁）。

(18) 二代目田中儀右衛門のこと。近江の姉の子で、近江の娘美津の婿。元治元年九月雷雨の夜、出張先の長崎で長男岩次郎と共に精神錯乱を起こした同僚に殺害された（『日本電信の祖　石丸安世』三一七〜三一八頁）。

(19) 『鍋島直正公傳』第四篇二六八頁。第一次長崎海軍伝習生として派遣される（『鍋島直正公傳』第四篇二六三頁）。

(20) 千住大之助（一八一六〜七八）、西亭と号す。佐賀藩士。御小姓頭。切米二五石内五石役米。

(21) 佐野常民（一八二三〜一九〇二）、佐賀藩士下村三郎左衛門の五男、藩医佐野常徴の養子となる、広瀬元恭の時習堂、緒方洪庵の適塾、伊東玄朴の象先堂等で学ぶ、佐賀藩精錬方頭人、安政二年第一次長崎海軍伝習生を率いる。

(22) 『鍋島直正公傳』第四篇四二七頁。

(23) 『鍋島直正公傳』第四篇一五七頁。

(24) 『鍋島直正公傳』第四篇五八四頁。

(25) 『鍋島直正公傳』第四篇二〇六〜二〇七頁。『中牟田倉之助伝』。大園隆二郎『大隈重信』（西日本新聞社、二〇〇五年）一〇一頁。

(26) 『日本電信の祖　石丸安世』二二三頁。

(27) 『日本電信の祖　石丸安世』三一・六九頁。

(28) 『日本電信の祖　石丸安世』二九三頁。「智徳院妙操日勇　文久元年十月十一日没　石丸六兵衛妹」とあり、三二一頁に系図がある。

(29) 「諱茂子、寛政六年正月六日生、文化八年四月七日嫁中院前侍従道繁、安政六年二月十二日卒六十六歳」（佐賀県立図書館、『佐賀県近世史料』第一編第六巻、泰國院様御年譜地取Ⅱ、佐賀県立図書館、一九九八年)六二六頁。

(30) 志津田兼三「続佐賀藩歌壇と歌人たち」五八頁(『新郷土』五〇五号、一九九一年)。中原勇夫『今泉蟹守歌文集』(一九七一年)。

(31) 長森傳次郎敬斐(一八三四〜一九〇二)の先祖は長森傳次郎敬一と称し江戸の人、儒を以て佐賀藩に召され宝暦三年(一七五三)死す七〇歳、号は以休(狩野雄一『西肥遺芳』西肥日報、一九一七年)。「長森傳次郎敬弌、父関甚左衛門と云、松平出雲守殿江相勤候処、病気ニ付而濃州関村ニ移、氏を長森ニ改、敬一、林大学頭殿門弟ニ而綱茂公御代御抱弐拾人扶持拝領、宝暦三年正月死、行年七拾歳」(『佐賀県近世史料』第八編第一巻五三八頁)。

(32) 『鍋島直正公傳』第四篇一六二〜一六三頁。

(33) 『鍋島直正公傳』第四篇二〇六頁。

(34) 『日本電信の祖 石丸安世』三五一頁。

(35) 『鍋島直正公傳』第四篇五七五頁。

(36) 『日本電信の祖 石丸安世』四四〜四九頁。

(37) 『日本電信の祖 石丸安世』五二頁。

(38) 『苦学時代の本野盛亨翁』三三〜三四頁(本野亨、一九三五年)。

(39) 『鍋島直正公傳』年表一六三頁。

(40) 『中牟田倉之助傳』一五五頁。

(41) 『中牟田倉之助傳』一五六〜一六三頁。

(42) 『日本電信の祖石丸安世』六八〜六九頁。

(43)『日本電信の祖石丸安世』七〇～七一頁。
(44)「横濱新聞紙写」（佐賀県立図書館、鍋島文庫鍋九九一―五七八）。
(45)伊東次兵衛とは安政二年より御鋳立方相談役。同三年請役相談役石火矢鋳立方郡方相談役兼任、蒸気船代品取調掛合。同六年御蔵方頭人掛合。文久元年江戸屋敷都合頭人相談役（請役相談役代品方、御鋳立方相談役兼任）。同三年中老の名目で京都に出張、御蔵方頭人兼務。慶応元年中老名目で大坂出張（佐賀県立図書館『佐賀県近世史料』第五編第一巻「幕末伊東次兵衛出張日記」佐賀県立図書館、二〇〇八年）。
(46)『中牟田倉之助傳』三〇二～三〇五頁。
(47)久米邦武『久米博士九十年回顧録』上巻（早稲田大学出版部、一九三四年）六三五～六三七頁。
(48)『幕末伊東次兵衛出張日記』七九六頁。
(49)野村文夫「乗槎日記」（團團社・北根豊監修『團團珍聞』復刻版第一三巻、一九八一年）。
(50)マイケル・ガーデナ『明治維新とイギリス商人―トマス・グラバーの生涯―』（二〇一二年）。
(51)『日本電信の祖　石丸安世』九〇～九六頁。
(52)加藤詔士「グラスゴウと明治日本―ストラスクライド大学における日英交流―」（『英学史研究』四二号、日本英学史学会、二〇〇九年）。
(53)同右、一八・二一～二二頁。
(54)『幕末伊東次兵衛出張日記』八五三頁に、慶応二年九月一七日フランス領事の所で「物産之義、別段咄有之候事」とある。つまり慶応三年パリで開催の万国博覧会の話で参加の具体的な準備はこのころ始まったようだ。佐賀藩の準備期間は十分ではなかった。

(55) 小出千之助は千住大之助宛の慶応二年九月一日付の書簡に「石丸・馬渡、幸英国ニ罷在候へは、同人共へ何れ之筋ゟ歟御書面をも被差出、パイレス之方へ出浮物産会場借受等、扨又諸事共致周旋候様被仰越候道共ハ有御坐間敷哉、於然ハ同人共之身之上も自然と相開、第一御國之御用弁可仕奉存候」と書き送った(佐賀県立図書館『佐賀藩幕末関係文書調査報告書』佐賀県立図書館、一九八一年)二二七頁。

(56) 「御意請」明治元辰年の記録に石丸虎五郎・馬渡八郎へ御船方附役差次辞令が九月二二日付で御仕組所からでている(鍋島文庫、三〇九—一〇〇)。なお明治改元は九月八日。

(57) 『鍋島直正公傳』第六篇六一五頁。

(58) 加藤木重教『電気之友』一二六号(明治三五年一月)。

(59) 『電気之友』一三三号(明治三五年八月)。

(60) 『電気之友』一三三号(明治三五年八月)。

(61) 『電気之友』一二六号(明治三五年一月)二九頁。明治三四年一二月七日上島正教自筆書簡による。

(62) 「明治行政資料外務・工部・兵部」県一—二(佐賀県立図書館、明治四年)。

(63) 若井登・高橋雄造『てれこむノ夜明ケ—黎明期の本邦電気通信史—』(電気通信振興会、一九九四年)八一頁。

(64) 星野英夫編『鍋島直彬公傳』(鍋島直彬公四十年祭記念会、一九五四年)四四頁。

(65) 早稲田大学図書館蔵イ一四A３０４２。『日本電信の祖石丸安世』一七九頁。

(66) 『日本電信の祖　石丸安世』一四九頁。

(67) 久住清次郎『沖牙太郎』三四頁(沖電気株式会社内沖牙太郎傳記編纂係、一九三二年)。

(68) 『電気之友』一二六号(明治三五年一月)三四頁。

(69)『日本電信の祖　石丸安世』一七六頁。
(70)田中弘『川口市太郎略伝』(私家版、一九九四年)一一頁。
(71)『沖牙太郎』三八頁。
(72)『沖牙太郎』二六～四一・四五～五四頁。
(73)「大日本政府電信取扱規則」には器械・柱木・電信線を毀損した者への罰則規定が大部を占め、八条では電線の側で凧を揚げ電気之妨碍をした場合、最高一〇円の罰金又は最高七日の懲役か禁獄とある。「日本帝国電信條例」には和文・横文の料金設定を明文化した。
(74)『日本電信の祖　石丸安世』六四頁。石丸源作は三七歳(文政一一年生まれカ)、切米一三石五斗内四石書出、手明鑓組頭は陣内幸右衛門、大組頭は岡部杢佐(中野正裕「幕末佐賀藩の手明鑓組について「元治元年佐賀藩拾五組侍着到」」、『佐賀県立佐賀城本丸歴史館研究紀要』八号、二〇一三年)。
(75)『佐賀藩海軍史』挿図三〇に「三重津海軍学校教官石井忠亮氏」とある。
(76)『電気之友』九八号(明治三一年九月)。

早田運平と電信機（ヱーセルテレカラフ）

多久島　澄子

はじめに

早田運平《そうだうんぺい》は、佐賀藩御親類同格諫早家の家臣で、鉄砲物頭早田市右衛門主膳を初代とする九代目である(1)。彼の事績の全容は今まで明らかではなかった。昨年、『幕末佐賀藩の科学技術』上下巻（「幕末佐賀藩の科学技術」編集委員会編、岩田書院、二〇一六年）が出版され、早田運平をはじめ諫早家から佐賀藩精煉方への伝習参加が確認された。

写真１　早田運平
（早田家アルバムから）

早田運平家には、佐賀藩精煉方で製作されたと推測される電信機（ヱーセルテレカラフ）が伝承している。本編では、早田家に遺された資料や諫早家「日記」(2)から、早田運平の業績を明らかにし、佐賀藩精煉方の未知の部分に迫ることを目指した。その結果、長崎御仕組方・砲術方から経済方まで運平の活躍は幅広いことが分かった。

また、久保田村田家の村田政矩《ただのり》（通称　若狭：一八一四～一八七三）と精煉方の関わりをみて、本藩・支藩に次ぐ親類格と精煉方の関係も参考にしてみた。

なお、早田運平は明治五年頃から運平を名乗ったようなので、以下、本論稿では市右衛門は「運平」に統一して書くことにする。

一　高島流砲術稽古はじめから免許取得まで

早田運平の幼名は寅次郎、後に八助と称した。天保二年（一八三一）一〇月一二日、諫早家[3]の家老寺田孟昭（通称、大介）の二男として生まれた。兄は寺田繁之尉である[4]。嘉永五年（一八五二）一月二八日、運平は蘭学修業のため長崎の高島浅五郎[5]に入門する。同年三月一七日に高島浅五郎宛に認めた「起證文」（写真2）には木下八助[6]武堯と署名し（木下は、後の養父、諫早家番頭早田八郎左衛門右雄（四三石）の妻の実家の姓）、九月には高島流砲術の初段・中段・上段の免許状（写真3～5）を授与されている。

嘉永五年七月二九日に早田八郎左衛門右雄の養子として願い出て許され[7]、同年一〇月、運平は市右衛門を名乗り早田八郎左衛門右雄の跡を継いだ[8]。嘉永六年二月四日、運平は西洋流砲術師範代稽古を命じられ[9]、同四月一二日、兄寺田繁之尉は西洋流砲術師家に、弟早田市右衛門は西洋流砲術師範に任命

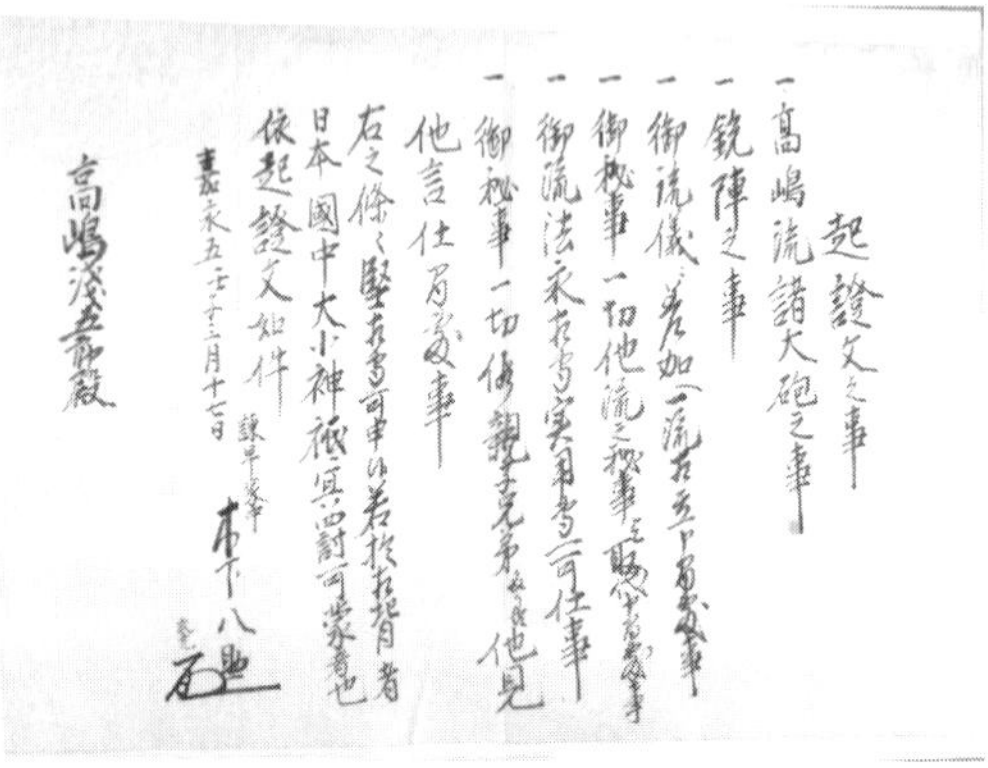

写真2　嘉永5年「起證文」（早田家所蔵）

317　早田運平と電信機(エーセルテレカラフ)(多久島)

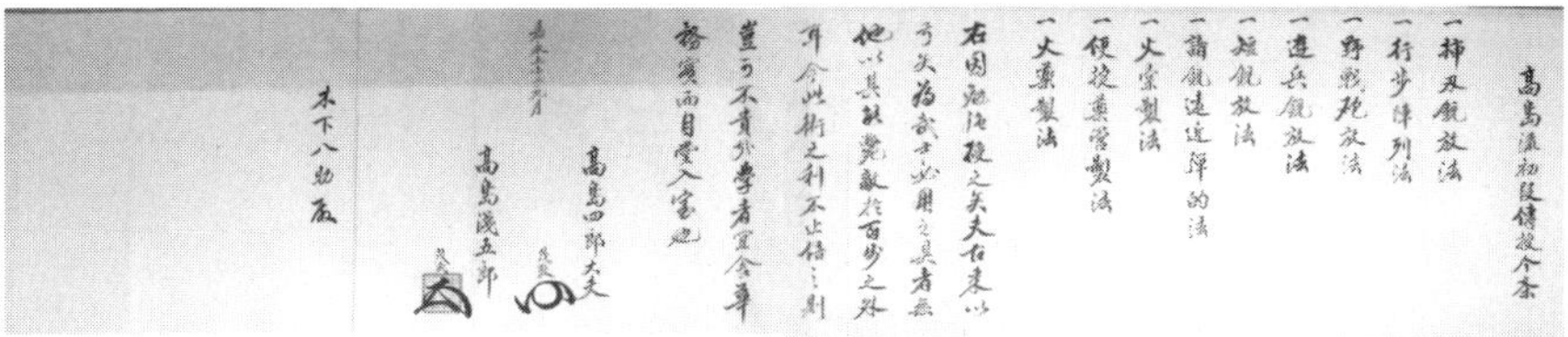

写真３　初段免許(早田家所蔵)

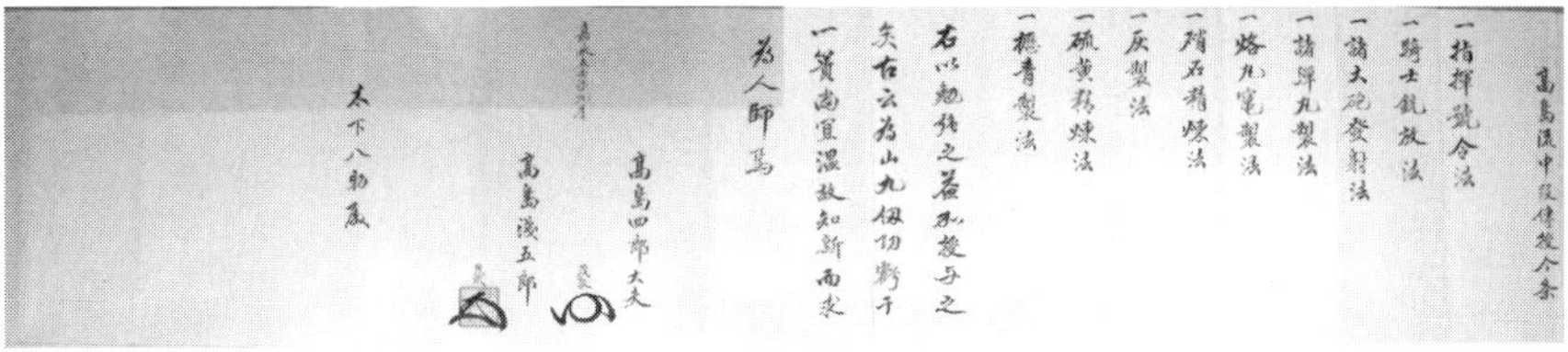

写真４　中段免許(早田家所蔵)

写真５　上段免許(早田家所蔵)

表１　早田家資料の起證文から作成　　◎は精煉方に派遣された人物

番号	年月日	西暦	宛名	提出者	人数
①	嘉永6年4月	1853	寺田繁之尉 早田市右衛門	山口養太夫　早田清左衛門　諸熊久右衛門 早田八郎左衛門　寺田庄太夫	5
②	嘉永6年5月	1853	寺田繁之尉 早田市右衛門	清水勝四郎朋雅　西村久五郎高道	2
③	嘉永6年11月	1853	寺田繁之尉 早田市右衛門	山口庄三郎有親	1
④	元治元年	1864	◎早田市右衛門	◎副嶋藤次郎　八戸芳三　松本傳一 松本平蔵　山口紋八　金原官七 副嶋伊平　◎渋谷官(寛)平 田崎藤九郎　横尾大作　真嶋弥右衛門 東　傳之丞　◎早田勝記　岸川内蔵佑	14
⑤	元治元年	1864	◎早田市右衛門	大工 徳次郎　手男 多作	2

された[10]。このように兄弟は高島流砲術師範として諫早家の幹部を養成している（表1①～③欄）。

二　精煉方稽古のため佐賀へ

安政二年（一八五五）三月二四日、諫早領主武春[11]は本藩精煉方[12]を訪問し蒸気船雛形などを見物した[13]。その二年後の安政四年三月二六日、運平は佐賀の火術方[14]ですでに伝習中との記録がある[15]。文久元年（一八六一）六月一七日、精煉方でのトントル製法[16]伝習が命じられ、あと二人選定中であるという[17]。

万延元年（一八六〇）七月八日、運平は経済方相談役に任命される[18]。文久元年七月一日の日記には茶方御印手数の儀が書かれている。これは茶が、「文久元年から長崎での貿易品として本格的に取り上げられた[19]」本藩の政策に一致する。続いて、「別紙達帳には先ず五年間一部の冥加金を納入」と書かれているが、本藩代品方《かわりじなかた》[20]と諫早経済方の間には甚だ齟齬があるという記述の後に、精煉方での具体的な伝習が記され[21]、このころから運平は、「長崎御仕組の費用を捻出する経済方の茶方仕法に傾斜することを余儀なくされた」ように推察される。

文久二年一〇月一三日、拝領買トントル筒の記事が出てくる[22]。同月二九日、御火術方から招聘され[23]、翌三年一月、西洋流砲術を極めた功績により加米一石二斗を拝領する[24]。同じく文久三年四月、副嶋伊平が藤次郎・太一の弟たちを召し連れ大銃製造方[25]に勤務のため佐賀長瀬町[26]に居住している[27]。同年八月七日には運平が横尾大作と火術方御用で佐賀へ上る[28]。同月一三日、上総様（武雄領主鍋島茂昌[29]）の内用の訪問があり[30]、翌九月五日に上総様から地雷火仕掛け道具のことで運平に相談があった[31]。運平の役職は、万延元年に寺社方・砲術方・経済方の主役、文久三年に砲術方・産物方[32]（経済方が改称）の主役を継続し、翌元治元年九月には長崎御仕組兼務を命じられている[33]。元治元年（一八六四）七月二七日の「日記」には「明廿八日於茶臼山廿四ホント御銃月次放出…」の記事があり、茶臼山[34]で毎月二四ポンドの砲が訓練として撃たれていたことが窺える。

同九月一二日、精煉方詰の早田勝記[35]と渋谷寛平[36]が七日間の休暇をもらい帰ってくるという記事から、早田勝記と渋谷寛平が精煉方で伝習中であることが分かる。[37]渋谷が九月晦日[38]、早田勝記が一〇月四日[39]に佐賀に戻って行った。

慶応元年（一八六五）一一月、運平は備中守様（鹿島藩主鍋島直彬[40]）家来酒見平八郎への砲術心副を依頼される。[41]

翌二年九月、運平・喜多官八郎・藤原作平の三人は、英学稽古を命じられ長崎の久松土岐太郎[42]に随身する。[43]

同二年一〇月、運平は長崎御仕組方・砲術方・産物方相談役に任命され、なんと三つの役とも主を勤めてもらわねば御用が済まないと、三人前の仕事を仰せつかっている。[44]そのような中、運平は本藩船方より甲子丸乗組みを命じられるが、諫早家は断った。[45]慶応四年一月、副嶋藤次郎と副嶋太一郎兄弟が精煉方中村奇輔に「稽古初年より随身」「殊に大小の線銃六角銃など細工いたし候ニ付」褒美として、おのおの扶持米二石七升が下された。[46]諫早家産物方の『新日記』慶応四年六月一日[47]には、運平の伝習が一通り終了したことをはじめとして、甚だ興味深い記事が続く。注目すべきは軍艦購入費用に充てるための緑茶製造を行う「軍艦取入方」が書かれていることで、木原溥幸氏によれば、「軍艦取入方」とは、慶応二年一〇月、オランダへ木造蒸気船を注文する際に佐賀藩臨時方内に置かれ、慶応四年八月に廃止された別段役局である（『佐賀藩と明治維新』一六二頁）という。

次の記事「此節幸、佐野栄寿左衛門殿小出千之助殿ニも外国ゟ帰国相成居」、「御軍艦御取入方御仕法之儀、御手広被御取行候半而不相叶御立与ニ而、追々別儀の役局被相立候筈」からは、「軍艦取入方」の役局改編予定と、パリ万国博覧会の出張から帰国直後の佐野栄寿左衛門（常民）と小出千之助がこの件に大きく関わっていることが読み取れる。[48]

「茶方御仕法之儀、昨壱ヶ年御願請相成居」の記事は、前年の慶応三年九月の「茶仕組」の開始を示している。[49]

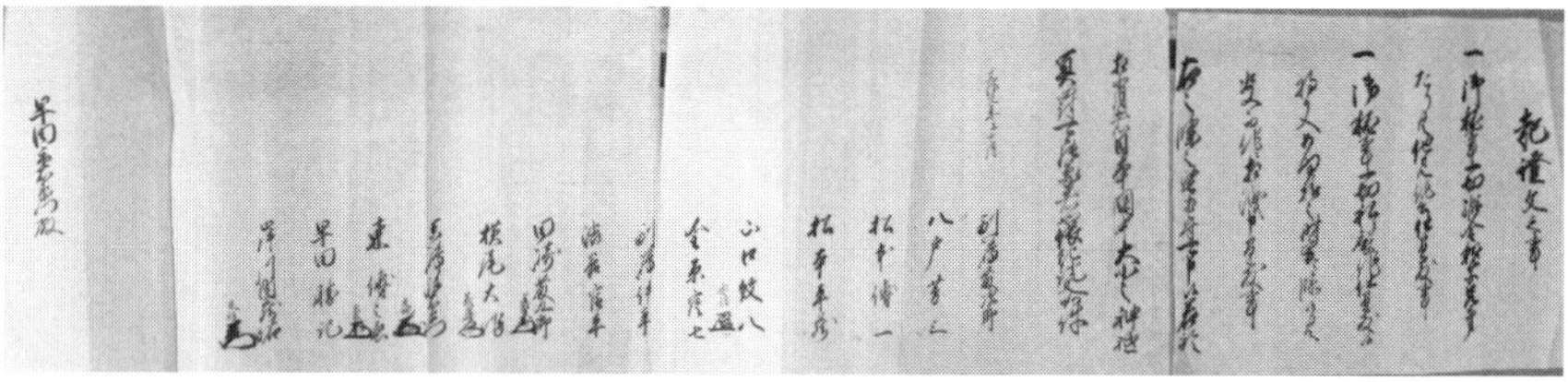

写真６　元治元年起證文（早田家所蔵）

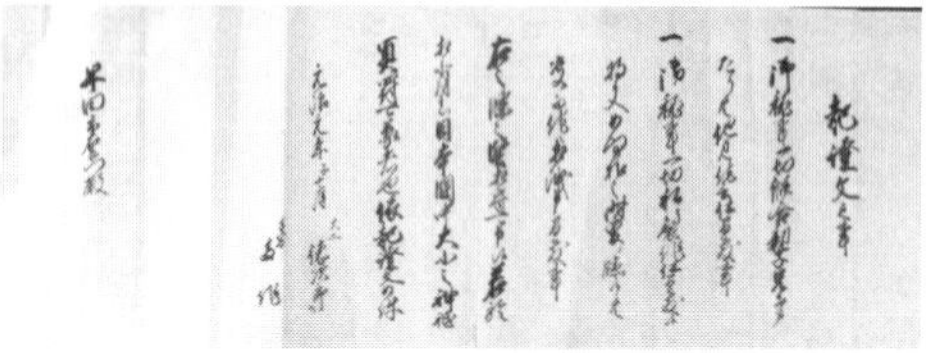

写真７　元治元年「起證文」（早田家所蔵）

「精煉術伝習ニ付、末薬〆道具樫大工一同仕登相成候様、先達而被相達候」からは、精煉方で末薬（粉薬）の製造道具を作る樫大工を伝習生として集めていたことが分かる。もともと精煉方の主たる目的は、煙硝・雷粉等の火術に必要な原料の試験にはじまり、化学工芸用の薬剤・器械製造に及んでいった[50]。

三　早田運平家に伝わった電信機

元治元年（一八六四）一〇月、早田運平は二枚の「起證文」を徴している。一枚目（写真６）には一四人の名前が記されている（表１④欄）。

◎副嶋藤次郎・八戸芳三・松本傳一・松本平蔵・山口紋八安信・金原官七・副嶋伊平・◎渋谷官（寛）平・田崎藤九郎義□・横尾大作義廣・真嶋弥右衛門□親・東傳之丞宗泰・◎早田勝記・岸川内蔵佑乗雅

二枚目（写真７）には、次の大工一人と手男一人の名前が記されている（表２⑤欄）。

大工 徳次郎　　手男 多作

筆跡が同じなので、起證文の本文から署名まで同一人物が書き、花押だけは本人が記したのであろうか。

写真８　中陰蔦紋瓦（平成 28 年３月撮影）

写真９　亀齢亭（早田家所蔵）

元治元年九月、諫早家は例年の如く新人事を発表した。「当九月より地方配役左之通」に始まる元治元年九月の「日記」の記録から、右「起證文」に記名された人物の役柄を調べてみると、次の五人について記載が見られた。

長崎御仕組方相談役　砲術方相談役　岸川内蔵佑
長崎御仕組方兼　◎早田市右衛門
産物方相談役　◎早田勝記
長崎御仕組砲術方附役　砲術方与方兼　芦塚清門代　真嶋弥右衛門
医生方　定差次　横尾大作代　◎渋谷寛平

（◎印を付した者は、佐賀本藩の精煉方で伝習を受けた人物）

早田家略系譜（銀盃箱書きの早田家九世運平から数えた代を入れている）

早田家運平⑨ ― 文四郎⑩ ― トヨ⑪
　　　　　　 ― 八末《やすえ》

小曾根乾堂 ― 小曾根晨太郎

八末 ＝ 小曾根晨太郎 ― 均治郎

トヨ⑪ ＝ 均治郎 ― 義文⑫ ― ハツ⑬ ― 明生⑭

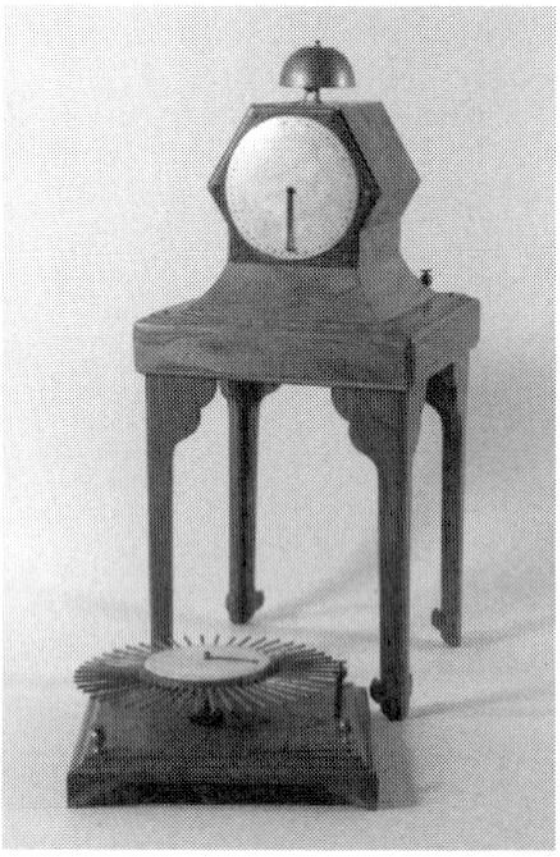

写真10 指字式電信機
（ヱーセルテレカラフ）

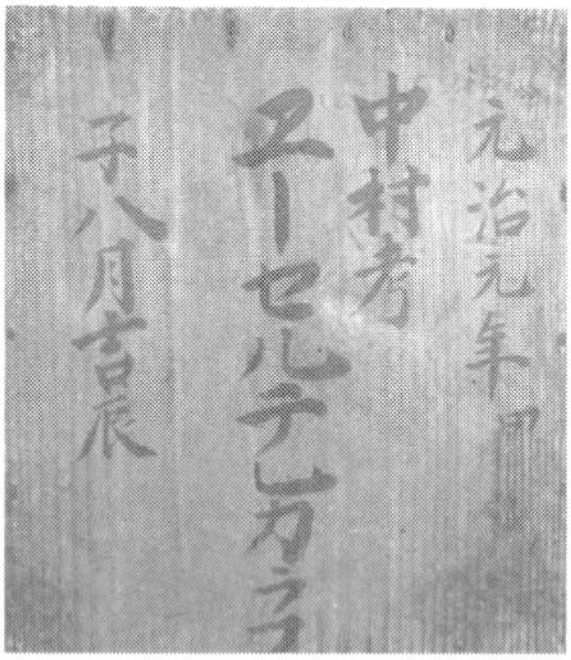

写真11-1 ヱーセルテレ
カラフ送信機格納箱

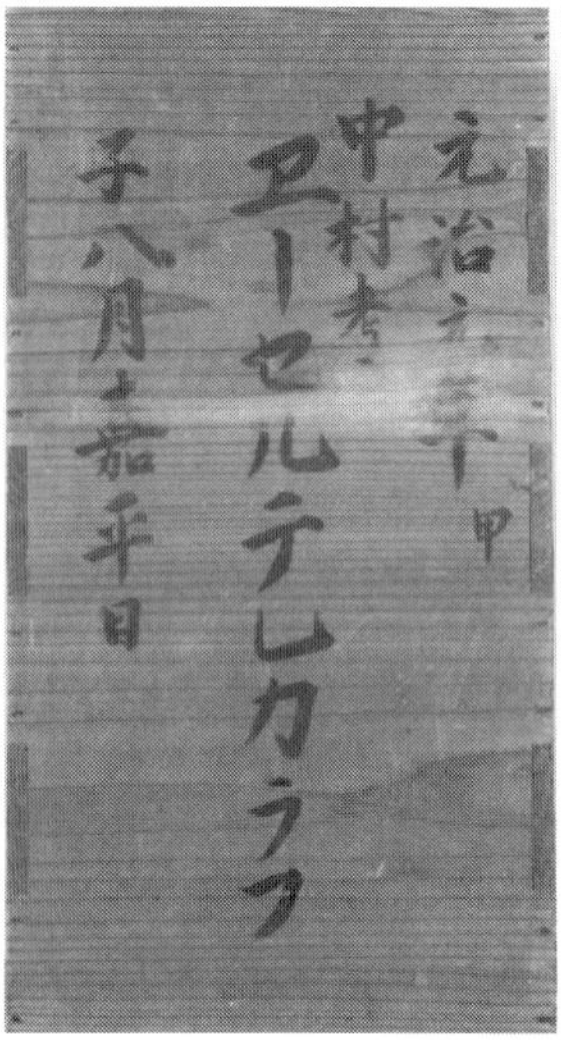

写真11-2 ヱーセルテレ
カラフ受信機格納箱

（写真10・11 提供 諫早市教育委員会）

早田運平の子孫は現在、大正七年（一九一八）に建てられた武家屋敷の面影を残す屋敷にお住まいで、その屋根瓦には早田家の家紋 中陰蔦紋《ちゅうかげつたもん》（写真8）が焼き込められている。島原鉄道に庭を提供したため敷地は減少したという。玄関には小《こ》曾根《ぞね》乾堂《けんどう》(51)が明治一六年（一八八三）に書いた早田家の屋号「亀齢亭」の額（写真9）がかかっている。

「ヱーセルテレカラフ」は、この屋敷で右系図の人達に守られてきた。

写真10は、この早田家に伝わった指字式電信機（ヱーセルテレカラフ）である。大きさは、送信機が、幅三一・一cm、奥行三四・〇cm、高さ一三・〇cm、受信機が、幅三六・三cm、奥行三六・三cm、高さ八〇・八cmで、格納箱には次のように墨書されている（写真11）。

（送信機）
元治元年甲
中村考
ヱーセルテレカラフ
子八月吉辰

（受信機）
元治元年甲
中村考
ヱーセルテレカラフ
子八月嘉平日

この電信機は平成二八年（二〇一六）九月四日、国指定重要文化財（歴史資料）に指定され、次のように発表された。

> 送信機と受信機の二台からなる指字式電信機である。箱に書かれた銘から「ヱーセルテレカラフ（＝指字電信機）」と称した器機であったことが判明している。本機は、幕末に電信機の製作実績が知られる佐賀藩精煉方で、中村奇輔らにより製作された可能性が高い。幕末期の国産電信機として伝存する唯一の事例であり、我が国における西洋科学技術の受容の在り方を示しているため、貴重である。（諫早市ＨＰより）

右の電信機が何故に早田運平の家に遺されたのであろうか。今までこのことは明確には解説されていない。なお、早田家には書簡の類が存在したというが(52)、現在行方不明となっているのが惜しまれる。

松田和子氏は諫早家の「日記」に、早田市右衛門・早田勝記・渋谷寛平・副嶋藤次郎・副嶋太一郎が、佐賀の精煉方に稽古伝習のため罷り登った記事があることを発表された(53)。

早田運平の精煉方伝習の始まりは、文久元年（一八六一）六月で、このとき運平が中村奇輔の指導を受けたであろうことは想像できる。慶応四年（一八六八）一月一四日の「日記」には、副嶋藤次郎・太一郎兄弟が小さい頃から精煉方中村喜助（奇輔）に随身（弟子入り）していたとあり、諫早の運平・副嶋兄弟と中村奇輔の関係は確かめられた。

中村奇輔は、文久二年、自らが発明したコーペルドンドル（爆薬）試作中、不意に爆発し大腿部に大きな木片が突き刺さる大怪我を負い再起できなかった(54)。このために、元治元年に中村奇輔が「ヱーセルテレカラフ」を製作することは不可能であった。

参考までに、佐賀藩久保田を領する村田政矩の精煉方に関連する略年譜（表2）を示し、幼年から蘭学を学び、四二歳にして英学を始めた政矩が領内で試み実行した事績をみてみたい。精煉方と呼応提携して早くからさまざまな事柄に着手している。安政元年（一八五四）の「避雷針製造」や神経痛患者への「エレキ治療」は、電信機に通じる分野と

表2 村田政矩（若狭）年譜―精煉方との関係を中心に―　国立公文書館「故村田政矩略歴」「故正五位村田政矩調査書」等から作成。

年月日	西暦	年齢	事項
文化11年8月11日	1814	1	深堀邑主鍋島茂辰（孫六郎）の二男として生まれる。
文政3年	1820	7	蘭学を実父鍋島孫六郎と叔父鍋島十右衛門に学ぶ。
文政8年	1825	12	久保田邑村田家一万七〇七〇石の養嗣子となる。
嘉永年中	1848～	35	写真の妙技に感して撮影を試みる。 ガラス製造を企て政矩自ら手を下し製造を試みる。 金銀の鑛を企て田代五郎を派遣しその技を伝習させ自らも学ぶ。 黒砂糖から白砂糖を製造する。
安政元年	1854	41	避雷針を製造し村田邸内他二ヶ所に建てる。人は「鳴神捕り」と称した。
安政2年7月16日	1855	42	長崎御番の頭人として英国艦隊侵入を円満に対処解決した。
安政2年	1855	42	英学を修める。
安政5年	1858	45	蘭式による操練を採用実施、春と秋に久保田邑内で大調練を実施した。
安政年中	1854～	41	電気機械を購入し領内士民・神経痛患者にエレキ治療をした。 コレラの予防薬「ロッコ液」「ホフマン予防薬」を久保田邑内と精煉方で盛んに調剤した。 バッテーラの製造に着手し邑内の久富川に浮かべて操縦稽古をさせた。 生鉄を鋼鉄とする方法を研究させた。
文久年中	1861～	48	久保田に銃砲鋳造所を設置しボンベンなどの大砲、ヱンヒルドその他の小銃を製造し、直正の経営する精煉所と相呼応提携して銃砲・諸機械製事業に従事し、模範を示す。
慶応元年	1865	52	私財を擲ち久保田の海面地先に埋築工事を着手し、後日良田となる。
慶応3年	1867	54	農事の改良を企画し、米の改良や共同販売を奨励した。
明治元年12月	1868	55	鍋島直正が長崎のアメリカ領事から一〇万両を借入しようとして、抵当に西山代村一円の石炭鉱区を用意したとき、双方の斡旋をした。計画は中止となる。
明治元年	1868	55	鍋島直大を補佐、大政奉還・廃藩置県へと率先誘導す。
明治6年5月10日	1873	60	逝去。

没年月日の出典は国立公文書館の「大正大礼贈位内申巻十一」（大正4年5月28日）。

して甚だ興味深い。大正四年に村田政矩の事績[55]が調査されたとき、久保田には実際に「エレキ治療」を受けたことのある故老が存命であった。

四　明治期の早田運平

明治二年、早田運平は、現佐賀県藤津郡太良町竹崎夜灯鼻に灯台を再建した。早田家四代番左衛門恭慶《やすのり》（宝暦九年〔一七五九〕没）が建てた灯台が、文政一一年（一八二八）の台風で倒壊していたのを、一一面ガラス張りの洋風技術を導入して建設したものである。早田家に建立時の拓本が残っている（写真12）。灯台を「照海燈」と称している。「明治

写真 12　灯台（「竹崎照海燈記并銘」）拓本
（早田家所蔵）

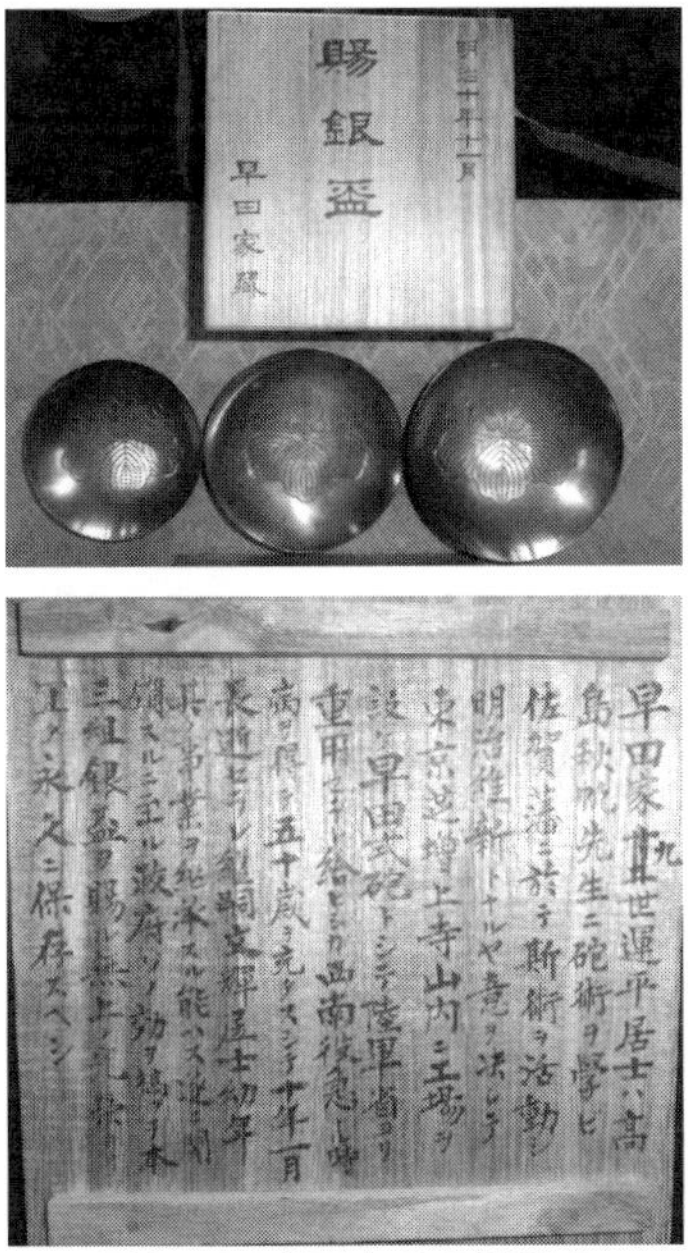

写真 13　銀盃とその箱書き
（早田家所蔵）

二年己巳年十一月吉日　早田市右衛門藤原武堯建」と記され、弘道館の国学副教授武富圯南[56]による「竹崎照海燈記幷銘」が書かれていて、これにより早田市右衛門（運平）が建立した経緯が明らかである。

明治五年三月一五日、運平は天朝御用つまり明治政府御用達として諫早で大銃製造に励み、完成間近につき試し打ちをしたい旨の口達書を、早田運平の名前で諫早出張所へ届け出ている[57]。

明治六年、運平は上京し、芝増上寺裏手観智院山内で兵器や開拓使付属船の備品を製造していたが、明治一〇年一月三〇日、四七歳で病没した[58]。陸軍省は故早田運平の軍功を賞して三組銀盃を下賜した。「（運平が製造した）早田式砲トシテ陸軍省ヨリ重用」されたと銀盃の箱書きにいう[59]（写真13）。

おわりに

今までよく知られていなかった早田運平の一生を表3「早田運平（市右衛門）年譜」に表した。

表3　早田運平（市右衛門）年譜　諫早市立諫早図書館蔵「日記」と早田家蔵文書を中心に作成した。

年月日	西暦	年齢	当時の氏名	史料名	事柄
天保2年10月12日	1831		寺田寅次郎 寺田八助	御家中家系事蹟	軍学者寺田孟昭（通称大介）の二男として生れる。兄は諫早家家老寺田繁之尉。
嘉永5年1月28日	1852	21	寺田八助	日新記 10917	長崎高島浅五郎へ蘭学稽古のため随身。
3月17日	1852	21	木下八助武堯	起請文早田家蔵	砲術修業のため、高島浅五郎宛木下八助の名で作成提出。後に養父となる早田八郎左衛門右雄の妻の実家の姓を名乗る。
9月	1852	21	木下八助	高島秋帆の免許状	高島流砲術の初段・中段・上段の免許状を受ける。
10月28日	1852	21	早田市右衛門	諫早日記 10918	養子願が許された御礼に罷り登る。

嘉永6年2月4日	1853	22	早田市右衛門	諫早日記 10930	繁之尉の代りに西洋流砲術師範高嶋浅五郎に随身を仰せ付けられる。
4月12日	1853	22	早田市右衛門	諫早日記 10930	繁之尉、西洋流砲術師家を、運平、西洋流砲術師範を仰せ付けられる。
安政2年3月24日	1855	25		諫早日記 10945	領主諫早武春、本藩精煉方を訪問し蒸気船雛形などを見物。
安政4年3月26日	1857	27	早田市右衛門	諫早日記 10965	伝習中の運平へ食物仕度を御火術方へ願い出る。
万延元年7月8日	1860	30	早田市右衛門	諫早日記 10992	経済方の相談役に任命される。
文久元年6月17日	1861	31	早田市右衛門	諫早日記 10998	精煉方においてトントル製法伝習を仰せ付けられる。
7月1日	1861	31	早田市右衛門	諫早日記 10998	運平精煉方年限御願次第、経済方年限御願。精煉方伝習は天上向・トントル製作道具一式・大砲御鋳立。
文久2年10月13日	1862			諫早日記 11005	前方拝領買、トントル筒代銀二六〆目。
10月29日	1862	32	早田市右衛門	諫早日記 11005	御火術方より御出願ニ付、上佐賀。
文久3年1月22日	1863	33	早田市右衛門	諫早日記 11008	西洋流砲術火術方精進に対し、御加米一石二斗。
4月19日	1863			諫早日記 11008	副嶋伊平、弟藤次郎・太一等を召連れ大銃製造方に勤務のため、佐賀の長瀬町に居住。
7月17日	1863			諫早日記 11012	経済方を産物方に改称。
8月7日	1863	33	早田市右衛門	諫早日記 11011	運平・横尾大作、火術方御用にて佐賀へ。
8月13日	1863			諫早日記 11011	上総様（武雄）御内用にて来訪。
9月5日	1863	33	早田市右衛門	諫早日記 11012	上総様より地雷火仕懸道具を市右衛門に相談。
元治元年9月	1864	34	早田市右衛門	諫早日記 11022	従来の砲術方・産物方に加え、長崎御仕組方兼務となる。
7月27日	1864			御在邑日記 11017	28日、茶臼山にて二四ポンド銃、月次放出。
仲秋	1864	34	早田市右衛門	早田家蔵 掲額	「日新館」の扁額、高島秋帆筆。
9月12日	1864			諫早日記 11022	精煉方稽古詰の運平と渋谷寛平、七日の御暇にて罷り下る。
9月晦日	1864			諫早日記 11022	渋谷寛平、精煉方稽古として罷り登る。
10月4日	1864			諫早日記 11022	運平精煉方稽古ニ付、登着。

元治元年10月	1864	34	早田市右衛門	起請文・早田家蔵	副嶋藤次郎らと大工・手男一六名、運平宛に起請文を書く。
慶応元年11月27日	1865	35	早田市右衛門	諫早日記 11025	備中守様（鹿島藩主）御家来酒見平八郎と申す人への砲術方心副を依頼される。
12月24日	1865	35	早田市右衛門	諫早日記 11025	備中守様（鹿島藩主）家来より御礼。
慶応2年9月28日	1866	36	早田市右衛門	諫早日記 11028	運平・喜多官八郎・藤原作平、英学稽古のため久松土岐太郎へ随身。
10月13日	1866	36	早田市右衛門	諫早日記 11028	長崎御仕組方・産物方・砲術方相談役となり、産物方に日勤。
慶応3年9月	1867	37	早田市右衛門	新日記 11032	産物方として茶方仕法に参画。
11月7日	1867	37	早田市右衛門	諫早日記 11031	本藩船方の甲子丸乗組要請に病を理由に断る。
慶応4年1月14日	1868	38		諫早日記 11033	副嶋伊平の弟藤次郎と太一郎、精煉方中村奇輔へ稽古、初年より随身。御褒美として扶持米二石七升。
6月1日	1868	38	早田市右衛門	新日記 11032	精煉術伝習方一通り済む。佐野常民・小出千之助、帰国。精煉方伝習に末薬〆道具樫大工を召集。
明治2年11月	1869	39	早田市右衛門 藤原武尭	灯台記銘拓本 早田家蔵	運平・藤津郡太良、竹崎夜灯ヶ鼻に灯台再建。
明治5年3月15日	1872	42	早田運平	諫早出張所御用留	天朝御用の大銃製造、近日成就につき試し打ちをしたい旨の口達。
明治6年	1873	43	早田運平	往復書類	運平一同、明治六年より芝公園観智院へ寄留。小蒸気等を建て、諸器械製造。
明治9年1月1日	1876	46	早田運平	開拓使往復書類	開拓使付属船福龍丸の備品製造。
明治10年1月30日	1877	47	武徳院早田運平居士	墓碑銘	逝去。諫早つつじ山墓地に葬られる。
11月	1877			銀盃 三ッ組 早田家所蔵	運平が考案した早田式六角銃は日本陸軍より重用された。明治政府はその功績に対し、三ッ組の銀盃を贈る。『北高来郡誌』は、運平の六角砲が基礎となり日本陸軍の山砲・野砲等の兵器が開発されたと記す。

参考資料『諫早史談』5・6・9~12・14~17・20・30・37・39・40号。

諫早家からも早田運平らが精煉方に派遣されていたことの他に、判明したことを箇条書きにする。

①精煉方伝習生の副嶋伊平・副嶋藤次郎や大工・手男等一六人が、元治元年（一八六四）に運平宛に「起證文」を書く。

②早田運平の伝習は、蘭学入門から精煉方伝習まで一六年に及ぶ。

③早田運平は万延元年から諫早家の経済方に任命され、その後、軍艦取入方が仕切る茶方仕法に関わる。

④本藩から甲子丸乗組要請、鹿島藩主から砲術心副要請、武雄領主から地雷火仕掛道具の相談を受ける。

⑤明治二年、一一面ガラス張りの洋式灯台を太良町竹崎夜灯鼻に建設。

⑥明治六年上京して開拓使の船の備品設営や陸軍省の兵器製造に従事。

運平の伝習は、長崎の高島秋帆・浅五郎父子に入門した嘉永五年（一八五二）から、精煉方伝習を一通り終えた慶応四年（一八六八）まで一六年に及ぶ。運平の伝習は砲術方の分野に目を向けられがちであるが、③の経済方（文久三年〔一八六三〕、産物方に改称）伝習に注目すべきである。長崎御仕組の巨額の軍備費用を捻出するために茶葉の生産・改良に奔走している。④は、運平の砲術が領内で高く評価されていたことを物語る。⑤と⑥については、住民の生活に密着したガラス張り灯台の建設から開拓使と陸軍省の御用達までの幅広い仕事には、まさに精煉方伝習の成果が発揮されている。経済方として活躍した運平の血は嗣子文四郎にも引き継がれ、先祖伝来の財産を失うことなく明治期を越え、「エーセルテレカラフ」は早田家御蔵の中で無事であった。

明治六年上京し、工部省御用達となり、佐賀藩精煉方の経験を活かし電信機（モールス型）をつくった人物に、田中久重（初代儀右衛門）(60)がいる。田中久重は、初代電信頭石丸安世(61)（旧佐賀藩士）の勧めに従い上京し、当初は電信寮の国産電信機製作を始めた。明治八年銀座煉瓦街に移転した田中製造所が、現在の東芝の前身である。

早田運平がいま少し長生きしたならば、運平の功績と「ヱーセルテレカラフ」は、もっと早く世の中に認められたのかも知れない。また、「ヱーセルテレカラフ」の由来も明確になったかも知れない。これを機会に長崎御仕組方・砲術方・産物方と三人前の仕事をした早田運平が広く知られ、精煉方の研究がさらに進展することを願っている。

註

（1）牟田五月男「諫早上級家臣団の研究」（『諫早史談』一一号、一九七九年）。

（2）諫早家文書は、諫早家の文書記録として残された日記（日新記）類一〇三一点や、その他の関連記録三八七点、絵図類八五点の計一五〇三点で構成されてる。日記類は、延宝四年（一六七六）から慶応四年（一八六八）までの約二〇〇年間の記録で、日記の他に政治・行政・軍事・祭祀・交易・干拓・領界など多岐にわたっており、藩政時代の貴重な資料である。佐賀の諫早屋敷で筆録されたものや、諫早の会所や雑務所において作成されたものもある（諫早市公式ホームページ）。

（3）佐賀藩の構成は、本藩と三支藩（小城・蓮池・鹿島）、親類格四家（白石鍋島家・川久保神代家・村田鍋島家・久保田村田家）、親類同格四家（諫早家・多久家・武雄鍋島家・須古鍋島家）、家老六家（横岳鍋島家・神代鍋島家・深堀鍋島家・太田鍋島家・姉川鍋島家・倉町鍋島家）。親類格四家と親類同格四家は、それぞれ藩主にあたる「邑主《ゆうしゅ》」を名乗り「大配分《だいはいぶん》」（自領内での大幅な自治権）を受け、その地方の領主となっていた。家老六家は、大配分格小配分の家として独立性の強い存在のものであった（川副義敦『佐賀県』現代書館、二〇一〇年、四九頁）。

（4）牟田前掲註（1）。

（5）高島浅五郎は高島秋帆の長子、晴城と号し、諱は茂武、幼にして父に西洋砲術及び荻野流砲術を修め、漢籍を山本晴海に学ぶ。天保十二年父秋帆幕府に召され、二一歳の浅五郎も従い東上、翌一三年疑獄起こり、嘉永六年まで謹慎。ペリー来航後、幕府その罪を許し再び高島流盛んになる。元治元年三月二九日家茂に扈従した京都で病没、四四歳(長崎県教育会『長崎県人物伝』臨川書店、一九七三年、四三七頁)。

(6)「日新記」(諫早市立諫早図書館史料番号一〇九一七)嘉永五年一月二八日条「一繁之尉寺田家弟八助儀、長崎高嶋浅五郎へ蘭学為稽古随身…」。以下諫早家の日記は「日記」(史料番号一〇九一七)のように記す。

(7)「日記」(史料番号一〇九一七)嘉永五年七月二九日条。

(8)「日記」(史料番号一〇九一八)嘉永五年一〇月二八日条「一寺田繁之尉弟を早田八郎左衛門養子如願して　仰付候処、今般為御礼罷登候付、今日右之御礼被為請之候事」。

(9)「日記」(史料番号一〇九三〇)嘉永六年二月四日条「…長崎高嶋浅五郎西洋流師範罷在候趣ニ付、実弟早田市右衛門を代稽古被仰付度儀に願其通被仰付、去春ゟ為随身罷越居候処…」。

(10)「日記」(史料番号一〇九三〇)嘉永六年四月一二日条「一繁之尉儀、前々□置之通西洋流稽古方ニ付、長崎高嶋浅五郎江弟早田市右衛門を代随身依に願其通被仰付置候末、近々奥儀相伝とも相整候付其段…」。

(11)武春(弘化四年〈一八四七〉~文久二年〈一八六二〉)、諫早家第一五代領主、享年一六(織田武人「諫早領主の呼称」『諫早史談』四〇号、二〇〇八年、一七頁)。

(12)精煉方は、嘉永五年一一月一〇日、国産方内に薬製造を担当する専門役局として創設される(中野正裕「幕末佐賀藩科学技術系役局の変遷」『幕末佐賀藩の科学技術』下、一六二頁、岩田書院、二〇一六年)。

(13)「日記」(史料番号一〇九四五)安政二年三月二四日条「一多布施精煉方色々奇細工有之候趣ニ付、被成御覧度被思召候付先達而…」、「一硝子細工、蒸気船雛型浮ヘ蒸気車雛型走り、其外西洋学之奇細工物等被遊御覧候事…」。

（14）火術方は、佐賀藩一〇代藩主直正が科学技術導入を担当する役局として弘化元年（一八四四）創設。

（15）「日記」（史料番号一〇九六五）安政四年年三月二四日条「一早田市右衛門儀、当時伝習稽古中之処食用之時々罷帰候通ニ而者隙欠稽古閑散部不申ニ付、御火術方へ頼食用仕度ニ付其段願出呉度達書候ニ付、今日左之通書付御火術方へ…」。

（16）佐賀本藩の文書にはドントル管と書いてある（中野正裕「幕末佐賀藩科学技術系役局の変遷」『幕末佐賀藩の科学技術』下、岩田書院、二〇一六年、一六三頁）。ドントル管とはドンドル筒ともいう雷管式銃のこと（杉本勲ほか『幕末軍事技術の軌跡―佐賀藩史料「松乃落葉」―』思文閣出版、一九八七年、五六頁）。

（17）「日記」（史料番号一〇九九八）文久元年六月一七日条「一トントル制法伝習之儀、御家来筋ゟ被仰付被下度願済之末、右名前達出候様と有之候付、左之通古我権蔵持出、山崎左忠太殿相達候事」。

手覚

於精練方トントル制法家来筋之者伝習之儀、願之通被仰付候付、人数名前可相達旨御達之趣承知仕左ニ

早田市右衛門
今　両人

右之通御座候、以上

六月十七日　御名内　高柳文右衛門

御進物方

（18）「日記」（史料番号一〇九九二）万延元年七月八日条「経済方之儀別段役場被相立候ニ付、早田市右衛門其外相談役被仰付方ニ而有之間敷哉、吟味合左之通書上を以伺越候処、伺通被仰付之旨被仰出候段、御側ゟ申来候付、人々請役方呼出相達候事」。

(19) 木原溥幸『幕末期佐賀藩の藩政史研究』(九州大学出版会、一九九七年)四七二頁。

(20) 代品方は、藩内の国産品で軍艦をはじめ軍備品の購入代金に当てるための役局。

(21) 「日記」(史料番号一〇九九八)文久元年七月一日条。

一早田市右衛門儀軽(経)済方年限御願次方一件含登候末、御役々示談振合等今日答下候事、手覚左ニ

手覚

一軽(経)済方年限御願次之儀、貴様御含登ニ付差付ゟ御役々へ示談相成候得とも、最前之場ニてハ大分六ケ敷模様ニて何分御趣意通示談取出来可被哉(下脱カ)、いつれも甚当惑罷在候へ共、猶又差立候向々へ入々示談相成候処、漸何方も砕合相成頃日、別紙達帳之通先以五ヶ年壱部之冥加相納候通相達相成候、右年限之儀、実者十ヶ年之御願立候得とも、何分其通ニハ参兼候御都合ハ委細御存之通ニて、惣而最前代品方御願立之御趣意と諫早軽(経)済方諸品運口其外大ニ致齟齬居候場を御役々ニも御見込相成居候儀と相見、大分最前之場ニて砕兼候得とも、段々折入示談之上漸前断之通候条、自然又候勝手之取計等致哉ニ被見請候てハ、御仕法楯も相破、御役方ゟ押取夫々御取計相成候通候共、移行候てハ決而不相叶候条、此後者急度被入御念運口其外上御仕法ニ相違不致様、役々いつれも其勘弁相成居候様

一茶方御印手数之儀、是以同断御役所向最前者参兼候御都合候へハ入々示談相成候処、存外之砕合相成以来頭ゟ御印御願等ニも不相及積出之時々、永昌俵銭方ゟ送状申請候丈ニて相済候、御都合是又委細御承知之通ニ候

一精練方(ママ)江御家来内ゟ伝習方之儀、段々天上向御都合ニ付てハ、貴様伝習稽古被仰付、外ニ今両人人指御吟味御達出之次第、是以委細之御都合御承知之通ニ候

一前断ニ付、トントル制作道具一式御聲懸を以製作方精練方(ママ)へ御願出之事

一大砲御鋳立之事

右之廉々貴様御下着之上、繁之尉其外可被相達候、委細者御承知之通ニ付不能詳候、已上

七月朔日　　高柳文右衛門

枚野助右衛門

早田市右衛門殿

(22)「日記」(史料番号一一〇〇五)文久二年一〇月一三日条「一前方拝領買相成居候トントル筒代銀廿六〆目、自余俵又白蠟方ニ付…」。

(23)「日記」(史料番号一一〇〇五)文久二年一〇月二九日条「一早田市右衛門御火術方ゟ御出願方ニ付、上佐嘉相成候…」。

(24)「日記」(史料番号一一〇〇八)文久三年一月二二日条「書上　御加米壱石ニ斗早田市右衛門　右者儀、西洋流為稽古長崎町年寄高嶋浅五郎江以御賢恵随身被仰付候処、数年出精上達之訳を以上段免状早相伝相整候付…」。

(25)大銃《たいじゅう》製造方は、嘉永三年六月三〇日、築地(佐賀市長瀬町)に創設される(中野正裕「幕末佐賀藩科学技術系役局の変遷」『幕末佐賀藩の科学技術』下、岩田書院、二〇一六年、一五九・一六〇頁)。

(26)長瀬町(築地)の大銃製造方内には、小銃の型式を新しくするため安政四年七月、手銃製造方(特別に設けられた雷管式銃製造役局)が新設されている(杉本勲ほか『幕末軍事技術の軌跡―佐賀藩史料『松乃落葉』―』二一四頁　思文閣出版、一九八七年)。

(27)「日記」(史料番号一一〇〇八)文久三年四月一九日条。

一副嶋伊平儀大銃製造方ニ付而、舎弟藤次郎其外召連諫早罷下居候処、今般人御改ニ付罷登候段申達候也、然処当時長崎表異船方不容易都合ニ付、罷登候通ニ而者差支候付、無余儀病之姿ニ相成候外有之間敷、諫早ゟ申来候付左之通田川瀧四郎町方持出相達之候事

口達

御当地長瀬町住居家来副嶋伊平儀、自分大銃製方申付弟藤次郎其外扨又番子同町夘吉其外左之通雇入、先達而ゟ在所罷越居、当時異国船方不容易都合ニ付、一刻も急ニ成就相整候半而不相叶候付、精々差部細工半ニ御座候、然処今般人別御改ニ付早速罷帰候様宿元ニてより申越候付而者、則致帰宅候半而不叶儀御座候得共、頃日ゟいつれも持病之疝癪或者外邪等散々相煩、何分急ニ罷登候儀不相叶候、就而者近来奉恐入候得共、今暫之処御猶予被仰付被下候道者有御座間敷哉、奉願呉候様申達候旨申越候、右者当時此方雇中之儀ニ付御達仕候条、前断之事情被為御聞啓、何卒願通被仰付被下度、此段御達仕候

副嶋伊平
同弟藤次郎
同弟太一
同娘しけ

右娘しけニ者未別而幼年ニ而母親不罷在候付、無餘儀連下居候也

番子
長瀬町
夘吉
多吉
半三郎

以上

御名内
亥四月　高柳文右衛門

(28)「日記」（史料番号一一〇・一）文久三年八月七日条「一早田市右衛門、横尾大作儀御火術方御用ニ付而登着いたし候事」。
(29)鍋島茂昌（天保三年〔一八三二〕～明治四三年〔一九一〇〕）、親類同格武雄鍋島家領主。
(30)「日記」（史料番号一一〇一一）文久三年八月一三日条「一上総様武雄也御事、今日此御方被成御出候ニ付、無御余儀御内用ニ而…」。
(31)「日記」（史料番号一一〇・二）文久三年九月五日条「一上総様ゟ地雷火仕懸道具、早田市右衛門へ御直ニ御相談被成置候末、御家来を以御尋相成候次第、左之通申来候事」。
(32)「日記」（史料番号一一〇〇五）文久三年七月一六日条「一今般経済方之儀、産物方と役名被相改候通被仰付儀ニ候条…」。
(33)運平の役職は次のように変わる。「日記」（史料番号一〇九九二）万延元年九月一日条「雑務頭人・町方・御山方・会所兼、寺社方・炮術方・経済方主役早田市右衛門」、「日記」（史料番号一一〇一一）文久三年八月二七日条「炮術方・産物方主役早田市右衛門」、「日記」（史料番号一一〇二二）元治元年九月二一日条「長崎御仕組兼早田市右衛門」。
(34)諫早市西郷町旧刑務所付近。
(35)早田勝記とは、剛忠様（家晴曽祖父家兼）天文一五年三月一〇日逝去の際、「諫江史料拾録」に「御供腹」と出てくる早田式部少輔を開祖とする早田家第一二代早田勝記、番頭、三五石七斗、のこと。慶応三年中嶋寛左衛門の軍艦事件（諫早の窮乏救済には長崎警備出費を抑えるため軍艦を持つ以外にないと画策）に加担した罪で、閉門家名断絶の処分を受けた（山口祐造「幕末の諫早城下町と家臣団の研究　その四」『諫早史談』一七号、一九八五年）。
(36)「日記」（史料番号一一〇二二）元治元年九月二一日条に、渋谷寛平の役職は「砲術方主方兼医生方、横尾大作代」とある。

（37）「日記」（史料番号一一〇二二）元治元年九月一二日条「一早田勝記、渋谷寛平精煉方稽古詰也儀、今夜より七日之御暇ニ而罷下候事」。

（38）「日記」（史料番号一一〇二二）元治元年九月晦日条「一渋谷官（寛）平儀、精煉方稽古として罷登候事」。

（39）「日記」（史料番号一一〇二二）元治元年一〇月四日条「一早田勝記儀精煉方稽古ニ付而登着いたし候事」。

（40）鍋島直彬（天保一四年〔一八四三〕～大正四年〔一九一五〕）。

（41）「日記」（史料番号一一〇二五）慶応元年一一月二七日条「一備中守様御家来酒見平八郎と申人江早田市右衛門砲術方心副いたし候訳を以、備中守様より御使を以市右衛門江御上下一具被遣候段…」。

（42）久松土岐太郎は高島秋帆の第二子、天保九年久松喜兵衛を継ぎ弘化四年町年寄に任す。嘉永六年会所調役に進むが、安政四年病のため辞職（長崎県教育会『長崎県人物伝』臨川書店、一九七三年、四三八頁）。

（43）「日記」（史料番号一一〇二八）慶応二年九月二八日条「一早田市右衛門、喜多官八郎、藤原作平儀、英学為稽古長崎久松土岐太郎江随身被仰付方ニ而者有御座間敷哉、請役方ゟ伺未達御耳候処、其通被仰出候付…」。

（44）「日記」（史料番号一一〇二八）慶応二年一〇月一三日条「産物方日勤　早田市右衛門　右者儀、当御物成之儀役方打追被仰付置候処、長崎御仕組方砲術方之儀兼帯丈ニ而者諸事御用弁仕兼候場御座候付、書栽之通、三役所共主方ニ被仰付候方ニ而者有御座間敷哉、今又吟味仕候、此段請御意候」。

（45）「日記」（史料番号一一〇三一）慶応三年一一月七日条。

一早田市右衛門儀、甲子丸御船乗与被仰付之旨被相達候付、相達相成候様諫早申越候處、病ニ而其儀不相叶候付、御猶豫被仰付度願出候段申来候付、達御耳左之通御船方へ相達之候事

手覚

家来早田市右衛門儀、甲子丸御船大坂運用ニ付、為稽古乗込被仰付之旨御達之趣承知仕則在所申越候處、先達而より持病疝癪手強差起、何分其儀不相任ニ付此節之処御猶豫被仰付被下度、委曲別紙之通願出候段申越候、此段御達仕候、以上

卯十一月　　御名内 中嶋九左衛門

(46)「日記」(史料番号一一〇三三)慶応四年一月一四日条。

書上

御扶持米弐石七升、副嶋伊平弟副嶋藤次郎

右同　　右同　副嶋太一郎

右者共儀、鋳砲方其外細工方為稽古、初年之比ゟ精練方中村喜助殿江致随身…殊ニ大小線銃六角銃等致細工候ニ付、先以為試六角銃一ホント一挺為致製作打試験相成候処…大砲六角線銃共製作方出来仕候通相成、惣而(後略)

(47)「日記」(史料番号一一〇三二)慶応四年六月一日条。

一早田市右衛門精練術《(ママ)》伝習方ニ付上佐嘉相成居候處、一通相済候由ニ而御側ゟ左之通手覚被相渡候由

手覚

茶方御仕法之儀昨壱ヶ年御願請相成居然處、御軍艦御取入方御仕法之儀、何れと歟為相替候哉ニ相聞、右者如何之御都合ニ而可有之哉、振次第ニ者御出願相成候半而不叶ニ付、被御聞候様御含之趣其筋御示談相成候様致御含候處、当節幸、佐野栄寿左衛門殿小出千之助殿ニも外国ゟ帰国相成居、前条之次第被及御示談候処、御軍艦御取入方御仕法之儀御手広被御取行候半而不相叶御楯与ニ而、追々別儀ニ役局被相立筈ニ付、御出願之儀も候半者、願出相成可然

旨被申聞候段被申達候
一精練(ママ)術伝習ニ付、末薬〆道具樫大工一同仕登相成候様先達而被相達候付、其砌差付申越置候處、尓今仕登相成不申、右者急ニ仕登相成候様右之廉々御下着之上、助兵衛、太左衛門江可被相達ニ(候カ)、委細ハ致御含御承知之通ニ付不能詳候、以上

五月廿八日　弥永三右衛門　判
中嶋弥七左衛門同
中嶋九左衛門　同
枚野助右衛門　同

早田市右衛門殿

(48) 慶応三年のパリ万国博覧会に参加した佐野常民・小出千之助は、慶応四年五月一九日に長崎に帰着した(アンドリュー・コビング『幕末佐賀藩の対外関係の研究』鍋島報效会、一九九四年、一二二頁)。

(49) 『幕末期佐賀藩の藩政史研究』四七五頁。

(50) 中野禮四郎編『鍋島直正公傳』第三編(侯爵鍋島家編纂所、一九二〇年)五八五～八六頁。

(51) 小曾根乾堂(文政一一年(一八二八)～明治一八年(一八八五))、通称六郎太・六郎、のち栄、諱は豊明、字は守辱、号は乾堂。安政六年長崎浪の平海岸を埋め立て一街区をつくり、小曾根町と称しのち外人居留地となる。明治四年、勅により御璽・国璽を印刻。同一一年には私立小曾根小学校(現浪の平小学校)を創設、後に校舎土地一切を長崎市に寄贈した(長崎県美術館ＨＰ)。

(52) 早田家当主の話によれば、昭和三〇年ころ「古い書簡がたくさんあった」という。

(53) 松田和子「精煉方の活動」(『幕末佐賀藩の科学技術』下、岩田書院、二〇一六年)二〇三・二一八頁。
(54) 多久島澄子『日本電信の祖 石丸安世』(慧文社、二〇一三年)一五三・一五四頁。
(55) 「故村田政矩調査書」簿冊「大正大礼贈位内申巻十一」内務省経由・佐賀県、大正四年五月二八日(国立公文書館)。
(56) 武富圯南《いなん》(文化五年〔一八〇八〕~明治八年〔一八七五〕)、佐賀藩校弘道館で教えた。詩文・書画が巧みであった。
(57) 長崎県文書課「出張所御用留島原/平戸/大村/五島/諫早」(別名「文書科事務簿明治五年」。県書14.58-7 長崎歴史文化博物館蔵)。

明治五年三月一五日付口達

天朝御用の大銃製造のため、明一六日より同一七日迄両日共、朝四ツ時比より夕七ツ時比迄の間、善根辻より嶋原三ツ嶋あたりを目当てにして、試し打ちをしたいと思っています。玉が飛んでいく海上と陸上の方向の所載の箇所に通行禁止をかけていただきたく、もし雨天の場合は日延べに致しました願出ます。(筆者意訳)

(58) 光富博「砲術家早田運平について」(『諫早史談』三九号、二〇〇七年)。早田運平の長男早田文四郎が明治一二年(一八七九)七月に大警視川路利良殿代理中警視安藤則命宛に書いた「諸器械製造業御許可願」に、「私儀、亡父運平一同、去ル明治六年ヨリ芝公園観智院へ寄留、其後、右境内ニ於テ小蒸気等相建て、銅鉄其他亡父供々諸器械製造半ば、一昨十年運平死去…」とある。早田ハツ氏が以前世田谷区玉川の東京都公文書館で調査された以下の資料、①明治九年「各裁判所開拓使往復」〈庶務課〉(607.C2.01)、②「芝公園例規」〈庶務課〉(611.B6.17)、③「往復書類」〈庶務課〉明治一一年一二月二八日~同一三年一二月(611.B8.07)、④「稟議録・郡村拝借地・6ノ内第2号」〈地理課〉明治一二年~明治一四年(611.C4.01)は、平成二六年、国の重要文化財(美術工芸品)に指定された(『公文書館だより』二五号、国立公文書館『アーカイブズ』五四号)。

(59)早田家蔵「三組銀盃」の箱書きには「早田家九世運平居士ハ高島秋帆先生ニ砲術ヲ学ビ、佐賀藩ニ於テ斯術ヲ活動シ、明治維新トナルヤ、意ヲ決シテ東京芝増上寺山内ニ工場ヲ設ケ、早田式砲トシテ陸軍省ヨリ重用セラレ給ヒシカ、西南役急ナル時、病ヲ得テ五十歳ヲ充タスシテ十年一月長逝セラレ、継嗣文輝居士、幼年其ノ事業ヲ継承スル能ハス、遂ニ閉鎖スルニ至ル、政府ソノ効ヲ稿フテ、本三組銀盃ヲ賜ル、無上ノ光栄タリ、宜ク永久ニ保存スヘシ」と書かれている。

(60)田中久重は寛政一一年(一七九九)久留米生まれ、幼少より細工物が得意で、カラクリの発明家だった。天保五年(一八三四)大坂へ、その後京都の広瀬元恭(妻は久重の妹いね)に蘭学入門、嘉永二年(一八四九)近江大掾の印可を受ける。同五年佐賀藩に招かれ、精煉方で安政四年(一八五七)電信機作成、文久元年(一八六一)電流丸汽鑵製造、慶応元年(一八六五)凌風丸竣工、明治六年(一八七三)一月一四日久留米を出発、同月二四日東京着。石丸安世の推薦で翌七年にはモールス電信機三〇台を電信寮に納め、その工場は、翌八年七月神谷町から新橋に移転し、工部省の指定工場となった。明治一四年没(多久島『日本電信の祖　石丸安世』一七六頁)。

(61)石丸安世は、天保五年(一八三四)六月二一日、物成四六石の佐賀藩士石丸六兵衛の四男として佐賀に生まれた。幼名虎五郎、弘道館・蘭学寮を経て安政五年(一八五八)長崎海軍伝習生に選ばれ、翌六年には秀島藤之助と英学伝習を始め、慶応元年(一八六五)一〇月、グラバーの協力で馬渡八郎とイギリスへ密航留学を果たし、慶応四年帰国。明治四年(一八七一)八月一五日、工部省の初代電信頭に就任し、田中久重に上京を促し、モールス電信機を発注する(多久島『日本電信の祖　石丸安世』三一二～三一五頁)。

謝辞

「エーセルテレカラフ」をはじめとして多数の資料を大切に守ってこられた早田家ご当主をはじめ歴代の皆様に敬意と感謝

を表します。

なお、この稿を書くにあたり、早田ハツ様、織田武人様、諫早図書館、諫早市文化振興課の皆様に大変お世話になりました。
記して感謝申し上げます。

あとがき

本書のもとになった先駆的な研究が、平成一三年度から一七年度にかけての特定領域研究『文部科学省科学研究費補助金（特定領域）「我が国の科学技術黎明期資料の体系化に関する調査・研究」』（略称「江戸のモノづくり」）である。この「江戸のモノづくり」は、国立科学博物館を中心に、大学教員のみならず、博物館・図書館の学芸員・司書、地域研究者が参加して、五年の間、江戸時代にわが国で行われた科学や技術の諸分野における活動に関する古文書・記録・輸入書などの文献及びさまざまな測量器具・天文観測器具・医療器具・銃砲などの資料を、わが国の科学技術黎明期資料と位置づけ、モノづくりに関する総合的・学際的な共同研究をすすめたものであった。

この研究では、文献と器物を個々に調査するのではなく、科学的知識（理論的なもの）とモノづくりの技術（実践的なもの）を一括して取り扱い、科学史・技術史・医学史などの分野境界を超えて、さまざまな視点から総合的に再検討する手法を採用した。そのため、文系・理系研究者や大学・博物館・研究所等の間のネットワークと、市民参加型のシンポジウムが組織され、多数の調査研究成果が報告された。

しかしながら、五年の研究期間では、日本独自のモノづくりについての歴史的・文化的背景について十分な検討には至らず、「体系化」を考えるための基盤づくりはできたものの、総合的な研究の継続と成果の公開が課題として残った。

この課題の解決に、「明治日本の産業革命遺産」の世界遺産登録推進事業が後押しとなった。佐賀地域でも、築地反射炉跡、多布施反射炉跡、精煉方跡、三重津海軍所跡の発掘調査が行われ、出土遺物の科学的分析によって、文書調査では解明出来なかった諸事項が明らかになった。これらの最新の成果をまとめた『幕末佐賀藩の科学技術』(上・下、岩田書院、二〇一六)により、長崎警備強化と反射炉の構築、洋学摂取と科学技術の発展について、幕末佐賀におけるモノづくりの歴史的背景と特徴が解明された。

一方で、わが国科学技術黎明期科学技術の総合調査の成果公開については、『幕末科学技術叢書』として、全国をフィールドとする、青銅・鉄、和算、医学、船舶、洋学などの編別構成による叢書の刊行が構想されたが、メンバー、費用、時間的制約などにより、実現は困難であった。

そこで、佐賀地域では、『幕末佐賀藩の科学技術』の編集委員会が核となって、製鉄・電信についての全国的な総合調査の成果公開を果たすために、本書の刊行を目指すことにした。

本書第Ⅰ部「製鉄編」では、道迫真吾「幕末長州藩における洋式大砲鋳造」が、鋳物師郡司家の大砲鋳造と砲術師としての活動を解明した。長谷川雅康「薩摩の製鉄技術」は、集成館事業における洋式高炉(溶鉱炉)が、薩摩に土着した製鉄技術の蓄積のうえに築造されたことを発掘調査の成果から明らかにした。工藤雄一郎「韮山反射炉の歴史と築造技術」では、佐賀藩の技術支援のもとでの反射炉の完成と、砲弾製造や青銅砲カノン砲の製造、明治維新後の反射炉の構造状況などを詳解した。板垣英治「加賀藩鈴見鋳造所における大砲の生産」では、安政元年(一八五四)から翌年までに二七挺もの大砲を鋳造していたことなど、嘉永六年(一八五三)から元治元年(一八六四)までの同所における大砲鋳造と関連火薬製造などを明らかにした。小野寺英輝「幕末伊達・南部の「水車ふいご」」では、出雲・仙台・盛岡領などでのふいごの形式の変遷と、製鉄用「水車ふいご」の発展系に大島高炉の送風用水車があることを実証した。角田徳幸「出雲の角炉製鉄」は、たたら吹製鉄の技術を基礎としながら、洋式高炉の技術を取り入れ、炉体に耐火レンガを使用した角炉の改良過程と、明治期の官営広島鉱山、出雲における製鉄について検証した。福田舞子「幕末の軍制改革と兵站整備」では、幕府火薬製造の役所である鉄砲玉薬方の職務増大と、蕃書調所精煉方との連携、仏式陸軍編成の導入による砲兵方への軍制改革を扱った。

本書第Ⅱ部「電信編」では、河本信雄「幕末期の電信機製造」において、電信機に関する蘭書調査と佐久間象山の電信機製造を紹介した。宇治章「幕末・明治期の電信技術と佐賀」は、幕末期における佐賀藩などの電信機製造と明治期における電信技術の普及に、香蘭社の碍子の製造が大いに貢献したことを明らかにした。多久島澄子「初代電信頭石丸安世」は、初代電信頭となった石丸安世を軸にわが国の電信事業の発達を描いた。同「早田運平と電信機」では、佐賀藩精煉方で電信機製造に関わった諫早家家臣早田運平の事績を明らかにした。

以上から、幕末期における大砲鋳造技術伝播、関連技術と制度の変遷とわが国における電信の普及を知ることができる。構想から発刊まで、困難な仕事をお引き受けしていただいた岩田書院社主 岩田博氏に深甚の謝意を表して、あとがきのことばとする。

二〇一七年三月吉日

「近代日本 製鉄・電信の源流」編集委員会
代表　長野　暹
（文責　青木歳幸）

河本　信雄（かわもと・のぶお）1958年生
元 東芝未来科学館副館長　文学博士(佛教大学)
「日本での機械時計製作開始時期の考察」(『鷹陵史学』39、2013年)
「明治初年の田中久重の工場－日本で初めての実用電信機製造－」
(『技術史教育学会誌』16-2、2015年)
「幕末久留米藩における田中久重の武士身分」(『福岡地方史研究』53、2015年)

宇治　章（うじ・あきら）1952年生
佐賀県立博物館学芸員
「佐賀におけるお雇い外国人」(『佐賀県立博物館・美術館調査研究書』10、1985年)
「鍋島更紗の技法と染料について」(『佐賀県立博物館・美術館調査研究書』38、2014年)
「精煉方から工部省へ」(『幕末佐賀藩の科学技術』下、岩田書院、2016年)

多久島　澄子（たくしま・すみこ）1949年生
幕末佐賀研究会会員
『日本電信の祖 石丸安世』(慧文社、2013年)
「佐賀藩御鋳立方田中虎六郎の事績」(『幕末佐賀藩の科学技術』上、岩田書院、2016年)
「佐賀藩の英学の始まりと進展」(『幕末佐賀藩の科学技術』下、岩田書院、2016年)

【執筆者紹介】掲載順

道迫　真吾（どうさこ・しんご）1972年生
萩博物館主任学芸員
「萩反射炉関連史料の調査報告（第一報）」（『萩博物館調査研究報告』5、2010年）
「萩反射炉関連史料の調査研究報告（第二報）」（『萩博物館調査研究報告』7、2012年）
「萩の反射炉および日本の産業化に貢献した人材育成」（『金属』86-4(1155)、2016年）

長谷川　雅康（はせがわ・まさやす）1947年生
鹿児島大学名誉教授
「工業高校機械科の実習内容の変遷と課題」（『工業技術教育研究』14-1、2009年）
「島津斉彬時代(薩州見取絵図)の大幅機の復元」
（鹿児島大学教育学部『研究紀要』64自然科学編、共著、2013年）

工藤　雄一郎（くどう・ゆういちろう）1969年生
伊豆の国市教育委員会文化財課学芸員

板垣　英治（いたがき・えいじ）1934年生
金沢大学名誉教授　理学博士（大阪大学）
『加賀藩洋書の総合的研究』（前田書店、2015年）

小野寺　英輝（おのでら・ひでき）1962年生
岩手大学理工学部システム創成工学科准教授　工学博士（東北大学）
『銕路歴程』（岩手県釜石地方振興局、2008年）
「みちのくの鉄文化と近代日本」（『自然と神道文化3水・風・鉄』弘文堂、2010年）
「高炉用の水車駆動用送風機について」（『産業考古学』152、2015年）

角田　徳幸（かくだ・のりゆき）1962年生
島根県立古代出雲歴史博物館交流・普及課長　文学博士（広島大学）
『たたら吹製鉄の成立と展開』（清文堂出版、2014年）
「韓国における砂鉄製錬」（『たたら研究』55、2016年）
「たたら吹製鉄と斐伊川流域の砂鉄」（『河川』843、2016年）

福田　舞子（ふくだ・まいこ）1983年生
大阪大学適塾記念センター特任研究員
「幕府による硝石の統制－軍制改革と座・会所の設立－」
（『科学史研究』第Ⅱ期50(258)、2011年）
「幕府歩兵の創設とその展開－西洋式軍制導入の一過程－」（『一滴』20、2012年）

「近代日本 製鉄・電信の源流」編集委員（＊代表）
青木　歳幸（あおき・としゆき）　1948年生　佐賀大学特命教授
大園隆二郎（おおぞの・りゅうじろう）1952年生　鍋島報效会評議員
＊長野　　暹（ながの・すすむ）　1931年生　佐賀大学名誉教授
前田　達男（まえだ・たつお）　1961年生　佐賀市教育委員会

近代日本 製鉄・電信の源流 —幕末明治初期の科学技術—

2017年（平成29年）3月　第1刷　300部発行　**定価［本体7400円＋税］**
編　者　「近代日本 製鉄・電信の源流」編集委員会

発行所　有限会社 岩田書院　代表：岩田　博　http://www.iwata-shoin.co.jp
〒157-0062　東京都世田谷区南烏山4-25-6-103　電話03-3326-3757 FAX03-3326-6788
組版・印刷・製本：藤原印刷　Printed in Japan

ISBN978-4-86602-988-7 C3021 ¥7400E
コピーOK　利用の際は必ず下記サイトを確認下さい。
http://www.bunka.go.jp/jiyuriyo

			本体価	刊行年月
955	木野　主計	近代日本の歴史認識再考	7000	2016.03
956	五十川伸矢	東アジア梵鐘生産史の研究	6800	2016.03
957	神崎　直美	幕末大名夫人の知的好奇心	2700	2016.03
958	岩下　哲典	城下町と日本人の心性	7000	2016.03
959	福原・西岡他	一式造り物の民俗行事	6000	2016.04
960	福嶋・後藤他	廣澤寺伝来 小笠原流弓馬故実書＜史料叢刊10＞	14800	2016.04
961	糸賀　茂男	常陸中世武士団の史的考察	7400	2016.05
962	川勝　守生	近世日本石灰史料研究IX	7900	2016.05
963	所　理喜夫	徳川権力と中近世の地域社会	11000	2016.05
964	大豆生田稔	近江商人の酒造経営と北関東の地域社会	5800	2016.05
966	日野西眞定	高野山信仰史の研究＜宗教民俗８＞	9900	2016.06
967	佐藤　久光	四国遍路の社会学	6800	2016.06
968	浜口　　尚	先住民生存捕鯨の文化人類学的研究	3000	2016.07
969	裏　　直記	農山漁村の生業環境と祭祀習俗・他界観	12800	2016.07
970	時枝　　務	山岳宗教遺跡の研究	6400	2016.07
971	橋本　　章	戦国武将英雄譚の誕生	2800	2016.07
972	高岡　　徹	戦国期越中の攻防＜中世史30＞	8000	2016.08
973	市村・ほか	中世港町論の射程＜港町の原像・下＞	5600	2016.08
974	小川　　雄	徳川権力と海上軍事＜戦国史15＞	8000	2016.09
975	福原・植木	山・鉾・屋台行事	3000	2016.09
976	小田　悦代	呪縛・護法・阿尾奢法＜宗教民俗９＞	6000	2016.10
977	清水　邦彦	中世曹洞宗における地蔵信仰の受容	7400	2016.10
978	飯澤　文夫	地方史文献年鑑2015＜郷土史総覧19＞	25800	2016.10
979	関口　功一	東国の古代地域史	6400	2016.10
980	柴　　裕之	織田氏一門＜国衆20＞	5000	2016.11
981	松崎　憲三	民俗信仰の位相	6200	2016.11
982	久下　正史	寺社縁起の形成と展開＜御影民俗22＞	8000	2016.12
983	佐藤　博信	中世東国の政治と経済＜中世東国論６＞	7400	2016.12
984	佐藤　博信	中世東国の社会と文化＜中世東国論７＞	7400	2016.12
985	大島　幸雄	平安後期散逸日記の研究＜古代史12＞	6800	2016.12
986	渡辺　尚志	藩地域の村社会と藩政＜松代藩５＞	8400	2017.11
987	小豆畑　毅	陸奥国の中世石川氏＜地域の中世18＞	3200	2017.02
988	高久　　舞	芸能伝承論	8000	2017.02
989	斉藤　　司	横浜吉田新田と吉田勘兵衛	3200	2017.02
990	吉岡　　孝	八王子千人同心における身分越境＜近世史45＞	7200	2017.03
991	鈴木　哲雄	社会科歴史教育論	8900	2017.04
992	丹治　健蔵	近世関東の水運と商品取引 続々	3000	2017.04
993	西海　賢二	旅する民間宗教者	2600	2017.04

幕末佐賀藩の科学技術　全２冊

「幕末佐賀藩の科学技術」編集委員会編　2016年２月刊・Ａ５判・上製本・カバー装

■上巻■長崎警備強化と反射炉の構築　370頁・８５００円＋税

第一編　長崎警備体制の強化

一八世紀における佐賀藩の長崎警備　富田　紘次
長崎警備における三家—小城藩を事例として—　野口　朋隆
佐賀藩の情報収集と意思決定—天保～嘉永期を中心に—　片倉日龍雄
長崎港外防備強化策の進展過程—両島台場築造の様相について—　倉田　法子
長崎両島台場の変遷—幕末期洋式砲台としての評価—　田口　芙季

第二編　反射炉の構築

ヒュゲーニン「鋳造書」の佐賀藩翻訳書の分析　竹下幸一・長野　暹
幕末佐賀藩における反射炉操業の変化と画期　前田　達男
佐賀藩「御鋳立方の七賢人」—経歴と事績を中心に—　串間　聖剛
鍋島文庫『褒賞録』からみる御鋳立方の技術者　山口佐和子・川久保美紗
佐賀藩反射炉見学者の実見録　大園隆二郎
佐賀藩御鋳立方田中虎六郎の事績　多久島澄子
佐賀藩反射炉跡出土鉄関連遺物の自然科学的分析　平井　昭司
佐賀藩反射炉跡出土遺物の分析—レンガ・鉄滓の蛍光Ｘ線分析—　田端　正明

■下巻■洋学摂取と科学技術の発展　436頁　９９００円＋税

第三編　蘭学・英学の摂取

佐賀藩武雄領における洋学導入　川副　義敦
佐賀藩における西洋医学の受容と展開　青木　歳幸
石橋家資料に見る佐賀藩の長崎海軍伝習—安政五年・六年を中心に—　百武　由樹
佐賀藩の英学の始まりと進展—石丸安世を中心に—　多久島澄子

第四編　精煉方と蒸気船建造

幕末佐賀藩科学技術系役局の変遷　中野　正裕
精煉方の活動—幕末佐賀藩の近代化産業遺産全般に対する歴史文献調査から—　松田　和子
幕末佐賀藩三重津海軍所跡の概要—在来技術と西洋技術の接点—　前田　達男
幕末佐賀藩の蒸気船製造—凌風丸への道程—　本多　美穂
佐賀藩三重津海軍所跡出土品の化学分析—銅製品・坩堝・炉壁—　田端　正明

第五編　文久～明治期の大小銃鋳造と電信技術

幕末佐賀藩における西洋銃陣の成立と変遷—天保から万延元年惣鉄砲制まで—　金丸　智洋
佐賀藩における文久・慶応期の製砲事業　前田　達男
精煉方から工部省へ　宇治　章
ICP-MS法とエックス線分析法を用いた歴史鉄試料の分析　尾花侑亮・栗崎　敏・沼子千弥
長野　暹・横山拓史・山口敏男・脇田久伸